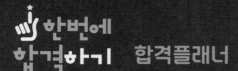

한번에 합격하기 합격플래너

대기환경기사 실기

Plan1 저자쌤의 추천 Plan — 3회독 학습!

Plan2 나만의 셀프 Plan — ☐일 완성!

필수이론			1회독	2회독	3회독	학습한 날짜
PART 1. 대기 실기 필수이론	1. 대기오염 개론	필수이론 1~5 ☐				__월 __일 ~ __월 __일
		필수이론 6~10 ☐				__월 __일 ~ __월 __일
		필수이론 11~15 ☐				__월 __일 ~ __월 __일
		필수이론 16~20 ☐				__월 __일 ~ __월 __일
		필수이론 21~25 ☐				__월 __일 ~ __월 __일
		필수이론 26~29 ☐				__월 __일 ~ __월 __일
	2. 연소공학	필수이론 1~5 ☐				__월 __일 ~ __월 __일
		필수이론 6~10 ☐				__월 __일 ~ __월 __일
		필수이론 11~13 ☐				__월 __일 ~ __월 __일
	3. 대기오염 방지기술	필수이론 1~5 ☐				__월 __일 ~ __월 __일
		필수이론 6~10 ☐				__월 __일 ~ __월 __일
		필수이론 11~15 ☐				__월 __일 ~ __월 __일
		필수이론 16~17 ☐				__월 __일 ~ __월 __일
	4. 대기오염 공정시험 기준	필수이론 1~5 ☐				__월 __일 ~ __월 __일
		필수이론 6~10 ☐				__월 __일 ~ __월 __일
		필수이론 11~15 ☐				__월 __일 ~ __월 __일
		필수이론 16~18 ☐				__월 __일 ~ __월 __일
	5. 대기환경 관계법규	필수이론 1~2 ☐				__월 __일 ~ __월 __일

KB193841

합격 플래너 활용 Tip.

❖ **"저자쌤의 추천 Plan"**란에는 공부한 날짜를 적거나 체크표시(√)를 하여 학습한 부분을 [illegible]
저자쌤은 3회독 학습을 권장하나 자신의 시험준비 상황 및 기간을 고려하여 1회독, 또는 2회독으로 시험대비를 할 수도 있습니다.

❖ **"나만의 셀프 Plan"**란에는 공부한 날짜나 기간을 적어 학습한 부분을 체크하시기 바랍니다.

❖ **"각 이론 및 기출 뒤에 있는 네모칸(□)"**에는 잘 이해되지 않거나 모르는 것이 있는 부분을 체크해 두었다가 학습 마무리 시나 시험 전에 다시 한 번 확인 후 시험에 임하시기 바랍니다.

기출문제			1회독	2회독	3회독	학습한 날짜
PART 2. 과년도 출제문제	2014년	제1회 기출문제 ☐				___월 ___일 ~ ___월 ___일
		제2회 기출문제 ☐				___월 ___일 ~ ___월 ___일
		제4회 기출문제 ☐				___월 ___일 ~ ___월 ___일
	2015년	제1회 기출문제 ☐				___월 ___일 ~ ___월 ___일
		제2회 기출문제 ☐				___월 ___일 ~ ___월 ___일
		제4회 기출문제 ☐				___월 ___일 ~ ___월 ___일
	2016년	제1회 기출문제 ☐				___월 ___일 ~ ___월 ___일
		제2회 기출문제 ☐				___월 ___일 ~ ___월 ___일
		제4회 기출문제 ☐				___월 ___일 ~ ___월 ___일
	2017년	제1회 기출문제 ☐				___월 ___일 ~ ___월 ___일
		제2회 기출문제 ☐				___월 ___일 ~ ___월 ___일
		제4회 기출문제 ☐				___월 ___일 ~ ___월 ___일
	2018년	제1회 기출문제 ☐				___월 ___일 ~ ___월 ___일
		제2회 기출문제 ☐				___월 ___일 ~ ___월 ___일
		제4회 기출문제 ☐				___월 ___일 ~ ___월 ___일
	2019년	제1회 기출문제 ☐				___월 ___일 ~ ___월 ___일
		제2회 기출문제 ☐				___월 ___일 ~ ___월 ___일
		제4회 기출문제 ☐				___월 ___일 ~ ___월 ___일
	2020년	제1회 기출문제 ☐				___월 ___일 ~ ___월 ___일
		제2회 기출문제 ☐				___월 ___일 ~ ___월 ___일
		제3회 기출문제 ☐				___월 ___일 ~ ___월 ___일
		제4회 기출문제 ☐				___월 ___일 ~ ___월 ___일
		제5회 기출문제 ☐				___월 ___일 ~ ___월 ___일
	2021년	제1회 기출문제 ☐				___월 ___일 ~ ___월 ___일
		제2회 기출문제 ☐				___월 ___일 ~ ___월 ___일
		제4회 기출문제 ☐				___월 ___일 ~ ___월 ___일
	2022년	제1회 기출문제 ☐				___월 ___일 ~ ___월 ___일
		제2회 기출문제 ☐				___월 ___일 ~ ___월 ___일
		제4회 기출문제 ☐				___월 ___일 ~ ___월 ___일
	2023년	제1회 기출문제 ☐				___월 ___일 ~ ___월 ___일
		제2회 기출문제 ☐				___월 ___일 ~ ___월 ___일
		제4회 기출문제 ☐				___월 ___일 ~ ___월 ___일
	2024년	제1회 기출문제 ☐				___월 ___일 ~ ___월 ___일
		제2회 기출문제 ☐				___월 ___일 ~ ___월 ___일
		제3회 기출문제 ☐				___월 ___일 ~ ___월 ___일

한번에
합격하기

한번에 합격하는 대기환경기사

실기 필수이론 + 11개년 기출

서성석 지음

BM (주)도서출판 성안당

■ 도서 A/S 안내

성안당에서 발행하는 모든 도서는 저자와 출판사, 그리고 독자가 함께 만들어 나갑니다.

좋은 책을 펴내기 위해 많은 노력을 기울이고 있습니다. 혹시라도 내용상의 오류나 오탈자 등이 발견되면 **"좋은 책은 나라의 보배"**로서 우리 모두가 함께 만들어 간다는 마음으로 연락주시기 바랍니다. 수정 보완하여 더 나은 책이 되도록 최선을 다하겠습니다.

성안당은 늘 독자 여러분들의 소중한 의견을 기다리고 있습니다. 좋은 의견을 보내 주시는 분께는 성안당 쇼핑몰의 포인트(3,000포인트)를 적립해 드립니다.

잘못 만들어진 책이나 부록 등이 파손된 경우에는 교환해 드립니다.

저자 문의 e-mail : ilsss@hanmail.net(서성석)
본서 기획자 e-mail : coh@cyber.co.kr(최옥현)
홈페이지 : http://www.cyber.co.kr 전화 : 031) 950-6300

먼저 필기 합격을 진심으로 축하드립니다. 이제 여러분들은 대기환경기사 자격취득 과정의 9부 능선을 넘으셨습니다. 이제 조금만 더 노력하시면 여러분들이 원하는 기사자격증을 취득하게 될 것입니다.

실기는 필기의 연장선이라 보면 됩니다. 필기와 다른 점은 객관식(4지선다형)이 아닌 주관식이라는 것과 '연소공학'과 '대기오염방지기술' 중심으로 시험문제가 출제된다는 것입니다. 실기도 절대평가로 60점 이상이면 합격이기 때문에 전략적으로 "연소공학"과 "대기오염방지기술" 두 과목 위주로 공부하고, 기출문제 분석을 통해 그 공부 범위를 좁혀나가면 보다 쉽게 합격할 수 있습니다.

실기 합격을 위한 조언 3가지는 제가 필기 도서에서 언급한 내용과 동일합니다. 혹시 저의 필기 책으로 공부하지 않은 분들을 위해서 다시 한 번 기술합니다.

첫째로, 기사 합격이 너무 어렵다고 생각하여 도전 자체를 주저하지 마세요!

정말로 아무리 어려운 시험도 시험은 시험일 뿐입니다. 합격은 생각해 보면 그리 어렵지 않습니다. 왜냐하면 시험은 출제범위와 내용을 어느 정도 가늠할 수 있고 상당부분 기출문제가 반복하여 출제되기 때문입니다. 그러므로 핵심이론과 기출문제를 반복해서 학습하면 생각보다 쉽게 합격할 수 있습니다. 이 책은 이러한 출제경향을 반영하여 과목별 핵심요점과 다년간의 기출문제로 구성하였습니다.

둘째로, 도전하기로 마음먹었다면 무슨 일이 있어도 시험에 응시하세요!

농담 반 진담반으로 본인상을 제외하고는 반드시 시험에 응시하셔야 합니다. 준비가 덜 되어 있어 다음으로 미루면 영원히 미루게 됩니다. 준비가 제대로 안 되어 있어도(대부분의 수험생이 그렇게 생각합니다) 시험장에 가서 준비된 만큼만 최선을 다하면 됩니다.

셋째로, 수험자료 확보에 너무 욕심 부리지 마세요!

더 많은 자료가 필요하다고 생각하여 여기저기서 자료를 찾지 마시고 그럴 시간에 한 권의 수험서를 다독(多讀)하시기 바랍니다. 시중에는 많은 수험서가 있습니다. 이 모든 수험서에는 각각의 장단점이 있습니다. 하지만 제가 보았을 때 큰 차이가 없습니다. 저도 제 책이 좋다고 이야기하지만 다른 수험서와 비교하면 큰 차이가 없습니다. 그러니 다른 수험서와 다른 자료에 욕심을 부리지 말고 책 한 권에 올인(All-in)하여 다독(多讀)하시기 바랍니다.

다독으로 가기 위해 가장 중요한 것은 무조건 한 번은 수험서를 처음부터 끝까지 다 읽어 보는 것입니다(이것을 못하는 수험생이 매우 많습니다). 이해가 안 되는 부분이 있더라도 매일 정해놓은 분량만큼은 반드시 읽어 보시기 바랍니다. 정말로 시간이 없어서 그날의 할당 분량을 다 보지 못했다면 그 다음날은 그 다음 할당된 부분으로 넘어가는 한이 있어도 반드시 끝까지 한 번은 완독(玩讀)하시기 바랍니다. 그러면 2번째 읽기가 편해지고 그런 후 다독으로 갈 수 있습니다. 완독 횟수가 늘어날수록 여러분은 놀라운 경험을 하실 겁니다(최소 3번 이상). 이것만 지킨다면 수험생 여러분은 반드시 시험에 합격할 수 있습니다.

마지막으로 당부 말씀을 드립니다. 너무 단기합격에 초점을 맞추지 마시고 그동안 본인이 공부했고 경험했던 것을 종합적으로 정리한다는 생각으로 접근해 주시기 바랍니다. 설령 남들보다 조금 늦더라도 조바심 갖지 마시고 본인만의 호흡으로 공부하시기 바랍니다.

최선을 다해 집필하였으나 내용상의 오류나 출간 후 법 개정으로 인해 수정할 내용이 있다면 개정판 출간 시 꼭 반영하여 수험생들이 믿고 공부할 수 있는 수험서가 될 수 있도록 계속 보완해 나가겠습니다.

끝으로 이 책의 출간을 허락해 주신 이종춘 회장님과 출판 전 과정을 거쳐 무사히 세상에 나올 수 있게 도와주신 편집부 최옥현 전무님을 비롯한 임직원 여러분께도 감사를 전합니다. 특히, 처음부터 끝까지 조언해 주시고 전 과정을 맡아 진행해 주신 이용화 부장님께 깊이 감사드립니다.

참, 올해 국내 최고의 대학교에 입학한 아들에게 축하 인사와 함께 저의 가족들에게도 고마움을 전합니다.

저자 서성석

1 자격 기본 정보

- 자격명 : 대기환경기사(Engineer Air Pollution Environmental)
- 관련 부처 : 환경부
- 시행 기관 : 한국산업인력공단

(1) 자격 개요

경제의 고도성장과 산업화를 추진하는 과정에서 필연적으로 수반되는 오존층 파괴, 온난화, 산성비 문제 등 대기오염이 심각한 문제를 일으키고 있다. 이러한 대기오염으로부터 자연환경 및 생활환경을 관리 · 보전하여 쾌적한 환경에서 생활할 수 있도록 대기환경 분야에 전문기술인 양성이 시급해짐에 따라 자격제도를 제정하였다.

(2) 수행 직무

대기 분야에 측정망을 설치하고 그 지역의 대기오염상태를 측정하여 다각적인 연구와 실험분석을 통해 대기오염에 대한 대책을 강구하고, 대기오염물질을 제거 또는 감소시키기 위한 오염방지시설을 설계, 시공, 운영하는 업무를 수행한다.

대기환경기사에 도전하는 응시 인원은 점점 증가하고 있습니다.
이는 대기환경기사 자격을 사회에서 많이 필요로 하고 있기 때문이며, 앞으로의 전망 또한 높게 평가되고 있습니다.

(3) 연도별 검정 현황

연 도	필 기			실 기		
	응시	합격	합격률	응시	합격	합격률
2024	9,263명	3,856명	41.6%	7,961명	3,245명	40.8%
2023	11,252명	4,169명	37.1%	9,451명	1,667명	17.6%
2022	11,078명	4,105명	37.1%	7,220명	2,214명	30.7%
2021	11,633명	5,182명	44.5%	7,840명	2,952명	37.7%
2020	8,287명	3,632명	43.8%	4,889명	2,900명	59.3%
2019	7,963명	2,651명	33.3%	3,113명	2,220명	71.3%
2018	6,730명	2,405명	35.7%	3,066명	2,316명	75.5%
2017	6,562명	2,447명	37.3%	2,806명	2,171명	77.4%
2016	5,978명	2,086명	34.9%	2,442명	1,825명	74.7%
2015	5,336명	1,642명	30.8%	2,271명	1,526명	67.2%

(4) 진로 및 전망

① 정부의 환경공무원, 환경관리공단, 연구소, 학계 및 환경플랜트회사, 환경오염방지 설계 및 시공회사, 환경시설 전문관리인 등으로 진출할 수 있다.

② 대기오염물질 배출이 증가함에 따라 정부에서 저황유 사용지역 확대, 청정연료 사용지역 확대, 지하생활공간 공기질 관리, 시도지사의 대기오염 상시측정 의무화, 대기환경기준 강화, 배출허용기준 적용, 대기환경 규제지역 내 휘발성유기화합물질의 규제 추진, 대기환경 규제지역 내 자동차 정기검사 강화 등 대기오염에 대한 관리를 강화할 계획으로 이에 대한 인력수요가 증가할 것으로 보인다.

2 자격 취득 정보

(1) 시험 일정

구 분	필기 원서접수 (인터넷) (휴일 제외)	필기시험	필기 합격 (예정자) 발표	실기 원서접수 (휴일 제외)	실기시험	최종합격자 발표
제1회	1월 중	2월 초	3월 중	3월 말	4월 중	6월 중
제2회	4월 중	5월 중	6월 중	6월 말	7월 중	9월 중
제3회	7월 말	8월 초	9월 초	9월 말	11월 초	12월 말

1. 원서접수시간은 원서접수 첫날 10:00부터 마지막 날 18:00까지임.
2. 필기시험 합격예정자 및 최종합격자 발표시간은 해당 발표일 09:00임.
3. 주말 및 공휴일, 공단창립기념일(3.18)에는 실기시험 원서 접수 불가
4. 상기 기사(산업기사, 서비스) 필기시험 일정은 종목별, 지역별로 상이할 수 있음.
   [접수 일정 전에 공지되는 해당 회별 수험자 안내(Q-net 공지사항 게시) 참조 필수]
5. 자세한 시험 일정은 Q-net 홈페이지(www.q-net.or.kr)를 참고하기 바람.

※ 대기환경기사 필기시험은 2022년 4회(마지막 시험)부터 CBT(Computer Based Test)로 시행되고 있습니다.

(2) 시험 수수료

① 필기 : 19,400원

② 실기 : 22,600원

(3) 시험 출제경향

필기 / 실기 시험의 출제경향은 뒤에 수록된 "출제 기준"을 참고하기 바람.

(4) 취득방법

① 시행처 : 한국산업인력공단

② 관련학과 : 전문대학 및 4년제 대학의 대기과학, 대기환경공학 관련학과

③ 시험과목

- 필기 : 1. 대기오염 개론
  2. 연소공학
  3. 대기오염방지기술
  4. 대기오염공정시험기준(방법)
  5. 대기환경관계법규
- 실기 : 대기오염방지 실무

④ 검정방법

- 필기 : 객관식 4지 택일형, 과목당 20문항(과목당 30분)
- 실기 : 필답형(3시간)

⑤ 합격기준

- 필기 : 100점을 만점으로 하여 과목당 40점 이상, 전 과목 평균 60점 이상
- 실기 : 100점을 만점으로 하여 60점 이상

3 기사 응시 자격 (다음 각 호의 어느 하나에 해당하는 사람)

(1) 산업기사 등급 이상의 자격을 취득한 후 응시하려는 종목이 속하는 동일 및 유사 직무분야에서 1년 이상 실무에 종사한 사람

(2) 기능사 자격을 취득한 후 응시하려는 종목이 속하는 동일 및 유사 직무분야에서 3년 이상 실무에 종사한 사람

(3) 응시하려는 종목이 속하는 동일 및 유사 직무분야의 다른 종목의 기사 등급 이상의 자격을 취득한 사람

(4) 관련학과의 대학 졸업자 등 또는 그 졸업예정자

(5) 3년제 전문대학 관련학과 졸업자 등으로서 졸업 후 응시하려는 종목이 속하는 동일 및 유사직무분야에서 1년 이상 실무에 종사한 사람

(6) 2년제 전문대학 관련학과 졸업자 등으로서 졸업 후 응시하려는 종목이 속하는 동일 유사 직무분야에서 2년 이상 실무에 종사한 사람

(7) 동일 및 유사 직무분야의 기사 수준 기술훈련과정 이수자 또는 그 이수예정자

(8) 동일 및 유사 직무분야의 산업기사 수준 기술훈련과정 이수자로서 이수 후 응시하려는 종목이 속하는 동일 및 유사 직무분야에서 2년 이상 실무에 종사한 사람

(9) 응시하려는 종목이 속하는 동일 및 유사 직무분야에서 4년 이상 실무에 종사한 사람

(10) 외국에서 동일한 종목에 해당하는 자격을 취득한 사람

4 시험 접수에서 자격증 수령까지 안내

☑ 원서접수 안내 및 유의사항입니다.

- 원서접수 확인 및 수험표 출력기간은 접수당일부터 시험시행일까지 출력 가능(이외 기간은 조회불가)합니다. 또한 출력장애 등을 대비하여 사전에 출력 보관하시기 바랍니다.
- 원서접수는 온라인(인터넷, 모바일앱)에서만 가능합니다.
- 스마트폰, 태블릿 PC 사용자는 모바일앱 프로그램을 설치한 후 접수 및 취소/환불 서비스를 이용하시기 바랍니다.

STEP 01
필기시험
원서접수

- 필기시험은 온라인 접수만 가능
(지역에 상관없이 원하는 시험장 선택 가능)
- Q-net(www.q-net.or.kr) 사이트 회원 가입
- 응시자격 자가진단 확인 후 원서 접수 진행
- 반명함 사진 등록 필요
(6개월 이내 촬영본 / 3.5cm×4.5cm)

STEP 02
필기시험
응시

- 입실시간 미준수 시 시험 응시 불가
(시험시작 20분 전에 입실 완료)
- 수험표, 신분증, 필기구(흑색 사인펜 등) 지참
(공학용 계산기 지참 시 반드시 포맷)

STEP 03
필기시험
합격자 확인

- CBT 시험 종료 후 즉시 합격여부 확인 가능
- Q-net(www.q-net.or.kr) 사이트에 게시된 공고로 확인 가능

STEP 04
실기시험
원서접수

- Q-net(www.q-net.or.kr) 사이트에서 원서 접수
- 응시자격서류 제출 후 심사에 합격 처리된 사람에 한하여 원서 접수 가능
(응시자격서류 미제출 시 필기시험 합격예정 무효)

★ 필기/실기 시험 시 허용되는 공학용 계산기 기종

1. 카시오(CASIO) FX-901~999
2. 카시오(CASIO) FX-501~599
3. 카시오(CASIO) FX-301~399
4. 카시오(CASIO) FX-80~120
5. 샤프(SHARP) EL-501-599
6. 샤프(SHARP) EL-5100, EL-5230, EL-5250, EL-5500
7. 캐논(CANON) F-715SG, F-788SG, F-792SGA
8. 유니원(UNIONE) UC-400M, UC-600E, UC-800X
9. 모닝글로리(MORNING GLORY) ECS-101

※ 1. 직접 초기화가 불가능한 계산기는 사용 불가
2. 사칙연산만 가능한 일반계산기는 기종에 상관없이 사용 가능
3. 허용군 내 기종 번호 말미의 영어 표기(ES, MS, EX 등)는 무관

STEP 05 실기시험 응시
- 수험표, 신분증, 필기구, 공학용 계산기, 종목별 수험자 준비물 지참
(공학용 계산기는 허용된 종류에 한하여 사용 가능하며, 수험자 지참 준비물은 실기시험 접수기간에 확인 가능)

STEP 06 실기시험 합격자 확인
- 문자 메시지, SNS 메신저를 통해 합격 통보
(합격자만 통보)
- Q-net(www.q-net.or.kr) 사이트 및 ARS (1666-0100)를 통해서 확인 가능

STEP 07 자격증 교부 신청
- 상장형 자격증, 수첩형 자격증 형식 신청 가능
- Q-net(www.q-net.or.kr) 사이트를 통해 신청

STEP 08 자격증 수령
- 상장형 자격증은 합격자 발표 당일부터 인터넷으로 발급 가능
(직접 출력하여 사용)
- 수첩형 자격증은 인터넷 신청 후 우편수령만 가능
(수수료 : 3,100원 / 배송비 : 3,010원)

※ 자세한 사항은 Q-net 홈페이지(www.q-net.or.kr)를 참고하시기 바랍니다.

출제 기준

- 직무 분야 : 환경 · 에너지
- 중직무 분야 : 환경
- 자격 종목 : 대기환경기사
- 직무 내용 : 대기오염으로 인한 국민건강이나 환경에 관한 위해를 예방하기 위해 대기환경관리 계획 수립, 시설 인 · 허가 및 관리, 실내공기질 관리, 악취 관리, 이동오염원 관리, 측정 분석 · 평가를 통해 대기환경을 적정하고 지속가능하도록 관리 · 보전하는 직무이다.
- 수행 준거

  대기오염에 대한 전문적 지식을 토대로 하여

  1. 대기오염 현황을 정확히 측정 및 분석할 수 있다.
  2. 대기오염의 측정자료를 토대로 대기질을 평가 및 예측할 수 있다.
  3. 대기오염 대책을 수립하여 방지시설을 적절하게 설계, 시공, 관리할 수 있다.
- 적용 기간 : 2025.1.1. ~ 2025.12.31.

〈실기〉

실기 과목명 | 대기오염방지 실무

주요 항목	세부 항목	세세 항목
1. 대기오염 방지기술	(1) 오염물질 확산 및 예측하기	① 확산이론을 이해할 수 있다. ② 안정도에 따른 연기확산을 파악할 수 있다. ③ 바람과 대기오염의 관계, 오염도를 예측할 수 있다.
	(2) 연소이론, 연소계산, 연소설비 이해하기	① 연소이론을 이해할 수 있다. ② 연소생성물을 계산할 수 있다. ③ 연소설비를 파악할 수 있다.
2. 가스 처리	(1) 유체역학적 원리 이해하기	① 유체의 흐름을 이해할 수 있다. ② 입자동력학을 이해할 수 있다.
	(2) 가스처리 및 반응 이해하기	① 유해가스의 처리 이론 및 장치를 파악할 수 있다. ② 유해가스의 처리 기술을 이해할 수 있다.
	(3) 처리장치 설계 이해하기	① 흡수장치의 설계를 이해할 수 있다. ② 흡착장치의 설계를 이해할 수 있다. ③ 기타 처리장치의 설계를 이해할 수 있다.
	(4) 환기 및 통풍장치 이해하기	① 환기장치에 관한 사항을 이해할 수 있다. ② 통풍장치에 관한 사항을 이해할 수 있다.

주요 항목	세부 항목	세세 항목
3. 입자 처리	(1) 입자의 기본이론 이해하기	① 입자의 기초이론을 이해할 수 있다. ② 입자상 물질의 종류 및 특징을 파악할 수 있다.
	(2) 집진원리 이해하기	① 집진의 기초이론을 이해할 수 있다. ② 집진장치별 집진율 등을 산정할 수 있다.
	(3) 집진기술 파악하기	① 집진기 연결형태에 따른 집진기술을 파악할 수 있다. ② 통과율 및 집진효율 등을 계산할 수 있다.
	(4) 집진장치 설계 이해하기	① 중력식 집진장치의 설계를 이해할 수 있다. ② 관성력집진장치의 설계를 이해할 수 있다. ③ 원심력집진장치의 설계를 이해할 수 있다. ④ 세정식 집진장치의 설계를 이해할 수 있다. ⑤ 여과집진장치의 설계를 이해할 수 있다. ⑥ 전기집진장치의 설계를 이해할 수 있다. ⑦ 기타 집진장치의 설계를 이해할 수 있다.
4. 대기오염 측정 및 관리	(1) 시료 채취방법 이해하기	① 시료 채취를 위한 일반적인 사항을 파악할 수 있다. ② 가스상 물질의 시료 채취방법을 파악할 수 있다. ③ 입자상 물질의 시료 채취방법을 파악할 수 있다.
	(2) 시료 측정 및 분석하기	① 일반시험방법에 의거 측정 및 분석할 수 있다. ② 배출허용기준 시험방법에 의거 측정 및 분석할 수 있다. ③ 환경기준 시험방법에 의거 측정 및 분석할 수 있다. ④ 기타 시험방법에 의거 측정 및 분석할 수 있다.
	(3) 대기오염 관리 실무 파악하기	① 대기오염 관리 및 방지 실무를 파악할 수 있다.
	(4) 기타 오염원 관리 이해하기	① 악취 관리업무를 이해할 수 있다. ② 실내공기질 관리업무를 이해할 수 있다. ③ 이동오염원 관리업무를 이해할 수 있다. ④ 기타 오염원 관리업무를 이해할 수 있다.

차례

PART 1 대기 실기 필수이론

PART 2 과년도 출제문제

대기환경기사가 실기 시험문제는 공개되지 않습니다. 그러므로 이 책에 수록된 기출문제는 복원된 문제이므로 실제 시험문제와 다소 상이할 수 있음을 알려드립니다.

이 책의 구성

대기 실기 필수이론

PART 1 대기 실기 필수이론

Engineer Air Pollution Environmental

필수이론

저자쌤의 이론학습 TIP

필수이론은 대기환경기사 실기시험에 자주 출제되는 핵심내용만을 엄선하여 정리하였으므로 충분히 이해하고 암기하도록 합시다. 특히 실기는 "연소공학"과 "대기오염방지기술"에서 70% 이상 출제됨으로 이 점을 염두에 두고 전략적으로 공부하시기 바랍니다.
머리말에도 언급했듯이 처음에는 한 번의 '완독'이 제일 중요하고 이후 '다독'을 통해 책을 보지 않고도 술술 말하거나 쓸 수 있도록 반복학습 하길 바랍니다.

1. 대기오염 개론

필수이론 1 태양에너지 복사와 관련된 법칙들

(1) 흑체(黑體, black body)

진동수와 입사각에 관계없이 입사하는 모든 전자기 복사를 흡수하는 이상적인 물체를 말한다.

(2) 비인(Wien)의 변위법칙

▸ **꼭 필요한 과목별 핵심이론**

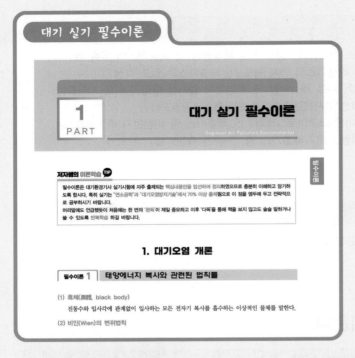

다년간의 기출문제와 최근 출제경향을 면밀히 분석, 검토하여 꼭 필요한 내용만을 엄선해 체계적이고도 쉽게 정리하여 수록하였습니다.

"시험에 출제율이 낮은 이론까지 공부하느라 불필요한 시간과 노력을 낭비하지 마세요!"

과년도 출제문제

Engineer Air Pollution Environmental

2024 제 1 회 **대기환경기사** 필답형 기출문제

01 ★★★

A공장의 유효굴뚝높이가 50m일 때 유해가스의 농도는 25μg/m³이다. 유효굴뚝높이를 125m로 증가하였을 때의 최대지표농도(μg/m³)를 계산하시오. (단, 다른 조건은 동일하고, Sutton 식을 적용한다.)

풀이

Sutton 식

최대지표농도, $C_{\max} = \dfrac{2Q}{\pi e U H_e^2} \times \left(\dfrac{K_z}{K_y}\right)$

여기서, Q : 오염물질의 배출량, e : 2.718, U : 유속
H_e : 유효굴뚝높이, K_y, K_z : 수평 및 수직 확산계수

위의 식에서 $C_{\max} \propto \dfrac{1}{H_e^2}$ 이므로 $25 : \dfrac{1}{50^2} = x : \dfrac{1}{125^2}$

$\therefore x(C_{\max}) = 7.84\mu g/m^3$

▸ **꼼꼼한 해설의 기출문제**

다년간의 복원된 기출문제에 정확한 해설을 이해하기 쉽게 서술하여 수록하였으며, 정답 풀이 외에 꼭 알아야 할 내용을 덧붙여 저절로 중요이론의 반복학습이 되도록 하였습니다.

"각 문제 뒤에는 ★(별표)로 출제빈도를 표시해 두었으니, 기출 학습 시 참고하세요!"

PART 1

대기 실기 필수이론

대기환경기사 실기

대기오염방지 실무

1. 대기오염 개론 / 2. 연소공학 / 3. 대기오염 방지기술 /
4. 대기오염 공정시험기준(방법) / 5. 대기환경관계법규

어렵고 방대한 이론 NO!

이 편에는 대기환경기사 실기 이론 중 시험에 자주 나오는 중요내용을 선별하여
간결하고 이해하기 쉽게 정리하여 수록하였습니다.

Engineer Air Pollution Environmental

1 PART 대기 실기 필수이론

Engineer Air Pollution Environmental

저자쌤의 이론학습 TIP

필수이론은 대기환경기사 실기시험에 자주 출제되는 핵심내용만을 엄선하여 정리하였으므로 충분히 이해하고 암기하도록 합시다. 특히 실기는 "연소공학"과 "대기오염방지기술"에서 70% 이상 출제됨으로 이 점을 염두에 두고 전략적으로 공부하시기 바랍니다.
머리말에도 언급했듯이 처음에는 한 번의 '완독'이 제일 중요하고 이후 '다독'을 통해 책을 보지 않고도 술술 말하거나 쓸 수 있도록 반복학습 하길 바랍니다.

1. 대기오염 개론

필수이론 1 태양에너지 복사와 관련된 법칙들

(1) 흑체(黑體, black body)

진동수와 입사각에 관계없이 입사하는 모든 전자기 복사를 흡수하는 이상적인 물체를 말한다.

(2) 비인(Wien)의 변위법칙

흑체로부터 방출되는 파장 중에 에너지 밀도가 최대인 파장과 흑체의 온도는 반비례한다는 법칙이다.

$$\lambda = 2{,}897/T$$

여기서, λ : 최대에너지가 복사될 때의 파장(μm)
T : 흑체의 표면온도(K), 절대온도

(3) 슈테판-볼츠만(Stefan-Boltzmann)의 법칙

흑체의 단위면적당 복사에너지가 절대온도의 4제곱에 비례한다는 법칙이다.

$$j = \sigma \times T^4$$

여기서, j : 흑체 표면의 단위면적당 복사하는 에너지
σ : 슈테판 – 볼츠만 상수
T : 절대온도

(4) 키르히호프(Kirchhoff)의 법칙

① 열역학 평형상태하에서는 어떤 주어진 온도에서 매질의 방출계수와 흡수계수의 비는 매질의 종류에 상관없이 온도에 의해서만 결정된다는 법칙이다.

② 키르히호프는 흑체 복사 개념을 도입하여 열역학상의 발산과 복사에 대한 키르히호프 법칙을 발견하였다.

(5) 알베도(albedo)

① 지구 지표의 반사율을 나타내는 지표로, 지표면에 입사된 에너지에 대한 반사되는 에너지의 비율이다.

② 눈(얼음)은 90% 이상, 바다는 약 3.5%

필수이론 2 광화학사이클

(1) 개요

오전 시간 중 자동차 등에서 발생한 NO_2가 자외선에 의해 NO와 O로 분해되며, O_2와 O가 반응하여 O_3이 생성된다. 이때 NO는 생성된 O_3과 반응하여 NO_2로 산화하여 대기 중 O_3의 농도가 유지된다.

(2) 반응식

$NO_2 + hv$(자외선) $\rightarrow NO + O$

$O + O_2 + M \rightarrow O_3 + M$ (여기서, M : 반응매체)

$NO + O_3 \rightarrow NO_2 + O_2$

(3) 하루 동안의 O_3 농도 변화 패턴

① 밤중이나 이른 아침에는 오존 농도가 일일 중에서 가장 낮은 수준까지 내려가게 되고 아침 8시 이후로 증가하다가 오후 2~4시(특히 3시)에 최고로 올라갔다가 다시 감소하는 뚜렷한 일변화를 보인다.

② NO에서 NO_2로의 산화가 거의 완료되고 NO_2가 최고농도에 도달하는 때부터 O_3이 증가되기 시작한다.

필수이론 3 광화학스모그

(1) 정의

질소산화물과 탄화수소류가 햇빛에 의해서 광화학반응을 일으켜 2차 오염물질(O_3, PAN 등)들이 생성되어 시계가 뿌옇게 보이는 현상을 말한다.

(2) 대표적인 원인물질

질소산화물과 탄화수소류(특히, 휘발성유기화합물)

(3) 생성되기 좋은 기후조건

일반적으로 일사량 및 기온에 비례하여 증가하고, 상대습도 및 풍속에 반비례하여 감소하는 경향을 보인다(바람이 적은 날, 여름, 낮에 더 활발하게 발생함).

① 기온이 25℃ 이상이고 상대습도가 75% 이하일 때
② 기압경도가 완만하여 풍속 4m/s 이하의 약풍이 지속될 때
③ 시간당 일사량이 $5MJ/m^2$ 이상으로 일사가 강할 때
④ 대기가 안정하고 전선성 혹은 침강성의 역전이 존재할 때

(4) 광화학스모그로 인한 2차 오염물질들

가장 중요한 물질은 오존(O_3)이고, 그 외에 PAN($CH_3COOONO_2$), 과산화수소(H_2O_2), 염화니트로실(NOCl), 아크롤레인(CH_2CHCHO), 케톤, 유기산(ROOH) 등이 있다.

필수이론 4 프레온가스(CFC)

(1) 정의

염소와 불소를 포함한 일련의 유기화합물을 총칭하는 염화불화탄소(CFC, Chloro Fluoro Carbon)를 지칭하며, 오존층을 파괴하는 주원인물질이다.

(2) 발생원

에어컨의 냉매, 우레탄 발포제, 세정제, 스프레이의 분사제 등

(3) 오존파괴지수(ODP) ★빈출

Halon-1301은 10.0, CF_3Br는 10.0, $C_2F_4Br_2$는 6.0, Halon-1211은 3.0, CF_2BrCl는 3.0, CCl_4는 1.1, $C_2F_4Cl_2$는 1.0, $C_2F_3Cl_3$는 0.8, $CHFClCF_3$는 0.22, CH_2BrCl는 0.12이다.

필수이론 5 석면

(1) 정의

자연계에서 존재하는 섬유상 규산광물의 총칭으로서, 화학구조가 수정 같은 구조를 가지는 섬유성 무기물질을 말한다.

(2) 일반적인 특성

불연성, 방부성, 단열성, 전기절연성, 내마모성, 고인장성, 유연성 등

(3) 석면의 발암성 순서(색깔이 진한 색 순으로)

청석면(Crocidolite) > 갈석면(Amosite) > 백석면(Chrysotile)

(4) 석면으로 인해 인체에 나타나는 증상

석면폐증, 폐암, 악성중피종, 피부질환 등

(5) 석면폐증

석면 분진이 폐에 들러붙어 폐가 딱딱하게 굳는 섬유화가 나타나는 질병이다.

필수이론 6 다이옥신(Dioxine)

(1) 정의

다이옥신은 1개 또는 2개의 산소원자에 2개의 벤젠고리가 연결된 3중 고리구조로 1개에서 8개의 염소원자를 갖는 다염소화된 방향족화합물을 말하며, 가운데 고리에 산소원자가 2개인 다이옥신계 화합물(PCDD, polychlorinated dibenzo-p-dioxins)과 산소원자가 1개인 퓨란계 화합물(PCDF, polychlorinated dibenzo-furans)을 통칭한다.

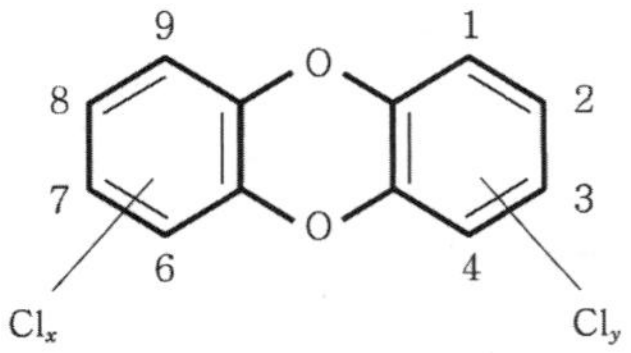

| PCDD |

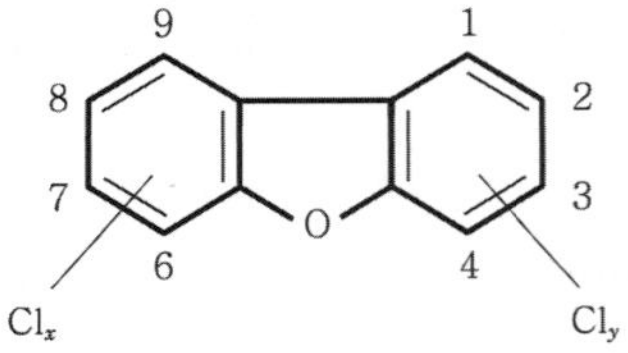

| PCDF |

(2) 종류

염소의 위치와 개수에 따라 여러 종류의 이성체가 존재하며, PCDDs는 75개, PCDFs는 135개의 이성체가 존재하여 총 210개의 이성체가 존재한다.

(3) 대표적인 물질

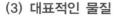

① 2,3,7,8－TCDD(2,3,7,8－tetrachlorodibenzo para dioxin)

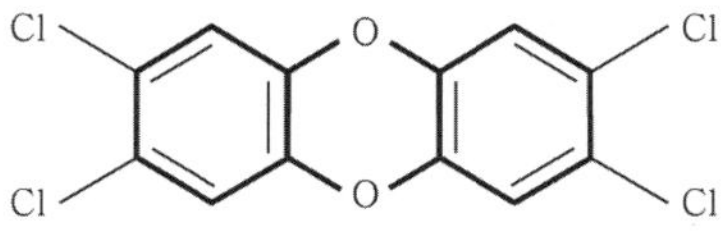

② 2,3,7,8－TCDF(2,3,7,8－tetrachlorodibenzo furan)

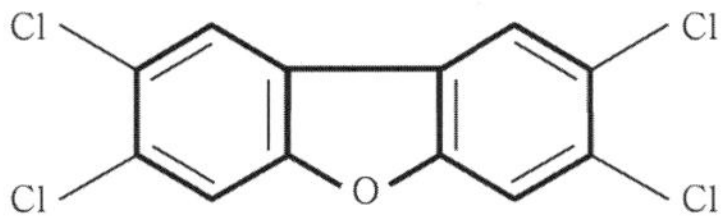

(4) 다이옥신류 제어방법

① **촉매분해법** : 촉매로는 금속산화물(V_2O_5, TiO_2 등), 귀금속(Pt, Pd)이 사용된다.

② **광분해법** : 자외선 파장(250~340nm)이 가장 효과적이다.

③ **열분해법** : 산소가 아주 적은 환원성 분위기에서 탈염소화, 수소첨가반응 등에 의해 분해시킨다.

④ **생물학적 분해법** : 미생물에 의해 분해시킨다.

필수이론 7 잔류성 유기오염물질(POPs, Persistant Organic Pollutants)

(1) 정의

인류가 개발하고 사용한 수많은 유해물질 중에서 특히, 독성이 강하면서도 분해가 느려 생태계에 오랫동안 남아 피해를 일으키는 물질을 말한다.

(2) 특징

① **독성(toxicity)** : 암, 내분비계 장애 등을 일으킬 수 있다.

② **잔류성(persistence)** : 분해가 매우 느려 생태계에 오래 남아 피해를 준다.

③ **생물축적성(bioaccumulation)** : 먹이사슬에서 위로 올라갈수록 생체 내 축적 정도가 커진다.

④ **장거리 이동성(long-range transport)** : 바람과 해류를 따라 수백, 수천 km를 이동한다.

(3) 스톡홀름 협약

① POPs로부터 인간의 건강과 환경을 보호하기 위하여 지구적 차원에서 동 물질의 생산·사용·배출을 관리하는 것을 목적으로 한다.

② 규제 대상물질

㉠ 12종의 POPs(dirty dozen)를 우선규제 대상물질로 선정하였다. 12개의 개별물질이 아니며, 12종 안에 포함된 개별물질의 수는 약 450개이다.

㉡ 12종의 우선규제 대상물질 : 알드린(Aldrin), 클로르단(Chlordane), 디디티(DDT), 디엘드린(Dieldrin), 엔드린(Endrin), 헵타클로르(Heptachlor), 미렉스(Mirex), 톡사펜(Toxaphene), HCB(Hexachlorobenzene), Dioxins, Furans, PCBs

(4) PCBs(PolyChlorinated Biphenyls)

PCBs는 두 개의 페닐기에 결합되어 있는 수소원자가 염소원자로 치환된 209종의 화합물로, 강한 독성, 잔류성, 장거리 이동성, 생물 축적성의 특성을 가진다.

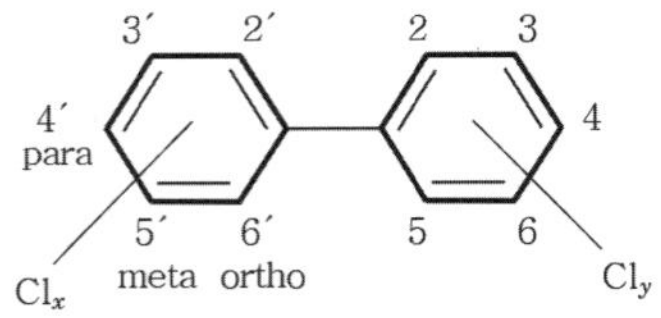

필수이론 8 자동차 배출가스

(1) 옥탄가(Octane number)

① 휘발유의 노킹 정도를 측정하는 값으로, 원래 트라이메틸펜테인(아이소옥테인)을 100, n-헵테인을 0으로 하여 휘발유의 안티노킹 정도와 두 탄화수소의 혼합물의 노킹 정도가 같을 때 트라이메틸펜테인의 분율을 퍼센트로 한 값이다.

② 옥탄가가 높을수록, 노킹에 대한 저항성이 높을수록 고급 휘발유이다.

(2) 세탄가(Cetane number)

① 헥사데케인을 100으로 하고 헵타메틸노네인의 값을 15로 하여 시료로 사용된 경유와 동일한 노킹 정도를 나타내는 헥사데케인과 헵타메틸노난의 혼합물에 포함되는 헥사데케인의 비율이 그 시료의 세탄가이다.

② 디젤엔진 안에서의 경유의 발화성을 나타내는 수치이며, 세탄가가 높은 연료일수록 노킹이 덜 일어난다. 즉, 세탄가가 높을수록 고급 경유이다.

(3) 휘발유자동차의 삼원촉매장치

휘발유자동차에서 배출되는 3가지 오염물질(CO, HC, NO_x)을 촉매를 이용하여 처리하는 장치이다.

① CO, HC 산화

㉠ 백금(Pt), 팔라듐(Pd) 촉매 이용

㉡ 산소 필요

② NO_x 환원

㉠ 로듐(Rh) 촉매 이용

㉡ CO, HC, H_2 필요

(4) 디젤자동차의 배출가스 처리기술

① 매연여과장치(DPF)

② 산화촉매방지(DOC)

③ 질소산화물 제거장치(De-NO_x 촉매)

필수이론 9 입경의 종류

(1) 스토크스(Stokes) 직경과 공기역학적 직경 빈출

① **스토크스 직경** : 어떤 입자와, 같은 최종침강속도와 같은 밀도를 가지는 구형물체의 직경

② **공기역학적 직경** : 같은 침강속도를 지니는 단위밀도(1g/cm^3)의 구형물체의 직경

$$d_a = d_s \sqrt{\frac{\rho_p}{\rho_a}}$$

여기서, d_a : 공기역학적 직경, d_s : 스토크스 직경

ρ_p : 입자의 밀도, ρ_a : 공기의 밀도

공기역학적 직경은 스토크스 직경과 달리 입자밀도를 1g/cm^3(단위밀도)로 가정함으로써 보다 쉽게 입경을 나타낼 수 있으며, 먼지의 호흡기 침착, 공기정화기의 성능 조사 등 입자의 특성 파악에 주로 이용된다.

(2) 휘렛직경(페렛직경, Feret Diameter) 빈출

입자상 물질의 끝과 끝을 연결한 선 중 가장 긴 선을 직경으로 하는 것

(3) 평균입경(Mean Diameter)

먼지 전체의 평균 크기를 나타내는 것

(4) 중위경(Median Diameter)

적산곡선에서 체거름(R)이 50%일 때의 입경(d_{50}으로 나타냄.)

(5) Mode경

가장 많이 분포된 입자의 크기

(6) Martin경

입자를 일정방향의 선에 넣어 입자투영면적을 2등분하는 선분의 길이

필수이론 10 입자의 간접 측정방법

(1) 관성충돌법

입자의 관성충돌을 이용하여 입경을 간접적으로 측정하는 방법이며, 입자의 질량크기 분포를 알 수 있다.

(2) 광산란법

입자에 빛을 조사하면 반사하여 발광하게 되는데 그 반사광을 측정하여 입자의 개수와 입자의 반경을 측정하는 방법이다.

(3) 액상침강법

액상 중 입자의 침강속도를 적용하여 측정하는 방법이다.

(4) 공기투과법

입자의 비표면적을 측정하여 입경을 측정하는 방법이다.

필수이론 11 입자의 레이놀즈수(Re, Reynolds number)

(1) 계산식

$$Re_p = \frac{d_p \cdot v_p \cdot \rho_g}{\mu_g}$$

여기서, Re_p : 입자의 레이놀즈수

d_p : 입자의 직경

v_p : 입자의 속도$\left(= \frac{d_p^{\,2}(\rho_p - \rho_g)\,g}{18\,\mu_g}\right.$ (여기서, ρ_p : 입자의 밀도, g : 중력가속도)$\left.\right)$

ρ_g, μ_g : 기체 밀도 및 기체 점도

(2) 입자의 레이놀즈수는 보통 0.1~1에 있고 최고 400 정도이므로 유체의 레이놀즈 수치보다는 크기가 매우 작다.

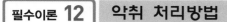

필수이론 12 악취 처리방법

(1) 종류

① 흡착법 ② 촉매연소법 ③ 약액세정법 ④ 염소주입법(산화법의 일종)
⑤ 수세법 ⑥ BALL 차단법 ⑦ 생물여과법 ⑧ 냉각응축법
⑨ 희석법 ⑩ 마스킹법

필수이론 13 최대혼합고(MMD, Maximum Mixing Depth)

(1) 개요

① MMD는 환경감률과 건조단열감률이 같아지는 고도를 이용하여 구할 수 있다.

$$\gamma \times \mathrm{MMD} + t = \gamma_d \times \mathrm{MMD} + t_{\mathrm{max}}$$

여기서, γ : 환경감률, MMD : 최대혼합고, t : 지면의 온도(℃)
γ_d : 건조단열감률, t_{max} : 지면의 최대온도(℃)

② MMD는 밤에 가장 낮고 낮시간 동안 증가한다. 낮시간 동안에는 통상 2~3km의 값을 나타내기도 한다.

③ MMD가 높은 날은 대기오염이 적고 낮은 날에는 대기오염이 심하다.

④ 오염물질의 농도는 최대혼합고(MMD)의 3승에 반비례한다.

$$\frac{C_2}{C_1} = \left(\frac{\mathrm{MMD}_1}{\mathrm{MMD}_2}\right)^3$$

여기서, C_1, C_2 : 1, 2에서의 농도
MMD_1, MMD_2 : 1, 2에서의 최대혼합고

필수이론 14 유효굴뚝높이

(1) 정의

굴뚝의 실제높이에 연기상승고를 합한 높이를 말한다.

$$H_e = H_s + \Delta H$$

여기서, H_e : 유효굴뚝높이, H_s : 굴뚝의 실제높이, ΔH : 연기상승고

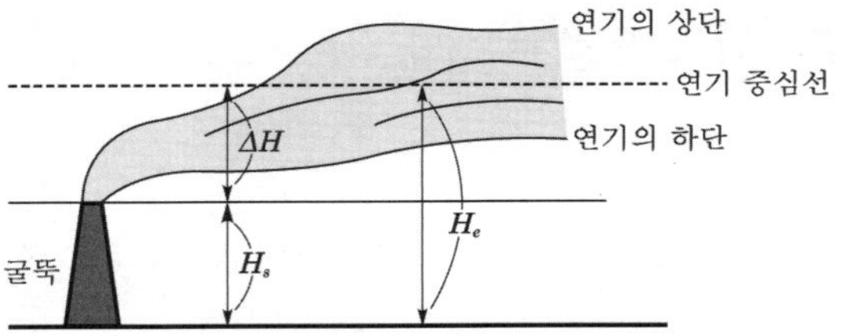

(2) 연기상승고(plume rise)

① **상승인자** : 운동량(momentum, 배출가스 속도)과 부력(buoyancy, 배출가스와 대기의 온도차)

② **계산식**

$$\Delta H = \frac{V_s \cdot D}{U}\left(1.5 + 2.68 \times 10^{-3} \cdot P \cdot \frac{T_s - T_a}{T_s} \cdot D\right)$$

여기서, ΔH : 연기상승고(m), V_s : 배출가스의 속도(m/s)
D : 굴뚝 직경(m), U : 대기의 풍속(m/s)
P : 대기압(mb), T_s : 배출가스의 절대온도(K)
T_a : 대기의 절대온도(K)

(3) 오염물질의 확산을 높이는 조건

① 배출가스의 배출속도를 증가시킨다.
② 배출가스의 온도를 높인다.
③ 배출구의 직경을 작게 한다.
④ 굴뚝의 높이를 증가시킨다.
⑤ 배출가스량을 증가시킨다.

필수이론 15 굴뚝의 통풍력

(1) 계산식

$$P = 273 \times H \times \left(\frac{\gamma_a}{273 + t_a} - \frac{\gamma_g}{273 + t_g}\right)$$

$$\text{또는 } P = 355 \times H \times \left(\frac{1}{273 + t_a} - \frac{1}{273 + t_g}\right)$$

여기서, P : 통풍력(mmH_2O), H : 굴뚝의 높이(m)
γ_a : 공기 밀도(kg/m^3), γ_g : 배출가스 밀도(kg/m^3)
t_a : 외기 온도(℃), t_g : 배출가스 온도(℃)

필수이론 16 디컨(Deacon)의 풍속법칙

(1) 계산식

$$U = U_0\left(\frac{Z}{Z_0}\right)^P$$

여기서, U : 임의 고도(Z)에서의 풍속(m/s)

U_0 : 기준높이(Z_0)에서의 풍속(m/s)

Z : 임의 고도(m)

Z_0 : 기준높이(10m)

P : 풍속지수(안정 시 1/3, 불안정 시 1/9)

필수이론 17 온위

(1) 정의

어떤 고도에서 기압이 P, 기온이 T인 건조공기가 단열적으로 1,000mb의 표준기압을 받는 고도로 상승 또는 하강하였을 때의 온도를 말한다. 환경감률이 건조단열감률과 같은 기층(중립상태)에서는 온위가 일정하다.

(2) 계산식

$$\theta = T\left(\frac{P_0}{P}\right)^{(k-1)/k}$$

(일반적으로 $\theta = T\left(\frac{1{,}000}{P}\right)^{0.288}$ 로 계산됨.)

여기서, θ : 온위

T : 절대온도

P : 최초의 기압(mb)

P_0 : 표준기압(1,000mb)

k : 비열

필수이론 18 리차드슨수(Ri, Richardson number)

(1) 정의

고도에 따른 풍속차와 온도차를 적용하여 산출해낸 무차원수를 말한다. 동적인 대기안정도를 판단하는 척도이며, 대류 난류(자유대류)를 기계적 난류(강제대류)로 전환시키는 율을 측정한 것이다.

(2) 계산식

$$Ri = \frac{g}{T_m}\left(\frac{\Delta T/\Delta Z}{(\Delta U/\Delta Z)^2}\right)$$

여기서, Ri : 리차드슨수

g : 중력가속도

T_m : 상하층의 평균절대온도

$\left(\frac{T_1 + T_2}{2}\right.$ (여기서, T_1 : 1지점에서의 절대온도, T_2 : 2지점에서의 절대온도)$\left.\right)$

ΔT : 온도차 ($T_2 - T_1$)

ΔZ : 고도차 ($Z_2 - Z_1$)

ΔU : 풍속차 ($U_2 - U_1$)

※ $\Delta T/\Delta Z$는 대류 난류의 크기, $\Delta U/\Delta Z$는 기계적 난류의 크기임.

(3) 리차드슨수에 의한 안정도 판별

Ri(리차드슨수)	대기안정도
+0.01 이상	안정
+0.01 ~ −0.01	중립
−0.01 이하	불안정

Ri(리차드슨수)	특성
$Ri > 0.25$	수직방향의 혼합이 없음(수평상의 소용돌이 존재)
$0 < Ri < 0.25$	성층에 의해 약화된 기계적 난류가 존재
$Ri = 0$	기계적 난류만 존재(수직방향의 혼합은 있음.)
$-0.03 < Ri < 0$	기계적 난류와 대류가 존재하나 기계적 난류가 지배적임.
$Ri < -0.04$	대류에 의한 혼합이 기계적에 의한 혼합을 지배함.

※ (−)의 값이 커질수록 불안정도는 증가하며 대류 난류(자유대류)가 지배적인 상태가 된다.

필수이론 19 바람의 종류

(1) 기압경도력

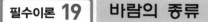

① 두 지점 사이의 기압차에 의해서 생기는 힘으로, 바람이 불게 되는 근본적인 원인이 되며 방향은 고압에서 저압 방향으로 작용한다.

② 두 등압선의 기압차가 일정할 때 등압선이 조밀한 곳일수록 기압경도력이 크므로 바람이 강하고, 등압선이 느슨한 곳에서는 기압경도력이 작으므로 바람이 약하다.

(2) 전향력

① 바람의 방향, 적도 용승 등 기상현상에 결정적인 영향을 끼치는 요소이다.

② 북반구에서는 항상 움직이는 물체의 운동방향의 오른쪽 직각방향으로 작용한다.

③ 극지방에서 최대가 되고, 적도 지방에서 최소가 된다.

(3) 경도풍 빈출

① **정의** : 기압경도력이 원심력, 전향력과 평형을 이루면서 고기압과 저기압의 중심부에서 발생하는 바람이다.

② **특성** : 북반구의 저기압에서는 반시계방향으로 회전하며 위쪽으로 상승하면서 불고, 고기압에서는 아래로 침강하면서 시계방향으로 분다.

(4) 지균풍 빈출

① **정의** : 기압경도력과 전향력이 평형을 이루어 마찰력이 없는 고도 1km 이상에서 등압선과 평행하게 부는 바람이다.

② **특성** : 지균풍에 영향을 주는 기압경도력과 전향력은 크기가 같고 방향이 반대이다.

(5) 해륙풍

① **정의** : 육지와 바다는 서로 다른 열적 성질 때문에 해안(또는 큰 호수가)에서 낮에는 바다에서 육지로, 밤에는 육지에서 바다로 부는 바람이다. 또한 육지와 직각 또는 해안에 직각으로 불고, 기온의 일변화가 큰 저위도 지방에서 현저하게 나타나며, 해풍과 육풍을 합한 것을 말한다.

② **특성**

㉠ 낮 : 바다보다 육지가 빨리 더워져서 육지의 공기가 상승하기 때문에 바다에서 육지로 8~15km까지 바람이 불며, 주로 여름에 빈번히 발생한다(해풍).

㉡ 밤 : 육지가 빨리 식는데 반하여 바다는 식지 않아 상대적으로 바다 위의 공기가 따뜻해져 상승하기 때문에 육지에서 바다로 향해 5~6km까지 불며, 겨울철에 빈번히 발생한다(육풍).

(6) 산곡풍

① **정의** : 평지와 계곡 및 분지 지역의 일사량 차이로 생기는 바람이다.

② **특성**

㉠ 낮에는 산 정상의 가열 정도가 산 경사면의 가열 정도보다 더 크므로, 산 경사면에서 산 정상을 향해 부는 곡풍(산 경사면 → 산 정상)이 발생한다.

㉡ 밤에는 반대로 산 정상에서 산 경사면을 따라 내려가는 산풍(산 정상 → 산 경계면)이 발생한다.

㉢ 곡풍에 비해 산풍이 더 강하고 매서운 바람인데, 이는 산 위에서 내려오면서 중력의 가속을 받기 때문이다.

(7) 휀풍

고도가 높은 산맥에 직각으로 강한 바람이 부는 경우에는 산맥의 풍하 쪽으로 건조한 바람이 부는데 이러한 바람을 휀풍이라 한다.

필수이론 20 가우시안 플륨(Gaussian plume) 모델

(1) 개요

오염물질의 농도 분포는 가우시안 분포(또는 정규 분포)를 이룬다고 가정한 정상상태 모델을 말한다.

(2) 농도 계산식(가우시안 확산식) 빈출

$$C(x,y,z,H_e)=\frac{1}{2}\frac{Q}{\pi\sigma_y\sigma_z U}\times\exp\left[-\frac{1}{2}\frac{y^2}{\sigma_y^2}\right]\times\left\{\exp\left[-\frac{1}{2}\frac{(z-H_e)^2}{\sigma_z^2}\right]+\exp\left[-\frac{1}{2}\frac{(z+H_e)^2}{\sigma_z^2}\right]\right\}$$

여기서, C : 오염물질 농도($\mu g/m^3$)

x : 오염원으로부터 풍하방향으로의 거리(m)

y : 플륨 중심선으로부터의 횡방향(측면) 거리(m)

z : 지면으로부터의 수직높이(m)

H_e : 유효굴뚝 높이(m)

Q : 오염물질 배출량(g/s)

σ_y : 수평방향 표준편차(m)

σ_z : 수직방향 표준편차(m)

U : H_e 에서의 평균풍속(m/s)

(3) 가정조건

① 연기는 연속적이고 일정하게 배출된다(continuous emissions).
② 배출량 등은 시간, 고도에 상관없이 일정하다(정상상태).
③ 오염물질의 농도는 정규분포를 이룬다.
④ 바람에 의한 오염물질의 주 이동방향은 x축이며, 풍속은 일정하다.
⑤ 수직방향의 풍속은 수평방향의 풍속보다 작으므로 고도변화에 따라 반영되지 않는다.
⑥ 풍하방향의 확산은 무시한다.
⑦ 주로 평탄지역에 적용하나, 최근 복잡지형에도 적용이 가능하다.
⑧ 간단한 화학반응은 묘사 가능(반감기도 묘사 가능)하다.
⑨ 지표반사와 혼합층 상부에서의 반사가 고려된다(질량보존의 법칙 적용).
⑩ 장, 단기적인 대기오염도 예측에 사용한다.
⑪ 난류확산계수는 일정하다.
⑫ 오염분포의 표준편차는 약 10분 간의 대표치이다.

필수이론 21 최대지표농도와 최대착지거리

(1) 최대지표농도

$$\text{Sutton 식, } C_m = \frac{2Q}{\pi e u H_e^2} \cdot \frac{K_z}{K_y}$$

여기서, C_m : 최대지표농도(ppm)
Q : 오염물질의 배출률(유량×농도)(g/s)
e : 2.718
u : 풍속(m/s)
H_e : 유효연돌고(m)
K_y, K_z : 수평 및 수직 확산계수

(2) 최대착지거리

$$X_{\max} = \left(\frac{H_e}{K_z}\right)^{\frac{2}{(2-n)}}$$

여기서, $X_{\max}$: 최대착지거리(m), H_e : 유효연돌고(m)
K_z : 수직 확산계수, n : 지수

필수이론 22 분산모델과 수용모델

(1) 분산모델

① 지형 및 기상, 오염원의 조업 및 운영조건에 영향을 받는다.
② 점, 선, 면 오염원의 영향을 평가할 수 있다.
③ 미래의 대기질을 예측할 수 있으며, 시나리오를 작성할 수 있다.
④ 기초적인 기상학적 원리를 적용해 미래의 대기질을 예측하여 대기오염제어 정책입안에 도움을 준다.

(2) 수용모델

① 측정지점에서의 오염물질 농도와 성분 분석을 통하여 배출원별 기여율을 구한다.
② 지형 및 기상학적 정보, 오염원의 조업 및 운영 상태에 관한 정보 없이도 사용할 수 있다.
③ 현재나 과거에 일어났던 일을 추정하여 미래를 위한 전략은 세울 수 있으나 미래 예측은 어렵다.
④ 측정자료를 입력자료로 사용하므로 시나리오 작성이 곤란하다.

필수이론 23 상자모델

(1) 개요

① 오염물질의 질량보존을 기본으로 한 모델로, 넓은 지역을 하나의 상자로 가정하여 상자 내부의 오염물질 배출량, 대상영역 외부로부터의 오염물질 유입, 화학반응에 의한 물질의 생성 및 소멸 등을 고려한 모델이다.
② 대상영역 내의 평균적인 오염물질 농도의 시간변화를 계산하며, 비교적 간단하면서도 기상조건과 배출량의 시간변화를 고려할 수 있고, 모델에 따라서는 화학반응에 의한 농도의 시간변화도 계산이 가능하다.

(2) 상자모델 이론을 적용하기 위한 가정조건

① 상자공간에서 오염물질의 농도는 균일하다.
② 오염물질의 분해는 1차 반응을 따른다.
③ 배출원은 지면 전역에 균등하게 분포되어 있다.
④ 오염물질은 방출과 동시에 균등하게 혼합된다.
⑤ 바람의 방향과 속도는 일정하다.
⑥ 배출된 오염물질은 다른 물질로 변화하지도, 흡수되지도 않는다.
⑦ 상자 안에서는 밑면에서 방출되는 오염물질이 상자 높이인 혼합층까지 즉시 균등하게 혼합된다.

필수이론 24 가시거리

(1) 람베르트–비어(Lambert–Beer) 법칙

기체 및 용액에서의 빛의 흡수에 관한 람베르트와 비어의 법칙을 합친 것으로, 기체나 용액에 빛을 쪼인 뒤 통과해 나온 빛의 세기는 흡수층의 두께와 몰농도의 영향을 받고, 기체나 용액이 빛을 흡수하는 정도는 흡수층의 분자수에 비례하며 희석도나 압력과는 무관하다는 법칙이다.

$$\frac{I_t}{I_0} = \exp(-\sigma_{ext} \times L_v)$$

$$I_t = I_0 \times e^{\sigma_{ext} \cdot L_v}$$

여기서, I_0 : 초기 빛의 강도

I_t : 가시거리 한계만큼 통과 후 빛의 강도

σ_{ext} : 빛의 소멸계수(m^{-1})

L_v : 시정거리의 한계(m)

(2) 가시거리의 계산

①

$$L_v = 1,000 \times \frac{A}{C}$$

여기서, L_v : 가시거리(km)

C : 입자의 농도(㎍/m^3)

A : 실험적 정수(0.6~2.4, 보통 1.2)

②

$$L_v = \frac{5.2 \times \rho \times r}{K \times C}$$

여기서, L_v : 가시거리(m)

ρ : 입자의 밀도(g/cm^3)

r : 입자의 반경(μm)

K : 분산 면적비 또는 산란계수

C : 입자의 농도(g/m^3)

필수이론 25 COH(coefficent Of Haze)

(1) 정의

COH는 Coefficent Of Haze의 약자로, 광화학밀도가 0.01이 되도록 하는 여과지상에 빛을 분산시켜 준 고형물의 양을 의미한다. 즉, COH는 광화학밀도(OD)를 0.01로 나눈 값이다.

(2) 계산식

$$COH = \frac{OD}{0.01} = \frac{\log(1/t)}{0.01} = \frac{\log\left(\frac{1}{I_t/I_o}\right)}{0.01} = 100\log\left(\frac{1}{I_t/I_o}\right)$$

여기서, OD : 광화학 밀도(Optical Density)로 불투명도의 log값

t : 투과도

I_t : 투과광의 강도

I_o : 입사광의 강도

$$\text{m당 COH} = \frac{100 \times \log(I_o/I_t) \times \text{거리(m)}}{\text{속도(m/s)} \times \text{시간(s)}}$$

필수이론 26 온실가스(GHG, Green House Gas)

(1) 기온상승 원리

온실효과는 태양의 열이 지구로 들어와서 나가지 못하고 순환되는 현상이다. 태양에서 방출된 빛에너지 중 지표에 흡수된 빛에너지는 열에너지나 파장이 긴 적외선으로 바뀌어 다시 바깥으로 방출하게 되는데, 이 방출되는 적외선은 반 정도는 대기를 뚫고 우주로 빠져나가지만 나머지는 온실가스에 의해 흡수되며 온실가스들은 이를 다시 지표로 되돌려 보내는데 이와 같은 작용을 반복하면서 지구의 기온은 상승하게 된다.

(2) 대표적인 원인물질

CO_2(이산화탄소), CH_4(메탄), N_2O(아산화질소), PFCs(과불화탄소), HFCs(수소불화탄소), SF_6(육불화황) 등

(3) 지구온난화지수(GWP, Global Warming Potential)

이산화탄소를 1로 볼 때, 메탄은 21, 아산화질소는 310, 수소불화탄소는 1,300, 육불화황은 23,900이다.

필수이론 27 열섬효과

(1) 정의

태양 복사열에 의해 도시에 축적된 열이 주변지역에 비해 커서 온도가 높아지는 현상으로 Dust dome effect라고도 하며, 직경 10km 이상의 도시에서 잘 나타나는 현상이다.

(2) 발생원인(발생인자)

① 도시에서는 인구와 산업의 밀집지대로서 인공적인 열이 시골에 비하여 많이 공급되어 발생한다.
② 도시 지표면은 시골보다 열용량이 많고 열전도율이 높아서 발생한다.
③ 지표면에서의 증발잠열의 차이 등으로 발생한다.
④ 도시인구가 늘어나서 녹지가 도로, 건물, 기타 구조물의 아스팔트나 콘크리트로 바뀌면서 발생한다.
⑤ 건물 등에 의한 거칠기 변화 등으로 발생한다.

필수이론 28 산성비

(1) 정의

pH 5.6 미만의 비를 산성비라 한다.

(2) 주 원인물질

SO_x, NO_x

(3) 피해

호수나 강이 산성화되면 플랑크톤의 생장이 억제된다.

(4) 산성비에 포함된 주성분

질산이온(NO_3^{-1}), 황산이온(SO_4^{-2})

필수이론 29 진비중과 겉보기비중

S/S_b비가 클수록 재비산 현상을 유발할 가능성이 높다.

여기서, S : 진비중, S_b : 겉보기비중이다.

2. 연소공학

필수이론 1 발열량

(1) 정의

단위질량의 연료가 완전연소 후, 처음의 온도까지 냉각될 때 발생하는 열량을 말한다.

(2) 측정방법

① **단열 열량계(Bomb Calorimeter)에 의한 방법** : 고위발열량이 측정된다.

② **원소분석에서 구하는 방법** : 주로 Dulong 식을 이용하며, 고위발열량(HHV)이 측정된다.

Dulong 식, $HHV = 8,100C + 34,000(H - O/8) + 2,500S$ [kcal/kg]

③ **삼성분으로 구하는 방법** : 저위발열량(LHV)이 측정된다.

$$LHV = 4,500V - 600W$$

여기서, V, W : 연료 중의 가연분, 수분의 질량 비율

(3) 저위발열량 빈출

$$LHV = HHV - \text{수증기의 응축잠열}(Sm^3)$$

여기서, LHV : 저위발열량, HHV : 고위발열량

① **고체 및 액체 연료** : $LHV = HHV - 600(9H + W)$[kcal/kg]

② **기체연료** : $LHV = HHV - 480(H_2 + 2CH_4 + \cdots)$[kcal/m³]

예제

메탄의 고위발열량이 9,500kcal/Sm³일 때, 저위발열량(kcal/Sm³)을 구하시오.

✔ 저위발열량(LHV) = 고위발열량(HHV) − 수증기의 응축잠열

기체연료 : $LHV = HHV - 480(H_2 + 2CH_4 + \cdots)$[kcal/m³]

$CH_4 + 2O_2 \rightarrow CO_2 + 2H_2O$

$\therefore LHV = 9,500 - 480 \times 2 = 8,540$ kcal/Sm³

(4) Rosin 식

고체 및 액체 연료에서 저위발열량을 이용하여 이론공기량(A_o)과 이론연소가스량(G_o)을 구하는 데는 Rosin 식이 이용된다(단, LHV는 저위발열량).

구분		Rosin 식(단위 : Sm^3/kg)
고체연료(보통 석탄)	이론공기량(A_o)	1.01×(LHV/1,000)+0.5
	이론연소가스량(G_o)	0.89×(LHV/1,000)+1.65
액체연료(보통 중유)	이론공기량(A_o)	0.85×(LHV/1,000)+2
	이론연소가스량(G_o)	1.11×(LHV/1,000)

필수이론 2 이론연소온도

(1) 계산식

$$t_1 = \frac{H_l}{G_{ow} \times C_p} + t_2$$

여기서, t_1 : 연소온도(℃)

H_l : 연료의 저위발열량(kcal/Sm^3)

G_{ow} : 이론습연소가스량(Sm^3/Sm^3)

C_p : G_{ow}의 평균정압비열(kcal/Sm^3·℃)

t_2 : 실제온도, 즉 연소용 공기 및 연료의 공급온도(℃)

필수이론 3 고체연료

(1) 장·단점

① 장점

㉠ 노천야적이 가능하고, 저장·취급이 용이하다.

㉡ 구입하기 쉽고, 가격이 저렴하다.

㉢ 연소장치가 간단하다.

② 단점

㉠ 완전연소가 곤란하고, 연소 조절이 어렵다.

㉡ 연소효율이 낮고, 고온을 얻기가 힘들다.

㉢ 회분이 많고, 재처리가 곤란하다.

㉣ 착화, 소화가 어렵다.

㉤ 관 수송이 곤란하다.

(2) 석탄의 탄화도가 높을(↑) 때의 현상

① 고정탄소가 많아져 발열량 증가(↑)
② 휘발분이 감소하고 착화온도 증가(↑)
③ 연료비(=고정탄소/휘발분) 증가(↑)
④ 석탄 비중 증가(↑)
⑤ 수분 및 휘발분 감소(↓)
⑥ 산소 양 감소(↓)
⑦ 연소속도 감소(↓)
⑧ 비열 감소(↓)

(3) 화격자 연소장치

① **장점**
㉠ 생활폐기물 소각에 대부분 적용되어 상용화 실적이 많다.
㉡ Mass burning이 가능하다(파쇄, 선별 등 전처리가 필요하지 않음).

② **단점**
㉠ 용융·적하하는 폐기물에는 곤란하다.
㉡ 체류시간이 길고 교반력이 상대적으로 약하여 국부가열의 위험성이 있다.
㉢ 클링커 장애는 연소효율이 낮은 화격자 연소장치에서 주로 발생된다.

(4) 유동층 연소장치

① **장점**
㉠ 사용연료의 입도범위가 넓기 때문에 연료를 미분쇄할 필요가 없다.
㉡ 수분함량이 높은 저질 폐기물도 처리 가능하다.
㉢ 연료의 층 내 체류시간이 길어 저발열량의 석탄도 완전연소가 가능하다.
㉣ 균일한 연소가 가능하고, 연소실 부하가 크며, 과잉공기량이 적다.
㉤ 석회석 등의 탈황제를 사용하여 노 내 탈황도 가능하다.
㉥ 연소실 온도가 낮아 NO_x의 생성량이 적다.
㉦ 공기와의 접촉면적이 커서 연소효율이 좋다.

② **단점**
㉠ 부하변동에 따른 적응성이 낮은 편이다.
㉡ 석탄 연소 시 미연소된 char가 배출될 수 있으므로 재연소장치에서의 연소가 필요하다.
㉢ 재나 비산먼지의 발생량이 많다.
㉣ 유동화에 따른 압력손실이 높아 동력비가 많이 든다.
㉤ 조대 연료는 투입 전 전처리 과정으로 파쇄공정이 필요하다.
㉥ 모래 등과 같은 유동매체가 필요하며 이에 따른 운영비가 증가한다.

(5) 미분탄 연소장치

① 장점

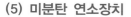

㉠ 연소제어가 용이하고, 점화 및 소화 시 열손실이 적다.

㉡ 부하변동에 대한 적응성이 우수하여 대형 설비(대용량의 연소)에 적합하다.

㉢ Clinker trouble이 없으며, 연소실의 공간을 효율적으로 사용할 수 있다.

㉣ 대형화되는 경우 설비비가 화격자 연소에 비해 낮아진다.

㉤ 사용연료의 범위가 넓다(저질탄, 점결탄도 가능함).

㉥ 작은 공기비로도 완전연소가 가능하다.

② 단점

㉠ 석탄 분쇄 비용이 많이 들고, 분쇄기 및 배관에서 폭발의 우려 및 수송관의 마모가 일어날 수 있다.

㉡ 재비산이 많고, 후단에 집진장치가 필요하다.

㉢ 노 벽이나 전열면에 재의 퇴적이 많아 소형화에는 부적합하며, 소형의 미분탄설비는 설비비가 많이 든다.

필수이론 4 액체연료

(1) 액체연료의 장·단점

① 장점

㉠ 저장, 운반이 용이하며, 배관공사 등에 걸리는 비용도 적게 소요된다.

㉡ 단위질량당의 발열량이 커서 화력이 강하다.

㉢ 비교적 저가로 안정하게 공급되고 품질에도 큰 차이가 없다.

㉣ 회분이 거의 없어 재처리가 필요 없고, 관 수송이 용이하다.

㉤ 점화, 소화 및 연소 조절이 용이하고, 고온을 얻기 쉽다.

㉥ 발열량이 높고, 성분이 일정하다.

㉦ 연소효율이 높고, 완전연소가 쉽다.

㉧ 저장·취급이 용이하고, 저장 중 품질변화가 적다.

② 단점

㉠ 연소온도가 높아 국부과열위험이 크다.

㉡ 화재, 역화 등의 위험이 크다.

㉢ 황성분을 일반적으로 많이 함유한다(특히, 중유).

㉣ 버너에 따라 소음이 발생된다.

(2) 석유의 탄소/수소비(C/H ratio)

① C/H비가 클수록 방사율이 크다.
② 중질연료일수록 C/H비가 크다(중유 > 경유 > 등유 > 휘발유 순).
③ C/H비가 크면 비교적 점성이 높은 연료이며 매연이 발생되기 쉽다.
④ C/H비가 클수록 이론공연비가 감소된다.
⑤ C/H비가 클수록 휘도가 높아진다.

(3) 유압분무식 버너

① 구조가 간단하여 유지 및 보수가 용이하다.
② 대용량 버너 제작이 용이하다.
③ 연료유의 분무각도는 압력, 점도 등으로 약간 다르지만 40~90° 로 크다.
④ 유압은 5~30kg/cm^2이고, 연료의 점도가 크거나 유압이 5kg/cm^2 이하가 되면 분무화가 불량해진다.
⑤ 유량 조절범위가 좁아 부하변동에 대한 적응성이 어렵다(환류식 1 : 3, 비환류식 1 : 2).
⑥ 연료 분사범위는 15~2,000L/hr 정도이다.

(4) 회전식 버너

① 분무는 기계적 원심력과 공기를 이용한다.
② 부하변동이 있는 중소형 보일러용으로 사용된다.
③ 회전수는 5,000~6,000rpm 범위이다.
④ 연료유는 0.5kg/cm^2 정도 가압하며 공급한다.
⑤ 연료유의 점도가 작을수록 분무화 입경이 작아진다.
⑥ 유량 조절범위는 1 : 5 정도이다.
⑦ 유압식 버너에 비해 연료유의 분무화 입경은 비교적 크다.
⑧ 연료유 분사량은 직결식의 경우 1,000L/hr 이하이다.
⑨ 분무각도는 약 40~80° 이며, 비교적 넓게 퍼지는 화염의 형태를 가진다.

(5) 건타입 버너

① 형식은 유압식과 공기분무식을 합친 형태이다.
② 유압은 7kg/cm^2 이상이다.
③ 연소가 양호하며, 전자동연소가 가능하다.
④ 점화장치, 송풍기, 화염검출장치가 일체화되어 주로 소형에 적합하다.

(6) 고압기류분무식 버너(고압공기식 유류버너)

① 2~10kg/cm^2 정도의 고압공기를 사용하여 분무화시킨다.
② 분무각도는 20~30° 로 가장 작으며, 화염은 가장 좁은 각도의 긴 화염(장염)이다.
③ 유량조절비(turn down ratio)는 1 : 10 정도이다.
④ 분무용 공기량(무화용 공기량)은 이론공기량의 7~12% 정도로 적다.
⑤ 연료 분사범위는 외부혼합식 3~500L/hr, 내부혼합식 10~1,200L/hr 정도이다.
⑥ 주로 대형가열로(제강용평로, 연속가열로, 유리용해로 등) 등에 사용된다.
⑦ 분무각도는 작지만 유량조절비는 커서 부하변동에 적응이 용이하다.
⑧ 연료유의 점도가 큰 경우도 분무화가 용이하나 연소 시 소음이 크다.

(7) 저압기류분무식 버너(저압공기식 유류버너)

① 0.05~0.2kg/cm^2(500~2,000mmH_2O)의 저압공기를 사용하여 분무화시킨다.
② 분무각도는 30~60° 정도이며, 비교적 좁은 각도의 짧은 화염이 발생한다.
③ 유량조절비는 1 : 5 정도이다.
④ 분무용 공기량은 이론공기량의 30~50%로 많이 소요된다.
⑤ 용량은 2~300L/hr이며, 연료 분사범위는 200L/hr 정도이다.
⑥ 주로 소형 가열로용으로 사용된다.

필수이론 5 기체연료

(1) 특징

① 연소 배기가스 중에 황산화물 및 먼지 발생량이 매우 적다.
② 부하의 변동범위가 넓고, 연소 조절이 용이하며, 점화 및 소화가 간단하다.
③ 저장 및 수송이 불편하고, 시설비가 많이 든다.
④ 기체연료는 석탄이나 석유에 비하여 과잉공기 소모량이 적다.
⑤ 적은 과잉공기로 완전연소가 가능하다.
⑥ 공기와 혼합해서 점화하면 폭발 등의 위험도 있다.
⑦ 발열량이 낮아도 고온을 얻을 수 있고 열효율을 높일 수 있다.
⑧ 연료 예열이 쉽고, 저질 연료도 고온을 얻을 수 있다.

(2) 확산연소

① 기체연료와 연소용 공기를 연소실로 보내 연소하는 방식이다.
② 부하에 따른 조작범위가 넓으며, 화염이 길고, 그을음이 많다.
③ 연료의 분출속도가 클 경우에는 그을음이 발생하기 쉽다.
④ 기체연료와 연소용 공기를 버너 내에서 혼합하지 않는다.
⑤ 확산연소 시 연료와 공기의 경계에서 확산과 혼합이 발생한다.
⑥ 역화의 위험이 없으며, 가스와 공기를 예열할 수 있다.
⑦ 탄화수소가 적은 발생로·고로 가스에 적용되며, 천연가스에도 사용 가능하다.
⑧ 확산연소에 사용되는 버너로는 포트형과 버너형이 있다.

(3) 예혼합연소

① 공기의 전부를 미리 연료와 혼합하여 버너로 분출시켜 연소하는 방법이다.
② 내부에서 연료와 공기의 혼합비가 변하지 않고 균일하게 연소한다.
③ 화염온도가 높아 연소부하가 큰 경우 사용 가능하다.
④ 연소 조절이 쉽고, 화염의 길이가 짧다.
⑤ 혼합기의 분출속도가 느릴 경우 역화의 위험이 있다.
⑥ 높은 연소부하가 가능하므로 고온가열용으로 적합하다.
⑦ 완전연소가 용이하고, 그을음 생성량이 적다.
⑧ 저압버너, 고압버너, 송풍버너, 분젠버너 등이 있다.
⑨ 고압버너는 기체연료의 압력을 $2kg/cm^2$ 이상으로 공급하므로 연소실 내의 압력은 정압이다.
⑩ 저압버너는 역화방지를 위해 1차 공기량을 이론공기량의 약 60% 정도만 흡입하고 2차 공기로는 노 내의 압력을 부압(-)으로 하여 공기를 흡인한다.
⑪ 가정용 및 소형 공업용으로 사용한다.

(4) 부분예혼합연소

① 공기의 일부를 미리 기체연료와 혼합하고 나머지 공기는 연소실 내에서 혼합하여 확산연소하는 방법으로, 예혼합연소와 확산연소의 절충형이다.
② 소형이나 중형 버너로 많이 사용한다.
③ 기체연료나 공기의 분출속도에 의해 생기는 흡인력을 이용하여 공기와 연료를 흡인한다.

필수이론 6 연소방법 ★빈출

(1) 증발연소

휘발유, 등유 등과 같이 화염으로부터 열을 받아 발생된 가연성 증기가 공기와 혼합된 상태에서 연소하는 형태이다(유황, 나프탈렌, 파라핀, 유지, 가솔린, 등유, 경유, 알코올, 아세톤 등).

(2) 분해연소

석탄, 목재 등의 가연물의 열분해 반응 시 생성된 가연성 가스가 공기와 혼합된 상태에서 연소하는 형태이다(목재, 석탄, 종이, 플라스틱, 고무, 중유, 아스팔트유 등).

(3) 표면연소

목탄, 코크스 등과 같이 고정탄소 성분이 연소하여 화염을 내지 않고 표면이 빨갛게 빛을 내면서 연소하는 형태이다(숯, 코크스, 목탄, 금속분(마그네슘 등), 벙커C유 등).

(4) 확산연소

LPG, 프로판 등과 같은 기체연료와 산소를 인접한 2개의 분출구에서 각각 분출시켜 양자의 계면에서 연소를 하는 형태이다. 연료와 산소가 고온의 화염면으로 확산됨에 따라 예혼합연소와는 달리 화염면이 전파되지 않는다.

(5) 내부연소

니트로글리세린, TNT 등과 같이 분자 내에 산소를 가지고 있어 외부의 산소 공급원이 없이도 점화원의 존재하에 스스로 폭발적인 연소를 일으키는 형태이다.

필수이론 7 공연비(AFR, Air-Fuel Ratio) ★빈출

(1) 정의

$$\text{AFR} = \frac{\text{공기의 질량(부피)}}{\text{연료의 질량(부피)}}$$

(2) 특징

① AFR값이 이상적인 값(ideal AFR)일 때 CO, HC는 가장 적게 배출되지만 CO_2는 가장 많이 배출되고, NO_x는 ideal AFR값보다 약간 높을 때 최대로 배출된다.

② 산소(O_2)는 ideal AFR보다 적을 때(Fuel Richer) 가장 적고 ideal AFR보다 높을 때(Fuel Leaner) 급속하게 증가된다.

예제

가솔린($C_8H_{17.5}$)을 연소시킬 경우, 질량기준의 공연비와 부피기준의 공연비를 계산하시오.
(1) 질량기준 AFR
(2) 부피기준 AFR

(1) 질량기준 $AFR = \dfrac{58.93 \times 29kg}{1 \times 113.5kg} = 15.06$

(단, 공기의 질량=29kg, 가솔린의 질량=113.5kg)

(2) $C_8H_{17.5} + \left(8 + \dfrac{17.5}{4}\right)O_2 \rightarrow 8CO_2 + \dfrac{17.5}{2}H_2O$

$O_o = 12.375m^3$

$A_o = O_o/0.21 = 12.375/0.21 = 58.93m^3$

부피기준 $AFR = \dfrac{58.93m^3}{1m^3} = 58.93$

필수이론 8 등가비(Equivalence Ratio)

(1) 정의

$$\phi(\text{등가비}) = \frac{(\text{실제 연료량/산화제})}{(\text{완전연소를 위한 이상적인 연료량/산화제})}$$

(2) 특징

① $\phi = 1$인 경우는 완전연소.
연료와 산화제의 혼합이 이상적이다.

② $\phi < 1$인 경우는 공기 과잉.
완전연소에 가까우나 NO_x 생성이 증가한다(CO와 HC는 감소).

③ $\phi > 1$인 경우는 연료 과잉.
불완전연소에 의해 CO와 HC는 증가한다(NO_x는 감소).

④ 공기비$(m) = 1/\phi$

필수이론 9 고체 및 액체 연료 연소 빈출

(1) 이론적인 산소량

$$O_o = 1.867C + 5.6(H - O/8) + 0.7[Sm^3/kg]$$

(2) 이론적인 공기량

$$A_o = O_o/0.21[Sm^3/kg]$$

(3) 공기비

$$m = \frac{A}{A_o}$$

여기서, A : 실제 공기량, A_o : 이론 공기량

① 불완전연소 시

$$m = \frac{N_2}{N_2 - 3.76(O_2 - 0.5CO)}$$

② 완전연소 시

$$m = \frac{21}{21 - O_2}$$

③ 공기비의 크기에 따른 연소 특성

㉠ 공기비가 작을 경우

- 불완전연소가 일어나 CO, HC, 매연, 검댕의 발생량이 증가한다. 그러나 NO_x 발생량은 감소한다.
- 불완전연소로 연소실 내의 열 손실이 커져 연소효율이 저하한다.
- 연소효율이 저하되어 배출가스 온도가 불규칙하게 증가 또는 감소를 반복한다.
- 연소실벽에 미연탄화물 부착이 늘어난다.
- 미연가스에 의한 폭발 위험이 증가한다.

㉡ 공기비가 클 경우

- 연소실의 연소온도가 낮아지고, 연소실의 냉각효과를 가져온다.
- 배출가스에 의한 열 손실이 증가한다.
- 배출가스 중 SO_2, NO_2의 함량이 많아져 부식이 촉진된다.

필수이론

(4) 과잉공기량

$$\text{과잉공기량} = \text{실제공기량} - \text{이론공기량}$$
$$= A - A_o = mA_o - A_o = (m-1)A_o [\mathrm{Sm^3/kg}]$$

(5) 연소가스량($\mathrm{Sm^3/kg}$)

① 이론 습연소가스량

$$G_{ow} = A_o + 5.6\mathrm{H} + 0.7\mathrm{O} + 0.8\mathrm{N} + 1.24W$$

② 이론 건연소가스량

$$G_{od} = A_o - 5.6\mathrm{H} + 0.7\mathrm{O} + 0.8\mathrm{N} = G_{ow} - (11.2\mathrm{H} + 1.24W)$$

③ 실제 습연소가스량

$$G_w = mA_o + 5.6\mathrm{H} + 0.7\mathrm{O} + 0.8\mathrm{N} + 1.24W = G_{ow} + (m-1)A_o$$

④ 실제 건연소가스량

$$G_d = mA_o - 5.6\mathrm{H} + 0.7\mathrm{O} + 0.8\mathrm{N} = G_w - (11.2\mathrm{H} + 1.24W)$$

(6) 최대탄산가스량(%)

$$(\mathrm{CO_2})_{\max} = \frac{1.867\mathrm{C}}{G_{od}} \times 100$$

① 완전연소인 경우 : $(\mathrm{CO_2})_{\max} = \dfrac{21(\mathrm{CO_2})}{21 - \mathrm{O_2}}$

② 공기비$(\mathrm{CO_2})_{\max}$ 와의 관계 : $m = \dfrac{(\mathrm{CO_2})_{\max}}{\mathrm{CO_2}}$

(7) 각 물질의 농도

① $\mathrm{CO_2} + \mathrm{CO} = \dfrac{1.867\,\mathrm{C}}{G_d}$ (완전연소 시, $\mathrm{CO} = 0$)

② $\mathrm{SO_2} = \dfrac{0.7\,\mathrm{S}}{G_d}$

③ $\mathrm{O_2} = \dfrac{0.21(m-1)A_o}{G_d}$

④ $\mathrm{N_2} = \dfrac{0.79\,mA_o + 0.8\,\mathrm{N}}{G_d}$

예제 1

석탄의 조성이 C 64%, H 5.3%, O 8.8%, N 0.8%, S 0.1%, 회분 12%, 수분 9%였을 때, 다음을 계산하시오.

(1) G_{od} (Sm^3/kg)　　(2) G_{ow} (Sm^3/kg)　　(3) $(CO_2)_{max}$ (%)

(1) $O_o = 1.867C + 5.6(H - O/8) + 0.7S$

$= 1.867 \times 0.64 + 5.6 \times (0.053 - 0.088/8) + 0.7 \times 0.001$

$= 1.431 m^3/kg$

$A_o = O_o / 0.21$

$= 1.4308 / 0.21$

$= 6.814 m^3/kg$

$\therefore G_{od} = A_o - 5.6H + 0.7O + 0.8N$

$= 6.814 - 5.6 \times 0.053 + 0.7 \times 0.088 + 0.8 \times 0.008$

$= 6.585 Sm^3/kg$

(2) $G_{ow} = A_o + 5.6H + 0.7O + 0.8N + 1.24W$

$= G_{od} + 11.2H + 1.24W$

$= 6.585 + 11.2 \times 0.053 + 1.24 \times 0.09$

$= 7.290 Sm^3/kg$

(3) $(CO_2)_{max} = \dfrac{(CO_2)}{G_{od}} \times 10^2 = \dfrac{1.867C}{G_{od}} \times 10^2$

$= \dfrac{1.867 \times 0.64}{6.585} \times 10^2$

$= 18.15\%$

예제 2

탄소 85%, 수소 15%의 경유 1kg을 공기과잉계수 1.1로 연소시켰더니 탄소 1%가 검댕(그을음)으로 되었다. 건조연소가스 $1Sm^3$ 중의 검댕(그을음)의 농도(g/Sm^3)를 계산하시오.

$O_o = 1.867C + 5.6(H - O/8) + 0.7S$

$= 1.867 \times 0.85 + 5.6 \times 0.15$

$= 2.427 m^3/kg$

$A_o = O_o / 0.21$

$= 2.427 / 0.21$

$= 11.557 m^3/kg$

$m = 1.1$

$G_d = mA_o - 5.6H + 0.7O + 0.8N$

$= 1.1 \times 11.557 - 5.6 \times 0.15$

$= 11.8727 m^3/kg$

검댕의 발생량 $= 1kg \times 0.85 \times 0.01 = 0.0085kg$

$\therefore$ 검댕의 농도 $= \dfrac{0.0085kg}{11.8727Sm^3} = 0.00072kg/Sm^3 = 0.72g/Sm^3$

예제 3

C : 72.3%, H : 5.8%, O : 14.9%, N : 1.3%, S : 0.5%, 회분 : 5.2%인 석탄을 완전연소 후 연소가스 중 O_2는 3%였다고 할 때, 건조연소가스 중 SO_2(ppm)을 구하시오. (단, 표준상태 기준, S는 모두 SO_2로 전환된다.)

$O_o = 1.867C + 5.6(H - O/8) + 0.7S$

$= 1.867 \times 0.723 + 5.6 \times (0.058 - 0.149/8) + 0.7 \times 0.005$

$= 1.5738 m^3/kg$

$A_o = O_o / 0.21$

$= 1.5738/0.21$

$= 7.4943 m^3/kg$

$m(\text{완전연소 시}) = \frac{21}{21 - O_2} = \frac{21}{21-3} = 1.1667$

$G_d = mA_o - 5.6H + 0.7O + 0.8N$

$= 1.1667 \times 7.4943 - 5.6 \times 0.058 + 0.7 \times 0.149 + 0.8 \times 0.013$

$= 8.5335 m^3/kg$

$\therefore SO_2 = \frac{0.7S}{G_d} \times 10^6 = \frac{0.7 \times 0.005}{8.5335} \times 10^6 = 410.15 ppm$

예제 4

황 함량 3%인 중유를 시간당 10톤 연소하는 보일러에서 발생되는 가스를 탈황한 후 황산을 회수하려고 한다. 회수되는 H_2SO_4의 양(kg/hr)을 구하시오. (단, 탈황률은 90%이다.)

$S + O_2 \rightarrow SO_2$

32kg : 64kg

10,000kg/hr × 0.03 : x

$x(SO_2 \text{ 양}) = \frac{64 \times 10{,}000 \times 0.03}{32} = 600 kg/hr$

$SO_2 + H_2O \rightarrow H_2SO_4$

64kg : 98kg

600kg/hr × 0.9 : y

$\therefore y(H_2SO_4 \text{ 양}) = \frac{98 \times 600 \times 0.9}{64} = 826.88 kg/hr$

필수이론 10 기체연료 연소 빈출

(1) C_mH_n의 완전연소반응식

$$C_mH_n + \left(m + \frac{n}{4}\right)O_2 \rightarrow mCO_2 + \frac{n}{2}H_2O$$

(2) 이론적인 산소량

$$O_o = \left(m + \frac{n}{4}\right)\text{mol}$$

(3) 이론적인 공기량

$$A_o = \left(m + \frac{n}{4}\right)/0.21\text{mol}$$

(4) 이론적인 질소량

$$\text{이론적인 질소량} = 0.79A_o = 3.76\left(m + \frac{n}{4}\right)\text{mol}$$

(5) 이론 습연소가스량

$$G_{ow} = CO_2 + H_2O + \text{이론적인 질소량}(0.79A_o)$$
$$= m + \frac{n}{2} + 3.76\left(m + \frac{n}{4}\right) = (4.76m + 1.44n)\text{mol}$$

(6) 실제 습연소가스량

$$G_w = CO_2 + H_2O + \text{이론적인 질소량}(0.79A_o) + \text{과잉공기량}((m-1)A_o)$$
$$= m + \frac{n}{2} + (m - 0.21)A_o$$

(7) 각 물질의 농도(%)

① $CO_2 = \dfrac{CO_2}{G_w} \times 100 = \dfrac{m}{G_w} \times 100$

② $H_2O = \dfrac{H_2O}{G_w} \times 100 = \dfrac{n/2}{G_w} \times 100$

③ $N_2 = \dfrac{N_2}{G_w} \times 100 = \dfrac{0.79mA_o}{G_w} \times 100$

④ $O_2 = \dfrac{O_2}{G_w} \times 100 = \dfrac{0.21 \times \text{과잉공기량}}{G_w} \times 100 = \dfrac{0.21 \times (m-1)A_o}{G_w} \times 100$

예제 1

황화수소(H_2S)가 5% 포함된 메탄을 공기비 1.05로 연소할 경우, 건조연소가스 중의 SO_2 농도(ppm)를 계산하시오. (단, 황화수소는 모두 SO_2로 변환된다.)

- H_2S : 5%, m : 1.05
  $H_2S + 1.5O_2 \rightarrow SO_2 + H_2O$
  황화수소 연소에 필요한 $O_o = 1.5 \times 0.05 = 0.075$, $A_o = 0.075/0.21 = 0.357\text{mol/mol}$
- CH_4 : 95%
  $CH_4 + 2O_2 \rightarrow CO_2 + 2H_2O$: 95%
  메탄 연소에 필요한 $O_o = 2 \times 0.95 = 1.9$, $A_o = 1.9/0.21 = 9.048\text{mol/mol}$
- 전체 공기량, $A_o = 0.357 + 9.048 = 9.405\text{mol/mol}$
- 건조연소가스량, G_d = 이론적인 질소량 + 과잉공기량 + 건조연소생성물

$$= 0.79A_o + (m-1)A_o + CO_2 + SO_2$$
$$= (m - 0.21)A_o + CO_2 + SO_2$$
$$= (1.05 - 0.21) \times 9.405 + 0.95 + 0.05 = 8.9\text{mol/mol}$$

$$\therefore SO_2 = \frac{SO_2}{G_d} \times 10^6 = \frac{0.05}{8.9} \times 10^6 = 5,617.98\text{ppm}$$

예제 2

함량이 CH_4 90%, CO_2 5%, O_2 3%, N_2 2%인 기체연료를 $10Sm^3/Sm^3$의 공기량으로 연소시켰을 때, 공기비를 구하시오. (단, 표준상태이다.)

이론산소량(O_o) $= (m + n/4)C_mH_n + 0.5H_2 + 0.5CO - O_2$
CH_4의 이론산소량(O_o) $= 2 \times 0.90$
O_2의 이론산소량(O_o) $= 1 \times 0.03$
CO_2와 N_2는 산소가 필요 없음
그러므로 기체연료의 이론산소량(O_o) $= 2 \times 0.90 - 1 \times 0.03 = 1.77Sm^3/Sm^3$
기체연료의 이론공기량(A_o) $= O_o/0.21 = 1.77/0.21 = 8.43Sm^3/Sm^3$
기체연료의 실제공기량(A) $= 10Sm^3/Sm^3$
$A = mA_o = m \times 8.43 = 10$
$\therefore$ 공기비(m) $= 1.19$

예제 3

아세트산 $10Sm^3$를 완전연소 시, 이론건조가스량(Sm^3)을 구하시오.

$CH_3COOH + 2O_2 \rightarrow 2CO_2 + 2H_2O$
10 : 20 : 20 : 20
$O_o = 20Sm^3$
$A_o = O_o/0.21 = 20/0.21 = 95.24Sm^3$
$\therefore G_{od} = CO_2 +$ 이론적인 질소량$(0.79A_o)$

$$= 20 + 0.79 \times 95.24$$
$$= 95.24Sm^3$$

필수이론 11 폭발과 폭굉

(1) 폭발(explosion)

연소에 의해서 일어나는데, 연소속도가 빠르고 높은 온도가 되며 급격한 가스팽창에 의해서 음향과 파괴력이 발생하는 현상을 말한다.

(2) 폭발범위

① 르 샤틀리에(Le Chatelier) 수식

혼합가스 성분의 연소범위를 구하는 식

② 계산식 빈출

$$\frac{100}{L} = \frac{V_1}{L_1} + \frac{V_2}{L_2} + \frac{V_3}{L_3} + \cdots, \quad \frac{100}{U} = \frac{V_1}{U_1} + \frac{V_2}{U_2} + \frac{V_3}{U_3} + \cdots$$

여기서, L : 혼합가스 연소범위 하한계(vol%)

U : 혼합가스 연소범위 상한계(vol%)

V_1, V_2, V_3, … : 각 성분의 체적(vol%)

(3) 폭굉(detonation)

화약이나 폭발성 물질의 연소가 초음속 속도로 매우 빠르게 진행되는 폭발현상을 말한다.

① 특징

㉠ 폭발성 물질의 연소속도가 초음속 속도에 가까워, 폭발기 파동과 확산 파동이 동시에 발생한다.

㉡ 폭굉은 폭발물의 전체 질량이 거의 동시에 폭발하여 확산되며, 이로 인해 강력한 폭발이 일어난다.

㉢ 일반적으로 속도는 1,000~3,500m/s이다.

② 폭굉유도거리(DID, Detonation Inducement Distance)

관 중에 폭굉가스가 존재할 때 최초의 완만한 연소가 격렬한 폭굉으로 발전할 때까지의 거리

③ 폭굉유도거리가 짧아지는 조건(폭발이 잘되는 조건)

㉠ 압력이 높은 경우

㉡ 점화원의 에너지가 큰 경우

㉢ 연소속도가 큰 혼합가스인 경우

㉣ 관경이 작은 경우

㉤ 관 속에 방해물이 있는 경우

필수이론 12 화격자연소율과 연소부하율(또는 열발생률)

(1) 화격자연소율(kg/m^2 · hr, 또는 화상부하율)

단위시간, 단위면적 당 연소시킬 수 있는 폐기물의 양

$$\frac{\text{연소량}}{\text{화상면적}} = \frac{W}{T \times A}$$

여기서, W : 하루에 강열감량 이하로 연소시킨 폐기물의 양(kg/d)
T : 가동시간(hr/d)
A : 폐기물과 화격자가 실제적으로 접촉하는 면적(m^2)

(2) 연소부하율 또는 열발생률(kcal/m^3 · hr) ★빈출

단위시간, 단위연소실 용적 당 발생하는 열량

$$\frac{Q}{V} = \frac{W \times \text{LHV}}{V}$$

여기서, Q : 발생 열량(저위발열량에 폐기물 소각량을 곱한 값)
V : 연소실 용적(m^3)
W : 소각량(kg/hr)
LHV : 저위발열량(kcal/kg)

필수이론 13 반응속도

(1) 정의

반응속도는 반응물이 화학반응을 통하여 생성물을 형성할 때 단위시간당 반응물이나 생성물의 농도변화를 의미한다.

(2) 0차 반응속도식

$r = k$ (농도 2배 증가 → 속도 일정)
$[A] = -k \times t + [A]_0$ (반응속도는 반응물의 농도에 영향을 받지 않음)

(3) 1차 반응속도식 ★빈출

$r = k[A]^1$ (농도 2배 증가 → 속도 2배 증가)

$\ln[A] = -k \times t + \ln[A]_0 \rightarrow \ln\frac{[A]}{[A]_0} = -k \times t$

(4) 2차 반응속도식

$r = k[A]^2$ (농도 2배 증가 → 속도 2^2배 증가)

$$\frac{1}{[A]} = -k \times t + \frac{1}{[A]_0} \rightarrow \frac{1}{[A]} - \frac{1}{[A_0]} = k \times t$$

여기서, $[A]$: 시간 t일 때 농도

$[A]_0$: 시간 0일 때의 초기농도

예제

A물질이 550sec 동안 반응한 후 농도가 초기농도의 1/2이 되었다면, A물질이 1/5이 남을 때까지 소요되는 시간(sec)을 구하시오. (단, 1차 반응이다.)

$\ln[A] = -k \times t + \ln[A]_0 \rightarrow \ln\frac{[A]}{[A]_0} = -k \times t$

$\ln\frac{50}{100} = -k \times 550$. 그러므로 $k = 1.2603 \times 10^{-3}$

$\ln\frac{20}{100} = -1.2603 \times 10^{-3} \times t$

$\therefore\ t = 1,277.03\text{sec}$

3. 대기오염 방지기술

필수이론 1 국소배기장치

(1) 정의

발생원에서 발생되는 유해물질을 후드, 덕트, 공기정화장치, 배풍기(송풍기) 및 배기구(굴뚝)를 설치하여 배출하거나 처리하는 장치를 말한다.

(2) 국소배기가 전체환기보다 좋은 점

① 발생원에서 직접 오염물질을 흡인하기 때문에 작업장으로의 오염물질 확산이 적다.
② 오염물질의 제어효율이 좋다.
③ 부지면적이 적게 필요하다.
④ 필요 배기량이 적어 경제적이다.
⑤ 후드를 발생원 가까이 설치하여 방해기류를 적게 받는다.

필수이론 2 후드 빈출

(1) 후드 선정 시 흡인 요령

① 국부적인 흡인방식을 택한다.
② 충분한 포착속도를 유지한다.
③ 후드를 발생원에 최대한 근접시킨다.
④ 후드의 개구면적을 좁게하여 흡인속도를 크게 한다.
⑤ 에어커튼을 사용한다.

(2) 후드의 흡인 저하 원인

① 발생원과 후드의 개구부가 멀어지는 경우
② 후드 주변에 방해기류 등에 의한 난기류가 형성되는 경우
③ 후드 입구부분에 높은 압력이 형성되는 경우
④ 내부에 먼지 등이 퇴적된 경우

(3) 후드의 압력손실

$$\Delta P = \boldsymbol{F} \times P_v$$

여기서, ΔP : 압력손실(mmH_2O)

F : 압력손실계수$\left(= \dfrac{1 - {C_e}^2}{{C_e}^2} \ (\text{여기서, } C_e : \text{유입계수})\right)$

P_v : 속도압$\left(= \dfrac{\gamma V^2}{2g}\right)$

(4) 외부식 장방형 후드의 흡인풍량

$$Q = (10X^2 + A) \times V$$

여기서, Q : 흡인유량(m^3/s)

X : 후드 개구면에서 포착점까지의 거리(m)

A : 후드의 개구면적

V : 포착속도(m/s)

필수이론 3 덕트

(1) 덕트의 형태 및 길이에 따른 압력손실

① 관의 길이가 길수록 압력손실이 커진다.
② 유체의 유속이 클수록 압력손실이 커진다.
③ 곡관이 많을수록 압력손실이 커진다.
④ 덕트 직경이 작을수록 압력손실이 커진다.

(2) 덕트의 압력손실 ★빈출

$$\Delta P_f = f \frac{L}{D} P_v$$

여기서, ΔP_f : 마찰에 의한 압력손실, f : 마찰계수

L : 관의 길이, D : 관의 직경

P_v : 동압$\left(\text{속도압, } \dfrac{\gamma V^2}{2g}\right)$

※ 장방형(사각형) 직선덕트의 직경$(D) = 2 \times \left(\dfrac{A \times B}{A + B}\right) = 2 \times \left(\dfrac{\text{가로} \times \text{세로}}{\text{가로} + \text{세로}}\right)$

예제

원형 덕트의 직경이 2배가 될 때, 압력손실은 어떻게 변하는지 쓰시오. (단, 직경을 제외한 다른 변수는 모두 일정하다.)

✔ $V=\dfrac{Q}{A}=\dfrac{4Q}{\pi D^2}$ 이므로 $V\propto\dfrac{1}{D^2}$

원형 덕트의 압력손실(ΔP)$=4f\times\dfrac{L}{D}\times\dfrac{\gamma\times V^2}{2g}$ 에서 $\Delta P\propto\dfrac{V^2}{D}\propto\dfrac{\left(\dfrac{1}{D^2}\right)^2}{D}\propto\dfrac{1}{D^5}$

$\Delta P_1 : \dfrac{1}{{D_1}^5}=\Delta P_2 : \dfrac{1}{{D_2}^5}$, $1 : \dfrac{1}{1^5}=\Delta P_2 : \dfrac{1}{2^5}$, $\Delta P_2=\dfrac{1}{2^5}$

∴ 처음보다 1/32배 감소한다.

필수이론 4 송풍기

(1) 송풍기 동력 ★빈출

$$\text{송풍기 동력(kW)}=\frac{\Delta P\times Q}{6,120\times\eta_s}\times\alpha$$

여기서, ΔP : 압력손실(mmH_2O), Q : 흡인유량(m^3/min), η_s : 송풍기 효율, α : 여유율

(2) 송풍기 회전수에 따른 변화 법칙 ★빈출

① 풍량(m^3/min)은 송풍기의 회전속도와 비례($Q\propto N$)한다.

$$Q_2=Q_1\times\left(\frac{N_2}{N_1}\right)^1$$

여기서, Q_1, Q_2 : 변경 전, 후 풍량, N_1, N_2 : 변경 전, 후 회전수

② 풍압(mmH_2O)은 송풍기의 회전속도의 제곱에 비례($P\propto N^2$)한다.

$$P_2=P_1\times\left(\frac{N_2}{N_1}\right)^2$$

여기서, P_1, P_2 : 변경 전, 후 압력, N_1, N_2 : 변경 전, 후 회전수

③ 동력(kW)은 송풍기의 회전속도의 세제곱에 비례($H_P\propto N^3$)한다.

$$W_2=W_1\times\left(\frac{N_2}{N_1}\right)^3$$

여기서, W_1, W_2 : 변경 전, 후 동력, N_1, N_2 : 변경 전, 후 회전수

(3) 송풍기의 유출정압

유출정압(kgf/cm^2) = 흡인정압 + 출구정압 − 속도압(입구동압)

※ 속도압(mmH_2O) = $\left(\frac{V}{242.2}\right)^2$ (여기서, V : 유속(m/min))

필수이론 5 통풍방식

(1) 압입통풍

① **정의** : 연소용 공기를 송풍기 등으로 가압하여 노 내로 압입하고 그 압력으로 배출가스를 대기로 방출하는 방식이다.

② **특징**

㉠ 송풍기의 고장이 적고, 점검 및 보수가 용이하다.

㉡ 연소실 공기를 예열할 수 있다.

㉢ 내압이 정압(+)으로 연소효율이 좋다.

㉣ 흡인통풍식보다 송풍기의 동력소모가 적다.

㉤ 역화의 위험성이 존재한다.

㉥ 연소실 내의 압력이 정압이므로 열가스가 누설될 수 있다.

㉦ 연소실 내벽 손상이 발생될 수 있다.

㉧ 연소실 기밀 유지가 필요하다.

(2) 흡인통풍

① **정의** : 노 내의 배출가스를 송풍기 등으로 끌어냄으로써 연소용 공기를 노 내로 유입시키는 방식이다.

② **특징**

㉠ 통풍력이 크다.

㉡ 굴뚝의 통풍저항이 큰 경우에 적합하다.

㉢ 노 내압이 부압(−)으로 역화의 우려가 없으나 냉기 침입의 우려가 있다.

㉣ 이젝트를 사용할 경우 동력이 불필요하다.

㉤ 송풍기의 점검 및 보수가 어렵다.

(3) 평형통풍

① **정의** : 압입, 흡인의 양 방식을 동시에 행하는 방식이다.

② 특징

㉠ 대용량의 연소설비에 적합하며, 통풍손실이 큰 연소설비에 사용된다.

㉡ 통풍 및 노 내압의 조절이 용이하나, 소음 발생이 심하다.

㉢ 열가스의 누설과 냉기의 침입이 없다.

㉣ 동력 소모가 크고, 설비비와 유지비가 많이 든다.

㉤ 오염물질 배출원이 많아 여러 개의 가지 덕트를 주 덕트에 연결할 필요가 있을 때 주로 사용한다.

㉥ 덕트의 압력손실이 클 때 주로 사용한다.

㉦ 공정 내에 방해물이 생겼을 때 설계 변경이 용이하다.

필수이론 6 레이놀즈수 ★빈출

(1) 계산식

$$\text{레이놀즈수,}\ Re = \frac{\rho \times V \times D}{\mu}$$

여기서, ρ : 밀도(kg/m^3), V : 공기 유속(m/s), D : 직경(m), μ : 점도(kg/m・s)

예제

반경이 15cm인 원통에 공기가 2m/s로 흐르고 있다. 유체의 밀도가 1.2kg/m^3, 점도가 0.2cP일 경우, 레이놀즈수를 계산하시오.

Re(레이놀즈수) $= \dfrac{\rho \times V \times D}{\mu}$

여기서, ρ : 밀도(kg/m^3), V : 공기 유속(m/s), D : 직경(m), μ : 점도(kg/m・s)

1poise=100cP=0.1kg/m・s이므로

$$\mu = 0.2\text{cP} \times \frac{0.1\text{kg/m}\cdot\text{s}}{100\text{cP}} = 2\times10^{-4}\text{kg/m}\cdot\text{s}$$

$$\therefore\ Re = \frac{1.2\text{kg/m}^3 \times 2\text{m/s} \times 0.3\text{m}}{2\times10^{-4}\text{kg/m}\cdot\text{s}} = 3,600$$

(2) 레이놀즈수 크기에 따른 흐름상태

- $Re > 4,000$: 난류
- $2,100 < Re < 4,000$: 천이영역
- $Re < 2,100$: 층류

필수이론 7 집진효율 빈출

(1) 총 집진효율

$$\eta_t = \eta_1 + \eta_2(1-\eta_1) = 1-(1-\eta_1)(1-\eta_2)$$

여기서, η_t : 총 집진효율(%)

η_1, η_2 : 1번, 2번 집진장치의 집진효율

예제 1

두 개의 집진장치가 그림과 같이 직렬로 연결되어 있을 경우, 총 집진효율(η_t)을 각 집진장치의 효율인 η_1과 η_2의 함수로 나타내시오. (단, C_1, C_2, C_3는 각 단계별 농도이다.)

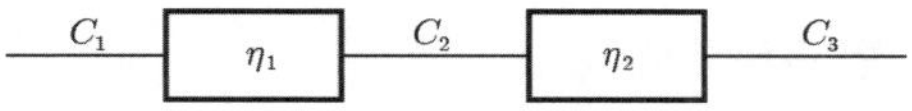

$\eta_1 = \dfrac{(C_1 - C_2)}{C_1} = 1 - \dfrac{C_2}{C_1}$, $C_2 = (1-\eta_1)C_1$

$\eta_2 = \dfrac{(C_2 - C_3)}{C_2} = 1 - \dfrac{C_3}{C_2}$, $C_3 = (1-\eta_2)C_2$

$\therefore \eta_t = \dfrac{(C_1 - C_3)}{C_1} = \dfrac{C_1 - (1-\eta_2)C_2}{C_1} = \dfrac{C_1 - (1-\eta_2)(1-\eta_1)C_1}{C_1} = 1-(1-\eta_1)(1-\eta_2)$

예제 2

공장의 발생가스 중 먼지 농도는 $4.5g/m^3$이며 배출허용기준인 $0.10g/m^3$에 맞춰 배출하려고 한다. 다음 물음에 답하시오.

(1) 집진장치 1개를 이용하여 배출허용기준에 맞춰 배출하려고 할 때, 집진장치의 효율은?

(2) 집진장치 2개를 직렬 연결하여 배출허용기준에 맞춰 배출하려고 할 때, 집진장치의 효율은? (단, 두 집진장치의 집진효율은 같다.)

(3) 집진장치 2개를 직렬 연결하여 배출허용기준에 맞춰 배출하려고할 때, 두 번째 집진장치의 효율이 75%였다면 나머지 장치의 효율은?

(1) 집진효율 $= \dfrac{(4.5-0.1)}{4.5} \times 100 = 97.8\%$

(2) 총 집진효율, $\eta_t = \eta_1 + \eta_2(1-\eta_1) = 1-(1-\eta_1)(1-\eta_2)$ (η_1, η_2 : 1번, 2번 집진장치의 집진효율)

η_t는 97.8%이고 $\eta_1 = \eta_2$이므로 $0.978 = 1-(1-\eta_1)^2$, $(1-\eta_1)^2 = 0.022$

$\therefore \eta_1 = 85.17\%$

(3) $\eta_t = 1-(1-\eta_1)(1-\eta_2)$, $0.978 = 1-(1-0.75)(1-\eta_2)$

$\therefore \eta_2 = 91.2\%$

(2) 입경범위별 부분 집진효율

$$\eta = \left(1 - \frac{C_t \times R_t}{C_i \times R_i}\right) \times 100$$

여기서, η : 부분 집진효율(%)
C_i : 입구 농도(g/m^3)
C_t : 출구 농도(g/m^3)
R_i : 입구 중량백분율(%)
R_t : 출구 중량백분율(%)

필수이론 8 입자의 특성

(1) 비표면적 빈출

$$S_v = \frac{6}{d_s \times \rho}$$

여기서, S_v : 구형입자의 비표면적(m^2/kg)
d_s : 입자의 직경(m)
ρ : 입자의 밀도(kg/m^3)

(2) 입자의 개수

$$n = \frac{m}{\rho \times V}$$

여기서, n : 입자의 개수, m : 입자의 질량
ρ : 입자의 밀도, V : 입자의 부피

(3) 커닝햄 보정계수(Cunningham correction factor) 빈출

① **정의** : 미세입자의 경우 기체분자가 입자에 충돌할 때 입자 표면에서 미끄럼 현상(slip)이 일어나면 입자에 작용하는 항력이 작아져 종말침강속도가 커지게 되는데 이를 보정하는 계수를 말한다. 커닝햄 보정계수는 항상 1보다 크다.

② **특성**

㉠ 입자가 미세할수록, 처리가스 압력이 낮아질수록 커닝햄 보정계수는 커진다.

㉡ 처리가스 온도가 낮아질수록 커닝햄 보정계수는 작아진다.

(4) Rosin-Rammler 분포

① Rosin-Rammler 분포는 입경분포를 적산분포와 같이 체거름 R로 표시한다.

$$R = 100\exp(-\beta \times {d_p}^n)$$

여기서, R : 체거름(%), β : 계수

d_p : 입자의 직경, n : 지수

② 특징

㉠ 계수 β가 클수록 직선이 좌측으로 기울어지고 입경은 작아진다.

㉡ 지수 n이 클수록 직선은 직립하여 입경분포의 범위가 좁아진다.

(5) Stokes 침강속도식 유도

① 항력(F_d)=중력(F_g) − 부력(F_b)

항력$(F_d) = 3\pi \cdot \mu \cdot d_p \cdot V_t$

② 중력$(F_g) = m \times a = \rho_p \times V \times g = \rho_p \times \dfrac{\pi {d_p}^3}{6} \times g$ (여기서, V : 체적)

③ 부력$(F_b) = m \times a = \rho \times V \times g = \rho \times \dfrac{\pi {d_p}^3}{6} \times g$ (여기서, V : 체적)

④ 항력$(F_d) = \left(\rho_p \times \dfrac{\pi {d_p}^3}{6} \times g\right) - \left(\rho \times \dfrac{\pi {d_p}^3}{6} \times g\right) = (\rho_p - \rho) \times \dfrac{\pi {d_p}^3}{6} \times g = 3\pi \cdot \mu \cdot d_p \cdot V_t$

⑤ 이것을 V_t에 대해 정리하면, $V_t = \dfrac{{d_p}^2 (\rho_p - \rho) g}{18\mu}$

필수이론 9 중력집진장치 (빈출)

(1) 집진효율

$$\eta = \frac{V_t \times L}{V_x \times H}$$

여기서, η : 집진효율(%)

V_t : 침강속도(m/s)

V_x : 수평이동속도(m/s)

L : 침강실 수평길이(m)

H : 침강실 높이(m)

(2) 침강속도

$$V_t = \frac{d_p^{\ 2} \times (\rho_p - \rho) \times g}{18 \times \mu}$$

여기서, V_t : 침강속도(m)

d_p : 먼지의 직경(μm)

ρ_p : 먼지의 밀도(kg/m^3)

ρ : 공기의 밀도(kg/m^3)

μ : 공기의 점도(kg/m・s)

g : 중력가속도

예제 1

길이 5m, 높이 2m인 중력침강실이 바닥을 포함하여 8개의 평행판으로 이루어져 있다. 침강실에 유입되는 함진가스 유속이 0.2m/s일 때, 먼지를 완전히 제거할 수 있는 최소입경(μm)을 구하시오. (단, 먼지의 밀도는 1,600kg/m^3, 함진가스의 점도는 2.1×10^{-5}kg/m・s, 밀도는 1.3kg/m^{3}이고, 가스의 흐름은 층류로 가정한다.)

✔ 중력집진장치의 집진효율, $\eta = \dfrac{V_t \times L}{V_x \times H}$

여기서, V_t : 종말침강속도(m/s)

V_x : 수평이동속도(m/s)

L : 침강실 수평길이(m)

H : 침강실 높이(m)

먼지를 100% 제거하기 위한 공식은 위의 식에서 $1 = \dfrac{V_t \times L}{V_x \times H}$

속도, $V_t = \dfrac{d_p^{\ 2} \times (\rho_p - \rho) \times g}{18 \times \mu}$

여기서, d_p : 먼지의 직경(μm)

ρ_p : 먼지의 밀도(kg/m^3)

ρ : 공기의 밀도(kg/m^3)

μ : 공기의 점도(kg/m・s)

g : 중력가속도

$V_t = \dfrac{V_x \times H}{L}$ 에서 $\dfrac{d_p^{\ 2} \times (\rho_p - \rho) \times g}{18 \times \mu} = \dfrac{V_x \times H}{L}$

$\dfrac{d_p^{\ 2} \times (1{,}600 - 1.3) \times 9.8}{18 \times 2.1 \times 10^{-5}} = \dfrac{0.2 \times 2/8}{5}$, $d_p^{\ 2} = 2.4126 \times 10^{-10}\text{m}^2$

$\therefore\ d_p = 15.53 \times 10^{-6}\text{m} = 15.53\mu\text{m}$

예제 2

폭 1m, 길이 3m, 유입속도 1m/s, 직경 15μm의 먼지를 60%의 집진효율로 처리하려고 한다. 중력집진장치의 침강실 높이(cm)를 구하시오. (단, 입자 밀도 320kg/m^3, 공기 밀도 0.11kg/m^3, 가스 점도 1.85×10^{-6}kg/m·s이고, 층류 조건이다.)

침강속도, $V_t = \dfrac{d_p^{\,2}(\rho_p - \rho)g}{18\,\mu}$

여기서, d_p : 먼지의 직경(μm)

ρ_p : 먼지의 밀도(kg/m^3)

ρ : 공기의 밀도(kg/m^3)

μ : 공기의 점도(kg/m·s)

g : 중력가속도

$$V_t = \frac{(15\times10^{-6})^2\times(320-0.11)\times9.8}{18\times(1.85\times10^{-6})} = 0.021\text{m/s}$$

한편, $\eta = \dfrac{V_t\,L}{V_x\,H}$에서 집진효율이 60%가 되기 위한 침강실의 높이 계산

여기서, V_t : 침강속도

V_x : 수평이동속도

L : 침강실 수평길이

H : 침강실 높이

$$0.6 = \frac{0.021\times3}{1\times H} \quad \therefore\ H = 0.105\text{m} = 10.5\text{cm}$$

필수이론 10 원심력집진장치 (빈출)

(1) 절단직경

$$d_{p,50} = \sqrt{\frac{9\,\mu_g W}{2\pi N V_t(\rho_p - \rho_g)}} \times 10^6$$

여기서, $D_{p,50}$: 절단직경(μm)

μ_g : 가스의 점도

W : 유입구 폭

N : 유효 회전수

V_t : 유입 속도

ρ_p : 입자의 밀도

ρ_g : 가스의 밀도

예제

1m의 직경을 갖는 원심력집진장치에서 $3m^3/s$의 가스(1atm, 320K)를 처리하고자 한다. 처리 먼지의 밀도는 $1.6g/cm^3$, 함진가스의 점도는 $1.85\times10^{-5}kg/m\cdot s$라고 할 때, 유입속도(m/s)와 절단입경(μm)을 구하시오. (단, 입구 높이 = 0.5m, 입구 폭 = 0.25m, 유효회전수 = 4, 공기 밀도 = $1.3kg/m^3$)

✔ $d_{p,50} = \sqrt{\dfrac{9\mu_g W}{2\pi N V_t(\rho_p-\rho_g)}} \times 10^6$

여기서, μ_g : 가스의 점도, W : 유입구 폭

N : 유효 회전수, V_t : 유입속도

ρ_p : 입자의 밀도, ρ_g : 가스의 밀도

먼지 밀도(ρ_p) $= \dfrac{1.6g}{cm^3}\left|\dfrac{1kg}{1,000g}\right|\dfrac{(100)^3cm^3}{1m^3} = 1,600kg/m^3$

유속(V_t) $= Q/A = \dfrac{3m^3}{sec}\left|\dfrac{}{0.25m\times0.5m}\right. = 24m/s$

$\therefore\ d_{p,50} = \sqrt{\dfrac{9\mu_g W}{2\pi N V_t(\rho_p-\rho_g)}} \times 10^6 = \sqrt{\dfrac{9\times1.85\times10^{-5}\times0.25}{2\times3.14\times4\times24\times(1,600-1.3)}} \times 10^6 = 6.57\mu m$

(2) 입자의 속도

$$V = \frac{Q}{R\times W\times \ln(r_2/r_1)}$$

여기서, V : 입자의 속도, Q : 유량(m^3/s)

R : 중심반경(m), W : 유입구 폭($r_2 - r_1$)

r_1 : 내측 반경(m), r_2 : 외측 반경(m)

(3) 원심력집진장치의 집진효율 향상 조건

① 원통의 직경과 내경을 작게 한다.

② 입자의 밀도를 크게 한다.

③ 한계유속 내에서 가스의 유입속도를 크게 한다.

④ 입자의 직경을 크게 한다.

⑤ 회전수를 크게 한다.

⑥ 고농도는 병렬로 연결하고 응집성이 강한 먼지는 직렬로 연결하여 사용한다.

⑦ 입자의 재비산을 방지하기 위해 스키머와 Turning vane 등을 사용한다.

⑧ Blow down을 적용한다.

⑨ 처리가스 온도를 낮게 한다(점도가 감소하여 효율이 향상됨).

(4) 블로다운(blow down)

① 원심력집진장치의 집진효율을 향상시키기 위한 방법으로, 먼지박스(dust box) 또는 멀티사이클론의 호퍼부(hopper)에서 처리가스량의 5~10%를 흡인하여 재순환시킨다.

② 효과

㉠ 원심력집진장치 내의 난류 억제

㉡ 포집된 먼지의 재비산 방지

㉢ 원심력집진장치 내의 먼지부착에 의한 장치폐쇄 방지

㉣ 집진효율 증대

필수이론 11 전기집진장치 ★빈출

(1) 집진원리

① 대전입자 하전에 의한 쿨롱력

② 전계강도에 의한 힘

③ 전기풍에 의한 힘

④ 입자 간의 흡인력

(2) 집진효율을 증가시키는 방법

① 먼지의 전기비저항치를 적절하게 유지한다(10^4~10^{11} Ω · cm).

② 집진장치 내의 전류밀도를 안정적으로 유지한다.

③ 처리가스의 온도를 150℃ 이하 또는 250℃ 이상으로 조절한다.

④ 처리가스의 수분 함량을 증가시킨다.

⑤ 황 함량을 높인다.

⑥ 처리가스의 유속을 낮춘다.

⑦ 재비산현상 발생 시 배출가스의 처리속도를 작게 한다.

⑧ 역전리현상 발생 시 고압부상의 절연회로를 점검 및 보수 한다.

⑨ 집진면적(높이와 길이의 비 > 1)을 증가시킨다.

⑩ 집진극은 열 부식에 대한 기계적 강도, 포집먼지의 재비산 방지 또는 탈진 시 충격 등에 유의해야 한다.

⑪ 코로나 방전이 잘 형성되도록 방전봉을 가늘고 길게 하는 것이 좋지만, 단선 방지가 중요하므로 진동에 대한 강도 및 충격 등에 유의해야 한다.

⑫ 입자의 겉보기 이동속도를 빠르게 한다.

(3) 전기적 구획화(electrical sectionalization)를 하는 이유

입구는 먼지농도가 높아 코로나 전류가 상대적으로 감소하며 출구는 먼지농도가 낮아 코로나 전류가 급등하는 전류의 불균형으로 전기집진장치의 효율이 감소한다. 따라서 전기적 특성에 따라 몇 개의 집진실로 구획화하여 전류의 흐름을 균일하게 함으로써 효율을 증가시키기 위해서 전기적 구획화를 한다.

(4) 전기집진장치에서 2차 전류가 현저하게 떨어지는 경우

① 원인

㉠ 먼지의 농도가 너무 높을 때

㉡ 먼지의 비저항이 비정상적으로 높을 때

② 대책

㉠ 스파크의 횟수를 늘린다.

㉡ 조습용 스프레이 수량을 증가시켜 겉보기 먼지 저항을 낮춘다.

㉢ 물, NH_4OH, 트리에틸아민, SO_3, 각종 염화물, 유분 등의 물질을 주입시킨다.

㉣ 부착된 먼지를 탈락시킨다.

(5) 2차 전류가 주기적으로 변하거나 불규칙하게 흐르는 경우

① 원인

㉠ 부착먼지의 스파크가 빈번할 때

㉡ 집진극과 방전극이 변형되었을 때

㉢ 집진극과 방전극 간격이 이완되었을 때

② 대책

㉠ 먼지를 충분히 탈리시킨다.

㉡ 1차 전압을 낮춘다.

㉢ 방전극, 방전극 간격 및 변형여부를 점검한다.

(6) 재비산현상이 일어나는 경우

① 원인

㉠ 비저항이 $10^4\Omega \cdot cm$ 이하일 때

㉡ 입구의 유속이 빠를 때

② 대책

㉠ 처리가스를 조절하거나, 집진극에 Baffle을 설치한다.

㉡ 온도 및 습도를 조절한다.

㉢ 암모니아를 주입한다.

㉣ 처리가스의 속도를 낮춘다.

(7) 역전리현상이 발생하는 경우

① 원인

비저항값이 $10^{11}\Omega \cdot cm$ 이상일 때

② 대책

㉠ 스파크의 횟수를 늘린다.

㉡ 조습용 스프레이 수량을 증가시켜 겉보기 먼지 저항을 낮춘다.

㉢ 물, NH_4OH, 트리에틸아민(TEA), SO_3, 각종 염화물, 유분 등의 물질을 주입시킨다.

㉣ 입구의 먼지 농도를 조절한다.

㉤ 부착된 먼지 탈락 등 전극의 청결을 유지한다.

㉥ 황 함량이 높은 연료를 주입한다.

㉦ 집진극의 타격을 강하게 하거나 빈도수를 늘린다.

(8) 집진효율

① 원통형 전기집진장치의 집진효율

Deutsch–Anderson 식, $\eta = 1 - e^{\left(-\frac{A W_e}{Q}\right)}$

여기서, η : 집진효율(%), A : 집진면적(m^2)

W_e : 입자의 이동속도(m/s), Q : 가스 유량(m^3/s)

예제 1

전기집진장치로 120,000m^3/hr의 가스를 처리하려고 한다. 먼지의 겉보기 이동속도는 10m/min, 제거효율은 99.5%, 집진판의 길이는 2m, 높이는 5m라고 할 때, 필요한 집진판의 개수를 계산하시오. (단, Deutsch–Anderson 식을 적용하고, 모든 내부 집진판은 양면이며 두 개의 외부 집진판은 각각 하나의 집진면을 갖는다.)

✔ Deutsch–Anderson 식, $\eta = 1 - e^{\left(-\frac{A W_e}{Q}\right)}$

여기서, η : 집진효율(%), A : 집진면적(m^2)

W_e : 입자의 이동속도(m/s), Q : 가스 유량(m^3/s)

$$A = -\frac{Q}{W_e}\ln(1-\eta)$$

$Q = 120,000/3,600 = 33.333m^3/s$, $W_e = 10/60 = 0.167m/s$, $\eta = 0.995$이므로

$$A = -\frac{33.333}{0.167}\ln(1-0.995) = 1,057.5378m^2$$

$$\text{필요한 집진면의 개수} = \frac{\text{전체 면적}}{\text{1개 면적}} = \frac{1,057.5378}{2\times5} = 105.8538m^2$$

그러므로 집진면은 106(2+104)개가 필요하다.

2개는 단면, 52(104/2)개는 양면이므로 집진판은 54(2+52)개가 필요하다.

예제 2

전기집진장치에서 가로 10m, 세로 10m인 집진판 2개를 사용하여 함진가스를 99% 효율로 처리한다. 함진가스의 유량이 150m^3/min일 때, 이론적인 입자 이동속도(m/min)를 구하시오.

✔ Deutsch－Anderson 식, $\eta = 1 - e^{\left(-\frac{A W_e}{Q}\right)}$

여기서, η : 집진효율(%)

A : 집진면적(m^2)

W_e : 입자의 이동속도(m/s)

Q : 가스 유량(m^3/s)

W_e=10/100=0.1m/s, Q=100/60=1.667m^3/s이므로

$\eta = 1 - e^{\left(-\frac{A W_e}{Q}\right)}$에서 $0.99 = 1 - e^{\left(-\frac{(10\times10)\times2\times W_e}{150}\right)}$

∴ W_e=3.454m/min

② 평판형 전기집진장치의 집진효율

$$\eta = \frac{L \times W_e}{R \times V}$$

여기서, η : 집진효율(%)

L : 집진극 길이(m)

W_e : 입자의 이동속도(m/s)

$$W_e = \frac{1.1\times10^{-14}\times P\times E^2\times d_p}{\mu}$$

(여기서, P : 입자의 극성을 나타내는 상수, E : 전계강도(V/m), d_p : 입자의 직경(μm), μ : 점도(kg/m · hr))

R : 집진극과 방전극 사이의 거리

V : 가스 유속

(9) 겉보기 전기저항

$$\text{먼지층의 겉보기 전기저항} = \frac{\text{절연파괴 전계강도}}{\text{전류밀도}}$$

필수이론 12 여과집진장치 (빈출)

(1) 집진원리

① 직접차단
② 관성충돌
③ 확산(정전기력 인력)
④ 중력

(2) 탈진방법 중 간헐식

① 장점
㉠ 먼지의 재비산이 적다.
㉡ 여과포의 수명이 길다.
㉢ 탈진과 여과를 순차적으로 실시하므로 집진효율이 높다.

② 단점
㉠ 고농도 대량의 가스처리에는 용이하지 않다.
㉡ 점성이 있는 조대먼지를 탈진할 경우 여과포 손상의 가능성이 있다.

(3) 탈진방법 중 연속식

① 장점
㉠ 포집과 탈진이 동시에 이루어져 압력손실의 변동이 크지 않다.
㉡ 고농도, 고용량의 가스처리에 효율적이다.
㉢ 점성이 있는 조대먼지의 탈진에 효과적이다.

② 단점
㉠ 탈진 시 먼지의 재비산이 일어나 간헐식에 비해 집진율이 낮다.
㉡ 여과포의 수명이 짧은 편이다.

(4) 부착먼지의 탈락시간 간격

$$t = \frac{L_d}{C_i \times V_f \times \eta}$$

여기서, t : 부착먼지의 탈락시간 간격(s)
L_d : 먼지부하(g/m^2)
C_i : 입구 먼지농도(g/m^3)
V_f : 여과속도(m/s)
η : 집진효율(%)

필수이론

(5) 여과포의 공간

1개 Bag의 공간 = 원의 둘레$(2\pi R)$ × 높이(H) × 겉보기 여과속도(V_t)

예제 1

여과집진장치에서 유량 $4.78\times10^6 cm^3/s$, 공기여재비(A/C) $4cm^3/cm^2\cdot s$로 배출가스가 유입되고 있다. 여과포 1개의 직경이 200mm이고, 유효높이가 3m인 경우에 필요한 여과포의 개수를 구하시오.

✔ 1개 Bag의 공간 = 원의 둘레$(2\pi R)$ × 높이(H) × 겉보기 여과속도(V_t)

$= 2\times3.14\times10cm\times300cm\times4cm/s$

$= 75,360cm^3/s$

∴ 필요한 bag의 수 $=4.78\times10^6/75,360=63.43$개 → 최종 64개 필요

예제 2

50개의 Bag을 사용한 여과집진장치에서 입구 유량이 $150m^3/min$, 입구 먼지농도가 $0.5g/m^3$, 집진효율이 98.5%였다. 가동 중 Bag 2개에 구멍이 생겨 출구 먼지농도가 $200mg/m^3$로 높아졌을 때 Bag 1개에서 배출되는 가스의 유량(m^3/min)을 구하시오.

✔ 정상 시 배출농도 + 비정상 시 배출농도 = 최종 배출농도

구멍난 Bag에서 통과되는 비율(%)을 x라고 하면

$500mg/m^3\times(1-0.985)\times(1-x)+500mg/m^3\times x=200mg/m^3$

통과율, $x=39.09\%$

∴ 구멍난 Bag에서 배출되는 가스의 유량 $=150m^3/min\times(0.3909/2)=29.32m^3/min$

필수이론 13 세정집진장치 ★빈출

(1) 정의

액적, 액막, 기포 등을 이용하여 함진가스를 세정한 후 입자의 부착, 응집을 촉진시켜 입자상 물질을 분리·포집하는 장치로, 가스상 물질도 동시에 제거가 가능하다.

(2) 집진원리

① 관성충돌

② 차단

③ 확산

④ 응축 등

(3) 장 · 단점

① 장점

㉠ 연소성 및 폭발성 가스의 처리가 가능하다.

㉡ 점착성 및 조해성 입자의 처리가 가능하다.

㉢ 벤투리 스크러버와 제트 스크러버는 기본유속이 클수록 집진율이 높다.

② 단점

㉠ 압력손실이 높아 운전비가 많이 든다.

㉡ 소수성 입자의 집진율은 낮은 편이다.

㉢ 별도의 폐수처리시설이 필요하다.

㉣ 먼지에 의한 폐쇄 등의 장애가 일어날 확률이 높다.

(4) 관성충돌계수를 크게 하기 위한 입자 배출원의 특성 또는 운전조건

① 가스 유속이 빠를수록(↑)

② 먼지 입경이 클수록(↑)

③ 먼지의 밀도가 클수록(↑)

④ 가스 온도가 낮을수록(↓)

⑤ 가스 점도가 낮을수록(↓)

⑥ 물방울 직경이 작을수록(↓)

(5) 물방울의 직경

$$d_p = \frac{200}{N \times \sqrt{R}} \times 10^4$$

여기서, d_p : 물방울의 직경(μm)

N : 회전판의 회전수(rpm), R : 회전판의 반경(cm)

필수이론 14 흡수

(1) 정의

가스상 오염물질이 기체-액체 경계면을 통해 기체상에서 액체상으로 전달되는 현상이다.

(2) 헨리의 법칙 ★빈출

$$P = H \times C$$

여기서, P : 압력(atm), H : 헨리상수(atm · m^3/kmol), C : 농도(kmol/m^3)

(3) 기-액 경계면에서의 물질전달

오염물질은 농도의 차이에 의해 이동되며, 이를 Flux로 나타낼 수 있다. 또한 기상에서 경계면으로 이동하는 오염물질의 양은 경계면에서 액상으로 이동하는 오염물질의 양과 같다(이중격막설, Two Film Theory).

$$N_A = k_G(P_A - P_{A,i}) = k_L(C_{A,i} - C_A)$$

여기서, N_A : 오염물질 A의 Flux

k_G : 기상 경계면에서의 물질전달계수

k_L : 액상 경계면에서의 물질전달계수

P_A : 기상에서의 오염물질 A의 분압

C_A : 액상에서의 오염물질 A의 농도

$P_{A,i}$: 경계면에서의 오염물질 A의 분압

$C_{A,i}$: 경계면에서의 오염물질 A의 농도

(4) 흡수액의 구비조건 ★빈출

① 휘발성이 낮아야 한다.
② 용해도가 커야 한다.
③ 빙점(어는점)은 낮고, 비점(끓는점)은 높아야 한다.
④ 점도(점성)가 낮아야 한다.
⑤ 용매와 화학적 성질이 비슷해야 한다.
⑥ 부식성이 낮아야 한다.
⑦ 화학적으로 안정하고, 독성이 없어야 한다.
⑧ 가격이 저렴하고, 사용하기 편리해야 한다.

(5) 액가스비를 크게 하는 경우

① 먼지의 점착성이 클 때
② 처리가스의 온도가 높을 때
③ 먼지 농도가 높을 때
④ 먼지의 친수성이 작을 때
⑤ 먼지의 입경이 작을 때

(6) 가스상 오염물질 흡수장치 중 액분산형 흡수장치 빈출

① 적용

㉠ 가스측 저항이 큰 경우에 사용

㉡ 용해도가 높은 가스에 사용

㉢ 주로 수용성 기체에 사용

② 종류

㉠ 분무탑(spray tower)

㉡ 충전탑(packed tower)

㉢ 벤투리 스크러버, 사이클론 스크러버, 제트 스크러버 등

(7) 가스상 오염물질 흡수장치 중 기체분산형 흡수장치 빈출

① 적용

㉠ 액측 저항이 큰 경우에 사용

㉡ 용해도가 작은 기체에 사용

㉢ 주로 난용성 기체(CO, O_2, N_2 등)에 사용

② 종류

㉠ 단탑(plate tower)

㉡ 다공판탑(perforated plate tower)

㉢ 포종탑, 기포탑 등

(8) 분무탑(spray tower)

① 장점

㉠ 구조가 간단하고, 압력손실이 적다.

㉡ 침전물이 생기는 경우에 적합하다.

㉢ 충전탑에 비해 설비비 및 유지비가 적게 소요된다.

㉣ 고온가스 처리에 적합하다.

② 단점

㉠ 분무에 큰 동력이 필요하다.

㉡ 가스의 유출 시 비말동반이 많다.

㉢ 분무액과 가스의 접촉이 불균일하여 제거효율이 낮다.

㉣ 편류가 발생할 수 있고, 흡수액과 가스를 균일하게 접촉하기 어렵다.

㉤ 노즐이 막힐 염려가 있다.

(9) 충전탑과 단탑의 비교

① 충전탑은 단탑에 비해 흡수액의 홀드업(hold-up)이 적다.
② 충전탑은 단탑에 비해 압력손실이 적다.
③ 흡수액에 부유물이 포함된 경우에는 충전탑보다 단탑 사용이 더 효율적이다.
④ 충전탑은 충진재가 추가로 필요하므로 초기 설치비가 높다.
⑤ 충전탑은 단탑에 비해 부하변동의 적응성이 유리하다.
⑥ 충전탑은 단탑에 비해 액가스비가 더 높다.
⑦ 충전탑은 단탑에 비해 오염물질 제거효율이 높다.
⑧ 포말성 흡수액일 경우 충전탑이 단탑에 비해 유리하다.
⑨ 온도변화에 따른 팽창과 수축이 일어날 경우에는 충진재 손상이 발생되어 단탑 사용이 더 효율적이다.
⑩ 운전 시 흡수액에 의해 발생되는 용해열을 제거해야 할 경우 냉각오일을 설치하기 쉬운 단탑이 유리하다.

(10) 충전탑과 관련된 용어 빈출

① **홀드업(hold up)** : 흡수액을 통과시키면서 가스유속을 증가시킬 때 충전층 내의 액 보유량이 증가하는 것
→ 충전층 내의 액 보유량을 의미
② **로딩점(Loading Point)** : Hold up 상태에서 계속해서 유속이 증가하면 액의 Hold up이 급격하게 증가하게 되는 점
→ 압력손실이 급격하게 증가되는 첫 번째 파과점을 의미
③ **플로딩점(Flooding Point)** : Loading Point를 초과하여 유속이 계속적으로 증가하면 Hold up이 급격히 증가하고 가스가 액 중으로 분산 범람하게 되는 점
→ 액이 비말동반을 일으켜 흘러넘쳐 향류조작 자체가 불가능한 두 번째 파과점을 의미

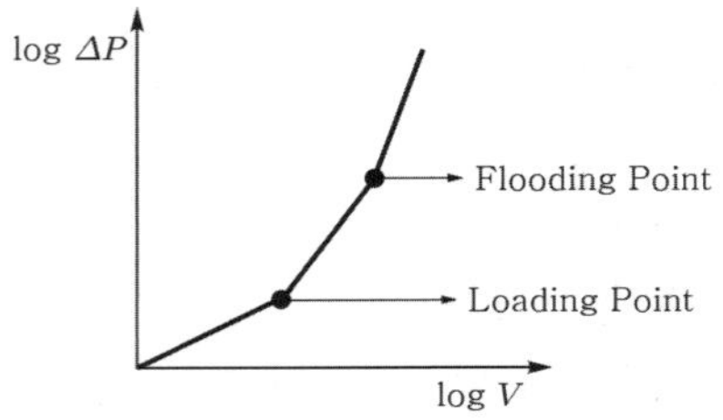

여기서, ΔP : 압력손실
V : 가스 속도

(11) 충전탑에서의 편류현상

① **정의** : 오염물질이 균일하게 충전물에 분산되지 않고 한쪽으로 치우쳐 흐르는 현상이다.

② **편류현상 방지대책**

㉠ 충전탑 직경과 충전재 직경의 비를 8~10으로 유지하면 편류현상이 최소가 된다.

㉡ 균일하고 동일한 충전재를 사용한다.

㉢ 저항이 적고 높은 공극률을 갖는 충전재를 사용한다.

㉣ 정류판을 설치한다.

필수이론

(12) 충전탑의 높이 ★빈출

$$H = H_{OG} \times N_{OG} = H_{OG} \times \ln\left(\frac{1}{1-E/100}\right)$$

여기서, H_{OG} : 기상총괄이동 단위높이

N_{OG} : 기상총괄이동 단위수

E : 제거율

예제

기상총괄이동 단위높이(H_{OG})가 0.7m, 제거율이 98%인 경우 다음을 구하시오.

(1) 기상총괄이동 단위수(N_{OG})

(2) 충전탑의 높이(H)

✔ (1) $N_{OG} = \ln\left(\frac{1}{1-\eta}\right) = \ln\left(\frac{1}{1-0.98}\right) = 3.912$

(2) $H = H_{OG} \times N_{OG} = 0.7 \times 3.912 = 2.74\text{m}$

(13) 벤투리 스크러버에서의 노즐 개수 ★빈출

$$n \times \left(\frac{d}{D_t}\right)^2 = \frac{V_t \times L}{100\sqrt{P}}$$

여기서, n : 노즐의 개수

d : 노즐의 직경(m)

D_t : 목부의 직경(m)

V_t : 유속(m/s)

L : 액가스비(L/m^3)

P : 수압(mmH$_2$O)

예제

벤투리 스크러버에서 목부의 직경이 0.22m, 수압이 2atm, 노즐의 수가 6개, 액가스비가 0.5L/m^3, 목부의 가스 유속이 60m/s일 때, 노즐의 직경(mm)을 계산하시오.

✔ $n \times \left(\frac{d}{D_t}\right)^2 = \frac{V_t \times L}{100\sqrt{P}}$

여기서, n : 노즐의 개수, d : 노즐의 직경(m), D_t : 목부의 직경(m)

V_t : 유속(m/s), L : 액가스비(L/m^3), P : 수압(mmH$_2$O)

$$6 \times \left(\frac{d}{0.22}\right)^2 = \frac{60 \times 0.5}{100\sqrt{2 \times 10,000}}$$

이를 d에 대해서 정리하면 $d = 4.14 \times 10^{-3}\text{m} = 4.14\text{mm}$

필수이론 15 흡착

(1) 정의

가스 혹은 액체상의 용질이 고체상 물질(흡착제)에 물리적 또는 화학적 힘에 의하여 결합하는 현상을 말한다.

(2) 흡착법의 단점

① 고온에 취약하다(흡착률 저하).
② 수분에 취약하다.
③ 흡착제가 고가이고, 수시로 충전해야 하므로 운영비가 많이 든다.
④ 파과점 이상에서는 흡착효율이 급격히 떨어진다.
⑤ 먼지 및 미스트를 함유하는 가스는 전처리가 필요하다.

(3) 흡착의 종류 ★빈출

① 물리적 흡착과 화학적 흡착이 있다.
② 물리적 흡착의 특징
㉠ 흡착열이 낮고, 흡착과정이 가역적이다.
㉡ 다분자 흡착이며, 오염가스 회수가 용이하다.
㉢ 처리할 가스의 분압이 낮아지면 흡착량은 감소한다.
㉣ 처리가스의 온도가 올라가면 흡착량이 감소한다.
㉤ 흡착과정이 가역적이기 때문에 흡착제의 재생이 가능하다.
㉥ 다분자층 흡착이며, 화학적 흡착에 비해 오염가스의 회수가 용이하다.

㉦ 입자 간의 인력(van der Waals)이 주된 원동력이다.

㉧ 기체의 분자량이 클수록 흡착량은 증가한다.

③ 물리적 흡착과 화학적 흡착의 차이점

구분	물리적 흡착	화학적 흡착
온도 범위	낮은 온도	대체로 높은 온도
흡착층	여러 층(다분자층)이 가능	여러 층(다분자층)이 가능
가역 정도	가역성이 높음	가역성이 낮음
흡착열	낮음	높음(반응열 정도)
흡착제 재생	재생 용이	재생 어려움

필수이론

(4) 등온흡착식 ★빈출

① **프로인드리히(Freundlich) 등온흡착식** : 흡착질의 농도가 높아질수록 흡착량이 어느 일정한 값으로 수렴해야 하는 물리적 특징과 흡착질의 농도가 작을 때 선형적인 관계가 있다는 법칙과는 모순된다. 그러나 특정 농도 구간에서 실험적으로 구한 기체상 농도와 흡착량과의 관계를 잘 나타낸다.

$$\text{Freundlich 등온흡착식, } \frac{X}{M}=kC^{1/n}$$

여기서, X : 흡착된 흡착질의 질량

M : 흡착제의 질량

C : 흡착질의 평형농도

k 및 n : 상수

$\frac{X}{M}=kC^{1/n}$에서 양변에 log를 취함 → $\log\frac{X}{M}=\log k+\frac{1}{n}\log C$. 이것은 $y=ax+b$의 형태이기 때문에 y는 $\log\frac{X}{M}$이고, x는 $\log C$인 선형식이 된다. 이때 기울기는 $\frac{1}{n}$, 절편은 $\log k$가 된다. 즉, 아래와 같이 기울기$\left(\frac{1}{n}\right)$와 절편($\log k$)을 이용하여 n과 k를 구할 수 있다.

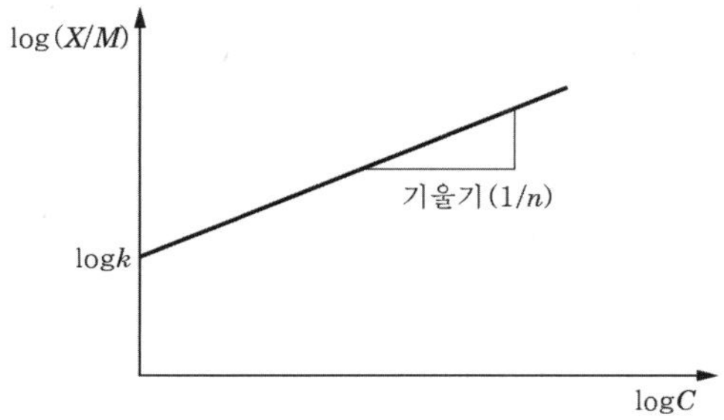

② 랭뮤어(Langmuir) 등온흡착식

㉠ 흡착질이 흡착점마다 하나씩 흡착된다(monolayer 흡착).

㉡ 모든 흡착점의 흡착에너지는 균일하며, 흡착된 분자 간의 상호인력은 없다.

㉢ 흡착은 비어 있는 흡착점과 흡착질 간의 충돌에 의해서 이루어진다.

㉣ 탈착은 흡착된 양에 비례한다.

㉤ 흡착질의 농도가 매우 높더라고 포화 흡착량은 일정한 값을 갖게 되는 일반적인 특성을 잘 나타낸다.

$$\text{Langmuir 등온흡착식, } \frac{X}{M} = \frac{abC}{1+aC}$$

여기서, X : 흡착된 흡착질의 질량

M : 흡착제의 질량

C : 흡착질의 평형농도

a 및 b : 상수

(5) 활성탄 흡착층의 운전 흡착용량

$$\text{Yaws의 식, } \log X = -1.189 + 0.288\log C_e - 0.0238(\log C_e)^2$$

여기서, X : 흡착용량(오염물질g/탄소g)

C_e : 오염 농도(ppm)

(6) 흡착제 선택 시 고려해야 할 사항

① 가스의 온도를 적절히 고려해야 한다(가능한 낮게 유지).

② 단위질량당 표면적이 커야 한다.

③ 기체흐름에 대한 압력손실이 작아야 한다.

④ 흡착률이 좋아야 한다.

⑤ 흡착된 물질의 회수가 용이해야 한다.

⑥ 흡착제의 재생이 쉬워야 한다.

⑦ 흡착제의 강도가 커야 한다.

(7) 흡착제 재생방법

① 고온공기 탈착법

② 수세 탈착법

③ 수증기 탈착법

④ 불활성가스에 의한 탈착법

⑤ 감압진공 탈착법

(8) 보전력(retentivity)

포화된 흡착제층에 순수한 공기를 통과시켜 오염물질을 탈착시킬 때 탈착되지 않고 남아 있는 흡착질의 양을 의미한다.

(9) 파과점(Break Through Point, 돌파점) 빈출

① **정의** : 흡착제가 오염물질에 의해 포화되어 오염물질의 출구 농도가 높아져서 배출허용기준 농도(C_s)까지 도달하는 점, 또는 출구 농도가 입구 농도의 약 10%가 되는 점을 말한다.

② **파과점이 중요한 이유** : 흡착제 교체시기를 결정할 수 있다. 즉, 파과점에 도달하기 전에 교체해야 한다.

필수이론 16 황산화물(SO_x) 처리 빈출

(1) 건식법의 종류

① 석회석주입법

② 활성탄흡착법

③ 활성산화망간법

④ 산화구리법 등

(2) 건식법의 장점

① 배출가스의 온도 저하의 영향이 거의 없다.

② 굴뚝에 의한 배출가스의 확산이 양호하다.

③ 폐수 발생이 없다.

④ pH의 영향을 거의 받지 않는다.

⑤ 설치비가 저렴하다.

(3) 석회석세정법에서의 Scale 생성 방지대책

① 순환세정수의 pH값의 변동을 적게 한다.

② 탑 내에 세정수를 주기적으로 분사한다.

③ 배출가스와 슬러리 분배를 적절하게 유지한다.

④ 슬러리의 석고 농도를 5% 이상 유지하여 석고의 결정화를 촉진시킨다.

⑤ 탑 내에 내장물을 가능한 한 설치하지 않는다.

⑥ 흡수액의 양을 증가시켜 탑 내에서의 결착을 방지한다.

예제 1

습식 세정법으로 400,000Sm^3/hr의 SO_2가스를 처리할 때 하루에 15.7ton의 석고($CaSO_4 \cdot 2H_2O$)를 회수하였다. 이때 SO_2의 농도(ppm)를 구하시오. (단, 탈황률은 98%이다.)

✔ SO_2 발생량 $= \frac{x(\text{mL})}{\text{m}^3} \times \frac{98}{100} \times \frac{400{,}000\text{m}^3}{\text{hr}} \times \frac{\text{m}^3}{10^6\text{mL}} \times \frac{24\text{hr}}{1\text{day}} = 9.408 \times x(\text{m}^3)$

$SO_2 + CaCO_3 + 2H_2O + 1/2O_2 \rightarrow CaSO_4 \cdot 2H_2O + CO_2$

$22.4\text{m}^3 \quad : \quad 172\text{kg}$

$9.408 \times x(\text{m}^3) \quad : \quad 15{,}700\text{kg}$

$\therefore\ x(SO_2\ \text{농도}) = \frac{22.4 \times 15{,}700}{9.408 \times 172} = 217.33\text{ppm}$

예제 2

보일러에서 황 2.5%인 중유를 10ton/hr로 연소시키고 있다. 배출가스 중 황을 NaOH 수용액을 이용하여 처리할 때 필요한 NaOH의 양(kg/day)을 계산하시오. (단, 황은 전부 SO_2로 산화되고, 제거효율은 85%이며, 보일러는 24시간 운전한다.)

✔ $S + O_2 \rightarrow SO_2$

$32\text{kg} \quad : \quad 64\text{kg}$

$10{,}000 \times 0.025\text{kg/hr} \quad : \quad x$

$x(SO_2\ \text{발생량}) = \frac{10{,}000 \times 0.025 \times 64\text{kg}}{32\text{kg}} = 500\text{kg/hr}$

$SO_2 + 2NaOH \rightarrow Na_2SO_3 + H_2O$

$64\text{kg} \quad : \quad 2 \times 40\text{kg}$

$500\frac{\text{kg}}{\text{hr}} \times \frac{85}{100} \times \frac{24\text{hr}}{1\text{day}} \quad : \quad y$

$\therefore\ y(NaOH\ \text{필요량}) = \frac{(500 \times 0.85 \times 24)\text{kg/day} \times (2 \times 40)\text{kg}}{64\text{kg}} = 12{,}750\text{kg/day}$

필수이론 17 질소산화물(NO_x) 처리 ★빈출

(1) 질소산화물 생성 메카니즘

① Thermal NO_x : 연소 시 공급되는 공기 속에 포함된 질소와 고온에서 산소가 반응하여 생성되는 NO_x이다. Zeldovich 반응이라고 하며, 산소분자를 산소원자로 분해($O_2 + M \rightarrow 2O + M$)하기 위해 고온이 필요하다.

② Fuel NO_x : 연료 내 포함된 질소가 산소와 반응하여 생성되는 NO_x이다. 주로 고체연료(Coal 등) 연소 시 많이 발생한다.

③ Prompt NO_x : 연소반응 중 연료의 탄화수소와 질소가 반응초기에 화염면 근처(고온 영역)에서 Zeldovich 반응을 따르지 않고 생성되는 NO_x이다. 잠깐 나타났다 사라지므로 Prompt NO_x라고 한다.

(2) 질소산화물 생성에 있어 화염온도가 민감한 이유

고온에서 산소(O_2)와 질소(N_2)가 반응하여 질소산화물(NO_x)이 생성되는 반응을 Thermal NO_x라고 하며, Zeldovich 반응이라고 한다. 즉, 연소용 공기 중 산소가 고온에서 유리($O_2 + M \rightarrow 2O + M$)되어 공기 중의 N_2를 산화시켜 질소산화물이 생성된다($N_2 + O \rightarrow NO + N$). 산소가 유리될 때 고온이 필요하며, 고온일수록 질소산화물이 많이 발생한다.

(3) 연소 조절에 의한 질소산화물 처리방법

① 과잉공기를 적게 주입한다(저과잉공기연소법).

② 연소용 공기에 배출가스의 일부를 혼합 공급하여 산소 농도를 감소시킨다(배출가스재순환법).

③ 다단연소 등을 통해 화염온도를 감소시킨다.

④ 고온에서 연소가스의 체류시간을 단축시킨다.

⑤ 부분적인 고온영역이 없게 해야 한다.

⑥ 유기질소화합물을 함유하지 않은 연료를 사용한다.

⑦ 저NO_x버너를 사용한다.

(4) 선택적 촉매환원법

① **반응원리** : 촉매의 존재 하에 환원제(주로 NH_3, CO, H_2S, H_2 등)를 주입하여 NO_x를 H_2O와 N_2로 환원시키는 방법이다.

② **반응조건** : Temp. = 200~400℃, Time ≒ 0.2sec

③ **촉매** : TiO_2의 담체에 V_2O_5를 입힌 촉매를 주로 사용한다.

④ **대표적인 반응식**

㉠ $4NO + 4NH_3 + O_2 \rightarrow 4N_2 + 6H_2O$

㉡ $6NO + 4NH_3 \rightarrow 5N_2 + 6H_2O$

㉢ $2NO_2 + 4NH_3 + O_2 \rightarrow 3N_2 + 6H_2O$

㉣ $6NO_2 + 8NH_3 \rightarrow 7N_2 + 12H_2O$

(5) 환원제별 접촉환원법에 대한 반응식

① H_2 : $2NO + 2H_2 \rightarrow N_2 + 2H_2O$

② CO : $2NO + 2CO \rightarrow N_2 + 2CO_2$

③ NH_3 : $6NO + 4NH_3 \rightarrow 5N_2 + 6H_2O$

④ H_2S : $2NO + 2H_2S \rightarrow N_2 + 2H_2O + 2S$

예제 1

전구를 만드는 공장에서 배출되는 NO_x를 선택적 접촉환원법으로 처리할 때 필요한 NH_3의 양(Sm^3/day)을 계산하시오. (단, 조건은 다음을 따른다.)

- 배출되는 NO_x는 모두 NO_2이다.
- 오염되는 배출 유량은 135Sm^3/hr이다.
- 산소의 공존은 없는 것으로 가정한다.
- NO_2의 농도는 7,000ppm이다.
- 공장은 하루에 8시간 가동한다.

✔ NO_2의 발생량 $= \frac{135Sm^3}{hr} \Big| \frac{8hr}{1day} \Big| \frac{7,000mL}{m^3} \Big| \frac{1m^3}{10^6mL} = 7.56Sm^3/day$

$6NO_2 + 8NH_3 \rightarrow 7N_2 + 12H_2O$

$6m^3 : 8m^3$

$7.56m^3/day : x$

∴ NH_3의 이론량, $x = \frac{8 \times 7.56}{6} = 10.08Sm^3/day$

예제 2

NO 224ppm, NO_2 44.8ppm을 함유한 배출가스 100,000m^3/hr를 NH_3에 의한 선택적 접촉환원법으로 처리할 경우 NO_x를 제거하기 위한 NH_3의 이론량(kg/hr)을 계산하시오. (단, 표준상태이며, 산소공존은 고려하지 않는다. 화학반응식을 기재하고 계산하시오.)

✔ • NO의 발생량 $= \frac{100,000m^3}{hr} \Big| \frac{224mL}{m^3} \Big| \frac{1m^3}{10^6mL} = 22.4m^3/hr$

$6NO + 4NH_3 \rightarrow 5N_2 + 5H_2O$

$6 \times 22.4m^3 : 4 \times 17kg$

$22.4m^3/hr : x$

$x = \frac{4 \times 17 \times 22.4}{6 \times 22.4} = 11.3333kg/hr$

• NO_2의 발생량 $= \frac{100,000m^3}{hr} \Big| \frac{44.8mL}{m^3} \Big| \frac{1m^3}{10^6mL} = 4.48m^3/hr$

$6NO_2 + 8NH_3 \rightarrow 7N_2 + 12H_2O$

$6 \times 22.4m^3 : 8 \times 17kg$

$4.48m^3/hr : y$

$y = \frac{8 \times 17 \times 4.48}{6 \times 22.4} = 4.533kg/hr$

∴ NH_3의 이론량 $= x + y = 11.333 + 4.533 = 15.87kg/hr$

4. 대기오염 공정시험기준

필수이론 1 표준산소 농도 적용

배출허용기준 중 표준산소 농도를 적용받는 항목에 대해서는 다음 식을 적용하여 오염물질의 농도 및 배출가스량을 보정한다.

(1) 오염물질 농도 보정

$$C = C_a \times \frac{21 - O_s}{21 - O_a}$$

여기서, C : 오염물질 농도(mg/Sm^3 또는 ppm)

C_a : 실측오염물질 농도(mg/Sm^3 또는 ppm)

O_s : 표준산소 농도(%)

O_a : 실측산소 농도(%)

(2) 배출가스 유량 보정

$$Q = Q_a \div \frac{21 - O_s}{21 - O_a}$$

여기서, Q : 배출가스 유량(Sm^3/일)

Q_a : 실측배출가스 유량(Sm^3/일)

O_s : 표준산소 농도(%)

O_a : 실측산소 농도(%)

필수이론

필수이론 2 배출가스 중 가스상 물질 시료 채취방법

(1) 장치의 구성

흡수병, 채취병 등을 쓰는 시료 채취장치는 채취관 → 연결관 → 채취부로 구성된다.

(2) 재질

① 화학반응이나 흡착작용 등으로 배출가스의 분석결과에 영향을 주지 않는 것

② 배출가스 중의 부식성 성분에 의하여 잘 부식되지 않는 것

③ 배출가스의 온도, 유속 등에 견딜 수 있는 충분한 기계적 강도를 갖는 것

④ 채취관, 충전 및 여과지의 재질은 일반적으로 분석물질, 공존가스 및 사용온도 등에 따라서 다음 표에 나타낸 것 중에서 선택

〈분석물질의 종류별 채취관 및 연결관의 재질 등〉

분석물질	공존가스 채취관, 연결관의 재질	여과재	비고
암모니아	①②③④⑤⑥	ⓐⓑⓒ	※ 채취관, 연결관의 재질 ① 경질유리 ② 석영 ③ 보통강철 ④ 스테인리스강 재질 ⑤ 세라믹 ⑥ 불소수지 ⑦ 염화바이닐수지 ⑧ 실리콘수지 ⑨ 네오프렌 ※ 여과재 ⓐ 알칼리 성분이 없는 유리솜 또는 실리카솜 ⓑ 소결유리 ⓒ 카보런덤
일산화탄소	①②③④⑤⑥⑦	ⓐⓑⓒ	
염화수소	①② ⑤⑥⑦	ⓐⓑⓒ	
염소	①② ⑤⑥⑦	ⓐⓑⓒ	
황산화물	①② ④⑤⑥⑦	ⓐⓑⓒ	
질소산화물	①② ④⑤⑥	ⓐⓑⓒ	
이황화탄소	①② ⑥	ⓐⓑ	
폼알데하이드	①② ⑥	ⓐⓑ	
황화수소	①② ④⑤⑥⑦	ⓐⓑⓒ	
불소화합물	④ ⑥	ⓒ	
사이안화수소	①② ④⑤⑥⑦	ⓐⓑⓒ	
브롬	①② ⑥	ⓐⓑ	
벤젠	①② ⑥	ⓐⓑ	
페놀	①② ④ ⑥	ⓐⓑ	
비소	①② ④⑤⑥⑦	ⓐⓑⓒ	

(3) 분석방법 및 흡수액

〈분석대상 기체별 분석방법 및 흡수액〉 빈출

분석대상 기체	분석방법	흡수액
암모니아	• 인도페놀법 • 중화적정법	붕산 용액(질량분율 0.5%)
염화수소	• 싸이오시안산제2수은법 • 질산은법	수산화소듐 용액(0.1N)
염소	• 오르토톨리딘법	오르토톨리딘염산염 용액
황산화물	• 침전적정법 (아르세나조Ⅲ법) • 중화적정법	과산화수소 용액(3%)
질소산화물	• 자외선/가시선분석법 (아연환원 나프틸에틸렌다이아민법)	증류수
	• 페놀디술폰산법	황산＋과산화수소＋증류수
이황화탄소	• 자외선/가시선분광법	다이에틸아민구리 용액
	• 기체 크로마토그래프법	−
	• 크로모트로핀산법	크로모트로핀산＋황산
	• 아세틸아세톤법	아세틸아세톤 함유 흡수액
황화수소	• 자외선/가시선분광법 (메틸렌블루법) • 적정법 (아이오딘적정법)	아연아민착염 용액
불소화합물	• 자외선/가시선분광법 • 적정법 • 이온선택전극법	수산화소듐 용액(0.1N)
사이안화수소	• 질산은적정법 • 자외선/가시선분광법 (피리딘피라졸론법)	수산화소듐 용액(질량분율 2%)
브롬화합물	• 자외선/가시선분광법 • 적정법	수산화소듐 용액(질량분율 0.4%)
벤젠	• 자외선/가시선분광법 • 기체 크로마토그래프법	질산암모늄＋황산(1 → 5)
페놀	• 자외선/가시선분광법 • 기체 크로마토그래프법	수산화소듐 용액(질량분율 0.4%)
비소	• 자외선/가시선분광법 • 원자흡수분광광도법	수산화소듐 용액(질량분율 4%)

(4) 배출가스 시료 채취 시 채취관을 보온 또는 가열해야 하는 경우 ★빈출

① 채취관이 부식될 염려가 있을 때
② 여과재가 막힐 염려가 있을 때
③ 분석대상 기체가 응축수에 용해되어서 오차가 생길 염려가 있을 때

필수이론 3 배출가스의 유속 측정 ★빈출

(1) 정압(Static Pressure, P_s)

유체가 관 내를 흐르고 있을 때 흐름과 직각방향으로 작용하는 압력을 말하며, 주변 대기압이라고도 한다. 대기압보다 낮을 때는 (−)값을 갖고, 대기압보다 높을 때는 (+)값을 갖는다.

(2) 동압(Velocity Pressure, P_v)

유체가 관 내를 흐르고 있을 때 유체의 유동방향으로 작용하는 압력을 말하며, 흐름의 속도에 관계되는 압력이다. 항상 (+)값을 갖는다.

(3) 피토관을 이용한 유속의 측정원리

① 피토관의 유속은 마노미터에 나타나는 수두차에 의해서 계산되며, 전압과 정압이 측정된다.
② **전압 측정** : 마노미터 안쪽에 있는 관은 배출가스 흐름에 평행하게 향하도록 하여 측정한다.
③ **정압 측정** : 마노미터 바깥쪽에 있는 관은 배출가스 흐름에 수직되게 향하도록 하여 측정한다.
④ **동압(속도압) 계산**

$$동압 = 전압 - 정압$$

(4) 유속 측정

$$V = C\sqrt{\frac{2gh}{\gamma}}$$

여기서, V : 유속(m/s)
C : 피토관 계수
g : 중력가속도($9.81 m/s^2$)
h : 피토관에 의한 동압 측정치(mmH_2O)
γ : 굴뚝 내의 배출가스 밀도(kg/m^3)

필수이론 4 배출가스 중의 수분량 측정 ★빈출

별도의 흡습관을 이용하는 방법, 임핀저를 이용하는 방법, 수분응축기를 사용하는 방법 및 계산에 의한 방법 등이 있다.

(1) 습식 가스미터를 사용할 때

$$X_w = \frac{\frac{22.4}{18} m_a}{V_m \times \frac{273}{273+\theta_m} \times \frac{P_a + P_m - P_v}{760} + \frac{22.4}{18} m_a} \times 100$$

여기서, X_w : 배출가스 중의 수증기의 부피백분율(%)

m_a : 흡습수분의 질량($m_{a1} - m_{a2}$)(g)

V_m : 흡입한 습윤가스량(습식 가스미터에서 읽은 값)(L)

θ_m : 가스미터에서의 흡입가스 온도(℃)

P_a : 대기압(mmHg)

P_m : 가스미터에서의 가스 게이지압(mmHg)

P_v : θ_m에서의 포화수증기압(mmHg)

(2) 건식 가스미터를 사용할 때

P_v항을 삭제하고, V_m을 흡입한 기체량(건식 가스미터에서 읽은 값)으로 계산한다.

$$X_w = \frac{\frac{22.4}{18} m_a}{V_m' \times \frac{273}{273+\theta_m} \times \frac{P_a + P_m}{760} + \frac{22.4}{18} m_a} \times 100$$

여기서, X_w : 배출가스 중의 수증기의 부피백분율(%)

m_a : 흡습수분의 질량($m_{a1} - m_{a2}$)(g)

V_m' : 흡입한 건조가스량(건식 가스미터에서 읽은 값)(L)

θ_m : 가스미터에서의 흡입가스 온도(℃)

P_a : 대기압(mmHg)

P_m : 가스미터에서의 가스 게이지압(mmHg)

필수이론 5 배출가스의 먼지 농도 ★빈출

(1) 반자동 시료 채취방법

$$C_n = \frac{m_d}{V_m{}' \times \frac{273}{273+\theta_m} \times \frac{P_a + \Delta H/13.6}{760}}$$

여기서, C_n : 먼지 농도(mg/Sm³)

m_d : 채취된 먼지량(mg)

$V_m{}'$: 건식 가스미터에서 읽은 가스시료 채취량(m³)

θ_m : 건식 가스미터의 평균온도(℃)

P_a : 측정공 위치의 대기압(mmHg)

ΔH : 오리피스 압력차(mmH_2O)

(2) 수동 시료 채취방법

$$C_n = \frac{m_d}{V_n{}'}$$

여기서, C_n : 건조 배출가스 중의 먼지 농도(mg/Sm³)

m_d : 채취된 먼지의 무게(mg)

$V_n{}'$: 표준상태의 흡입 건조 배출가스량(Sm³)

필수이론 6 배출가스의 밀도 측정

(1) 계산식

배출가스 조성으로부터 계산으로 구하거나 기체밀도계에 의한 측정치로 계산한다.

$$\gamma = \gamma_0 \times \frac{273}{273+\theta_s} + \frac{P_a + P_s}{760}$$

여기서, γ : 굴뚝 내의 배출가스 밀도(kg/m³)

γ_0 : 온도 0℃, 기압 760mmHg로 환산한 습한 배출가스 밀도(kg/Sm³)

θ_s : 각 측정점에서 배출가스 온도의 평균치(℃)

P_a : 대기압(mmHg)

P_s : 각 측정점에서 배출가스 정압의 평균치(mmHg)

필수이론 7 건조 배출가스 유량

(1) 계산식

$$Q_N = V_t \times A \times \frac{273}{273+\theta_s} \times \frac{P_a + P_s}{760} \times \left(1 - \frac{X_w}{100}\right) \times 3,600$$

여기서, Q_N : 건조 배출가스 유량(m^3/hr)

V_t : 배출가스 평균유속(m/s)

A : 굴뚝 단면적(m^2)

θ_s : 배출가스 평균온도(℃)

P_a : 대기압(mmHg)

P_s : 배출가스 평균정압(mmHg)

X_w : 배출가스 중의 수분량(%)

필수이론 8 환경대기 시료 채취방법

(1) 시료 채취지점 수의 결정(인구비례에 의한 방법) ★빈출

측정하려고 하는 대상지역의 인구분포 및 인구밀도를 고려하여 인구밀도가 5,000명/km^2 이하일 때는 그 지역의 거주지 면적(그 지역 총 면적에서 전답, 임야, 호수, 하천 등의 면적을 뺀 면적)으로부터 다음 식에 의하여 측정점의 수를 결정한다.

$$\text{측정점 수} = \frac{\text{그 지역 거주지 면적}}{25km^2} \times \frac{\text{그 지역 인구밀도}}{\text{전국 평균인구밀도}}$$

(2) 시료 채취장소의 결정

① 중심점에 의한 동심원을 이용하는 방법

② TM좌표에 의한 방법

(3) 시료 채취위치 선정

① 주위에 건물이나 수목 등의 장애물이 있을 경우에는 채취위치로부터 장애물까지의 거리가 그 장애물 높이의 2배 이상 또는 채취점과 장애물 상단을 연결하는 직선이 수평선과 이루는 각도가 30° 이하가 되는 곳을 선정한다.

② 주위에 건물 등이 밀집되거나 접근되어 있을 경우에는 건물 바깥벽으로부터 적어도 1.5m 이상 떨어진 곳에 채취점을 선정한다.

③ 시료 채취의 높이는 그 부근의 평균오염도를 나타낼 수 있는 곳으로 1.5~30m 범위로 한다.

필수이론 9 환경대기 입자상 물질의 시료 채취방법

(1) 고용량 공기시료 채취기법 빈출

① **장치의 구성** : 공기흡입부, 여과지홀더, 유량측정부 및 보호상자로 구성되어 있다.

② **흡인공기량 계산**

$$흡인공기량 = \frac{Q_s + Q_e}{2} \times t$$

여기서, Q_s : 시료 채취 개시 직후의 유량(m^3/min)(보통 1.2~1.7m^3/min)

Q_e : 시료 채취 종료 직전의 유량(m^3/min)

t : 시료 채취시간(min)

③ **먼지 농도 계산**

$$먼지\ 농도 = \frac{(W_e - W_s)}{V}$$

여기서, W_e : 채취 후 여과지의 질량(mg)

W_s : 채취 전 여과지의 질량(mg)

V : 총 공기흡입량(Sm^3)

(2) 저용량 공기시료 채취기법

① **장치의 구성** : 흡입펌프, 분립장치, 여과지홀더 및 유량측정부로 구성되어 있다.

② **유량의 교정** : 저용량 공기시료채취기에 의하여 Q_o(1기압에서의 유량)=20L/분으로 공기를 흡입할 때 다음과 같다.

$$Q_r = 20\sqrt{\frac{760}{760 - \Delta P}}$$

여기서, Q_r : 유량계의 눈금값

ΔP : 마노미터로 측정한 유량계 내의 압력손실(mmHg)

필수이론 10 기체 크로마토그래피

(1) 개요

① 기체시료 또는 기화한 액체나 고체 시료를 운반가스에 의하여 분리 후, 관 내에 전개시켜 기체상태에서 분리되는 각 성분을 크로마토그래프로 분석하는 방법이다.

② 시료 중의 각 성분은 충전물에 대한 각각의 흡착성 또는 용해성의 차이에 따라 분리된다.

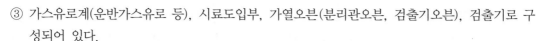

③ 가스유로계(운반가스유로 등), 시료도입부, 가열오븐(분리관오븐, 검출기오븐), 검출기로 구성되어 있다.

④ 열전도도형 검출기(TCD)에서는 순도 99.8% 이상의 수소나 헬륨을, 불꽃이온화 검출기(FID)에서는 순도 99.8% 이상의 질소나 헬륨을 사용하며, 기타 검출기에서는 각각 규정하는 가스를 사용한다.

(2) 분리의 평가

① 분리관 효율 빈출

분리관의 효율은 보통 이론단수 또는 1이론단에 해당하는 분리관의 길이 HETP(height equivalent to a theoretical plate)로 표시하며, 크로마토그램상의 봉우리로부터 다음 식에 의하여 구한다.

$$n = 16 \times \left(\frac{t_R}{W}\right)^2, \quad \text{HETP} = \frac{L}{n}$$

여기서, n : 이론단수

t_R : 시료 도입점으로부터 봉우리 최고점까지의 길이(보유시간)

W : 봉우리의 좌우 변곡점에서 접선이 자르는 바탕선의 길이

L : 분리관의 길이(mm)

② 분리능 빈출

기체 크로마토그래피에서 2개의 접근한 봉우리의 분리 정도를 나타내기 위하여 분리계수 또는 분리도를 가지고 다음과 같이 정량적으로 정의하여 사용한다.

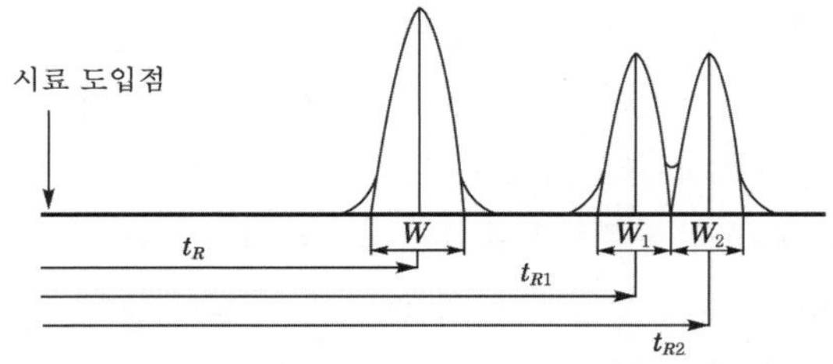

$$d = \frac{t_{R2}}{t_{R1}}, \quad R = \frac{2(t_{R2} - t_{R1})}{W_1 + W_2}$$

여기서, d : 분리계수, R : 분리도

t_{R1} : 시료 도입점으로부터 봉우리 1의 최고점까지의 길이

t_{R2} : 시료 도입점으로부터 봉우리 2의 최고점까지의 길이

W_1 : 봉우리 1의 좌우 변곡점에서의 접선이 자르는 바탕선의 길이

W_2 : 봉우리 2의 좌우 변곡점에서의 접선이 자르는 바탕선의 길이

(3) 기체 크로마토그래피에서의 정량방법

기체 크로마토그래피의 정량분석방법에는 보정넓이백분율법, 상대검정곡선법, 표준물첨가법, 절대검정곡선법, 넓이백분율법 등이 있다. 측정된 넓이 또는 높이와 성분량과의 관계를 구하는 데 사용되며, 검정곡선 작성 후 연속하여 시료를 측정하여 결과를 산출한다.

① 보정넓이백분율법

도입한 시료의 전 성분이 용출되며, 또한 용출 전 성분의 상대감도가 구해진 경우는 다음 식에 의하여 정확한 함유율을 구할 수 있다.

$$X(\%) = \frac{\frac{A_i}{f_i}}{\sum_{i=1}^{n} \frac{A_i}{f_i}} \times 100$$

여기서, A_i : i성분의 봉우리 넓이

f_i : i성분의 상대감도

n : 전 봉우리 수

② 상대검정곡선법

정량하려는 성분의 순물질(X) 일정량에 내부표준물질(S)의 일정량을 가한 혼합시료의 크로마토그램을 기록하여 봉우리 넓이를 측정한다. 횡축에 정량하려는 성분량(M_X)과 내부표준물질량(M_S)의 비(M_X/M_S)를 취하고 분석시료의 크로마토그램에서 측정한 정량할 성분의 봉우리 넓이(A_X)와 표준물질 봉우리 넓이(A_S)의 비(A_X/A_S)를 취하여 검정곡선을 작성한다. 시료의 기지량(M)에 대하여 표준물질의 기지량(n)을 검정곡선의 범위 안에 적당히 가해서 균일하게 혼합한 다음 표준물질의 봉우리가 검정곡선 작성 시와 거의 같은 크기가 되도록 도입량을 가감해서 동일조건하에서 크로마토그램을 기록한다. 크로마토그램으로부터 피검성분 봉우리 넓이(A_X')와 표준물질 봉우리 넓이(A_S')의 비(A_X'/A_S')를 구하고 검정곡선으로부터 피검성분량(M_X')과 표준물질량(M_S')의 비(M_X'/M_S')가 얻어지면 다음 식에 따라 함유율(X)을 산출한다. 또한 봉우리 넓이 대신에 봉우리 높이를 사용하여도 좋다. 이 방법을 시료 중의 각 성분에 적용하면 시료의 조성을 구할 수 있다.

$$X(\%) = \frac{\frac{M_X'}{M_S'} \times n}{M} \times 100$$

③ 표준물첨가법

시료의 크로마토그램으로부터 피검성분 A 및 다른 임의의 성분 B의 봉우리 넓이 a_1 및 b_1을 구한다. 다음에 시료의 일정량 W에 성분 A의 기지량 ΔWA을 가하여 다시 크로마토그램을 기록하여 성분 A 및 B의 봉우리 넓이 a_2 및 b_2를 구하면 K의 정수로 해서 다음 식이 성립한다.

$$\frac{W_A}{W_B} = K\frac{a_1}{b_1}, \quad \frac{W_A + \Delta W_A}{W_B} = K\frac{a_2}{b_2}$$

여기서, W_A 및 W_B : 시료 중에 존재하는 A 및 B 성분의 양

K : 비례상수

a_1 : A성분의 봉우리 넓이

b_1 : B성분의 봉우리 넓이

a_2 : A성분의 기지량을 가한 후에 A성분의 봉우리 넓이

b_2 : A성분의 기지량을 가한 후에 B성분의 봉우리 넓이

위 식으로부터 성분 A의 부피 또는 무게 함유율 $X(\%)$를 다음 식으로 구한다.

$$X(\%) = \frac{\Delta W_A}{\left(\frac{a_2}{b_2} \cdot \frac{b_1}{b_2} - 1\right)W} \times 100$$

④ **절대검정곡선법** : 정량하려는 성분으로 된 순물질을 단계적으로 취하여 크로마토그램을 기록하고 봉우리 넓이 또는 봉우리 높이를 구한다. 이것으로부터 성분량을 횡축에, 봉우리 넓이 또는 봉우리 높이를 종축에 취하여 검정곡선을 작성한다. 동일 조건에 시료를 도입하여 크로마토그램을 기록하고 봉우리 넓이(또는 봉우리 높이)로부터 검정곡선에 따라 분석하려는 각 성분의 절대량을 구하여 그 조성을 결정한다.

⑤ **넓이백분율법** : 크로마토그램으로부터 얻은 시료 각 성분의 봉우리 면적을 측정하고 그것들의 합을 100으로 하여 이에 대한 각각의 봉우리 넓이비를 각 성분의 함유율로 한다. 이 방법은 도입시료의 전 성분이 용출되고 또한 사용한 검출기에 대한 각 성분의 상대감도가 같다고 간주되는 경우에 적용하며, 각 성분의 대개의 함유율(X_i)을 알 수 있다.

$$X(\%) = \frac{A_i}{\sum_{i=1}^{n} A_i} \times 100$$

여기서, A_i : i성분의 봉우리 넓이, n : 전 봉우리 수

(4) 전자포획검출기(electron capture detector, ECD)

① 방사성 물질인 Ni-63 혹은 삼중수소로부터 방출되는 β선이 운반기체를 전리하여 이로 인해 전자포획검출기 셀(cell)에 전자구름이 생성되어 일정 전류가 흐르게 된다.

② 유기할로겐화합물, 니트로화합물 및 유기금속화합물 등 전자친화력이 큰 원소가 포함된 화합물을 수 ppt의 매우 낮은 농도까지 선택적으로 검출할 수 있다. 따라서 유기염소계의 농약 분석이나 PCB 등의 환경오염 시료의 분석에 많이 사용되고 있으나, 탄화수소, 알코올, 케톤 등에는 감도가 낮다.

③ 고순도(99.9995%)의 운반기체를 사용하여야 하고, 반드시 수분트랩(trap)과 산소트랩을 연결하여 수분과 산소를 제거할 필요가 있다.

필수이론 11 자외선/가시선분광법

(1) 개요

① 시료물질이나 시료물질의 용액 또는 여기에 적당한 시약을 넣어 발색시킨 용액의 흡광도를 측정하여 시료 중의 목적성분을 정량하는 방법이다.

② 광원으로 나오는 빛을 단색화장치(monochrometer) 또는 필터(filter)에 의하여 좁은 파장범위의 빛만을 선택하여 액층을 통과시킨 다음 광전측광으로 흡광도를 측정하여 목적성분의 농도를 정량하는 방법이다.

(2) 람베르트 비어(Lambert-Beer)의 법칙

강도가 I_o 되는 단색광속이 농도 C, 길이 l이 되는 용액층을 통과하면 이 용액에 빛이 흡수되어 입사광의 강도가 감소한다. 통과한 직후의 빛의 강도 I_t와 I_o 사이에는 람베르트 비어(Lambert-Beer)의 법칙에 의하여 다음의 관계가 성립된다.

$$I_t = I_o \times 10^{-\varepsilon Cl}$$

여기서, I_t : 투사광의 강도, I_o : 입사광의 강도

ε : 비례상수로서 흡광계수라 하고,

$C=1\text{mol}$, $l=10\text{mm}$일 때의 ε의 값을 몰흡광계수(K)라 함.

C : 농도, l : 빛의 투사거리

$$\text{투과도}(t) = I_t / I_o$$

$$\text{흡광도}(A) = \text{투과도}(t)\ \text{역수의 상용대수} = \varepsilon Cl$$

필수이론 12 원자흡수분광광도법

(1) 개요

시료를 적당한 방법으로 해리시켜 중성원자로 증기화하여 생긴 기저상태의 원자가 이 원자 증기층을 투과하는 특유파장의 빛을 흡수하는 현상을 이용하여 광전측광과 같은 개개의 특유파장에 대한 흡광도를 측정하여 시료 중의 원소 농도를 정량하는 방법이다.

(2) 구성

광원부 → 시료원자화부 → 파장선택부(분광부) → 측광부로 구성되어 있고, 단광속형과 복광속형이 있다.

(3) 용어

① **공명선**(resonance line) 빈출
원자가 외부로부터 빛을 흡수했다가 다시 먼저 상태로 돌아갈 때 방사하는 스펙트럼선

② **분무실**(nebulizer-chamber, atomizer chamber) 빈출
분무기와 함께 분무된 시료용액의 미립자를 더욱 미세하게 해 주는 한편, 큰 입자와 분리시키는 작용을 하는 장치

③ **근접선**(neighbouring line) : 목적하는 스펙트럼선에 가까운 파장을 갖는 다른 스펙트럼선

④ **중공음극램프**(hollow cathode lamp) : 원자흡광분석의 광원이 되는 것으로 목적원소를 함유하는 중공음극 한 개 또는 그 이상을 저압의 네온과 함께 채운 방전관

⑤ **소연료 불꽃**(fuel-lean flame) : $\dfrac{\text{가연성 가스}}{\text{조연성 가스}}$의 값을 적게 한 불꽃

⑥ **다연료 불꽃**(fuel-rich flame) : $\dfrac{\text{가연성 가스}}{\text{조연성 가스}}$의 값을 크게 한 불꽃

⑦ **선폭**(line width) : 스펙트럼선의 폭

⑧ **선프로파일**(line profile) : 파장에 대한 스펙트럼선의 강도를 나타내는 곡선

⑨ **멀티패스**(multi-path) : 불꽃 중에서의 광로를 길게 하고 흡수를 증대시키기 위하여 반사를 이용하여 불꽃 중 빛을 여러 번 투과시키는 것

필수이론 13 비분산적외선분광분석법

(1) 개요

선택성 검출기를 이용하여 시료 중의 특정 성분에 의한 적외선의 흡수량 변화를 측정하여 시료 중에 들어있는 특정 성분의 농도를 구하는 방법이다.

(2) 구성

복광속분석기의 경우 시료셀과 비교셀이 분리되어 있으며, 적외선 광원이 회전섹터 및 광학필터를 거쳐 시료셀과 비교셀을 통과하여 적외선검출기에서 신호를 검출하여 증폭기를 거쳐 측정농도가 지시계로 지시된다(광원 → 회전섹터 → 광학필터 → 시료셀 → 검출기 → 증폭기 → 지시계).

(3) 용어

① **비분산** : 빛을 프리즘이나 회절격자와 같은 분산소자에 의해 분산하지 않는 것

② **정필터형** : 측정성분이 흡수되는 적외선을 그 흡수파장에서 측정하는 방식

③ **시료셀** : 시료가스를 넣는 용기로, 시료셀은 시료가스가 흐르는 상태에서 양단의 창을 통해 시료광속이 통과하는 구조를 갖는다.

④ **비교셀** : 비교(reference)가스를 넣는 용기로, 비교셀은 시료셀과 동일한 모양을 가지며 아르곤 또는 질소 같은 불활성 기체를 봉입하여 사용한다.

⑤ **제로가스** : 분석계의 최저눈금값을 교정하기 위하여 사용하는 가스

⑥ **스팬가스** : 분석계의 최고눈금값을 교정하기 위하여 사용하는 가스

⑦ **제로 드리프트** : 측정기의 최저눈금에 대한 지시치의 일정기간 내의 변동으로, 동일 조건에서 제로가스를 연속적으로 도입하여 고정형은 24시간, 이동형은 4시간 연속 측정하는 동안에 전체 눈금의 ±2% 이상의 지시 변화가 없어야 한다.

⑧ **스팬 드리프트** 빈출

측정기의 교정범위눈금에 대한 지시값의 일정기간 내의 변동으로, 동일 조건에서 제로가스를 흘려보내면서 때때로 스팬가스를 도입할 때 제로 드리프트를 뺀 드리프트가 고정형은 24시간, 이동형은 4시간 동안에 전체 눈금값의 ±2% 이상이 되어서는 안 된다.

(4) 응답시간의 성능기준 빈출

제로 조정용 가스를 도입하여 안정된 후 유로를 스팬가스로 바꾸어 기준 유량으로 분석기에 도입하여 그 농도를 눈금 범위 내의 어느 일정한 값으로부터 다른 일정한 값으로 갑자기 변화시켰을 때 스텝(step) 응답에 대한 소비시간이 1초 이내여야 한다. 또 이때 최종지시값에 대한 90%의 응답을 나타내는 시간은 40초 이내여야 한다.

필수이론 14 이온 크로마토그래피

(1) 개요 빈출

이동상으로는 액체, 그리고 고정상으로는 이온교환수지를 사용하여 이동상에 녹는 혼합물을 고분리능 고정상이 충전된 분리관 내로 통과시켜 시료성분의 용출상태를 전도도검출기 또는 광학검출기로 검출하여 그 농도를 정량하는 방법으로, 일반적으로 강수(비, 눈, 우박 등), 대기먼지, 하천수 중의 이온성분을 정성, 정량 분석하는 데 이용한다.

(2) 구성 빈출

용리액조 → 송액펌프 → 시료 주입장치 → 분리관 → 서프레서 → 검출기 → 기록계 순서로 구성되어 있다.

(3) 장치

① **분리관** : 재질은 내압성, 내부식성으로 용리액 및 시료액과 반응성이 적은 것을 선택해야 하는데 주로 에폭시수지관 또는 유리관이 사용되며, 일부는 스테인리스관이 사용되지만 금속이온 분리용으로는 좋지 않다.

② **용리액조** : 일반적으로 폴리에틸렌이나 경질유리제를 사용한다.

③ **송액펌프** : 일반적으로 맥동이 적은 것을 사용한다.

④ 서프레서 빈출

용리액에 사용되는 전해질 성분을 제거하기 위하여 분리관 뒤에 직렬로 접속시킨 것으로서, 전해질을 물 또는 저전도도의 용매로 바꿔줌으로써 전기전도도 셀에서 목적이온성분과 전기전도도만을 고감도로 검출할 수 있게 해 주는 것으로 관형과 이온교환막형이 있으며, 관형은 음이온에는 스티롤계 강산형(H^+) 수지가, 양이온에는 스티롤계 강염기형(OH^-) 수지가 충전된 것을 사용한다.

⑤ **검출기** : 일반적으로 전도도검출기를 많이 사용하고, 그 외 자외선, 가시선 흡수검출기(UV, VIS 검출기), 전기화학적 검출기 등이 사용된다.

필수이론 15 배출가스 중 비산먼지 측정방법

(1) 비산먼지 농도의 계산 빈출

$$C=(C_H-C_B)\times W_D\times W_S$$

여기서, C : 비산먼지 농도

C_H : 채취먼지량이 가장 많은 위치에서의 먼지 농도(mg/m³)

C_B : 대조위치에서의 먼지 농도(mg/m³)

(단, 대조위치를 선정할 수 없는 경우에는 C_B를 0.15mg/m³로 함.)

W_D, W_S : 풍향, 풍속 측정결과로부터 구한 보정계수

(2) 풍향, 풍속 보정계수 빈출

① 풍향에 대한 보정

풍향 변화범위	보정계수(W_D)
전 시료 채취기간 중 주 풍향이 90° 이상 변할 때	1.5
전 시료 채취기간 중 주 풍향이 45~90° 변할 때	1.2
전 시료 채취기간 중 풍향이 변동 없을 때(45° 미만)	1.0

② 풍속에 대한 보정

풍속 변화범위	보정계수(W_S)
풍속이 0.5m/s 미만 또는 10m/s 이상 되는 시간이 전 시료 채취시간의 50% 미만일 때	1.0
풍속이 0.5m/s 미만 또는 10m/s 이상 되는 시간이 전 시료 채취시간의 50% 이상일 때	1.2

필수이론 16 배출가스 중의 각 물질별 분석방법

(1) 배출가스 중 브로민화합물의 분석방법 ★빈출

자외선/가시선분광법은 배출가스 중 브로민화합물을 수산화소듐 용액에 흡수시킨 후 일부를 분취해서 산성으로 하여 과망간산포타슘 용액을 사용해 브로민으로 산화시켜 클로로폼으로 추출한다. 흡수파장은 460nm이다.

(2) 배출가스 중 플루오린화합물 분석방법 ★빈출

적정법은 플루오린화 이온을 방해 이온과 분리한 다음, 완충액을 가하여 pH를 조절하고, 네오토린을 가한 다음 질산토륨 용액으로 적정하는 방법이다. 이 방법의 정량범위는 HF로서 0.60~4,200ppm이고, 방법검출한계는 0.20ppm이다.

(3) 배출가스 중 다이옥신 및 퓨란류 분석방법

① 시료 채취방법

㉠ 배출가스 시료는 먼지 시료의 채취방법과 같이 배출가스 유속과 같은 속도로 흡입(등속흡입)해야 한다.

㉡ 최종배출구에서의 시료 채취 시 흡입기체량은 표준상태에서 4시간 이상, $3Sm^3$ 이상으로 한다.

② 독성등가인자를 고려한 다이옥신 농도(ng-TEQ/Sm^3) 계산 ★빈출

$$TEQ = \sum(TEF \times \text{이성질체의 농도})$$

여기서, TEQ : 독성등가환산농도

TEF : 독성등가계수

㉠ 독성등가계수(TEF, toxicity equivalency factors)는 다이옥신류의 독성을 2,3,7,8-TeCDD(독성이 가장 큼 : 1)를 기준으로 하여 각각의 물질의 2,3,7,8-TeCDD에 대한 상대독성을 나타내는 계수이다.

㉡ 다이옥신은 국제독성등가환산계수(I-TEF)를 사용하여 독성등가환산농도(TEQ, toxic equivalents), 즉 실측농도에 독성등가환산계수를 곱한 값으로 ng I-TEQ/Sm^3(통상 I 생략)으로 표기한다.

③ 기체 크로마토그래프 질량분석계(GC/MS)에 주입하기 전에 첨가하는 실린지첨가용 내부표준물질 ★빈출

㉠ ^{13}C - 1,2,3,4 - TeCDD

㉡ ^{13}C - 1,2,3,7,8,9 - HxCDD

필수이론 17 배출가스 중 연속자동측정방법

(1) 측정항목별 측정방법

① 염화수소 : 비분산적외선분석법, 이온전극법

② 암모니아 : 용액전도율법, 적외선가스분석법

③ 질소산화물 : 화학발광법, 적외선흡수법, 자외선흡수법 및 정전위전해법 등

④ 아황산가스 ★빈출

용액전도율법, 적외선흡수법, 자외선흡수법, 불꽃광도법, 정전위전해법(전기화학식)

⑤ 불화수소 : 이온전극법 등

(2) 먼지 연속자동측정방법

① 광산란적분법

먼지를 포함하는 굴뚝 배출가스에 빛을 조사하면 먼지로부터 산란광이 발생되며, 산란광의 강도는 먼지의 상, 크기, 상대굴절률 등에 따라 변화하지만 이들 조건이 동일하다면 먼지 농도에 비례한다. 굴뚝에서 미리 구한 먼지 농도와 산란도의 상관관계식에 측정한 산란도를 대입하여 먼지 농도를 구한다.

② 베타(β)선 흡수법

시료가스를 등속흡인하여 굴뚝 밖에 있는 자동연속측정기 내부의 여과지 위에 먼지시료를 채취하고, 이 여과지에 방사선 동위원소로부터 방출된 β선을 조사하여 먼지에 의해 흡수된 β선량을 구한다. 굴뚝에서 미리 구해 놓은 β선 흡수량과 먼지 농도 사이의 관계식에 시료 채취 전후의 β선 흡수량의 차를 대입하여 먼지 농도를 구한다.

③ 광투과법 ★빈출

먼지입자들에 의한 빛의 반사, 흡수, 분산으로 인한 감쇄현상에 기초를 둔다. 먼지를 포함하는 굴뚝 배출가스에 일정한 광량을 투과하여 얻어진 투과된 광의 강도 변화를 측정하여 굴뚝에서 미리 구한 먼지 농도와 투과도의 상관관계식에 측정한 투과도를 대입하여 먼지의 상대농도를 연속적으로 측정하는 방법이다.

필수이론 18 환경대기 중 먼지 측정방법

(1) 개요

환경 대기 중에 부유하는 고체 및 액체의 입자상 물질로 환경정책기본법에서는 대기 중 먼지에 대한 환경기준을 PM−10(공기역학적 직경이 10μm 이하인 것)으로 설정 운영하고 있다.

(2) 적용 가능한 시험방법

〈환경대기 중의 먼지 측정〉

측정방법	측정원리 및 개요	적용범위
고용량 공기시료 채취기법	**고용량 펌프**(1,133~1,699L/min)를 사용하여 질량농도를 측정	먼지는 **대기 중에 함유되어 있는** 액체 또는 고체인 입자상 물질로서, 먼지의 질량농도를 측정하는 데 사용된다.
저용량 공기시료 채취기법	**저용량 펌프**(16.7L/min **이하**)를 사용하여 질량농도를 측정	
베타선법	여과지 위에 **베타선**을 투과시켜 질량농도를 측정	

(3) 베타선법 ★빈출

① 베타선을 방출하는 베타선원으로부터 조사된 베타선이 필터 위에 채취된 먼지를 통과할 때 흡수되는 베타선의 세기를 비교 측정하여 대기 중 미세먼지의 질량농도를 측정하는 방법이다.

② 측정 결과는 상온상태(20℃, 1기압)로 환산된 미세먼지의 단위부피당 질량농도로 나타내며, 측정 단위는 국제단위계인 $\mu g/m^3$를 사용하고, 측정 질량농도의 최소검출한계는 10$\mu g/m^3$ 이하이다.

5. 대기환경관계법규

필수이론 1 환경정책기본법

〈표 1〉 대기환경기준(환경정책기본법 시행령 [별표 1]) 빈출

항목	기준	측정방법
아황산가스 (SO_2)	• 연간 평균치 0.02ppm 이하 • 24시간 평균치 0.05ppm 이하 • 1시간 평균치 0.15ppm 이하	자외선형광법
일산화탄소 (CO)	• 8시간 평균치 9ppm 이하 • 1시간 평균치 25ppm 이하	비분산적외선분석법
이산화질소 (NO_2)	• 연간 평균치 0.03ppm 이하 • 24시간 평균치 0.06ppm 이하 • 1시간 평균치 0.10ppm 이하	화학발광법
미세먼지 (PM-10)	• 연간 평균치 $50\mu g/m^3$ 이하 • 24시간 평균치 $100\mu g/m^3$ 이하	베타선흡수법
초미세먼지 (PM-2.5)	• 연간 평균치 $15\mu g/m^3$ 이하 • 24시간 평균치 $35\mu g/m^3$ 이하	중량농도법 또는 이에 준하는 자동측정법
오존 (O_3)	• 8시간 평균치 0.06ppm 이하 • 1시간 평균치 0.1ppm 이하	자외선광도법
납 (Pb)	• 연간 평균치 $0.5\mu g/m^3$ 이하	원자흡광광도법
벤젠 (C_6H_6)	• 연간 평균치 $5\mu g/m^3$ 이하	가스 크로마토그래프법

[비고]

1. 1시간 평균치는 999천분위수의 값이 그 기준을 초과해서는 안 되고, 8시간 및 24시간 평균치는 99백분위수의 값이 그 기준을 초과해서는 안 된다.
2. 미세먼지(PM-10)는 입자의 크기가 $10\mu m$ 이하인 먼지를 말한다.
3. 초미세먼지(PM-2.5)는 입자의 크기가 $2.5\mu m$ 이하인 먼지를 말한다.

필수이론 2 실내공기질관리법

〈표 2〉 실내공기질 유지기준(6종, 실내공기질관리법 시행규칙 [별표 2]) 빈출

<table>
<tr><th>오염물질 항목
다중이용시설</th><th>미세먼지
(PM−10)
(μg/m³)</th><th>미세먼지
(PM−2.5)
(μg/m³)</th><th>이산화탄소
(ppm)</th><th>폼알데하이드
(μg/m³)</th><th>총부유세균
(CFU/m³)</th><th>일산화탄소
(ppm)</th></tr>
<tr><td>가. 지하역사, 지하도상가, 철도역사의 대합실, 여객자동차터미널의 대합실, 항만시설 중 대합실, 공항시설 중 여객터미널, 도서관・박물관 및 미술관, 대규모 점포, 장례식장, 영화상영관, 학원, 전시시설, 인터넷컴퓨터게임시설제공업의 영업시설, 목욕장업의 영업시설</td><td>100
이하</td><td>50
이하</td><td rowspan="3">1,000
이하</td><td>100
이하</td><td>–</td><td rowspan="2">10
이하</td></tr>
<tr><td>나. 의료기관, 산후조리원, 노인요양시설, 어린이집, 실내 어린이놀이시설</td><td>75
이하</td><td>35
이하</td><td>80
이하</td><td>800
이하</td></tr>
<tr><td>다. 실내 주차장</td><td>200
이하</td><td>–</td><td>100
이하</td><td>–</td><td>25
이하</td></tr>
<tr><td>라. 실내 체육시설, 실내 공연장, 업무시설, 둘 이상의 용도에 사용되는 건축물</td><td>200
이하</td><td>–</td><td>–</td><td>–</td><td>–</td><td>–</td></tr>
</table>

[비고]

1. 도서관, 영화상영관, 학원, 인터넷컴퓨터게임시설제공업 영업시설 중 자연환기가 불가능하여 자연환기설비 또는 기계환기설비를 이용하는 경우에는 이산화탄소의 기준을 1,500ppm 이하로 한다.
2. 실내 체육시설, 실내 공연장, 업무시설 또는 둘 이상의 용도에 사용되는 건축물로서 실내 미세먼지(PM−10)의 농도가 200μg/m³에 근접하여 기준을 초과할 우려가 있는 경우에는 실내공기질의 유지를 위하여 다음의 실내공기정화시설(덕트) 및 설비를 교체 또는 청소하여야 한다.
   가. 공기정화기와 이에 연결된 급・배기관(급・배기구를 포함한다.)
   나. 중앙집중식 냉・난방시설의 급・배기구
   다. 실내공기의 단순배기관
   라. 화장실용 배기관
   마. 조리용 배기관

〈표 3〉 실내공기질 권고기준(4종, 실내공기질관리법 시행규칙 [별표 3]) 빈출

오염물질 항목 / 다중이용시설	이산화질소 (ppm)	라돈 (Bq/m^3)	총휘발성 유기화합물 ($\mu g/m^3$)	곰팡이 (CFU/m^3)
가. 지하역사, 지하도상가, 철도역사의 대합실, 여객자동차터미널의 대합실, 항만시설 중 대합실, 공항시설 중 여객터미널, 도서관·박물관 및 미술관, 대규모점포, 장례식장, 영화상영관, 학원, 전시시설, 인터넷컴퓨터게임시설제공업의 영업시설, 목욕장업의 영업시설	0.1 이하	148 이하	500 이하	–
나. 의료기관, 산후조리원, 노인요양시설, 어린이집, 실내 어린이놀이시설	0.05 이하		400 이하	500 이하
다. **실내 주차장**	**0.30 이하**		**1,000 이하**	–

성공하려면
당신이 무슨 일을 하고 있는지를 알아야 하며,
하고 있는 그 일을 좋아해야 하며,
하는 그 일을 믿어야 한다.
-윌 로저스(Will Rogers)-

☆

때론 지치고 힘들지만 언제나 가슴에 큰 꿈을 안고 삽시다.
노력은 배반하지 않습니다. ^^

PART 2

과년도 출제문제

대기환경기사 실기

2014년 1·2·4회 출제문제 / 2015년 1·2·4회 출제문제 / 2016년 1·2·4회 출제문제 / 2017년 1·2·4회 출제문제 / 2018년 1·2·4회 출제문제 / 2019년 1·2·4회 출제문제 / 2020년 1·2·3·4·5회 출제문제 / 2021년 1·2·4회 출제문제 / 2022년 1·2·4회 출제문제 / 2023년 1·2·4회 출제문제 / 2024년 1·2·3회 출제문제

오래된 기출문제와 난해한 기출해설 NO!

이 편에는 최신 출제경향이 반영된 비교적 최근의 기출문제만을 복원해 꼼꼼하고 쉽게 풀이하여 정확한 정답과 함께 수록하였습니다.

저자쌤의 기출학습 TIP

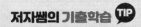

※ **"PART 2. 과년도 출제문제"**에 수록된 각 문제 뒤에는 **시험출제빈도를 "별표(★)" 개수로 구분하여 표시**하였습니다. 별표 개수에 따른 의미는 다음과 같으니 학습 시 참고해 주시기 바랍니다.

별표	출제빈도	목표점수	의미
없음	매우 적음	100점	**표식이 없는 문제**는 출제빈도도 매우 적을 뿐만 아니라 어려운 문제입니다. 모든 과목에서 100점을 받고 싶은 수험생들만 적극적으로 숙지하시기 바랍니다.
★	적음	80점 이상	**별 1개(★)**는 출제빈도가 적으며 비교적 어려운 문제입니다. 본인의 성향에 따라 숙지 또는 패스하셔도 되나 고득점을 받아 안정적으로 합격하고 싶은 수험생들은 숙지하시기 바랍니다.
★★	보통	60점 이상	**별 2개(★★)**는 출제빈도는 보통이며 비교적 쉬운 문제이나 가끔은 어려운 문제도 존재합니다. 어려운 문제는 본인의 성향에 따라 숙지 또는 패스하셔도 되나 가능한 숙지하시기 바랍니다.
★★★	높음	40점 이상	**별 3개(★★★)**는 출제빈도가 높을 뿐만 아니라 쉬운 문제입니다. 가끔은 수험생에 따라 어려운 문제라고 생각할 수도 있으나 반드시 이해하고 숙지해야 합니다.

[비고] 시험 목표점수가 100점이라면 별표가 없는 문제를 포함한 모든 문제를 완벽히 숙지해야 하며, 목표점수가 80점 이상이면 별표 1개, 2개, 3개인 문제, 목표점수가 60점 이상이면 별표 2개, 3개인 문제, 목표점수가 40점 이상이면 별표 3개인 문제를 반드시 숙지하고 넘어가야 합니다.

실기 기출문제 풀이는 전략적 접근이 필요합니다. **실기는 필기의 출제범위 중 중요한 문제만 압축하여 출제**된다고 생각하면 됩니다. 그리고 필기처럼 4지선다 객관식이 아니고 서술형 주관식이기 때문에, 필기처럼 잘 알지 못해도 정답을 맞출 수는 없습니다. 즉, 실기는 절대로 필기에서처럼 운으로 정답을 맞출 수 없고 **완벽하게 알아야만 정답을 맞출 수 있습니다.**

하지만 너무 걱정하지는 마십시오. 실기는 필기처럼 공부 분량이 많지도 않고 출제문항수도 매우 적기 때문입니다. **20문제 중 12문제만 풀면 산술적으로 합격**입니다.

학습 시 본인이 잘 아는 문제부터 완벽하게 자기 것으로 만들기 바랍니다. 그러나 대부분의 수험생들은 자신이 아는 문제는 안다고 생각하고 쉽게 넘어가며 자신이 잘 모르는 문제부터 공부하기 시작합니다. 그렇게 되면 공부도 어려워지고 공부 진도도 잘 나가지 않습니다. 그러하니 **본인이 평소에 잘 아는 문제부터 완벽하게 자기 것으로 만들고 그 숫자를 하나둘씩 늘려 가시기 바랍니다.** 그러다 보면 12개를 완벽하게 자기 것으로 만들 수 있을 것입니다.

여기서 완벽하게 자기 것이 된다는 것의 의미는 단순히 책을 보고 이해한다는 수준이 아니라, '말'로 설명을 할 수 있고 제한된 짧은 시간 내에 '글'로 옮길 수 있어야 합니다. 즉, '눈'을 통해 '머리'로 이해하고 '말'로 뱉을 수 있으며 최종 제한된 짧은 시간 내에 '글'로 표현할 수 있어야 합니다. 이런 문제를 12개만 확보한다면 합격입니다. 그러나 **합격 확률을 높이기 위해 적어도 합격의 마지노선인 12개의 5배 정도의 문제(60개)를 최종 자기 것으로 확보**하시기 바랍니다. 그리고 그 이후는 운에 맡기십시오...

2014 제 1 회

대기환경기사 필답형 기출문제

01

★★★

입경의 종류 중 스토크스 직경과 공기역학적 직경에 대하여 서술하시오.

풀이 (1) 스토크스 직경(d_s) : 어떤 입자와 같은 최종침강속도와 같은 밀도를 가지는 구형물체의 직경을 말한다.

(2) 공기역학적 직경(d_a) : 같은 침강속도를 지니는 단위밀도 (1g/cm^3)의 구형물체의 직경을 말한다.

Plus 이론학습 **공기역학적 직경**

- 공기역학적 직경은 스토크스 (Stokes) 직경과 달리 입자 밀도를 1g/cm^3로 가정함으로서 보다 쉽게 입경을 나타낼 수 있다.

$$d_a = d_s \sqrt{\frac{\rho_p}{\rho_a}}$$

여기서, d_a : 공기역학적 직경, d_s : 스토크스 직경

ρ_p : 입자의 밀도, ρ_a : 공기의 밀도

- 공기역학적 직경은 먼지의 호흡기 침착, 공기정화기의 성능조사 등 입자의 특성 파악에 주로 이용된다.

02

★★★

20℃, 1기압에서 공기의 동점도는 $1.5\times10^{-5}m^2/s$이다. 관의 지름이 50mm일 때, 그 관을 흐르는 공기의 속도(m/s)를 계산하시오. (단, $Re = 3\times10^4$이다.)

풀이 레이놀즈수

$$Re = \frac{\rho \times V_s \times D}{\mu} = \frac{V_s \times D}{\nu}$$

여기서, ρ : 밀도, μ : 점도, ν : 동점도

V_s : 공기의 속도, D : 관경

$$\therefore \text{ 공기의 속도}(V_s) = \frac{Re \times \nu}{D} = \frac{(3\times10^4)\times(1.5\times10^{-5})}{0.05} = 9\text{m/s}$$

03 ★

분산모델과 수용모델의 특징을 각각 3가지씩 기술하시오.

풀이 (1) 분산모델

① 지형 및 기상, 오염원의 조업 및 운영조건에 영향을 받는다.
② 점, 선, 면 오염원의 영향을 평가할 수 있다.
③ 미래의 대기질을 예측할 수 있으며, 시나리오를 작성할 수 있다.
④ 기초적인 기상학적 원리를 적용해 미래의 대기질을 예측하여 대기오염제어 정책입안에 도움을 준다.

(이 중 3가지 기술)

(2) 수용모델

① 측정지점에서의 오염물질 농도와 성분 분석을 통하여 배출원별 기여율을 구하는 모델이다.
② 지형 및 기상학적 정보, 오염원의 조업 및 운영 상태에 관한 정보 없이도 사용할 수 있다.
③ 현재나 과거에 일어났던 일을 추정하여 미래를 위한 전략은 세울 수 있으나 미래예측은 어렵다.
④ 측정자료를 입력자료로 사용하므로 시나리오 작성이 곤란하다.

(이 중 3가지 기술)

04 ★★

굴뚝 배출가스 온도가 207℃에서 107℃로 변화되었을 때 통풍력은 처음의 몇 %로 감소되는지 계산하시오. (단, 대기온도는 27℃, 공기 및 가스 밀도는 1.3kg/Sm³이다.)

풀이

통풍력

$$P = 273 \times H \times \left(\frac{\gamma_a}{273+t_a} - \frac{\gamma_g}{273+t_g}\right) \text{ 또는 } P = 355 \times H \times \left(\frac{1}{273+t_a} - \frac{1}{273+t_g}\right)$$

여기서, P : 통풍력(mmH₂O), H : 굴뚝 높이(m)

γ_a : 공기 밀도 (kg/m³), γ_g : 배출가스 밀도 (kg/m³)

t_a : 외기 온도 (℃), t_g : 배출가스 온도 (℃)

$$P = 273 \times H \times \left(\frac{1.3}{273+t_a} - \frac{1.3}{273+t_g}\right) = 355 \times H \times \left(\frac{1}{273+t_a} - \frac{1}{273+t_g}\right)$$

• $P_1 = 207℃$에서의 통풍력 $= 355 \times H \times \left(\frac{1}{273+27} - \frac{1}{273+207}\right) = 0.444H$

• $P_2 = 107℃$에서의 통풍력 $= 355 \times H \times \left(\frac{1}{273+27} - \frac{1}{273+107}\right) = 0.249H$

$$\therefore \frac{107℃\text{에서의 통풍력}}{207℃\text{에서의 통풍력}} \times 100 = \frac{0.249H}{0.444H} \times 100 = 56.08\%$$

05

벤젠을 20%의 과잉공기를 사용하여 완전연소 한다고 하였을 때, 연소가스 중 CO_2, H_2O, N_2, O_2의 부피 조성(%)과 무게 조성(%)을 구하시오.

풀이 (1) 부피 조성

$C_mH_n + \left(m + \frac{n}{4}\right)O_2 = mCO_2 + \frac{n}{2}H_2O$ 이므로 $C_6H_6 + \left(6 + \frac{6}{4}\right)O_2 = 6CO_2 + \frac{6}{2}H_2O$

즉, $C_6H_6 + 7.5O_2 = 6CO_2 + 3H_2O$에서

O_o(이론적인 산소량) $= 7.5\,\text{mol/mol}$

A_o(이론적인 공기량) $= \frac{O_o}{0.21} = \frac{7.5}{0.21} = 35.7\,\text{mol/mol}$

G_w(실제 습연소가스량) $= (m - 0.21)A_o + CO_2 + H_2O$

$= (1.2 - 0.21) \times 35.7 + 6 + 3$

$= 44.343\,\text{mol/mol}$

$\therefore\ CO_2 = \frac{CO_2}{G_w} \times 100 = \frac{6}{44.343} \times 100 = 13.53\%$

$H_2O = \frac{H_2O}{G_w} \times 100 = \frac{3}{44.343} \times 100 = 6.77\%$

$N_2 = \frac{N_2}{G_w} \times 100 = \frac{0.79mA_o}{G_w} \times 100$

$= \frac{0.79 \times 1.2 \times 35.7}{44.343} \times 100 = 76.32\%$

$O_2 = \frac{O_2}{G_w} \times 100 = \frac{0.21 \times \text{과잉공기량}}{G_w} \times 100 = \frac{0.21 \times (m-1)A_o}{G_w} \times 100$

$= \frac{0.21 \times (1.2 - 1) \times 35.7}{44.343} = 3.38\%$

(2) 무게 조성

위에서 구한 부피 조성에 분자량을 곱하여 무게로 전환하면

$G_w = CO_2 \times 44 + H_2O \times 18 + N_2 \times 28 + O_2 \times 32$

$= 0.1353 \times 44 + 0.0677 \times 18 + 0.7632 \times 28 + 0.0338 \times 32$

$= 29.623\,\text{kg}$

$\therefore\ CO_2 = \frac{CO_2}{G_w} \times 100 = \frac{0.1353 \times 44}{29.623} \times 100 = 20.10\%$

$H_2O = \frac{H_2O}{G_w} \times 100 = \frac{0.0677 \times 18}{29.623} \times 100 = 4.11\%$

$N_2 = \frac{N_2}{G_w} \times 100 = \frac{0.7632 \times 28}{29.623} \times 100 = 72.14\%$

$O_2 = \frac{O_2}{G_w} \times 100 = \frac{0.0338 \times 32}{29.623} \times 100 = 3.65\%$

06 ★★

공장의 발생가스 중 먼지 농도는 4.5g/m^{3}이며, 배출허용기준인 0.10g/m^{3}에 맞춰 배출하려고 한다. 다음 물음에 답하시오.

(1) 집진장치 1개를 이용하여 배출허용기준에 맞춰 배출하려고 할 때 집진장치의 효율은?
(2) 집진장치 2개를 직렬연결하여 배출허용기준에 맞춰 배출하려고 할 때 집진장치의 효율은? (단, 두 개의 집진효율은 같다.)
(3) 집진장치 2개를 직렬연결하여 배출허용기준에 맞춰 배출하려고 할 때 두 번째 집진장치의 효율이 75%였다면 나머지 장치의 효율은?

풀이

(1) $집진효율 = \dfrac{(4.5-0.1)}{4.5} \times 100 = 97.8\%$

(2)

> 총 집진효율
> $\eta_t = \eta_1 + \eta_2(1-\eta_1) = 1-(1-\eta_1)(1-\eta_2)$
> 여기서, η_1, η_2 : 1번, 2번 집진장치의 집진효율

η_t는 97.8%이고 $\eta_1 = \eta_2$이므로

$0.978 = 1-(1-\eta_1)^2$, $(1-\eta_1)^2 = 0.022$

$\therefore\ \eta_1 = 85.17\%$

(3) $\eta_t = 1-(1-\eta_1)(1-\eta_2)$

$0.978 = 1-(1-0.75)(1-\eta_2)$

$\therefore\ \eta_2 = 91.2\%$

07 ★★★

폭 8m, 높이 4m인 중력집진장치를 이용하여 15m^3/s의 함진가스 중 50μm 입자를 100% 처리하고자 할 때 침강실의 길이(m)를 구하시오. (단, 침강속도는 20cm/s이다.)

풀이

$V_x = \dfrac{15\text{m}^3}{\text{s}} \Big| \dfrac{}{8\text{m}\times 4\text{m}} = 0.47\text{m/s}$, $V_t = 20\text{cm/s} = 0.2\text{m/s}$이고, 제거효율이 100%이므로

$1 = \dfrac{V_t \times L}{V_x \times H}$

$\therefore$ 침강실의 길이, $L = \dfrac{V_x \times H}{V_t} = \dfrac{0.47 \times 4}{0.2} = 9.4\text{m}$

08

★★

장방형 덕트의 단변 0.13m, 장변 0.25m, 덕트 길이 16m, 속도압 14mmH₂O, 마찰계수(f) 0.004일 때, 덕트의 압력손실(mmH_2O)을 구하시오.

풀이

마찰에 의한 압력손실

$$\Delta P_f = f\frac{L}{D}P_v$$

여기서, f : 마찰계수, P_v : 동압(속도압)

L : 관의 길이, D : 관의 직경

장방형(사각형) 직선 덕트의 직경(D) $= 2\times\left(\frac{A\times B}{A+B}\right)$

$$= 2\times\left(\frac{가로\times세로}{가로+세로}\right)$$

$$= 2\times\left(\frac{0.13\times0.25}{0.13+0.25}\right)$$

$$= 0.171$$

$$\therefore\ \Delta P_f = 0.004\times\frac{16}{0.171}\times14 = 5.24\,mmH_2O$$

09

★★★

충전탑을 설계하기 위하여 Pilot plant를 만들어 측정가스를 흡수 실험한 결과가 아래와 같았다. 동일조건하에서 처리효율이 98%인 충전탑을 설계할 때 충전탑의 높이(m)를 계산하시오.

- 액가스비 : $3L/m^3$
- 공탑 속도 : 1.2m/s
- 초기 충전층의 높이 : 0.7m
- 초기 처리효율 : 75%

풀이

충전탑의 높이

$$H = H_{OG}\times N_{OG} = H_{OG}\times\ln\left(\frac{1}{1-E/100}\right)$$

여기서, H_{OG} : 기상총괄이동 단위높이, N_{OG} : 기상총괄이동 단위수, E : 제거율

$H = H_{OG}\times\ln\left(\frac{1}{1-E/100}\right) \propto \ln\left(\frac{1}{1-E/100}\right)$이므로 비례식을 이용하면 다음과 같다.

$$0.7m : \ln\left(\frac{1}{1-75/100}\right) = x : \ln\left(\frac{1}{1-98/100}\right)$$

$$\therefore\ 충전탑의\ 높이,\ x = 0.7\times\frac{\ln\left(\frac{1}{1-0.98}\right)}{\ln\left(\frac{1}{1-0.75}\right)} = 0.7\times2.82 = 1.98\,m$$

10

★★★

굴뚝을 거치지 않고 외부로 비산되는 먼지를 측정하려고 한다. 측정지점에서의 포집먼지량과 풍향·풍속의 측정조건이 다음과 같을 때, 비산먼지 농도(mg/m^3)를 구하시오.

- 대조위치에서의 먼지 농도 : $0.12mg/m^3$
- 포집먼지량이 가장 많은 위치에서의 먼지 농도 : $6.83mg/m^3$
- 전 시료 채취기간 중 주풍향이 90° 이상 변하였고, 풍속이 0.5m/s 미만 또는 10m/s 이상 되는 시간이 전 채취시간의 50% 미만이었다.

풀이

비산먼지 농도

$C=(C_H-C_B)\times W_D\times W_S$

여기서, C_H : 채취 먼지량이 가장 많은 위치에서의 먼지 농도(mg/m^3)

C_B : 대조위치에서의 먼지 농도(mg/m^3)

(단, 대조위치를 선정할 수 없는 경우 C_B는 $0.15mg/m^3$로 한다.)

W_D, W_S : 풍향, 풍속 측정결과로부터 구한 보정계수

$\therefore\ C=(6.83-0.12)\times 1.5\times 1.0=10.065mg/m^3$

Plus 이론 학습

1. **풍향에 대한 보정**

풍향 변화범위	보정계수 (W_D)
전 시료 채취기간 중 주풍향이 90° 이상 변할 때	1.5
전 시료 채취기간 중 주풍향이 45~90° 변할 때	1.2
전 시료 채취기간 중 풍향이 변동 없을 때(45° 미만)	1.0

2. **풍속에 대한 보정**

풍속 변화범위	보정계수 (W_S)
풍속이 0.5m/s 미만 또는 10m/s 이상 되는 시간이 전 채취시간의 50% 미만일 때	1.0
풍속이 0.5m/s 미만 또는 10m/s 이상 되는 시간이 전 채취시간의 50% 이상일 때	1.2

11

★★

다음은 다중이용시설 중 노인요양시설의 유지기준이다. ( ) 안에 알맞은 수치를 적으시오.

항목	유지기준
PM-10	(①)$\mu g/m^3$ 이하
PM-2.5	(②)$\mu g/m^3$ 이하
이산화탄소	(③)ppm 이하
폼알데하이드	(④)$\mu g/m^3$ 이하
총부유세균	(⑤)CFU/m^3 이하
일산화탄소	(⑥)ppm 이하

✔ **풀이** ① 75, ② 35, ③ 1,000, ④ 80, ⑤ 800, ⑥ 10

Plus 이론학습 의료기관, 산후조리원, 어린이집, 실내 어린이놀이시설도 '노인요양시설'과 같은 기준이다.

2014

2014 제2회 대기환경기사 필답형 기출문제

01 ★

빛의 소멸계수(σ_{ext})가 0.45km^{-1}인 대기에서 시정거리의 한계를 빛의 강도가 초기강도의 95%가 감소했을 때의 거리라고 정의할 때, 시정거리의 한계(km)를 계산하시오. (단, 광도는 Lambert - Beer 법칙을 따르며, 자연대수로 적용한다.)

풀이

Lambert - Beer 법칙

$$\frac{I_t}{I_o} = \exp(-\sigma_{ext} \times x)$$

여기서, I_o : 입사광의 강도, I_t : 투사광의 강도

σ_{ext} : 빛의 소멸계수, x : 시정거리의 한계

$$\therefore \text{ 시정거리의 한계, } x = -\frac{\ln\left(\frac{I_t}{I_o}\right)}{\sigma_{ext}} = -\frac{\ln\left(\frac{5}{100}\right)}{0.45} = 6.66\,\text{km}$$

02 ★★

전기집진장치에서 2차 전류가 현저하게 떨어질 때의 대책을 3가지 쓰시오.

풀이

① 스파크의 횟수를 늘린다.
② 조습용 스프레이 수량을 증가시켜 겉보기 먼지 저항을 낮춘다.
③ 물, NH_4OH, 트리에틸아민, SO_3, 각종 염화물, 유분 등의 물질을 주입시킨다.
④ 입구의 먼지 농도를 조절한다.
⑤ 부착된 먼지를 탈락시킨다.
(이 중 3가지 기술)

Plus 이론학습 2차 전류가 현저하게 떨어지는 경우
- 먼지의 농도가 너무 높을 때
- 먼지의 비저항이 비정상적으로 높을 때

03

★★

수평판이 설치되지 않은 중력침강장치를 이용하여 먼지를 제거하려고 한다. 배출가스 중 먼지 밀도가 0.85g/cm³이고, 먼지 직경이 20μm이다. 이때 침강실의 길이가 5m이면 집진효율은 얼마인지 구하고, 집진효율을 90%로 유지하기 위해 추가적으로 늘려야 할 침강실의 최소길이(m)를 구하시오. (단, 유체의 흐름에 따른 먼지의 침강속도는 다음 표와 같으며, 배출가스의 밀도는 1.28kg/m³, 점도는 0.067kg/m · hr, 유속은 0.5m/s, 침강실의 폭과 높이는 각각 3m이다.)

층류	전이류	난류
$V_s = \dfrac{{d_p}^2 \times (\rho_p - \rho_g)g}{18\mu}$	$V_s = 0.153 \times {\rho_p}^{0.71} \times \dfrac{{d_p}^{1.14}}{{\rho_g}^{0.25} \times {\mu_g}^{0.23}} \times g^{0.71}$	$V_s = 1.74\left(g \times d_p \times \left(\dfrac{\rho_p}{\rho_g}\right)\right)^{0.5}$

풀이 • 흐름 형태(층류, 전이류, 난류)를 파악하여 침강속도 구하는 식을 결정한다.

> 레이놀즈수
> $$Re = \frac{\rho \times V \times D}{\mu} = \frac{V \times D}{\nu}$$
> 여기서, V : 유속, D : 직경
> ρ : 밀도, μ : 점도, ν : 동점도

가로 a, 세로 b인 직사각형의 상당직경$(D) = \dfrac{2(a \times b)}{(a+b)} = \dfrac{2 \times (3 \times 3)}{(3+3)} = 3$

$$Re = \frac{1.28\text{kg/m}^3 \times 0.5\text{m/s} \times 3\text{m}}{0.067\text{kg/m} \cdot \text{hr}} \times \frac{3{,}600\text{s}}{1\text{hr}} = 103{,}164.18 > 4{,}000$$

$Re > 4{,}000$이므로 난류이다.

• 난류에 해당하는 침강속도식을 적용하여 침강속도(V_s)를 구한다.

$$V_s = 1.74\left(g \times d_p \times \left(\frac{\rho_p}{\rho_g}\right)\right)^{0.5}$$
$$= 1.74 \times \left(9.8 \times 20 \times 10^{-6} \times \left(\frac{850}{1.28}\right)\right)^{0.5}$$
$$= 1.74 \times 0.36 = 0.63\text{m/s}$$

(1) 집진효율(η)

> $$\eta(\%) = \left(1 - \exp\left(-\frac{V_s \times L}{V_x \times H}\right)\right) \times 100$$
> 여기서, V_x : 수평이동속도, V_s : 종말침강속도
> L : 침강실의 수평길이, H : 침강실 높이

∴ 집진효율, $\eta = \left(1 - \exp\left(-\dfrac{0.63 \times 5}{0.5 \times 3}\right)\right) \times 100 = 87.75\%$

(2) 침강실의 최소길이

길이는 효율에 비례하므로 비례식으로 계산 가능 $(L \propto \ln(1-\eta))$

$5\text{m} : \ln(1-0.8775) = x : \ln(1-0.9)$, $x = \dfrac{5 \times \ln(1-0.9)}{\ln(1-0.8775)} = 5.48\text{m}$

∴ 추가로 늘려야 할 침강실의 길이는 $5.48\text{m} - 5\text{m} = 0.48\text{m}$

04

★★

폭굉에 관한 다음 물음에 답하시오.

(1) 폭굉 유도거리(DID)를 설명하시오.
(2) 폭굉 유도거리가 짧아지는 요건 3가지를 쓰시오.
(3) 아래의 조성을 가진 혼합기체의 연소범위 하한계(%)를 구하시오.

물질	조성	하한 연소범위
메탄(CH_4)	80	5.0
에탄(C_2H_6)	14	3.0
프로판(C_3H_8)	4.0	2.1
부탄(C_4H_{10})	2.0	1.5

✔ **풀이** (1) 관 중에 폭굉가스가 존재할 때 최초의 완만한 연소가 격렬한 폭굉으로 발전할 때까지의 거리

(2) ① 압력이 높은 경우
② 점화원의 에너지가 큰 경우
③ 연소속도가 큰 혼합가스인 경우
④ 관 속에 방해물이 있거나 관경이 작은 경우
(이 중 3가지 기술)

(3) 혼합가스 연소범위 하한계(vol%) 계산식

$$\frac{100}{L}=\frac{V_1}{L_1}+\frac{V_2}{L_2}+\frac{V_3}{L_3}+\cdots$$

여기서, L : 혼합가스 연소범위 하한계(vol%)
V_1, V_2, V_3, $\cdots$: 각 성분의 체적(vol%)

$$\frac{100}{L}=\frac{V_1}{L_1}+\frac{V_2}{L_2}+\frac{V_3}{L_3}+\cdots=\frac{80}{5.0}+\frac{14}{3.0}+\frac{4}{2.1}+\frac{2}{1.5}=23.9$$

$\therefore\ L=4.18\%$

05

★★★

20개의 Bag을 사용한 여과집진장치에서 집진효율이 97%, 입구의 먼지 농도는 25g/Sm^{3}이었다. 가동 중에 1개의 Bag에 구멍이 뚫려 전체 처리가스량의 1/5이 그대로 통과하였다면 출구의 먼지 농도(g/Sm^3)는 얼마인지 계산하시오.

✔ **풀이** 처리가스량 중 4/5의 출구 먼지 농도$=25\times(4/5)\times(1-0.97)=0.6$g/Sm^3
처리가스량 중 1/5의 출구 먼지 농도$=25\times(1/5)\times(1-0.00)=5$g/Sm^3
$\therefore$ 총 출구 먼지 농도 $=0.6$g/Sm$^3+5$g/Sm$^3=5.6$g/Sm^3

06

★★

전기집진장치로 120,000m^3/hr의 가스를 처리하려고 한다. 먼지의 겉보기 이동속도 10m/min, 제거효율 99.5%, 집진판의 길이 2m, 높이 5m라 할 때, 필요한 집진판의 개수를 계산하시오. (단, Deutsch-Anderson 식을 적용하고, 모든 내부 집진판은 양면이며, 두 개의 외부 집진판은 각각 하나의 집진면을 갖는다.)

풀이

Deutsch-Anderson 식

$\eta = 1 - e^{\left(-\frac{AW_e}{Q}\right)}$

여기서, η : 제거효율, Q : 가스 유량 (m^3/s)

A : 집진면적(m^2), W_e : 입자의 이동속도 (m/s)

$A = -\frac{Q}{W_e}\ln(1-\eta)$

$Q = 120,000/3,600 = 33.333 m^3/s$, $W_e = 10/60 = 0.167 m/s$, $\eta = 0.995$이므로

$A = -\frac{33.333}{0.167}\ln(1-0.995) = 1,057.5378 m^2$

필요한 집진면의 개수 $= \frac{\text{전체 면적}}{\text{1개 면적}} = \frac{1,057.5378}{2 \times 5} = 105.8538$

그러므로 106(2+104)개 필요하다.

∴ 2개는 단면, 52(104/2)개는 양면이므로 54(2+52)개의 집진판이 필요하다.

07

★★★

다음은 환경정책기본법상 대기환경기준이다. (   ) 안에 알맞은 수치를 적으시오.

항목	기준
이산화질소 (NO_2)	연간 평균치 : (①)ppm 이하
	24시간 평균치 : (②)ppm 이하
	1시간 평균치 : (③)ppm 이하
오존 (O_3)	8시간 평균치 : (④)ppm 이하
	1시간 평균치 : (⑤)ppm 이하
일산화탄소 (CO)	8시간 평균치 : (⑥)ppm 이하
	1시간 평균치 : (⑦)ppm 이하

풀이 ① 0.03, ② 0.06, ③ 0.1, ④ 0.06, ⑤ 0.1, ⑥ 9, ⑦ 25

08 ★★

Freundlich 등온흡착식 $\frac{X}{M} = k \cdot C^{1/n}$ 에서 상수 k와 n을 구하는 방법을 서술하시오.

풀이

Freundlich 등온흡착식

$$\frac{X}{M} = kC^{1/n}$$

여기서, X : 흡착된 흡착질의 질량, M : 흡착제의 질량
C : 흡착질의 평형농도, k 및 n : 상수

$\frac{X}{M} = kC^{1/n}$에서 양변에 log를 취함 → $\log\frac{X}{M} = \log k + \frac{1}{n}\log C$

이것은 $y = ax + b$의 형태이기 때문에 y는 $\log\frac{X}{M}$ 이고, x는 $\log C$ 인 선형식이 되며, 이때 기울기는 $\frac{1}{n}$, 절편은 $\log k$ 가 된다.

즉, 아래와 같이 기울기$\left(\frac{1}{n}\right)$와 절편($\log k$)을 이용하여 n과 k를 구할 수 있다.

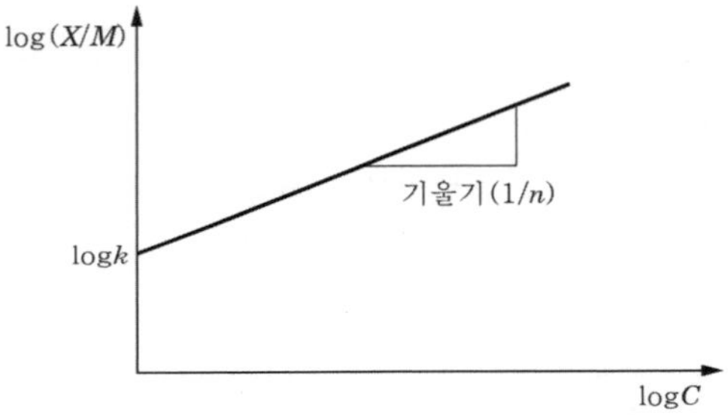

09 ★

환기시설에서 후드 선정 시에는 모형, 크기 등을 고려하여 선정해야 한다. 후드 선택 시 흡인 요령을 3가지 서술하시오.

풀이

① 국부적인 흡인방식을 택한다.
② 충분한 포착속도를 유지한다.
③ 후드를 발생원에 최대한 근접시킨다.
④ 후드의 개구면적을 좁게 하여 흡인속도를 크게 한다.
⑤ 에어커튼을 사용한다.
(이 중 3가지 기술)

10

★★★

NO 224ppm, NO_2 44.8ppm을 함유한 배출가스 100,000m^3/hr를 NH_3에 의한 선택적 접촉환원법으로 처리할 경우 NO_x를 제거하기 위한 NH_3의 이론량(kg/hr)을 계산하시오. (단, 표준상태이며, 산소 공존은 고려하지 않는다. 화학반응식을 기재하고 계산하시오.)

풀이

$$\text{NO의 발생량} = \frac{100{,}000\text{m}^3}{\text{hr}} \bigg| \frac{224\text{mL}}{\text{m}^3} \bigg| \frac{1\text{m}^3}{10^6\text{mL}} = 22.4\text{m}^3/\text{hr}$$

$6NO + 4NH_3 \rightarrow 5N_2 + 6H_2O$

$6\times22.4\text{m}^3 \ : \ 4\times17\text{kg}$

$22.4\text{m}^3/\text{hr} \ : \ x$

$$x = \frac{4\times17\times22.4}{6\times22.4} = 11.3333\text{kg/hr}$$

$$\text{NO}_2\text{의 발생량} = \frac{100{,}000\text{m}^3}{\text{hr}} \bigg| \frac{44.8\text{mL}}{\text{m}^3} \bigg| \frac{1\text{m}^3}{10^6\text{mL}} = 4.48\text{m}^3/\text{hr}$$

$6NO_2 + 8NH_3 \rightarrow 7N_2 + 12H_2O$

$6\times22.4\text{m}^3 \ : \ 8\times17\text{kg}$

$4.48\text{m}^3/\text{hr} \ : \ y$

$$y = \frac{8\times17\times4.48}{6\times22.4} = 4.533\text{kg/hr}$$

$\therefore$ NH_3의 이론량 $= x + y = 11.333 + 4.533 = 15.87\text{kg/hr}$

11

★

다음에서 설명하고 있는 굴뚝 배출가스 중 먼지를 연속적으로 자동측정하는 방법이 무엇인지 쓰시오.

> 이 방법은 먼지 입자들에 의한 빛의 반사, 흡수, 분산으로 인한 감쇄현상에 기초를 둔다. 먼지를 포함하는 굴뚝 배출가스에 일정한 광량을 투과하여 얻어진 투과된 광의 강도 변화를 측정하여 굴뚝에서 미리 구한 먼지 농도와 투과도의 상관관계식에 측정한 투과도를 대입하여 먼지의 상대농도를 연속적으로 측정하는 방법이다.

풀이 광투과법

2014 제4회

대기환경기사 필답형 기출문제

01

★★

높이가 35m인 굴뚝에 집진장치를 설치하였더니 압력손실이 10mmH$_2$O 발생되었다. 집진장치를 설치하기 이전의 통풍력을 유지하기 위해서는 굴뚝높이(m)를 얼마나 높여야 하는지 계산하시오. (단, 배출가스 온도는 227℃, 대기 온도는 27℃, 굴뚝 내의 마찰손실은 무시하고, 공기 및 배출가스의 밀도는 1.3kg/Sm^{3}이다.)

풀이

통풍력

$$P = 273 \times H \times \left(\frac{\gamma_a}{273+t_a} - \frac{\gamma_g}{273+t_g}\right) \text{ 또는 } P = 355 \times H \times \left(\frac{1}{273+t_a} - \frac{1}{273+t_g}\right)$$

여기서, P : 통풍력(mmH$_2$O), H : 굴뚝의 높이(m)

γ_a : 공기 밀도 (kg/m^3), γ_g : 배출가스 밀도 (kg/m^3)

t_a : 외기 온도 (℃), t_g : 배출가스 온도 (℃)

$$10 = 273 \times H \times \left(\frac{1.3}{273+27} - \frac{1.3}{273+227}\right)$$

∴ 이를 H에 대해 정리하면 $H = 21.13\,\text{m}$

02

액체연료 연소장치 중 유압분무식 버너의 특징을 5가지 쓰시오.

풀이

① 구조가 간단하여 유지 및 보수가 용이하다.

② 대용량 버너 제작이 용이하고, 고부하 연소가 가능하다.

③ 연료유의 분무각도는 압력, 점도 등으로 약간 다르지만 40~90°로 크다.

④ 유압은 5~30 kg/cm^{2}이고 연료의 점도가 크거나 유압이 5 kg/cm^2 이하가 되면 분무화가 불량해진다.

⑤ 유량 조절범위가 좁아 부하변동에 대한 적응이 어렵다(환류식 1 : 3, 비환류식 1 : 2).

⑥ 연료분사범위는 15~2,000 L/hr 정도이다.

(이 중 5가지 기술)

03

★★

다음 각 연소방법에 대해 간단하게 설명하시오. (단, 연소방법별 해당되는 물질을 1가지 이상 언급하시오.)

(1) 증발연소
(2) 분해연소
(3) 표면연소
(4) 확산연소
(5) 내부연소

풀이 (1) 휘발유, 등유 등과 같이 화염으로부터 열을 받아 발생된 가연성 증기가 공기와 혼합된 상태에서 연소하는 형태

(유황, 나프탈렌, 파라핀, 유지, 가솔린, 등유, 경유, 알코올, 아세톤 등 중 1가지 이상 언급하여 서술하면 됨)

(2) 석탄, 목재 등의 가연물의 열분해 반응 시 생성된 가연성 가스가 공기와 혼합된 상태에서 연소하는 형태

(목재, 석탄, 종이, 플라스틱, 고무, 중유, 아스팔트유 등 중 1가지 이상 언급하여 서술하면 됨)

(3) 목탄, 코크스 등과 같이 고정탄소 성분이 연소하여 화염을 내지 않고 표면이 빨갛게 빛을 내면서 연소하는 형태

(숯, 코크스, 목탄, 금속분(마그네슘 등), 벙커C유 등 중 1가지 이상 언급하여 서술하면 됨)

(4) LPG, 프로판 등과 같은 기체연료와 산소를 인접한 2개의 분출구에서 각각 분출시켜 양자의 계면에서 연소를 하는 형태. 연료와 산소가 고온의 화염면으로 확산됨에 따라 예혼합연소와는 달리 화염면이 전파되지 않는다.

(5) 니트로글리세린, TNT 등과 같이 분자 내에 산소를 가지고 있어 외부의 산소 공급원이 없이도 점화원의 존재하에 스스로 폭발적인 연소를 일으키는 형태

04

★

저위발열량이 12,500kcal/kg인 중유를 완전연소 시키는 데 필요한 이론공기량(Sm^3/kg)과 이론연소가스량(Sm^3/kg)을 구하시오. (단, 표준상태 기준이고, Rosin 식을 이용하시오.)

풀이 고체 및 액체 연료에서 저위발열량을 이용하여 이론공기량(A_o), 이론연소가스량(G_o)을 구하는 데는 Rosin 식이 이용된다(단, LHV는 저위발열량).

구분		Rosin 식
고체연료(보통 석탄)	이론공기량(A_o)	1.01×(LHV/1,000)+0.5 (Sm^3/kg)
	이론연소가스량(G_o)	0.89×(LHV/1,000)+1.65(Sm^3/kg)
액체연료(보통 중유)	이론공기량(A_o)	0.85×(LHV/1,000)+2 (Sm^3/kg)
	이론연소가스량(G_o)	1.11×(LHV/1,000) (Sm^3/kg)

(1) 이론공기량(A_o)= 0.85×(LHV/1,000)+2 = 0.85×(12,500/1,000)+2 = 12.625 Sm^3/kg
(2) 이론연소가스량(G_o)= 1.10×(LHV/1,000) = 1.11×(12,500/1,000) = 13.875 Sm^3/kg

05 ★

500m³의 크기의 방 안에서 10명 중 5명이 담배를 피우고 있다. 1시간 동안 5명이 총 10개피의 담배를 피울 때 담배 1개피당 1.4mg의 폼알데하이드가 발생한다면 1시간 후 방 안의 폼알데하이드 농도(ppm)를 계산하시오. (단, 폼알데하이드는 완전혼합되고, 담배를 피우기 전의 농도는 0, 실내온도는 25℃이다.)

풀이 1.4mg/개피×10개피 = 14mg이므로 폼알데하이드의 농도는 14mg/500m³ = 0.028mg/m³

0.028mg/m³를 ppm으로 단위전환 하면 $\frac{mg}{m^3} \times \frac{22.4(L)}{분자량(g)}$ → ppm이므로

$$\therefore \frac{0.028\,mg}{m^3} \times \frac{(273+25)}{273} \times \frac{22.4}{30} = 0.023\,ppm$$

06 ★

전기집진장치에서 전류밀도가 먼지층 표면 부근의 이온전류 밀도와 같고 양호한 집진작용이 이루어지는 값이 $2\times10^{-8}A/cm^2$이다. 먼지층 중의 절연파괴 전계강도를 5×10^3 V/cm로 할 때 먼지층의 겉보기 전기저항을 구하고, 역전리현상의 발생여부를 판단하시오.

풀이 (1) 먼지층의 겉보기 전기저항

겉보기 전기저항 = 절연파괴 전계강도 / 전류밀도

$$\therefore \text{먼지층의 겉보기 전기저항} = \frac{5\times10^3 V/cm}{2\times10^{-8}A/cm^2} = 2.5\times10^{11}\Omega\cdot cm$$

(2) 역전리현상의 발생여부

$10^{11}\Omega\cdot cm$ 이상이므로 역전리현상이 발생한다.

07 ★

여과집진장치 간헐식 탈진방식과 연속식 탈진방식의 장점을 각각 2가지씩 쓰시오.

풀이 (1) 간헐식 탈진방식의 장점

① 먼지의 재비산이 적다.
② 포집과 탈진을 순차적으로 실시하므로 집진효율이 좋다.
③ 여과포의 수명이 길다.
(이 중 2가지 기술)

(2) 연속식 탈진방식의 장점

① 포집과 탈진을 동시에 하는 방식이므로 압력손실이 일정하다.
② 고농도, 대용량 가스처리에 효과적이다.
③ 점성 있는 조대먼지 탈진에 효과적이다.
(이 중 2가지 기술)

08

★★★

활성탄 흡착에는 물리적 흡착과 화학적 흡착이 있다. 이 중 물리적 흡착의 특징을 6가지 쓰시오.

풀이 ① 흡착열이 낮고, 흡착과정이 가역적이다.
② 다분자 흡착이며, 오염가스 회수가 용이하다.
③ 처리할 가스의 분압이 낮아지면 흡착량은 감소한다.
④ 처리가스의 온도가 올라가면 흡착량이 감소한다.
⑤ 흡착과정이 가역적이기 때문에 흡착제의 재생이 가능하다.
⑥ 입자 간의 인력(van der Waals)이 주된 원동력이다.
⑦ 기체의 분자량이 클수록 흡착량은 증가한다.
(이 중 6가지 기술)

Plus 이론학습 물리적 흡착과 화학적 흡착의 차이점

구분	물리적 흡착	화학적 흡착
온도 범위	낮은 온도	대체로 높은 온도
흡착층	여러 층이 가능	여러 층이 가능
가역 정도	가역성이 높음	가역성이 낮음
흡착열	낮음	높음(반응열 정도)

2014

09

★★★

NO 224ppm, NO_2 22.4ppm을 함유한 배출가스 50,000m^3/hr를 NH_3에 의한 선택적 접촉환원법으로 처리할 경우 NO_x를 제거하기 위한 NH_3의 이론량(kg/hr)을 계산하시오. (단, 표준상태 기준이며, 산소 공존은 고려하지 않는다. 화학반응식을 기재하고 계산하시오.)

풀이

$$\text{NO의 발생량} = \frac{50,000\,m^3}{hr}\left|\frac{224\,mL}{m^3}\right|\frac{1\,m^3}{10^6\,mL} = 11.2\,m^3/hr$$

$6NO + 4NH_3 \rightarrow 5N_2 + 6H_2O$

$6\times22.4\,m^3 : 4\times17\,kg$

$11.2\,m^3/hr : x$

$$x = \frac{4\times17\times11.2}{6\times22.4} = 5.667\,kg/hr$$

$$NO_2\text{의 발생량} = \frac{50,000\,m^3}{hr}\left|\frac{44.8\,mL}{m^3}\right|\frac{1\,m^3}{10^6\,mL} = 1.12\,m^3/hr$$

$6NO + 8NH_3 \rightarrow 7N_2 + 12H_2O$

$6\times22.4\,m^3 : 8\times17\,kg$

$1.12\,m^3/hr : y$

$$y = \frac{8\times17\times1.12}{6\times22.4} = 1.133\,kg/hr$$

$\therefore$ NH_3의 이론량 $= x + y = 5.667 + 1.133 = 6.8\,kg/hr$

10 ★

다음은 굴뚝 배출가스 중의 브로민화합물의 분석방법이다. ( ) 안에 알맞은 말을 쓰시오.

자외선/가시선분광법은 배출가스 중 브로민화합물을 수산화소듐 용액에 흡수시킨 후 일부를 분취해서 산성으로 하여 (①)을/를 사용하여 브로민으로 산화시켜 (②)로/으로 추출하며, 흡수파장은 (③)nm이다.

풀이 ① 과망간산포타슘 용액, ② 클로로폼, ③ 460

11

다음은 비분산적외선분광분석법에 나오는 용어에 대한 설명이다. ( ) 안에 알맞은 말을 쓰시오.

(1) 스팬 드리프트 : 동일 조건에서 제로가스를 흘려보내면서 때때로 스팬가스를 도입할 때 제로드리프트를 뺀 드리프트가 고정형은 24시간, 이동형은 (①)시간 동안에 전체 눈금값의 (②)% 이상이 되어서는 안 된다.

(2) 응답시간 : 제로조정용 가스를 도입하여 안정된 후 유로를 스팬가스로 바꾸어 기준유량으로 분석기에 도입하여 그 농도를 눈금범위 내의 어느 일정한 값으로부터 다른 일정한 값으로 갑자기 변화시켰을 때 스텝응답에 대한 소비시간이 ( ) 이내여야 한다. 또 이때 최종지시값에 대한 90% 응답을 나타내는 시간은 40초 이내여야 한다.

풀이 (1) ① 4, ② ±2
(2) 1초

2015 제 1 회

대기환경기사 필답형 기출문제

01 ★

유효 굴뚝높이를 높이기 위하여 원형 굴뚝직경을 기존 직경의 1/3로 감소시켰을 경우 압력손실은 얼마만큼 변하는지 계산하시오. (단, 굴뚝직경 이외의 다른 인자는 동일하다.)

풀이

원형 굴뚝의 압력손실

$$\Delta P = 4f \times \frac{L}{D} \times P_v = 4f \times \frac{L}{D} \times \frac{\gamma V^2}{2g}$$

여기서, f : 마찰계수, P_v : 속도압, L : 관의 길이, D : 관의 직경
γ : 공기의 밀도, V : 유속, g : 중력가속도

다른 조건은 동일하므로 $\Delta P \propto \frac{V^2}{D}$

한편, 유속과 직경의 관계는 $V = \frac{Q}{A} = \frac{Q}{\frac{\pi}{4} \times D^2}$, $V \propto \frac{1}{D^2}$

압력손실, $\Delta P \propto \frac{V^2}{D}$ 이므로 $\Delta P \propto \frac{\left(\frac{1}{D^2}\right)^2}{D} \propto \frac{1}{D^5}$

D가 1/3로 감소되었으므로 $\Delta P \propto \frac{1}{\left(\frac{1}{3}\right)^5} = 3^5 = 243$

∴ 압력손실은 243배 증가

02 ★

국소배기가 전체환기보다 좋은점 3가지를 쓰시오.

풀이

① 발생원에서 직접 오염물질을 흡인하기 때문에 작업장으로의 오염물질 확산이 적다.
② 오염물질의 제어효율이 좋다.
③ 부지면적이 적게 필요하다.
④ 필요 배기량이 적어 경제적이다.
⑤ 후드를 발생원 가까이 설치하여 방해기류를 적게 받는다.
(이 중 3가지 기술)

03 ★★

H_2 75%, CO_2 25%인 기체연료 $1Sm^3$가 있다. 공기비가 1.1일 때 실제습연소가스 중 CO_2(%)를 계산하시오.

✔ 풀이 $H_2 + 0.5O_2 \rightarrow H_2O$

0.75 : 0.5×0.75 : 0.75

$O_o = 0.5\times0.75$, $A_o = O_o/0.21 = 0.5\times0.75/0.21 = 1.7857\,m^3$

$G_w = CO_2 + H_2O +$ 이론적인 질소량$(0.79A_o)$ + 과잉공기량$((m-1)A_o)$

$= 0.25 + 0.75 + 0.79\times1.7857 + (1.1-1)\times1.7857$

$= 2.5893\,m^3$

$$\therefore\ CO_2 = \frac{CO_2}{G_w}\times100 = \frac{0.25}{2.5893}\times100 = 9.66\,\%$$

04 ★

송풍기 회전판 회전에 의하여 집진장치에 공급되는 세정액이 미립자로 만들어져 집진하는 원리를 가진 회전식 세정집진장치에서 직경 12cm인 회전판이 4,400rpm으로 회전할 때 형성되는 물방울의 직경(μm)을 구하시오.

✔ 풀이

물방울의 직경

$$d_p(\mu m) = \frac{200}{N\times\sqrt{R}}\times10^4$$

여기서, N : 회전판의 회전수(rpm), R : 회전판의 반경(cm)

$$\therefore\ d_p = \frac{200}{4{,}400\times\sqrt{6}}\times10^4 = 185.57\,\mu m$$

05 ★

충전탑과 단탑의 차이점을 3가지 쓰시오.

✔ 풀이

① 충전탑은 단탑에 비해 흡수액의 홀드업(Hold－up)이 적다.
② 충전탑은 단탑에 비해 압력손실이 적다.
③ 흡수액에 부유물이 포함된 경우에는 충전탑보다 단탑 사용이 더 효율적이다.
④ 충전탑은 충진재가 추가로 필요하므로 초기 설치비가 높다.
⑤ 충전탑은 단탑에 비해 부하변동의 적응성이 유리하다.
⑥ 충전탑은 단탑에 비해 액가스비가 더 높다.
⑦ 충전탑은 단탑에 비해 오염물질 제거효율이 높다.
⑧ 포말성 흡수액일 경우 충전탑이 단탑에 비해 유리하다.
⑨ 온도변화에 따른 팽창과 수축이 일어날 경우에는 충진재 손상이 발생되어 단탑 사용이 더 효율적이다.
⑩ 운전 시 흡수액에 의해 발생되는 용해열을 제거해야 할 경우 냉각오일을 설치하기 쉬운 단탑이 유리하다.

(이 중 3가지 기술)

06

★★

원심력집진장치를 이용하여 먼지를 처리하고자 한다. 아래 조건을 기준으로 Lapple 식을 적용하여 절단직경(μm)과 총 집진효율(%)을 계산하시오.

- 유입구 폭 : 0.25m
- 유입구 높이 : 0.5m
- 가스 밀도 : 1.2kg/m^3
- 가스 점도 : 1.85×10^{-4}poise
- 유효 회전수 : 6회
- 먼지 밀도 : 1.8g/cm^3
- 유입 함진가스 : 1m^3/s

입경(μm)	10	30	60	80	100
중량분포(%)	5	15	50	20	10

$d_p/d_{p,50}$	0.16	0.48	1.14	1.27	2.06	3.42	3.83	6.85	9.13	11.42
부분 집진율(%)	3	19	51	62	81	93	94	97	99	100

풀이 (1) 절단직경

$$d_{p,50}(\mu m) = \sqrt{\frac{9\mu_g W}{2\pi N V_t(\rho_p-\rho_g)}}\times10^6$$

여기서, $d_{p,50}$: 절단직경
W : 유입구 폭, N : 유효 회전수
μ_g : 가스 점도, V_t : 유입속도
ρ_p : 입자 밀도, ρ_g : 가스 밀도

단위 통일을 위해서,

$$\text{점도}(\mu_g) = 1.85\times10^{-4}\text{poise} = \frac{1.85\times10^{-4}\text{g}}{\text{cm}\times\text{s}}\left|\frac{1\text{kg}}{1{,}000\text{g}}\right|\frac{100\text{cm}}{1\text{m}}$$

$$= 1.85\times10^{-5}\text{kg/m}\cdot\text{s}$$

$$\text{밀도}(\rho_p) = \frac{1.8\text{g}}{\text{cm}^3}\left|\frac{1\text{kg}}{1{,}000\text{g}}\right|\frac{(100)^3\text{cm}^3}{1\text{m}^3} = 1{,}800\text{kg/m}^3$$

$$\text{유입속도}(V_t) = \frac{Q}{A} = \frac{1\text{m}^3}{\text{s}}\left|\frac{}{0.25\text{m}\times0.5\text{m}}\right. = 8\text{m/s}$$

$$\therefore d_{p,50} = \sqrt{\frac{9\times1.85\times10^{-5}\times0.25}{2\times\pi\times6\times8\times(1{,}800-1.2)}}\times10^6 = 8.7594\mu m$$

(2) 총 집진효율

입경별 부분 집진효율은,

- 10μm의 부분 집진효율 = 10/8.7594 = 1.14 그러므로 51%
- 30μm의 부분 집진효율 = 30/8.7594 = 3.42 그러므로 93%
- 60μm의 부분 집진효율 = 60/8.7594 = 6.85 그러므로 97%
- 80μm의 부분 집진효율 = 80/8.7594 = 9.13 그러므로 99%
- 100μm의 부분 집진효율 = 100/8.7594 = 11.42 그러므로 100%

∴ 총 집진효율, $\eta_t = 5\times0.51+15\times0.93+50\times0.97+20\times0.99+10\times1.00 = 94.8\%$

07

오염가스를 활성탄 흡착에 의해 처리하고자 한다. 오염가스는 $30m^3$/min(25℃, 1atm)으로 흡착층에 유입되며, 이 중 Benzene(C_6H_6) 650ppm이 포함되어 있다. 흡착층의 깊이는 0.8m, 탑 내의 속도는 0.55m/s, 활성탄의 겉보기 밀도는 $330kg/m^3$, 활성탄 흡착층의 운전용량은 주어진 Yaws의 식에 의해 나타난 흡착용량의 40%라 할 때 활성탄 흡착층의 운전흡착용량(kg/kg)을 계산하시오. (단, Yaws의 식 $\log X = -1.189 + 0.288\log C_e - 0.0238(\log C_e)^2$이고, X : 흡착용량(오염물질g/탄소g), C_e : 오염농도(ppm)이다.)

풀이 $\log X = -1.189 + 0.288\log C_e - 0.0238(\log C_e)^2$

$= -1.89 + 0.288 \times \log 650 - 0.0238 \times (\log 650)^2$

$= -0.5672$

그러므로 $X = 10^{-0.5672} = 0.271$kg/kg

운전흡착용량은 Yaws의 식으로 구한 흡착용량의 40%이므로

$\therefore$ $0.271 \times 0.4 = 0.1084 ≒ 0.11$kg/kg

08

★★★

NO 224ppm, NO_2 44.8ppm을 함유한 배출가스 $100,000m^3$/hr를 NH_3에 의한 선택적 접촉환원법으로 처리할 경우 NO_x를 제거하기 위한 NH_3의 이론량(kg/hr)을 계산하시오. (단, 표준상태이며, 산소 공존은 고려하지 않는다. 화학반응식을 기재하고 계산하시오.)

풀이

NO의 발생량 $= \dfrac{100,000m^3}{hr}\left|\dfrac{224mL}{m^3}\right|\dfrac{1m^3}{10^6mL} = 22.4m^3/hr$

$6NO + 4NH_3 \rightarrow 5N_2 + 6H_2O$

$6 \times 22.4m^3$: $4 \times 17kg$

$22.4m^3/hr$: x

$x = \dfrac{4 \times 17 \times 22.4}{6 \times 22.4} = 11.3333kg/hr$

NO_2의 발생량 $= \dfrac{100,000m^3}{hr}\left|\dfrac{44.8mL}{m^3}\right|\dfrac{1m^3}{10^6mL} = 4.48m^3/hr$

$6NO_2 + 8NH_3 \rightarrow 7N_2 + 12H_2O$

$6 \times 22.4m^3$: $8 \times 17kg$

$4.48m^3/hr$: y

$y = \dfrac{8 \times 17 \times 4.48}{6 \times 22.4} = 4.533kg/hr$

$\therefore$ NH_3의 이론량 $= x + y = 11.333 + 4.533 = 15.87$kg/hr

09 ★★★

기체 크로마토그래피에서 분리계수와 분리도의 공식을 쓰고, 각 인자를 설명하시오.

풀이

$$분리계수(d) = \frac{t_{R2}}{t_{R1}},\ 분리도(R) = \frac{2(t_{R2}-t_{R1})}{W_1+W_2}$$

여기서, t_{R1} : 시료 도입점으로부터 봉우리 1의 최고점까지의 길이

t_{R2} : 시료 도입점으로부터 봉우리 2의 최고점까지의 길이

W_1 : 봉우리 1의 좌우 변곡점에서의 접선이 자르는 바탕선의 길이

W_2 : 봉우리 2의 좌우 변곡점에서의 접선이 자르는 바탕선의 길이

Plus 이론학습 기체 크로마토그래피에서 2개의 접근한 봉우리의 분리 정도를 나타내기 위하여 분리계수 또는 분리도를 가지고 위와 같이 정량적으로 정의하여 사용한다.

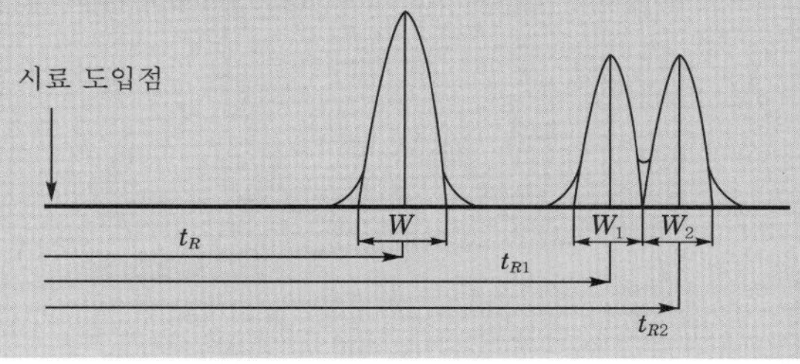

10 ★

피토관 경사마노미터의 확대율 10배, 동압 32mmH₂O이다. 유속을 1.4배 증가시킬 경우 동압(mmH₂O)을 구하시오.

풀이

유속

$$V = C\sqrt{\frac{2gh}{\gamma}}$$

여기서, V : 유속(m/s)

C : 피토관 계수

g : 중력가속도(9.81m/s^2)

h : 피토관에 의한 동압 측정치(mmH$_2$O)

γ : 굴뚝 내의 배출가스 밀도(kg/m^3)

확대율이 10배이므로 실제 동압은 32/10 = 3.2mmH$_2$O이다.

유속과 동압을 제외한 나머지 변수들은 동일하므로 $V \propto \sqrt{h}$

$V : \sqrt{3.2} = 1.4V : \sqrt{x}$

$\therefore\ x = (1.4\times\sqrt{3.2})^2 = 6.272\text{mmH}_2\text{O}$

11 ★

다음은 다중이용시설 중 '실내주차장'의 실내공기질 권고기준이다. ( ) 안에 알맞은 기준을 쓰시오.

항목	권고기준
이산화질소	(①)ppm 이하
라돈	(②)Bq/m^3 이하
총휘발성유기화합물	(③)$\mu g/m^3$ 이하

풀이 ① 0.3, ② 148, ③ 1,000

2015 제2회 대기환경기사 필답형 기출문제

01 ★

다음 바람에 대하여 서술하시오. (단, 정의, 특성, 낮과 밤일 때 차이를 구분해서 쓰시오.)

(1) 해륙풍
(2) 산곡풍
(3) 경도풍

풀이 (1) 해륙풍

① 정의 : 육지와 바다는 서로 다른 열적 성질 때문에 해안(또는 큰 호수가)에서 낮에는 바다에서 육지로, 밤에는 육지에서 바다로 부는 바람이다. 해륙풍은 육지와 직각 또는 해안에 직각으로 불고, 기온의 일변화가 큰 저위도 지방에서 현저하게 나타나며, 해풍과 육풍을 합한 것을 말한다.

② 특성

㉠ 낮 : 바다보다 육지가 빨리 더워져서 육지의 공기가 상승하기 때문에 바다에서 육지로 8～15km까지 바람이 불며, 주로 여름에 빈번히 발생한다(해풍).

㉡ 밤 : 육지가 빨리 식는 데 반하여 바다는 식지 않아 상대적으로 바다 위의 공기가 따뜻해져 상승하기 때문에 육지에서 바다로 향해 5～6km까지 불며, 겨울철에 빈번히 발생한다(육풍).

(2) 산곡풍

① 정의 : 평지와 계곡 및 분지지역의 일사량 차이로 인하여 생기는 바람이다.

② 특성

㉠ 낮에는 산 정상의 가열 정도가 산 경사면의 가열 정도보다 더 크므로, 산 경사면에서 산 정상을 향해 부는 곡풍(산 경사면 → 산 정상)이 발생한다.

㉡ 밤에는 반대로 산 정상에서 산 경사면을 따라 내려가는 산풍(산 정상 → 산 경계면)이 발생한다.

㉢ 곡풍에 비해 산풍이 더 강하고 매서운 바람인데 이는 산 위에서 내려오면서 중력의 가속을 받기 때문이다.

(3) 경도풍

① 정의 : 기압경도력이 원심력, 전향력과 평형을 이루면서 고기압과 저기압의 중심부에서 발생하는 바람이다.

② 특성 : 북반구의 저기압에서는 반시계방향으로 회전하며 위쪽으로 상승하면서 불고 고기압에서는 시계방향으로 회전하면서 분다.

02

★★★

탄소 86%, 수소 12%, 황 2%인 중유가 연소했을 때 연소가스 중 (CO_2+SO_2) 13%, O_2 3%였다. 건조연소가스 중의 SO_2 농도(ppm)를 계산하시오. (단, 표준상태이다.)

풀이

$O_o = 1.867C + 5.6(H - O/8) + 0.7S = 1.867 \times 0.86 + 5.6 \times 0.12 + 0.7 \times 0.02 = 2.2916\,m^3/kg$

$A_o = O_o/0.21 = 2.916/0.21 = 10.9124m^3/kg$

$N_2 = 100 - (CO_2 + SO_2) - (O_2) = 100 - 13 - 3 = 84$

$O_2 = 3,\ CO = 0$

$$m = \frac{N_2}{N_2 - 3.76(O_2 - 0.5CO)} = \frac{84}{84 - 3.76(3.0 - 0.5 \times 0)} = 1.1551$$

$G_d = mA_o - 5.6H + 0.7O + 0.8N = 1.1551 \times 10.9124 - 5.6 \times 0.12 = 11.9329\,m^3/kg$

$$\therefore\ SO_2\ 농도 = \frac{0.7S}{G_d} \times 10^6 = \frac{0.7 \times 0.02}{11.9329} \times 10^6 = 1{,}173.227\,ppm$$

03

★★★

길이 5m, 높이 2m인 중력침강실이 바닥을 포함하여 8개의 평행판으로 이루어져 있다. 침강실에 유입되는 함진가스 유속이 0.2m/s일 때 먼지를 완전히 제거할 수 있는 최소입경(μm)은 얼마인지 구하시오. (단, 먼지의 밀도는 1,600kg/m^3, 함진가스의 점도는 2.1×10^{-5}kg/m · s, 밀도는 1.3kg/m^3이고, 가스의 흐름은 층류로 가정한다.)

풀이

중력집진장치의 집진효율

$$\eta = \frac{V_t \times L}{V_x \times H}$$

여기서, V_t : 종말침강속도(m/s), V_x : 수평이동속도(m/s)

L : 침강실 수평길이(m), H : 침강실 높이(m)

먼지를 100% 제거하기 위한 공식은 위의 식에서 $1 = \dfrac{V_t \times L}{V_x \times H}$

속도

$$V_t = \frac{d_p^{\,2} \times (\rho_p - \rho) \times g}{18 \times \mu}$$

여기서, d_p : 최소입경(μm), ρ_p : 먼지의 밀도(kg/m^3)

ρ : 가스의 밀도(kg/m^3), μ : 가스의 점도(kg/m · s)

$$V_t = \frac{V_x \times H}{L}\ 에서\ \frac{d_p^{\,2} \times (\rho_p - \rho) \times g}{18 \times \mu} = \frac{V_x \times H}{L}$$

$$\frac{d_p^{\,2} \times (1{,}600 - 1.3) \times 9.8}{18 \times 2.1 \times 10^{-5}} = \frac{0.2 \times 2/8}{5},\quad d_p^{\,2} = 2.4126 \times 10^{-10} m^2$$

$\therefore\ d_p = 15.53 \times 10^{-6}m = 15.53\mu m$

04

★★★

원심력집진장치에서 블로다운(blow down) 방법에 대해 서술하고, 효과를 3가지 서술하시오.

풀이 (1) 원심력집진장치의 집진효율을 향상시키기 위한 방법으로 먼지박스(dust box) 또는 멀티사이클론의 호퍼부(hopper)에서 처리가스량의 5~10%를 흡인하여 재순환시키는 방법이다.

(2) 효과
① 원심력집진장치 내의 난류 억제
② 포집된 먼지의 재비산 방지
③ 원심력집진장치 내의 먼지 부착에 의한 장치 폐쇄 방지
④ 집진효율 증대
(이 중 3가지 기술)

05

★★★

여과집진장치에서 먼지 부하가 360g/m^{2}일 때마다 부착먼지를 간헐적으로 탈락시키고자 한다. 유입가스 중의 먼지 농도가 10g/m^{3}이고 겉보기 여과속도가 1cm/s일 때 부착먼지의 탈락시간 간격(sec)을 구하시오. (단, 집진효율은 98.5%이다.)

풀이

부착먼지의 탈락시간 간격

$$t = \frac{L_d}{C_i \times V_f \times \eta}$$

여기서, L_d : 먼지 부하(g/m^2), C_i : 입구 먼지 농도(g/m^3)
V_f : 여과속도(m/s), η : 집진효율(%)

$$\therefore\ t = \frac{360\text{g/m}^2}{10\text{g/m}^3 \times 0.01\text{m/s} \times 0.985} = 3{,}654.82\,\text{sec}$$

06

★★

유해가스 흡수장치 중 액분산형 흡수장치를 4가지 쓰시오.

풀이 분무탑(spray tower), 충전탑(packed tower), 벤투리 스크러버, 사이클론 스크러버, 제트 스크러버
(이 중 4가지 기술)

Plus 이론학습 **액분산형 흡수장치의 적용**
- 가스측 저항이 큰 경우에 사용한다.
- 용해도가 높은 가스에 사용한다.
- 주로 수용성 기체에 사용한다.

07

★★

NO를 다음 화합물과 반응시켜 N_2로 환원시키는 접촉환원법에 대한 반응식을 각각 쓰시오.

(1) H_2　(2) CO　(3) NH_3　(4) H_2S

풀이 (1) $2NO + 2H_2 \rightarrow N_2 + 2H_2O$
(2) $2NO + 2CO \rightarrow N_2 + 2CO_2$
(3) $6NO + 4NH_3 \rightarrow 5N_2 + 6H_2O$
(4) $2NO + 2H_2S \rightarrow N_2 + 2H_2O + 2S$

08

★★

대기오염공정시험기준상 굴뚝 배출가스 중 이산화황의 연속자동측정방법 3가지를 쓰시오.

풀이 ① 정전위전해법(전기화학법)
② 용액전도율법
③ 적외선흡수법
④ 자외선흡수법
⑤ 불꽃광도법
(이 중 3가지 기술)

09

기체 크로마토그래피에서 각 정량방법을 함유율 구하는 식을 포함하여 설명하시오.

(1) 보정넓이백분율법
(2) 상대검정곡선법
(3) 표준물질첨가법

풀이 (1) 보정넓이백분율법
도입한 시료의 전 성분이 용출되며 또한 용출 전 성분의 상대감도가 구해진 경우는 다음 식에 의하여 정확한 함유율을 구할 수 있다.

$$X(\%) = \frac{\frac{A_i}{f_i}}{\sum_{i=1}^{n} \frac{A_i}{f_i}} \times 100$$

여기서, A_i : i성분의 봉우리 넓이, f_i : i성분의 상대감도, n : 전 봉우리 수

(2) 상대검정곡선법
정량하려는 성분의 순물질(X) 일정량에 내부표준물질(S)의 일정량을 가한 혼합시료의 크로마토그램을 기록하여 봉우리 넓이를 측정한다. 횡축에 정량하려는 성분량(M_X)과 내부표준물질량(M_S)의 비(M_X/M_S)를 취하고 분석시료의 크로마토그램에서 측정한 정량할 성분의 봉우리 넓이(A_X)와 표준물질 봉우리 넓이(A_S)의 비(A_X/A_S)를 취하여 검정곡선을 작성한다.

시료의 기지량(M)에 대하여 표준물질의 기지량(n)을 검정곡선의 범위 안에 적당히 가해서 균일하게 혼합한 다음 표준물질의 봉우리가 검정곡선 작성 시와 거의 같은 크기가 되도록 도입량을 가감해서 동일조건하에서 크로마토그램을 기록한다. 크로마토그램으로부터 피검성분 봉우리 넓이(A_X')와 표준물질 봉우리 넓이(A_S')의 비(A_X'/A_S')를 구하고, 검정곡선으로부터 피검성분량(M_X')과 표준물질량(M_S')의 비(M_X'/M_S')가 얻어지면 다음 식에 따라 함유율(X)을 산출한다. 또한 봉우리 넓이 대신에 봉우리 높이를 사용하여도 좋다. 이 방법을 시료 중의 각 성분에 적용하면 시료의 조성을 구할 수가 있다.

$$X(\%) = \frac{\frac{M_X'}{M_S'} \times n}{M} \times 100$$

(3) 표준물첨가법

시료의 크로마토그램으로부터 피검성분 A 및 다른 임의의 성분 B의 봉우리 넓이 a_1 및 b_1을 구한다. 다음에 시료의 일정량(W)에 성분 A의 기지량(ΔW_A)을 가하여 다시 크로마토그램을 기록하여 성분 A 및 B의 봉우리 넓이 a_2 및 b_2를 구하면 K의 정수로 해서 다음 식이 성립한다.

$$\frac{W_A}{W_B} = K\frac{a_1}{b_1}, \quad \frac{W_A + \Delta W_A}{W_B} = K\frac{a_2}{b_2}$$

여기서, W_A 및 W_B : 시료 중에 존재하는 A 및 B 성분의 양

K : 비례상수

위 식으로부터 성분 A의 부피 또는 무게 함유율 $X(\%)$를 다음 식으로 구한다.

$$X(\%) = \frac{\Delta W_A}{\left(\frac{a_2}{b_2} \cdot \frac{b_1}{a_1} - 1\right) W} \times 100$$

Plus 이론학습

기체 크로마토그래피의 정량분석방법에는 절대검정곡선법, 넓이백분율법, 보정넓이백분율법, 상대검정곡선법, 표준물첨가법 등이 있다. 측정된 넓이 또는 높이와 성분량과의 관계를 구하는 데 사용되며, 검정곡선 작성 후 연속하여 시료를 측정하여 결과를 산출한다.

1. **절대검정곡선법**

   정량하려는 성분으로 된 순물질을 단계적으로 취하여 크로마토그램을 기록하고 봉우리 넓이 또는 봉우리 높이를 구한다. 이것으로부터 성분량을 횡축에, 봉우리 넓이 또는 봉우리 높이를 종축에 취하여 검정곡선을 작성한다. 동일 조건에 시료를 도입하여 크로마토그램을 기록하고 봉우리 넓이(또는 봉우리 높이)로부터 검정곡선에 따라 분석하려는 각 성분의 절대량을 구하여 그 조성을 결정한다.

2. **넓이백분율법**

   크로마토그램으로부터 얻은 시료 각 성분의 봉우리 면적을 측정하고 그것들의 합을 100으로 하여 이에 대한 각각의 봉우리 넓이 비를 각 성분의 함유율로 한다. 이 방법은 도입시료의 전 성분이 용출되고, 또한 사용한 검출기에 대한 각 성분의 상대감도가 같다고 간주되는 경우에 적용하며, 각 성분의 대개의 함유율(X_i)을 알 수가 있다.

   $$X(\%) = \frac{A_i}{\sum_{i=1}^{n} A_i} \times 100$$

   여기서, A_i : i성분의 봉우리 넓이

   n : 전 봉우리 수

10

★★★

1m의 직경을 갖는 원심력집진장치에서 $3m^3/s$의 가스(1atm, 320K)를 처리하고자 한다. 처리 먼지의 밀도는 $1.6g/cm^3$, 함진가스의 점도는 $1.85\times10^{-5}kg/m\cdot s$라고 할 때, 유입속도(m/s)와 절단입경($\mu$m)을 구하시오. (단, 입구 높이= 0.5m, 입구 폭 = 0.25m, 유효회전수 = 4, 공기 밀도 = $1.3kg/m^3$)

풀이

절단입경

$$d_{p,50}(\mu m)=\sqrt{\frac{9\mu_g W}{2\pi N V_t(\rho_p-\rho_g)}}\times10^6$$

여기서, W : 유입구 폭, N : 유효 회전수, μ_g : 가스의 점도
V_t : 유입속도, ρ_p : 먼지 밀도, ρ_g : 공기 밀도

$$\text{먼지 밀도}(\rho_p)=\frac{1.6g}{cm^3}\left|\frac{1kg}{1{,}000g}\right|\frac{(100)^3cm^3}{1m^3}=1{,}600kg/m^3$$

$$\therefore\ \text{유입속도}(V_t)=Q/A=\frac{3m^3}{s}\left|\frac{1}{0.25m\times0.5m}\right.=24m/s$$

$$\text{절단입경}(d_{p,50})=\sqrt{\frac{9\times1.85\times10^{-5}\times0.25}{2\times3.14\times4\times24\times(1{,}600-1.3)}}\times10^6=6.57\mu m$$

11

★★★

NO 448ppm, NO_2 44.8ppm을 함유한 배출가스 $100{,}000m^3/hr$를 NH_3에 의한 선택적 접촉환원법으로 처리할 경우 NO_x를 제거하기 위한 NH_3의 이론량(kg/hr)을 계산하시오. (단, 표준상태이며, 산소 공존은 고려하지 않는다. 화학반응식을 기재하고 계산하시오.)

풀이

$$\text{NO의 발생량}=\frac{100{,}000m^3}{hr}\left|\frac{448mL}{m^3}\right|\frac{1m^3}{10^6mL}=44.8m^3/hr$$

$6NO + 4NH_3 \rightarrow 5N_2+6H_2O$
$6\times22.4m^3$: $4\times17kg$
$44.8m^3/hr$: x

$$x=\frac{4\times17\times44.8}{6\times22.4}=22.667kg/hr$$

$$NO_2\text{의 발생량}=\frac{100{,}000m^3}{hr}\left|\frac{448mL}{m^3}\right|\frac{1m^3}{10^6mL}=44.8m^3/hr$$

$6NO_2 + 8NH_3 \rightarrow 7N_2+12H_2O$
$6\times22.4m^3$: $8\times17kg$
$4.48m^3/hr$: y

$$y=\frac{8\times17\times4.48}{6\times22.4}=4.533kg/hr$$

$\therefore$ NH_3의 이론량 $=x+y=22.667+4.533=27.20kg/hr$

2015 제4회

대기환경기사 필답형 기출문제

01

★★★

유효굴뚝높이가 60m인 굴뚝에서 오염물질이 40g/s의 율로 배출되고 있다. 지상 5m에서의 풍속은 4m/s일 때 풍하거리 500m 떨어진 지점에서의 연기중심선상 오염물질의 지표 농도(μg/m^3)를 구하시오. (단, 가우시안 확산식과 Deacon 식을 이용하고, P=0.25, σ_y=37m, σ_z=18m이다.)

풀이

Deacon의 풍속법칙

$$U = U_0\left(\frac{Z}{Z_0}\right)^P$$

여기서, U : 임의 고도(Z)에서의 풍속(m/s), U_0 : 기준높이(Z_0)에서의 풍속(m/s)
Z : 임의 고도(m), Z_0 : 기준높이(10m), P : 풍속지수

$$U = 4\times\left(\frac{60}{5}\right)^{0.25} = 7.4448\,\text{m/s}$$

가우시안 확산식

$$C(x,y,z,H_e) = \frac{1}{2}\frac{Q}{\pi\sigma_y\sigma_z U}\times\exp\left[-\frac{1}{2}\frac{y^2}{\sigma_y^2}\right]\times\left\{\exp\left[-\frac{1}{2}\frac{(z-H_e)^2}{\sigma_z^2}\right]+\exp\left[-\frac{1}{2}\frac{(z+H_e)^2}{\sigma_z^2}\right]\right\}$$

여기서, C : 오염물질 농도(μg/m^3), Q : 오염물질 배출량(g/s)
H_e : 유효굴뚝높이(m), U : H_e에서의 평균풍속(m/s)
σ_y : 수평방향 표준편차(m), σ_z : 수직방향 표준편차(m)
x : 오염원으로부터 풍하방향으로의 거리(m)
y : 플륨 중심선으로부터의 횡방향(측면) 거리(m)
z : 지면으로부터의 수직높이(m)

문제에서 지표면에서의 오염물질 농도이므로 $z=0$, 연기중심선상의 오염물질 농도이므로 $y=0$

$$Q = \frac{40\text{g}}{\text{sec}}\left|\frac{10^6\mu\text{g}}{\text{g}}\right. = 4\times10^7\,\mu\text{g/s}$$

$$\therefore\ C(x,0,0,60) = \frac{1}{2}\times\frac{4\times10^7}{\pi\times37\times18\times7.448}$$
$$\times\exp\left[-\frac{1}{2}\times\frac{0^2}{37^2}\right]\times\left\{\exp\left[-\frac{1}{2}\times\frac{(0-60)^2}{18^2}\right]+\exp\left[-\frac{1}{2}\times\frac{(0+60)^2}{18^2}\right]\right\}$$
$$= 9.93\,\mu\text{g/m}^3$$

02 ★

휘발유 자동차에서 사용하는 삼원촉매장치에 대한 다음 물음에 답하시오.

(1) 사용하는 삼원촉매 3가지를 쓰시오.
(2) 제거되는 오염물질 3가지를 쓰시오.

풀이 (1) 백금(Pt), 파라듐(Pd), 로듐(Rh)
(2) NO_x, HC, CO

> **Plus 이론학습**
> 1. **CO, HC 산화**
>   - 백금(Pt), 파라듐(Pd) 촉매 이용
>   - 산소 필요
> 2. **NO_x 환원**
>   - 로듐(Rh) 촉매 이용
>   - CO, HC, H_2 필요

03 ★

기체연료(C_mH_n) 1mol을 이론공기량으로 완전연소 시켰을 경우 이론습연소가스량(mol)을 계산하시오.

풀이

C_mH_n의 완전연소반응식 : $C_mH_n + \left(m + \frac{n}{4}\right)O_2 \rightarrow m\,CO_2 + \frac{n}{2}H_2O$

O_o(이론적 산소량) $= \left(m + \frac{n}{4}\right)$mol

A_o(이론적 공기량) $= \left(m + \frac{n}{4}\right)/0.21$mol

G_{ow}(이론습연소가스량) $=$ CO_2 양 $+$ H_2O 양 $+$ 이론적인 질소량$(0.79A_o)$

이론적인 질소량 $= 0.79A_o = 3.76\left(m + \frac{n}{4}\right)$mol

$\therefore\ G_{ow} = m + \frac{n}{2} + 3.76\left(m + \frac{n}{4}\right) = (4.76m + 1.44n)$mol

04 ★★★

빗물의 pH가 5.6일 때 이 빗물의 [OH^-]이온의 농도(mol/L)를 계산하시오.

풀이 $pOH = 14 - pH = 14 - 5.6 = 8.4$

$pOH = -\log[OH^-]$, $8.4 = -\log[OH^-]$

$\therefore\ [OH^-] = 10^{-8.4} = 3.98 \times 10^{-9}$mol/L

05

공기 중 CO_2의 부피가 5%를 넘으면 인체에 해롭다. 600m^3되는 방에서 문을 닫고 80%의 탄소를 가진 숯을 최소 몇 kg을 태우면 해로운 상태로 되는지 계산하시오. (단, 기존의 공기 중 CO_2의 부피는 고려하지 않고, 실내에서 기체는 완전히 혼합되며, 표준상태이다.)

풀이 인체에 해로운 CO_2의 부피 = $600 \times 0.05\,m^3$

$C + O_2 \rightarrow CO_2$

12kg : $22.4\,m^3$

$x \times 0.8$kg : $600 \times 0.05\,m^3$

$$\therefore\ x(CO_2) = \frac{12 \times 600 \times 0.05}{22.4 \times 0.8} = 20.09\,kg$$

06

★★

평판형 전기집진장치의 집진극 전압은 60kV이고, 집진판 간격은 30cm이다. 가스 속도는 1.0m/s, 입자의 직경은 0.5μm일 때 효율이 100%가 되는 집진극의 길이(m)를 계산하시오. (단, 입자의 이동속도 공식 및 조건은 다음에 제시된 것을 기준으로 한다.)

$$입자의\ 이동속도(W_e) = \frac{1.1 \times 10^{-14} \times P \times E^2 \times d_p}{\mu}$$

여기서, $P = 2$, $\mu = 8.63 \times 10^{-2}$kg/m · hr

풀이

입자의 이동속도

$$W_e = \frac{1.1 \times 10^{-14} \times P \times E^2 \times d_p}{\mu}$$

여기서, P : 입자의 극성을 나타내는 상수, E : 전계강도(V/m)

d_p : 입자의 직경(μm), μ : 점도(kg/m · hr)

$$E = \frac{V(전압)}{d(거리)} = \frac{60{,}000}{0.15} = 400{,}000\,V/m$$ (전계강도는 방전극과 집진극 사이의 거리를 기준으로 하기 때문에 집진판 간격을 2로 나눈다. 즉, 0.3/2 = 0.15m)

$$W_e = \frac{1.1 \times 10^{-14} \times 2 \times 400{,}000^2 \times 0.5}{8.63 \times 10^{-2}} = 0.0204\,m/s$$

평판형 전기집진장치의 제거효율

$$\eta = \frac{L \times W_e}{R \times V}$$

여기서, L : 집진극 길이, W_e : 입자의 이동속도, R : 집진극과 방전극 사이의 거리, V : 가스 유속

제거효율이 100%이므로 $1 = \dfrac{L \times W_e}{R \times V}$

$$\therefore\ L(집진극\ 길이) = \frac{R \times V}{W_e} = \frac{0.15 \times 1}{0.0204} = 7.35m$$

07 ★★★

여과집진장치에서 유량 $4.78 \times 10^6 cm^3/s$, 공기여재비(A/C) $4cm^3/cm^2 \cdot s$로 배출가스가 유입되고 있다. 여과포 1개의 직경이 200mm, 유효높이가 3m인 경우에 필요한 여과포의 개수를 구하시오.

풀이

1개 Bag의 공간 = 원의 둘레($2\pi R$)×높이(H)×겉보기 여과속도(V_t)

1개 Bag의 공간 = $2 \times 3.14 \times 10cm \times 300cm \times 4cm/s$
$= 75,360 cm^3/s$

∴ 필요한 bag의 수 = $4.78 \times 10^6 / 75,360 = 63.43$개 → 최종 64개 필요

08 ★★

충전탑과 관련된 다음 물음에 답하시오.

(1) Hold-up의 의미를 쓰시오.
(2) Loading Point의 의미를 쓰시오.
(3) Flooding Point의 의미를 쓰시오.
(4) Loading Point와 Flooding Point를 그래프를 이용하여 표현하시오.

풀이

(1) 홀드업(Hold up) : 흡수액을 통과시키면서 가스 유속을 증가시킬 때 충전층 내의 액 보유량이 증가하는 것(충전층 내의 액 보유량을 의미)
(2) 로딩점(Loading Point) : Hold up 상태에서 계속해서 유속을 증가하면 액의 Hold up이 급격하게 증가하게 되는 점(압력손실이 급격하게 증가되는 첫 번째 파과점을 의미)
(3) 플로딩점(Flooding Point) : Loading Point를 초과하여 유속을 계속적으로 증가하면 Hold up이 급격히 증가하고 가스가 액 중으로 분산 범람하게 되는 점(액이 비말동반을 일으켜 흘러넘쳐 향류 조작 자체가 불가능한 두 번째 파과점을 의미)
(4)

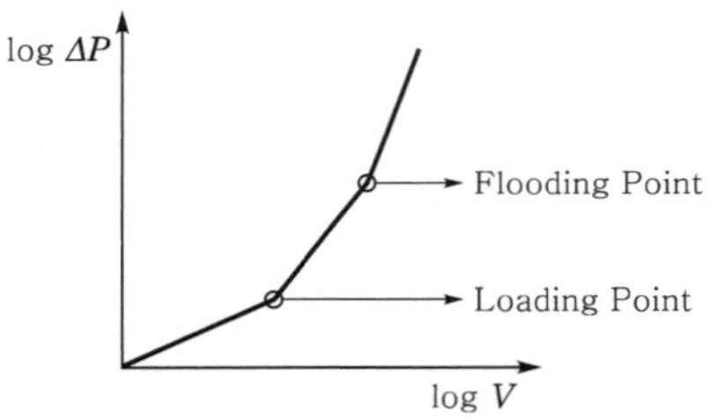

여기서, ΔP : 압력손실, V : 가스 속도

Plus 이론학습 **채널링**(channeling)
임의로 충전한 충전탑에서 혼합물을 물리적으로 분리할 때, 액의 분배가 원활하게 이루어지지 못하면 채널링 현상이 발생한다. 이는 충전탑의 기능을 저하시키는 큰 요인이 된다.

09

★★★

H_{OG}가 0.8m, 제거율이 98%인 경우 충전탑의 높이(m)를 구하시오.

✔ 풀이

$$H = H_{OG} \times N_{OG} = H_{OG} \times \ln\left(\frac{1}{1-E/100}\right)$$

여기서, H : 높이

E : 제거율

H_{OG} : 기상총괄이동 단위높이

N_{OG} : 기상총괄이동 단위수

$$\therefore\ H = 0.8 \times \ln\left(\frac{1}{1-98/100}\right) = 3.13\,\text{m}$$

2015

10

★

21,000Sm^3/hr의 배출가스를 물을 이용하여 처리하고자 한다. 목부의 유속은 80m/s, 액가스비는 1L/m^{3}인 경우 목부의 직경(m)을 계산하시오. (단, 배출가스의 온도는 150℃이다.)

✔ 풀이

$$Q = AV = \frac{\pi}{4}D^2 \times V$$

여기서, Q : 유량, A : 면적, V : 유속, D : 직경

$$Q = \frac{21{,}000\,\text{Sm}^3}{\text{hr}} \left| \frac{(273+150)\text{K}}{273\text{K}} \right| \frac{1\,\text{hr}}{3{,}600\,\text{s}} = 9.0384\,\text{m}^3/\text{s}$$

$$\therefore\ D = \sqrt{\frac{4Q}{\pi V}} = \sqrt{\frac{4 \times 9.0384}{\pi \times 80}} = 0.379\,\text{m}$$

11

★★★

다음은 환경정책기본법상 대기환경기준이다. ( ) 안에 알맞은 수치를 적으시오.

항목	기준
이산화질소 (NO_2)	연간 평균치 : (①)ppm 이하
	24시간 평균치 : (②)ppm 이하
	1시간 평균치 : (③)ppm 이하
오존 (O_3)	8시간 평균치 : (④)ppm 이하
	1시간 평균치 : (⑤)ppm 이하
일산화탄소 (CO)	8시간 평균치 : (⑥)ppm 이하
	1시간 평균치 : (⑦)ppm 이하

✔ 풀이 ① 0.03, ② 0.06, ③ 0.1, ④ 0.06, ⑤ 0.1, ⑥ 9, ⑦ 25

12 ★

대기오염공정시험기준상 원자흡수분광광도법에서 사용하는 아래 용어의 정의를 각각 쓰시오.

(1) 공명선(Resonance Line)
(2) 분무실(Nebulizer chamber, Atomizer chamber)

풀이 (1) 원자가 외부로부터 빛을 흡수했다가 다시 먼저 상태로 돌아갈 때 방사하는 스펙트럼선
(2) 분무기와 함께 분무된 시료용액의 미립자를 더욱 미세하게 해 주는 한편 큰 입자와 분리시키는 작용을 갖는 장치

Plus 이론학습

1. **근접선**(Neighbouring Line) : 목적하는 스펙트럼선에 가까운 파장을 갖는 다른 스펙트럼선
2. **중공음극램프** (Hollow cathode lamp) : 원자흡광분석의 광원이 되는 것으로 목적원소를 함유하는 중공음극 한 개 또는 그 이상을 저압의 네온과 함께 채운 방전관
3. **선프로파일**(Line profile) : 파장에 대한 스펙트럼선의 강도를 나타내는 곡선
4. **멀티패스** (Multi－path) : 불꽃 중에서의 광로를 길게 하고 흡수를 증대시키기 위하여 반사를 이용하여 불꽃 중 빛을 여러 번 투과시키는 것
5. **역화** (Flame back) : 불꽃의 연소속도가 크고 혼합기체의 분출속도가 작을 때 연소현상이 내부로 옮겨지는 것
6. **예복합버너**(Premix type burner) : 가연성 가스, 조연성 가스 및 시료를 분무실에서 혼합시켜 불꽃 중에 넣어 주는 방식의 버너

2016 제 1 회 대기환경기사 필답형 기출문제

01

★★

입자의 Stokes 직경이 5×10^{-4}cm, 입자의 밀도가 1.8g/cm³일 때, 이 입자의 공기역학적 직경(μm)을 계산하시오.

풀이

공기역학적 직경(d_a)과 Stokes 직경(d_s)과의 관계식

$$d_a = d_s\sqrt{\frac{\rho_p}{\rho_a}}$$

여기서, ρ_p : 입자의 밀도, ρ_a : 공기의 밀도

$$\therefore\ d_a = d_s\sqrt{\rho_p}$$
$$= 5\times10^{-4}\times\sqrt{1.8}$$
$$= 6.7082\times10^{-4}\text{cm} = 6.7082\mu\text{m}$$

Plus 이론학습

1. **스토크스 직경**(d_s)
   어떤 입자와 같은 최종침강속도와 같은 밀도를 가지는 구형물체의 직경
2. **공기역학적 직경**(d_a)
   같은 침강속도를 지니는 단위밀도(1g/cm³)의 구형물체의 직경

02

★★★

탄소 85%, 수소 15%인 경유 1kg을 공기비 1.1로 연소 시 탄소의 1%가 검댕(그을음)으로 된다면 건조배출가스 1Sm³ 중 검댕의 농도(g/Sm³)는 얼마인지 계산하시오.

풀이

$O_o = 1.867\text{C} + 5.6(\text{H}-\text{O}/8) + 0.7\text{S} = 1.867\times0.85 + 5.6\times0.15 = 2.427\text{m}^3/\text{kg}$

$A_o = O_o/0.21 = 2.427/0.21 = 11.557\text{m}^3/\text{kg}$

$m = 1.1$

$G_d = mA_o - 5.6\text{H} + 0.7\text{O} + 0.8\text{N} = 1.1\times11.557 - 5.6\times0.15 = 11.8727\text{m}^3/\text{kg}$

검댕의 발생량 $= 1\text{kg}\times0.85\times0.01 = 0.0085\text{kg/kg}$

$$\therefore\ \text{검댕의 농도} = \frac{0.0085}{11.8727} = 0.00072\text{kg/Sm}^3 = 0.72\text{g/Sm}^3$$

03

★★

다음 표의 조건을 이용하여 리차드슨수를 구하고, 대기안정도를 판별하시오.

고도	풍속	온도
3 m	3.9 m/s	14.7℃
2 m	3.3 m/s	15.4℃

풀이 (1) 리차드슨수

리차드슨수는 고도에 따른 풍속차와 온도차를 적용하여 산출해낸 무차원수로서, 동적인 대기 안정도를 판단하는 척도이며 대류난류(자유대류)를 기계적 난류(강제대류)로 전환시키는 율을 측정한 것이다.

리차드슨수

$$R_i = \frac{g}{T_m}\left(\frac{\Delta T/\Delta Z}{(\Delta U/\Delta Z)^2}\right)$$

여기서, T_m : 상하층의 평균절대온도 $= \frac{T_1 + T_2}{2}$, g : 중력가속도

ΔT : 온도차 $(T_2 - T_1)$, ΔU : 풍속차 $(U_2 - U_1)$, ΔZ : 고도차 $(Z_2 - Z_1)$

$\Delta T/\Delta Z$: 대류난류의 크기, $\Delta U/\Delta Z$: 기계적 난류의 크기

$$T_m = \frac{(273+15.4)+(273+14.7)}{2} = 288.05$$

$\Delta T = (273+15.4)-(273+14.7) = 0.7$, $\Delta U = 3.3-3.9 = -0.6$, $\Delta Z = 2-3 = -1$

$$\therefore\ R_i(\text{리차드슨수}) = \frac{9.8}{288.05}\left(\frac{0.7/-1}{(-0.6/-1)^2}\right) = -0.066 = -0.07$$

(2) 대기안정도 판별

리차드슨수에 의한 안정도 판별을 하면, 위에서 리차드슨수가 −0.07이므로 아래 표에서 알 수 있듯이 대기안정도는 '불안정'상태이며, '대류에 의한 혼합'이 '기계적에 의한 혼합'을 지배한다.

Ri (리차드슨수)	대기안정도
+0.01 이상	안정
+0.01 ~ −0.01	중립
−0.01 이하	불안정

Ri (리차드슨수)	특성
$Ri > 0.25$	수직방향의 혼합이 없음(수평상의 소용돌이 존재)
$0 < Ri < 0.25$	성층에 의해 약화된 기계적 난류 존재
$Ri = 0$	기계적 난류만 존재(수직방향의 혼합은 있음)
$-0.03 < Ri < 0$	기계적 난류와 대류가 존재하나 기계적 난류가 지배적임
$Ri < -0.04$	대류에 의한 혼합이 기계적에 의한 혼합을 지배함

※ (−)의 값이 커질수록 불안정도는 증가하며 대류난류(자유대류)가 지배적인 상태가 된다.

04
★★

대기오염물질의 농도를 측정하기 위한 상자모델 이론을 적용하기 위한 가정조건을 4가지 쓰시오.

풀이
① 상자공간에서 오염물질의 농도는 균일하다.
② 오염물질의 분해는 1차 반응을 따른다.
③ 배출원은 지면 전역에 균등하게 분포되어 있다.
④ 오염물질은 방출과 동시에 균등하게 혼합된다.
⑤ 바람의 방향과 속도는 일정하다.
⑥ 배출된 오염물질은 다른 물질로 변화하지도 흡수되지도 않는다.
⑦ 상자 안에서는 밑면에서 방출되는 오염물질이 상자 높이인 혼합층까지 즉시 균등하게 혼합된다.
(이 중 4가지 기술)

Plus 이론학습

상자모델
- 오염물질의 질량보존을 기본으로 한 모델로, 넓은 지역을 하나의 상자로 가정하여 상자 내부의 오염물질 배출량, 대상영역 외부로부터의 오염물질 유입, 화학반응에 의한 물질의 생성 및 소멸 등을 고려한 모델이다.
- 대상영역 내의 평균적인 오염물질 농도의 시간 변화를 계산하며, 비교적 간단하면서도 기상조건과 배출량의 시간 변화를 고려할 수 있고, 모델에 따라서는 화학반응에 의한 농도의 시간 변화도 계산이 가능하다.

2016

05
★

원심력집진장치의 집진효율 향상 조건을 3가지 쓰시오. (단, Blow down 효과는 제외한다.)

풀이
① 원통의 직경을 작게
② 입자의 밀도를 크게
③ 한계유속 내에서 가스의 유입속도를 크게
④ 입자의 직경을 크게
⑤ 회전수를 크게
⑥ 고농도는 병렬로 연결하고, 응집성이 강한 먼지는 직렬로 연결하여 사용
⑦ 입자의 재비산을 방지하기 위해 스키머와 Turning vane 등을 사용
(이 중 3가지 기술)

06
★

여과집진장치의 집진원리를 4가지 쓰시오.

풀이
① 직접차단
② 관성충돌
③ 확산
④ 중력

07 ★★★

배출가스 유량 400m^3/min, 농도 5g/Sm^{3}인 먼지를 유효높이 5.5m, 직경 200mm인 Bag filter를 사용하여 처리하려고 한다. 이때 필요한 Bag filter의 개수를 구하시오. (단, 여과속도는 1.2cm/s이다.)

풀이

1개 Bag의 공간 = 원의 둘레($2\pi R$)×높이(H)×겉보기 여과속도(V_t)

$$V_t = \frac{1.2\,\text{cm}}{\text{sec}} \times \frac{60\,\text{sec}}{1\,\text{min}} \times \frac{1\,\text{m}}{100\,\text{cm}} = 0.72\,\text{m/min}$$

1개 Bag의 공간 = $2\times3.14\times0.1\,\text{m}\times5.5\,\text{m}\times0.72\,\text{m/min} = 2.487\,\text{m}^3/\text{min}$

∴ 필요한 Bag의 수 = 400/2.487 = 160.84개 → 최종 161개 필요

08 ★★★

H_{OG} 0.8m, 제거효율 98%인 경우 충전탑의 높이(m)를 구하시오.

풀이

$$H = H_{OG}\times N_{OG} = H_{OG}\times \ln\left(\frac{1}{1-E/100}\right)$$

여기서, H_{OG} : 기상총괄이동 단위높이

N_{OG} : 기상총괄이동 단위수

E : 제거율

$$\therefore\ H = 0.8\times \ln\left(\frac{1}{1-98/100}\right) = 3.13\,\text{m}$$

09

흡착제를 이용하여 오염물질을 처리하고자 한다. 흡착제 선택 시 고려해야 할 사항을 5가지 쓰시오. (단, 비용에 대한 사항은 제외한다.)

풀이

① 가스의 온도를 가능한 낮게 유지한다.
② 단위질량당 표면적이 커야 한다.
③ 기체흐름에 대한 압력손실이 적어야 한다.
④ 흡착률이 좋아야 한다.
⑤ 흡착된 물질의 회수가 용이해야 한다.
⑥ 흡착제의 재생이 쉬워야 한다.
⑦ 흡착제의 강도가 커야 한다.
(이 중 5가지 기술)

10

★

SO₂ 200ppm을 함유한 가스가 50,000Sm³/hr로 배출되고 있다. 이를 석회석으로 100% 흡수처리하고자 할 때 소요되는 $CaCO_3$의 양(kg/hr)을 구하시오.

풀이 SO_2 200ppm을 m^3로 단위 전환

$$\frac{200\,mL}{Sm^3}\left|\frac{50{,}000\,Sm^3}{hr}\right|\frac{Sm^3}{10^6\,mL} = 10\,Sm^3/hr$$

$SO_2 + CaCO_3 + 2H_2O + 1/2O_2 \rightarrow CaSO_4 \cdot 2H_2O + CO_2$

$22.4\,m^3$: 100kg

$10\,Sm^3/hr$: x

$\therefore\ x = 100 \times 10/22.4 = 44.64\,kg/hr$

11

★★★

배출가스 시료 채취 시 채취관을 보온 또는 가열해야 하는 경우 3가지를 쓰시오.

풀이 ① 채취관이 부식될 염려가 있는 경우
② 여과재가 막힐 염려가 있는 경우
③ 분석대상기체가 응축수에 용해되어서 오차가 생길 염려가 있는 경우

2016

2016 제2회 대기환경기사 필답형 기출문제

01

고체연료 연소장치 중 하나인 미분탄 연소장치의 장점을 3가지 쓰시오.

풀이
① 연소제어가 용이하고, 점화 및 소화 시 열손실이 적다.
② 부하변동에 대한 적응성이 우수하여 대형 설비(대용량의 연소)에 적합하다.
③ Clinker trouble이 없으며, 연소실의 공간을 효율적으로 사용할 수 있다.
④ 대형화되는 경우 설비비가 화격자 연소에 비해 낮아진다.
⑤ 사용연료의 범위가 넓다(저질탄, 점결탄도 가능).
⑥ 작은 공기비로도 완전연소가 가능하다.
(이 중 3가지 기술)

Plus 이론학습 **미분탄 연소장치의 단점**
- 석탄 분쇄 비용이 많이 들고, 분쇄기 및 배관에서 폭발의 우려 및 수송관의 마모가 일어날 수 있다.
- 재비산이 많고, 후단에 집진장치가 필요하다.
- 노 벽이나 전열면에 재의 퇴적이 많아 소형화에는 부적합하며, 소형의 미분탄설비는 설비비가 많이 든다.

02

★★★

프로판의 고위발열량이 20,000kcal/Sm^{3}일 경우 저위발열량(kcal/Sm^3)을 계산하시오.

풀이

저위발열량(LHV) = 고위발열량(HHV) − 수증기의 증발잠열

기체연료 : LHV = HHV − 480(H_2 + $2CH_4$ + ⋯) [kcal/m^3]

$C_3H_6+(3+8/4)O_2 \rightarrow 3CO_2+(8/2)H_2O$ 이므로

$\therefore$ LHV = 20,000 − 480×4 = 18,080 kcal/m^3

Plus 이론학습 **고체 및 액체 연료의 저위발열량**
LHV = HHV − 600 (9H + W) [kcal/kg]

03

★★★

가우시안 모델의 대기오염 확산방정식을 적용할 때 지면에 있는 오염원으로부터 바람 부는 방향으로 200m 떨어진 연기의 중심축상 지상 오염농도(mg/m^3)를 계산하시오. (단, 오염물질의 배출량은 4g/s, 풍속은 4.5m/s, σ_y, σ_z는 각각 22m, 12m이다.)

풀이

가우시안 확산식

$$C(x,y,z,H_e) = \frac{1}{2}\frac{Q}{\pi\sigma_y\sigma_z U} \times \exp\left[-\frac{1}{2}\frac{y^2}{\sigma_y^2}\right] \times \left\{\exp\left[-\frac{1}{2}\frac{(z-H_e)^2}{\sigma_z^2}\right] + \exp\left[-\frac{1}{2}\frac{(z+H_e)^2}{\sigma_z^2}\right]\right\}$$

여기서, C : 오염물질 농도 (mg/m^3), Q : 오염물질 배출량 (g/s)

H_e : 유효굴뚝높이(m), U : H_e에서의 평균풍속 (m/s)

σ_y : 수평방향 표준편차 (m), σ_z : 수직방향 표준편차 (m)

x : 오염원으로부터 풍하방향으로의 거리(m)

y : 플륨 중심선으로부터의 횡방향(측면) 거리(m)

z : 지면으로부터의 수직높이(m)

문제에서 지표면에서의 오염물질 농도이므로 $z=0$, 연기중심선상의 오염물질 농도이므로 $y=0$, 지면에 있는 오염물질 배출원이므로 $H_e=0$

$$Q = \frac{4\text{g}}{\text{s}}\left|\frac{10^3\text{mg}}{\text{g}}\right. = 4\times10^3 \text{mg/s}$$

$$\therefore\ C(x,0,0,0) = \frac{1}{2}\times\frac{4\times10^3}{\pi\times22\times12\times4.5}\times\exp\left[-\frac{1}{2}\times\frac{0^2}{22^2}\right] \times\left\{\exp\left[-\frac{1}{2}\times\frac{(0)^2}{12^2}\right]+\exp\left[-\frac{1}{2}\times\frac{(0)^2}{12^2}\right]\right\}$$

$$= \frac{1}{2}\times\frac{4\times10^3}{\pi\times22\times12\times4.5}\times\exp(0)\times\{\exp(0)+\exp(0)\}$$

$$= \frac{1}{2}\times\frac{4\times10^3}{\pi\times22\times12\times4.5}\times2$$

$$= 1.072\text{mg/m}^3$$

04

★

개구면적이 $0.5m^2$인 외부식 장방형 후드의 흡인유량(m^3/s)을 구하시오. (단, 후드 개구면에서 포착점까지의 거리는 0.4m, 포착속도는 0.25m/s이다.)

풀이

흡인유량

$$Q = (10X^2 + A)\times V$$

여기서, X : 후드 개구면에서 포착점까지의 거리(m)

A : 후드의 개구면적

V : 포착속도(m/s)

$$\therefore\ Q = (10\times0.4^2+0.5)\times0.25 = 0.525\text{m}^3/\text{s}$$

05

송풍기의 입구 흡인정압이 58mmH₂O, 출구정압이 30mmH₂O이다. 입구 쪽 평균유속이 1,200m/min 일 때 필요한 송풍기의 유출정압(kgf/cm^2)을 계산하시오.

풀이

유출정압 = 흡인정압 + 출구정압 − 속도압(입구동압)

속도압(mmH_2O) $= \left(\dfrac{V}{242.2}\right)^2$

여기서, V : 유속 (m/min)

유출정압 $= 58 + 30 - \left(\dfrac{1,200}{242.2}\right)^2 = 63.452\ mmH_2O$

$mmH_2O = kgf/m^2$이므로 $63.452\ mmH_2O = 63.452\ kgf/m^2$

$\therefore \dfrac{63.452\ kgf}{m^2} \times \dfrac{m^2}{10^4 cm^2} = 6.345 \times 10^{-3}\ kgf/cm^2$

06

★★★

활성탄 흡착에서 물리적 흡착의 특징을 4가지 쓰시오.

풀이

① 흡착열이 낮고, 흡착과정이 가역적이다.
② 다분자 흡착이며, 오염가스 회수가 용이하다.
③ 처리할 가스의 분압이 낮아지면 흡착량은 감소한다.
④ 처리가스의 온도가 올라가면 흡착량이 감소한다.
⑤ 흡착과정이 가역적이기 때문에 흡착제의 재생이 가능하다.
⑥ 입자 간의 인력(van der Waals)이 주된 원동력이다.
⑦ 기체의 분자량이 클수록 흡착량은 증가한다.
(이 중 4가지 기술)

Plus 이론학습 물리적 흡착과 화학적 흡착과의 차이점

구분	물리적 흡착	화학적 흡착
온도 범위	낮은 온도	대체로 높은 온도
흡착층	여러 층이 가능	여러 층이 가능
가역 정도	가역성이 높음	가역성이 낮음
흡착열	낮음	높음(반응열 정도)

07

★★

먼지 농도 10g/m³인 배출가스를 처리하는 1차 집진장치의 집진효율이 90%인 경우, 출구의 먼지 농도를 0.2g/m³로 하기 위한 2차 집진장치의 집진효율(%)을 계산하시오.

풀이

총 집진효율
$\eta_t = \eta_1 + \eta_2(1-\eta_1) = 1-(1-\eta_1)(1-\eta_2)$
여기서, η_1, η_2 : 1번, 2번 집진장치의 집진효율

$\eta_1 = 90\%$, $\eta_t = \dfrac{(10-0.2)}{10} \times 100 = 98\%$

그러므로 $\eta_t = 1-(1-\eta_1)(1-\eta_2)$, $0.98 = 1-(1-0.9)(1-\eta_2)$

$\therefore\ \eta_2 = 80\%$

08

★★★

원심력집진장치에서 블로다운(blow down)에 대해 간단히 서술하고, 효과를 3가지 서술하시오.

풀이 (1) 원심력집진장치의 집진효율을 향상시키기 위한 방법으로, 먼지박스(dust box) 또는 멀티사이클론의 호퍼부(hopper)에서 처리가스량의 5~10%를 흡인하여 재순환시키는 방법이다.

(2) 효과
① 원심력집진장치 내의 난류 억제
② 포집된 먼지의 재비산 방지
③ 원심력집진장치 내의 먼지 부착에 의한 장치 폐쇄 방지
④ 집진효율 증대
(이 중 3가지 기술)

09

★★★

배출가스량이 1,180m³/min이고, 농도가 5g/Sm³인 먼지를 유효높이 11.6m, 직경 290mm인 Back filter를 사용하여 처리할 경우 필요한 Back filter의 개수를 구하시오. (단, 여과속도는 1.3cm/s이다.)

풀이

1개 Bag의 공간 = 원의 둘레($2\pi R$)×높이(H)×겉보기 여과속도(V_t)

$V_t = \dfrac{1.3\,\text{cm}}{\text{sec}} \left| \dfrac{60\,\text{sec}}{1\,\text{min}} \right| \dfrac{1\,\text{m}}{100\,\text{cm}} = 0.78\,\text{m/min}$

1개 Bag의 공간 $= 2\times\pi\times0.145\,\text{m}\times11.6\,\text{m}\times0.78\,\text{m/min} = 8.243\,\text{m}^3/\text{min}$

∴ 필요한 bag의 수 = 1,180/8.243 = 143.15개 → 최종 144개 필요

10 ★

선택적 촉매환원법(SCR)의 원리를 간단히 서술하고, 대표적인 반응식을 3가지 적으시오.

풀이 (1) 원리 : 촉매의 존재하에 환원제(주로 NH_3, CO, H_2S, H_2 등)를 주입하여 NO_x를 H_2O와 N_2로 환원시키는 방법

(2) 대표적인 반응식

① $4NO + 4NH_3 + O_2 \rightarrow 4N_2 + 6H_2O$

② $6NO + 4NH_3 \rightarrow 5N_2 + 6H_2O$

③ $2NO_2 + 4NH_3 + O_2 \rightarrow 3N_2 + 6H_2O$

④ $6NO_2 + 8NH_3 \rightarrow 7N_2 + 12H_2O$

⑤ $2NO + 2H_2 \rightarrow N_2 + 2H_2O$

⑥ $2NO + 2CO \rightarrow N_2 + 2CO_2$

⑦ $2NO + 2H_2S \rightarrow N_2 + 2H_2O + 2S$

(이 중 3가지 기술)

Plus 이론학습

1. **반응조건** : Temp. = 200～400℃, Time ≒ 0.2s
2. **촉매** : TiO_2의 담체에 V_2O_5를 입힌 촉매를 주로 사용

11 ★

기체 크로마토그래피법에서 이론단수 1,800인 분리관이 있다. 보유시간이 10분이 되는 봉우리 폭(봉우리의 좌우 변곡점에서 접선이 자르는 바탕선의 길이(mm))을 구하시오. (단, 기록지 이동 속도는 1.5cm/min이며, 이론단수는 모든 성분에 대하여 동일하다.)

풀이 분리관 효율은 보통 이론단수 또는 1이론단에 해당하는 분리관의 길이 HETP (height equivalent to a theoretical plate)로 표시하며, 크로마토그램상의 봉우리로부터 다음 식에 의하여 구한다.

$$\text{이론단수}(n) = 16 \times \left(\frac{t_R}{W}\right)^2$$

여기서, t_R : 시료 도입점으로부터 봉우리 최고점까지의 길이(보유시간)

W : 봉우리의 좌우 변곡점에서 접선이 자르는 바탕선의 길이

$$\text{HETP} = \frac{L}{n}$$

여기서, L : 분리관의 길이(mm), n : 이론단수

$$t_R = \frac{1.5\,\text{cm}}{\text{min}} \times 10\,\text{min} \times \frac{10\,\text{mm}}{1\,\text{cm}} = 150\,\text{mm}$$

$$\therefore\ W = \frac{150}{\sqrt{(1{,}800/16)}} = 14.14\,\text{mm}$$

12

★★★

충전탑을 이용하여 유해가스를 제거하고자 할 때 흡수액의 구비조건 3가지를 적으시오.

풀이 ① 휘발성이 낮아야 한다.
② 용해도가 커야 한다.
③ 빙점(어는점)은 낮고, 비점(끓는점)은 높아야 한다.
④ 점도(점성)가 낮아야 한다.
⑤ 용매와 화학적 성질이 비슷해야 한다.
⑥ 부식성이 낮아야 한다.
⑦ 화학적으로 안정하고, 독성이 없어야 한다.
⑧ 가격이 저렴하고, 사용하기 편리해야 한다.
(이 중 3가지 기술)

2016 제4회

대기환경기사 필답형 기출문제

01 ★★

다음 중 오존파괴지수(ODP)가 큰 순서대로 나열하시오.

① $C_2F_4Br_2$, ② CF_3Br, ③ CH_2BrCl, ④ $C_2F_3Cl_3$, ⑤ CF_2BrCl

풀이 ② CF_3Br > ① $C_2F_4Br_2$ > ⑤ CF_2BrCl > ④ $C_2F_3Cl_3$ > ③ CH_2BrCl

Plus 이론학습 오존파괴지수 (ODP)

① $C_2F_4Br_2$ (6)
② CF_3Br (10)
③ CH_2BrCl (0.12)
④ $C_2F_3Cl_3$ (0.8)
⑤ CF_2BrCl (3)

02 ★★

전기집진장치의 집진효율을 증가시키는 방법 6가지를 서술하시오.

풀이
① 먼지의 전기비저항치를 적절하게 유지한다($10^4 \sim 10^{11}\ \Omega - cm$).
② 집진장치 내의 전류밀도를 안정적으로 유지한다.
③ 처리가스의 온도를 150℃ 이하 또는 250℃ 이상으로 조절한다.
④ 처리가스의 수분 함량을 증가시킨다.
⑤ 황 함량을 높인다.
⑥ 처리가스의 유속을 낮춘다.
⑦ 재비산현상 발생 시 배출가스의 처리속도를 작게 한다.
⑧ 역전리현상 발생 시 고압부상의 절연회로를 점검 및 보수한다.
⑨ 집진면적(높이와 길이의 비 > 1)을 증가시킨다.
⑩ 집진극은 열 부식에 대한 기계적 강도, 포집먼지의 재비산 방지 또는 탈진 시 충격 등에 유의해야 한다.
⑪ 코로나 방전이 잘 형성되도록 방전봉을 가늘고 길게 하는 것이 좋지만 단선 방지가 중요함으로 진동에 대한 강도 및 충격 등에 유의해야 한다.
⑫ 입자의 겉보기 이동속도를 빠르게 한다.
(이 중 6가지 기술)

03

★

굴뚝 높이 30m, 배출가스 온도 200℃, 배출가스 속도 30m/s, 굴뚝 직경 2m인 화력발전소가 있다. 현재 주변 대기온도는 20℃이고, 굴뚝 배출구에서의 대기 풍속은 10m/s이며, 대기압이 1,000mb인 조건에서 유효굴뚝높이(m)를 계산하시오. (단, 계산식은 다음에 제시된 식을 이용한다.)

$$\Delta H = \frac{V_s \cdot D}{U}\left(1.5 + 2.68 \times 10^{-3} \cdot P \cdot \frac{T_s - T_a}{T_s} \cdot D\right)$$

풀이

연기 상승고

$$\Delta H = \frac{V_s \cdot D}{U}\left(1.5 + 2.68 \times 10^{-3} \cdot P \cdot \frac{T_s - T_a}{T_s} \cdot D\right)$$

여기서, V_s : 배출가스의 속도(m/s)

U : 대기의 풍속(m/s)

D : 굴뚝 직경(m)

P : 대기압(mb)

T_s : 배출가스의 절대온도

T_a : 대기의 절대온도

$$\Delta H = \frac{30 \times 2}{10}\left(1.5 + 2.68 \times 10^{-3} \times 1{,}000 \times \frac{(200+273)-(20+273)}{(200+273)} \times 2\right)$$

$$= 21.2385 \fallingdotseq 21.24\text{m}$$

유효굴뚝높이(H_e) = 실제 굴뚝높이(H_s) + 연기상승고(ΔH)

∴ 유효굴뚝높이 = 30+21.24 = 51.24m

04

★

A공장에서 6,000kcal/kg의 발열량을 갖는 석탄을 연소하고 있다. SO_2의 규제 기준이 2.5mg SO_2/kcal라면, 기준에 맞는 석탄의 황 함유량(%)을 계산하시오.

풀이

$S + O_2 \rightarrow SO_2$

32kg : 64kg

$$\frac{2.5\,\text{mg}}{\text{kcal}} = \frac{\text{kg}}{6{,}000\,\text{kcal}} \left| \frac{x}{} \right| \frac{64}{32} \left| \frac{10^6\,\text{mg}}{1\,\text{kg}} \right., \quad x = 0.0075\,\text{kg}$$

∴ 석탄의 황 함유량 $= \frac{0.0075\text{kg}}{1\text{kg}} \times 100 = 0.75\%$

05

★★★

석탄의 조성이 C 64%, H 5.3%, O 8.8%, N 0.8%, S 0.1%, 회분 12%, 수분 9%였을 때 다음을 계산하시오.

(1) G_{od}(Sm³/kg)
(2) G_{ow}(Sm³/kg)
(3) $(CO_2)_{max}$(%)

풀이 (1) $O_o = 1.867C + 5.6(H - O/8) + 0.7S$

$= 1.867 \times 0.64 + 5.6 \times (0.053 - 0.088/8) + 0.7 \times 0.001$

$= 1.431\,m^3/kg$

$A_o = O_o/0.21$

$= 1.4308/0.21$

$= 6.814\,m^3/kg$

$\therefore\ G_{od} = A_o - 5.6H + 0.7O + 0.8N$

$= 6.814 - 5.6 \times 0.053 + 0.7 \times 0.088 + 0.8 \times 0.008$

$= 6.585\,Sm^3/kg$

(2) $G_{ow} = A_o + 5.6H + 0.7O + 0.8N + 1.24W$

$= G_{od} + 11.2H + 1.24W$

$= 6.585 + 11.2 \times 0.053 + 1.24 \times 0.09$

$= 7.290\,Sm^3/kg$

(3) $$(CO_2)_{max} = \frac{CO_2}{G_{od}} \times 10^2 = \frac{1.867C}{G_{od}} \times 10^2$$

$$= \frac{1.867 \times 0.64}{6.585} \times 10^2 = 18.15\%$$

06

★★★

연료를 연소할 때 공기비가 작을 경우 발생하는 현상을 3가지 쓰시오.

풀이 ① 공기가 부족하고 가연성분과 산소의 접촉이 원활하게 이루어지지 못하여 불완전연소가 발생된다.
② CO, HC의 발생은 증가하며, 매연 발생이 증가한다. 그러나 질소산화물 발생은 감소한다.
③ 불완전연소로 연소실 내의 열손실이 커져 연소효율이 저하된다.
④ 연소효율이 저하되어 배출가스의 온도가 불규칙하게 증가 또는 감소를 반복한다.
⑤ 연소실 벽에 미연탄화물 부착이 늘어난다.
⑥ 미연가스에 의한 폭발위험이 증가한다.
(이 중 3가지 기술)

07

★

개구 면적이 $0.5m^2$인 외부 장방형 후드의 흡인유량(m^3/s)과 압력손실(mmH_2O)을 구하시오. (단, 후드 개구면에서 포착점까지의 거리 0.4m, 포착속도 0.25m/s, 유입계수 0.85, 덕트 반송속도 10m/s, 공기의 밀도 $1.3kg/Sm^3$)

풀이 (1) 후드의 흡인풍량(m^3/s)

$$Q=(10X^2+A)\times V$$

여기서, Q : 흡인유량, X : 후드 개구면에서 포착점까지의 거리(m)
A : 후드의 개구면적, V : 포착속도(m/s)

$$\therefore\ Q=(10\times 0.4^2+0.5)\times 0.25=0.53m^3/s$$

(2) 압력손실(mmH_2O)

$$\Delta P=F\times P_v,\ F=\frac{1-C_e^{\,2}}{C_e^{\,2}}$$

여기서, ΔP : 압력손실, F : 압력손실계수
P_v : 속도압 $\left(P_v=\frac{\gamma V^2}{2g}\right)$, C_e : 유입계수

$$\therefore\ \Delta P=F\times P_v=\frac{1-C_e^{\,2}}{C_e^{\,2}}\times\frac{\gamma V^2}{2g}=\frac{1-0.85^2}{0.85^2}\times\frac{1.3\times 10^2}{2\times 9.8}=2.55mmH_2O$$

08

★

$250m^3$의 크기를 갖는 실험실에서 담배에 의해 HCHO가 발생하여 농도가 0.5ppm이 되었다. 이를 0.01ppm까지 낮추기 위하여 $25m^3/min$ 유량을 갖는 공기청정기를 이용하려고 한다. 원하는 농도를 낮추기 위해 걸리는 시간(min)을 구하시오. (단, 처리효율은 100%이며, 1차 반응을 따른다.)

풀이 오염물질 분해는 1차 반응식을 따르므로

$$\ln\frac{C_t}{C_o}=-kt$$

여기서, C_t : t시간 지난 후 농도, C_o : 초기농도

$$k=\frac{Q}{V}$$

여기서, Q : 송풍량(m^3/min), V : 실내 용적(m^3)

$$\ln\frac{C_t}{C_o}=-\frac{Q}{V}\times t,\ \ln\frac{0.01}{0.5}=-\frac{25}{250}\times t$$

$$\therefore\ t=39.12\,min$$

09

3μm의 직경을 갖는 구형입자의 비표면적(m²/kg)과 질량이 1kg일 경우 입자의 개수를 구하시오. (단, 입자의 밀도는 1.5g/cm³이다.)

풀이 (1) 비표면적(m^2/kg)

구형입자의 비표면적

$$S_v = \frac{6}{d_s \times \rho}$$

여기서, d_s : 입자의 직경(m), ρ : 입자의 밀도(kg/m^3)

$$\rho = \frac{1.5\,g}{cm^3} \left| \frac{(100)^3 cm^3}{m^3} \right| \frac{1\,kg}{10^3 g} = 1{,}500\,kg/m^3,\ d_s = 3 \times 10^{-6} m$$

$$\therefore\ S_v = \frac{6}{3 \times 10^{-6} \times 1{,}500} = 1333.33\,m^2/kg$$

(2) 입자의 개수

$$n = \frac{m}{\rho \times V}$$

여기서, n : 입자의 개수
m : 입자의 질량
ρ : 입자의 밀도
V : 입자의 부피

$$V = \frac{\pi D^3}{6} = \frac{\pi \times (3 \times 10^{-6})^3}{6} = 1.4 \times 10^{-17} m^3$$

$$\therefore\ n = \frac{1}{1{,}500 \times 1.4 \times 10^{-17}} = 4.76 \times 10^{13}$$

10

★★★

배출가스 시료 채취 시 채취관을 보온 또는 가열해야 하는 경우 3가지를 적으시오.

풀이 ① 채취관이 부식될 염려가 있는 경우
② 여과재가 막힐 염려가 있는 경우
③ 분석대상기체가 응축수에 용해되어서 오차가 생길 염려가 있는 경우

11

★★

전기집진장치로 120,000m^3/hr의 가스를 처리하려고 한다. 먼지의 겉보기 이동속도는 10m/min, 제거효율은 99.5%, 집진판의 길이는 2m, 높이는 5m라 할 때, 필요한 집진판의 개수를 계산하시오. (단, Deutsch－Anderson 식을 적용하고, 모든 내부 집진판은 양면이며, 두 개의 외부 집진판은 각각 하나의 집진면을 갖는다.)

풀이

Deutsch–Anderson 식

$$\eta = 1 - e^{\left(-\frac{AW_e}{Q}\right)}$$

여기서, η : 제거효율, A : 집진면적(m^2)

Q : 가스 유량(m^3/s), W_e : 입자의 이동속도(m/s)

$$A = -\frac{Q}{W_e}\ln(1-\eta)$$

여기서, $Q = 120,000/3,600 = 33.333\,m^3/s$, $W_e = 10/60 = 0.167\,m/s$, $\eta = 0.995$

$$A = -\frac{33.333}{0.167}\ln(1-0.995) = 1,057.5378\,m^2$$

$$\text{필요한 집진면의 개수} = \frac{\text{전체 면적}}{\text{1개 면적}} = \frac{1,057.5378}{2\times5} = 105.8538$$

그러므로 106(2+104)개 필요하다.

∴ 2개는 단면, 52(104/2)개는 양면이므로 최종 54개의 집진판이 필요하다.

2016

2017 제 1 회 대기환경기사 필답형 기출문제

01 ★

높이가 35m인 굴뚝에 집진장치를 설치하였더니 압력손실이 10mmH_2O만큼 발생되었다. 집진장치를 설치하기 이전의 통풍력을 유지하기 위해서는 굴뚝높이(m)를 얼마나 높여야 하는지 계산하시오. (단, 대기의 온도 : 27℃, 배출가스의 온도 : 227℃, 대기 및 배출 가스의 밀도 : 1.3kg/Sm^3)

풀이

통풍력

$$P = 273 \times H \times \left[\frac{\gamma_a}{273+t_a} - \frac{\gamma_g}{273+t_g}\right] \text{ 또는 } P = 355 \times H \times \left[\frac{1}{273+t_a} - \frac{1}{273+t_g}\right]$$

여기서, P : 통풍력(mmH_2O), H : 굴뚝의 높이(m)
γ_a : 공기 밀도(kg/m^3), γ_g : 배출가스 밀도(kg/m^3)
t_a : 외기 온도(℃), t_g : 배출가스 온도(℃)

$$10 = 273 \times H \times \left[\frac{1.3}{273+27} - \frac{1.3}{273+227}\right]$$

∴ 이를 H에 대해 정리해서 풀면 $H = 21.13$m

02 ★

알베도와 비인의 변위법칙에 대해 간단히 설명하시오.

풀이

(1) 알베도(albedo)
지구 지표의 반사율을 나타내는 지표로 지표면에 입사된 에너지에 대한 반사되는 에너지의 비율을 말하며, 눈(얼음)은 90% 이상, 바다는 약 3.5%이다.

(2) 비인(Wien)의 변위법칙
흑체로부터 방출되는 파장 가운데 에너지 밀도가 최대인 파장과 흑체의 온도는 반비례한다는 법칙이며, 관련 식은 다음과 같다.
$\lambda = 2{,}897/T$
여기서, λ : 최대에너지가 복사될 때의 파장(μm)
T : 흑체의 표면온도(K)

03

★★★

광학현미경을 이용하여 입자의 투영면적으로부터 측정되는 직경 중 "입자상 물질의 끝과 끝을 연결한 선 중 가장 긴 선을 직경으로 하는 것"을 무엇이라 하는지 쓰시오.

풀이 휘렛직경(페렛 직경, Feret Diameter)

04

★★★

열섬효과에 영향을 주는 대표적인 인자 3가지를 적으시오.

풀이 ① 도시는 인구와 산업의 밀집지대로서 인공적인 열의 증가
② 도시지역 표면의 열적 성질의 차이 및 지표면에서의 증발잠열의 차이
③ 도시의 도로, 건물, 기타 구조물 등에 의한 거칠기 길이의 변화

05

프로판과 부탄을 용적비 3 : 1로 혼합한 가스 1Sm³를 이론적으로 완전연소 할 때 발생하는 CO_2의 양(Sm³)을 계산하시오. (단, 표준상태 기준이다.)

풀이 $C_mH_n + \left(m + \frac{n}{4}\right)O_2 \rightarrow mCO_2 + \frac{n}{2}H_2O$이므로

$C_3H_8 + 5O_2 \rightarrow 3CO_2 + 4H_2O$

3/4 : 3/4×3

$C_4H_{10} + 6.5O_2 \rightarrow 4CO_2 + 5H_2O$

1/4 : 1/4×4

$\therefore\ CO_2 = (3/4\times3)+(1/4\times4) = 3.25\,Sm^3/Sm^3$

06

★★

커닝햄 보정계수(Cunningham correction factor)에 관하여 설명하시오.

풀이 미세입자의 경우 기체분자가 입자에 충돌할 때 입자 표면에서 미끄럼현상(slip)이 일어나면 입자에 작용하는 항력이 작아져 종말침강속도가 커지게 되는데 이를 보정하는 계수를 의미하며, 커닝햄 보정계수는 항상 1보다 크다.

07 ★★★

다음과 같은 중력침강실에서 먼지를 완전히 제거할 수 있는 먼지의 최소입경(μm)을 계산하시오.

- 침강실의 길이 : 10m
- 입자의 밀도 : 1,600kg/m^3
- 함진가스의 점도 : 2.0×10^{-5}kg/m·s
- 침강실에 유입되는 함진가스의 유속 : 1.4m/s
- 침강실의 높이 : 2m
- 공기의 밀도 : 1.3kg/m^3
- 가스의 흐름 : 층류

✔ **풀이**

중력집진장치의 집진효율

$$\eta = \frac{V_t \times L}{V_x \times H}$$

여기서, V_t : 종말침강속도(m/s), V_x : 수평이동속도(m/s)
L : 침강실 수평길이(m), H : 침강실 높이(m)

먼지를 100% 제거하기 위한 공식은 위의 식에서

$$1 = \frac{V_t \times L}{V_x \times H} \quad \text{즉,} \quad V_t = \frac{V_x \times H}{L} \quad \text{또한,} \quad V_t = \frac{d_p^2 \times (\rho_p - \rho) \times g}{18 \times \mu}$$

종말침강속도

$$V_t = \frac{d_p^2 \times (\rho_p - \rho) \times g}{18 \times \mu}$$

여기서, d_p : 유속(m/s), g : 중력가속도
ρ_p : 먼지의 밀도(kg/m^3), ρ : 공기의 밀도(kg/m^3), μ : 공기의 점도(kg/m·s)

$$\frac{d_p^2 \times (\rho_p - \rho) \times g}{18 \times \mu} = \frac{V_x \times H}{L}, \quad \frac{d_p^2 \times (1{,}600 - 1.3) \times 9.8}{18 \times 2 \times 10^{-5}} = \frac{1.4 \times 2}{10}$$

$d_p^2 = 6.4338 \times 10^{-9} m^2$

∴ 먼지의 최소입경, $d_p = 80.21 \times 10^{-6}$m = 80.21$\mu$m

08 ★★★

배출가스 유량이 400m^3/min이고, 농도가 5g/Sm^3인 먼지를 유효높이 5.5m, 직경 200mm인 Bag filter를 사용하여 처리하려고 한다. 이때 필요한 Bag filter의 개수를 구하시오. (단, 여과속도는 1.2cm/s이다.)

✔ **풀이**

1개 Bag의 공간 = 원의 둘레($2\pi R$)×높이(H)×겉보기 여과속도(V_t)

$$V_t = \frac{1.2\,\text{cm}}{\text{sec}} \left| \frac{60\,\text{sec}}{1\,\text{min}} \right| \frac{1\,\text{m}}{100\,\text{cm}} = 0.72\,\text{m/min}$$

1개 Bag의 공간 = 2×π ×0.1m×5.5m×0.72m/min = 2.488m^3/min

∴ 필요한 bag의 수 = 400/2.488 = 160.77개 → 최종 161개 필요

09

★

흡착법에 사용되는 Freundlich 등온흡착식과 Langmuir 등온흡착식을 적으시오.

풀이 (1) Freundlich 등온흡착식(실험식)

$$\frac{X}{M} = kC^{1/n}$$

여기서, X : 흡착된 흡착질의 질량, M : 흡착제의 질량
C : 흡착질의 평형농도, k 및 n : 상수

(2) Langmuir 등온흡착식(by Irving Langmuir in 1916)

$$\frac{X}{M} = \frac{abC}{1+aC}$$

여기서, X : 흡착된 흡착질의 질량, M : 흡착제의 질량
C : 흡착질의 평형농도, a 및 b : 상수

Plus 이론학습

1. **Freundlich 등온흡착식(실험식)**
흡착질의 농도가 높아질수록 흡착량이 어느 일정한 값으로 수렴해야 하는 물리적 특징과 흡착질의 농도가 작을 때 선형적인 관계가 있다는 법칙과는 모순된다. 그러나 특정 농도구간에서 실험적으로 구한 기체상 농도와 흡착량과의 관계를 잘 나타낸다.
2. **Langmuir 등온흡착식**(by Irving Langmuir in 1916)
   - 흡착질이 흡착점마다 하나씩 흡착된다(monolayer 흡착).
   - 모든 흡착점의 흡착에너지는 균일하며, 흡착된 분자 간의 상호 인력은 없다.
   - 흡착은 비어 있는 흡착점과 흡착질 간의 충돌에 의해서 이루어진다.
   - 탈착은 흡착된 양에 비례한다.
   - 흡착질의 농도가 매우 높더라도 포화 흡착량은 일정한 값을 갖게 되는 일반적인 특성을 잘 나타낸다.

10

★

벤투리 스크러버에서 목부의 직경이 0.2m, 수압이 20,000mmH₂O, 노즐의 직경이 3.8mm, 액가스비가 0.5L/m³, 목부의 가스유속이 60m/s일 때, 노즐의 개수를 계산하시오.

풀이

$$n \times \left(\frac{d}{D_t}\right)^2 = \frac{V_t \times L}{100\sqrt{P}}$$

여기서, n : 노즐 개수, d : 노즐의 직경(m), D_t : 목부의 직경(m)
V_t : 유속(m/s), L : 액가스비(L/m³), P : 수압(mmH₂O)

$$n \times \left(\frac{3.8 \times 10^{-3}}{0.2}\right)^2 = \frac{60 \times 0.5}{100\sqrt{20,000}}$$, 이를 n에 대해서 정리하면

∴ $n = 5.876$ → 6개 필요

11

★★★

다음은 환경정책기본법상 대기환경기준이다. ( ) 안에 알맞은 수치를 적으시오.

항목	기준
이산화질소 (NO_2)	연간 평균치 : (①)ppm 이하
	24시간 평균치 : (②)ppm 이하
	1시간 평균치 : (③)ppm 이하
오존 (O_3)	8시간 평균치 : (④)ppm 이하
	1시간 평균치 : (⑤)ppm 이하
납 (Pb)	연간 평균치 : (⑥)$\mu g/m^3$ 이하

풀이 ① 0.03, ② 0.06, ③ 0.1, ④ 0.06, ⑤ 0.1 ⑥ 0.5

2017 제2회 대기환경기사 필답형 기출문제

01

★★★

온실효과에 의한 기온상승 원리와 대표적인 원인물질 3가지를 적으시오.

풀이 (1) 기온상승 원리

온실효과는 태양의 열이 지구로 들어와서 나가지 못하고 순환되는 현상이다. 태양에서 방출된 빛에너지 중 지표에 흡수된 빛에너지는 열에너지나 파장이 긴 적외선으로 바뀌어 다시 바깥으로 방출하게 되는데 이 방출되는 적외선은 반 정도는 대기를 뚫고 우주로 빠져나가지만 나머지는 온실가스에 의해 흡수되며, 온실가스들은 이를 다시 지표로 되돌려 보낸다. 이와 같은 작용을 반복하면서 지구의 기온은 상승하게 된다.

(2) 대표적인 원인물질

CO_2 (이산화탄소), CH_4 (메탄), N_2O (아산화질소), PFCs (과불화탄소), HFCs (수소불화탄소), SF_6 (육불화황) 등

(이 중 3가지 기술)

02

★★★

가솔린($C_8H_{17.5}$)을 연소시킬 경우 부피기준의 공연비(AFR)와 질량기준의 공연비(AFR)를 계산하시오.

풀이 (1) 부피기준 AFR

$$C_8H_{17.5}+\left(8+\frac{17.5}{4}\right)O_2 \rightarrow 8CO_2+\frac{17.5}{2}H_2O$$

$O_o = 12.375\text{m}^3$

$A_o = O_o/0.21 = 12.375/0.21 = 58.93\,\text{m}^3$

$$\therefore \text{ 부피기준 AFR} = \frac{58.93\text{m}^3}{1\text{m}^3} = 58.93$$

(2) 질량기준 AFR

$$\text{질량 기준 AFR} = \frac{58.93 \times 29\text{kg}}{1 \times 113.5\text{kg}} = 15.06$$

(단, 공기의 질량 = 29 kg, 가솔린의 질량 = 113.5 kg)

03

입경 X의 지수 n값이 1인 Rosin-Rammler 분포를 갖는 입자가 있다. 이 입자의 중위경(R : 50%)이 50μm라면 25μm 이상의 체거름상 입자 농도(%)는 얼마인지 계산하시오.

풀이

Rosin-Rammler 분포 공식
$R(\%) = 100\exp(-\beta \times d_p^{\,n})$

$n = 1$, 중위경(R : 50%)일 때 $50 = 100\exp(-\beta \times 50^1) \rightarrow \beta = 0.0139$

$\therefore\ R = 100\exp(-0.0139 \times 25^1) = 70.65\%$

Plus 이론학습

Rosin－Rammler 분포

- 입경분포를 적산분포와 같이 체거름 R로 표시한다.
- 계수 β가 클수록 직선이 좌측으로 기울어지고 입경은 작아진다.
- 지수 n이 클수록 직선은 직립하여 입경분포의 범위가 좁아진다.

04

★★

Freundlich 등온흡착식, $\frac{X}{M} = k \cdot C^{\frac{1}{n}}$에서 상수 k와 n을 구하는 방법을 서술하시오.

풀이

Freundlich 등온흡착식
$\frac{X}{M} = kC^{1/n}$
여기서, X : 흡착된 흡착질의 질량, M : 흡착제의 질량
C : 흡착질의 평형농도, k 및 n : 상수

$\frac{X}{M} = kC^{1/n}$에서 양변에 log를 취함 $\rightarrow \log\frac{X}{M} = \log k + \frac{1}{n}\log C$에서 y는 $\log\frac{X}{M}$이고, x는 $\log C$인 선형식이 되고 이때 기울기는 $\frac{1}{n}$, 절편은 $\log k$가 된다. 즉, 아래의 그래프에서와 같이 기울기$\left(\frac{1}{n}\right)$와 절편($\log k$)을 이용하여 n과 k를 구할 수 있다.

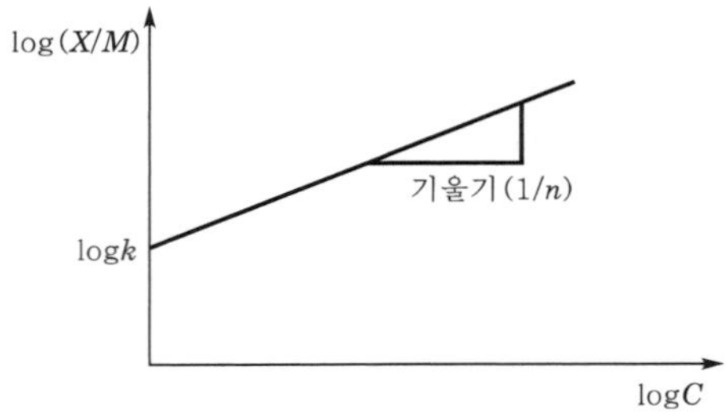

05

★★

전기집진장치에서 다음 장애현상의 원인 및 대책을 각각 1가지씩 쓰시오.

(1) 2차 전류가 주기적으로 변하거나 불규칙하게 흐르는 경우
(2) 2차 전류가 현저히 떨어지는 경우
(3) 재비산현상이 일어나는 경우

풀이 (1) • 원인

① 부착먼지의 스파크가 빈번하기 때문
② 집진극과 방전극이 변형되었기 때문
③ 집진극과 방전극 간격이 이완되었기 때문

• 대책

① 먼지를 충분히 탈리시킨다.
② 1차 전압을 낮춘다.
③ 방전극, 방전극 간격 및 변형여부를 점검한다.

('원인'과 '대책'에서 각각 1가지씩 기술)

(2) • 원인

① 먼지 비저항치가 너무 높기 때문
② 입구 먼지 농도가 크기 때문

• 대책

① 입구 먼지 농도를 조절한다.
② 조습용 스프레이 수량을 증가시키거나, 스파크 횟수를 증가시킨다.

('원인'과 '대책'에서 각각 1가지씩 기술)

(3) • 원인

① 비저항이 $10^4\Omega-cm$ 이하이기 때문
② 입구의 유속이 빠르기 때문

• 대책

① 처리가스를 조절하거나 집진극에 Baffle을 설치한다.
② 온도 및 습도를 조절한다.
③ 암모니아를 주입한다.
④ 처리가스의 속도를 낮춘다.

('원인'과 '대책'에서 각각 1가지씩 기술)

06

★★

0.5%의 염화수소를 포함하는 가스 1,000m^3/hr를 수산화칼슘으로 중화하려고 한다. 이때 필요한 수산화칼슘 소비량(kg/hr)을 구하시오.

풀이 $2HCl + Ca(OH)_2 \rightarrow CaCl_2 + 2H_2O$

$2\times22.4m^3 : 74kg$

$1,000\times0.005 : x$

$$\therefore x = \frac{74\times1,000\times0.005}{2\times22.4} = 8.26kg/hr$$

2017

07 ★★★

여과집진장치에서 먼지 부하가 $360g/m^2$일 때마다 부착먼지를 간헐적으로 탈락시키고자 한다. 유입가스 중의 먼지 농도가 $10g/m^3$이고, 겉보기 여과속도가 1cm/s일 때 부착먼지의 탈락시간 간격을 구하시오. (단, 집진효율은 98.5%이다.)

풀이

부착먼지의 탈락시간 간격

$$t = \frac{L_d}{C_i \times V_f \times \eta}$$

여기서, L_d : 먼지 부하 (g/m^2), C_i : 입구 먼지 농도 (g/m^3)

V_f : 여과속도 (m/s), η : 집진효율 (%)

$$\therefore\ t = \frac{360g/m^2}{10g/m^3 \times 0.01m/s \times 0.985} = 3,654.82s$$

08 ★

다음은 비분산적외선분광분석법에 나오는 용어에 대한 설명이다. (　) 안에 알맞은 말을 쓰시오.

(1) 스팬 드리프트 : 동일 조건에서 제로가스를 흘려보내면서 때때로 스팬가스를 도입할 때 제로 드리프트를 뺀 드리프트가 고정형은 24시간, 이동형은 (①)시간 동안에 전체 눈금값의 (②)% 이상이 되어서는 안 된다.

(2) 응답시간 : 제로조정용 가스를 도입하여 안정된 후 유로를 스팬가스로 바꾸어 기준유량으로 분석기에 도입하여 그 농도를 눈금범위 내의 어느 일정한 값으로부터 다른 일정한 값으로 갑자기 변화시켰을 때 스텝응답에 대한 소비시간이 (　　) 이내여야 한다. 또 이때 최종지시값에 대한 90% 응답을 나타내는 시간은 40초 이내여야 한다.

풀이 (1) ① 4, ② ±2

(2) 1초

09 ★

습식 석회세정법으로 $400,000Sm^3/hr$의 SO_2가스를 처리할 때 하루에 15.7ton의 석고($CaSO_4 \cdot 2H_2O$)를 회수하였다. 이때 SO_2의 농도(ppm)를 구하시오. (단, 탈황률은 98%이다.)

풀이

$$SO_2\ 발생량 = \frac{x(mL)}{m^3}\bigg|\frac{98}{100}\bigg|\frac{400,000m^3}{hr}\bigg|\frac{m^3}{10^6mL}\bigg|\frac{24hr}{1day} = 9.408 \times x(m^3)/day$$

$SO_2 + CaCO_3 + 2H_2O + 1/O_2 \rightarrow CaSO_4 \cdot 2H_2O + CO_2$

$22.4m^3$: 172kg

$9.408 \times x(m^3)$: 15,700kg

$$\therefore\ x(SO_2\ 농도) = \frac{22.4 \times 15,700}{9.408 \times 172} = 217.33ppm$$

10

★★

배출가스 중 황산화물을 처리하려고 한다. 다음 물음에 답하시오.

(1) 건식법의 종류를 3가지 쓰시오.
(2) 습식법과 비교한 건식법의 장점 3가지를 쓰시오.

풀이 (1) ① 석회석주입법
② 활성탄흡착법
③ 활성산화망간법
④ 산화구리법
(이 중 3가지 기술)

(2) ① 배출가스의 온도 저하의 영향이 거의 없다.
② 굴뚝에 의한 배출가스의 확산이 양호하다.
③ 폐수 발생이 없다.
④ pH의 영향을 거의 받지 않는다.
⑤ 설치비가 저렴하다.
(이 중 3가지 기술)

11

★★★

다음은 환경정책기본법령상의 대기환경기준에 대한 설명이다. ( ) 안에 알맞은 수치를 적으시오.

항목	기준
이산화질소 (NO_2)	연간 평균치 : (①)ppm 이하
	24시간 평균치 : (②)ppm 이하
	1시간 평균치 : (③)ppm 이하
오존 (O_3)	8시간 평균치 : (④)ppm 이하
	1시간 평균치 : (⑤)ppm 이하
일산화탄소 (CO)	8시간 평균치 : (⑥)ppm 이하
	1시간 평균치 : (⑦)ppm 이하
벤젠 (C_6H_6)	연간 평균치 : (⑧)$\mu g/m^3$ 이하

풀이 ① 0.03, ② 0.06, ③ 0.1, ④ 0.06, ⑤ 0.1, ⑥ 9, ⑦ 25, ⑧ 5

2017 제4회 대기환경기사 필답형 기출문제

01 ★★

입자의 간접측정방법 2가지를 적고 간략하게 설명하시오.

풀이 ① 관성충돌법 : 입자의 관성충돌을 이용하여 입경을 간접적으로 측정하는 방법으로, 입자의 질량크기 분포를 알 수 있다.
② 광산란법 : 입자에 빛을 조사하면 반사하여 발광하게 되는데 그 반사광을 측정하여 입자의 개수, 입자의 반경을 측정하는 방법이다.
③ 액상침강법 : 액상 중 입자의 침강속도를 적용하여 측정하는 방법이다.
(이 중 2가지 기술)

02 ★★

공장의 발생가스 중 먼지의 농도는 $4.5g/m^3$이며, 배출허용기준인 $0.1g/m^3$에 맞춰 배출하려고 한다. 다음 물음에 답하시오.

(1) 집진장치 1개를 이용하여 배출허용기준에 맞춰 배출하려고 할 때 집진장치의 효율(%)을 계산하시오.
(2) 집진장치 2개를 직렬연결하여 배출허용기준에 맞춰 배출하려고 할 때 집진장치의 효율(%)을 계산하시오. (단, 두 개의 집진효율은 같다.)
(3) 집진효율이 75%인 장치를 하나 포함하여 집진장치 2개를 직렬연결 했을 때 나머지 장치의 집진효율(%)을 계산하시오.

풀이 (1) 집진효율, $\eta = \frac{(4.5-0.1)}{4.5} \times 100 = 97.8\%$

(2)

총 집진효율
$\eta_t = \eta_1 + \eta_2(1-\eta_1) = 1-(1-\eta_1)(1-\eta_2)$
여기서, η_1, η_2 : 1번, 2번 집진장치의 집진효율

η_t는 97.8%이고 $\eta_1 = \eta_2$이므로 $0.978 = 1-(1-\eta_1)^2$, $(1-\eta_1)^2 = 0.022$
$\therefore\ \eta_1 = 85.17\%$

(3) 집진효율, $\eta_t = 1-(1-\eta_1)(1-\eta_2)$, $0.978 = 1-(1-0.75)(1-\eta_2)$
$\therefore\ \eta_2 = 91.2\%$

03

★★★

탄소 80%, 수소 20%인 중유의 $(CO_2)_{max}$(%)를 구하시오.

풀이 $O_o = 1.867C + 5.6(H - O/8) + 0.7S = 1.867 \times 0.8 + 5.6 \times 0.2 = 2.6136 m^3/kg$

$A_o = O_o/0.21 = 2.6136/0.21 = 12.4457 m^3/kg$

$G_{od} = A_o - 5.6H + 0.7O + 0.8N = 12.4457 - 5.6 \times 0.2 = 11.3275 m^3/kg$

$$\therefore (CO_2)_{max} = \frac{1.867C}{G_{od}} \times 100 = \frac{1.867 \times 0.8}{11.3275} \times 100 = 13.19\%$$

04

Stokes 침강속도식을 유도하시오. (단, 항력 $F_d = 3\pi \cdot \mu \cdot d_p \cdot V_g$이다.)

풀이 항력(F_d) = 중력(F_g) − 부력(F_b), $F_d = 3\pi \cdot \mu \cdot d_p \cdot V_g$

$$중력(F_g) = m \times a = \rho_p \times V \times g = \rho_p \times \frac{\pi d_p^{\ 3}}{6} \times g$$

$$부력(F_b) = m \times a = \rho \times V \times g = \rho \times \frac{\pi d_p^{\ 3}}{6} \times g$$

$$항력(F_d) = \rho_p \times \frac{\pi d_p^{\ 3}}{6} \times g - \rho \times \frac{\pi d_p^{\ 3}}{6} \times g = (\rho_p - \rho) \times \frac{\pi d_p^{\ 3}}{6} \times g = 3\pi \cdot \mu \cdot d_p \cdot V_g$$

∴ 이것을 V_g에 대해 정리하면, $V_g = \dfrac{d_p^{\ 2}(\rho_p - \rho)g}{18\mu}$

05

직경 2m인 사이클론에서 외부선회류의 내측 반경이 0.5m, 외측 반경이 0.7m이며, 장치의 중심에서 반경 0.6m인 곳으로 유입된 입자의 속도(m/s)를 계산하시오. (단, 함진가스량은 $1.5m^3/s$이다.)

풀이

입자의 속도

$$V = \frac{Q}{R \times W \times \ln(r_2/r_1)}$$

여기서, Q : 유량(m^3/s), R : 중심반경(m), W : 유입구 폭($r_2 - r_1$)

r_1 : 내측 반경(m), r_2 : 외측 반경(m)

$$\therefore V = \frac{1.5}{0.6 \times (0.7 - 0.5) \times \ln(0.7/0.5)} = 37.15 m/s$$

2017

06 ★★

생석회(CaO) 주입법을 이용하여 배기가스 중 SO_2를 제거하려고 한다. 배기가스량은 1,000Sm^3/hr이고 SO_2 농도는 2,000ppm이라 할 때, 생성되는 황산칼슘의 양(kg/hr)을 계산하시오. (단, SO_2와 반응한 생석회는 모두 황산칼슘으로 회수되며, 처리효율은 80%, Ca 원자량은 40이다.)

풀이

$$SO_2 \text{ 발생량} = \frac{2{,}000\,\text{mL}}{\text{m}^3}\left|\frac{80}{100}\right|\frac{1{,}000\,\text{m}^3}{\text{hr}}\left|\frac{\text{m}^3}{10^6\text{mL}}\right. = 1.6\,\text{m}^3/\text{hr}$$

SO_2 + CaO + 1/2O_2 → $CaSO_4$

$22.4\,m^3$: 136kg

$1.6\,m^3$/hr : x

$$\therefore\ x(CaSO_4) = \frac{1.6\times 136}{22.4} = 9.714\,\text{kg/hr}$$

07 ★

공장의 배출가스량은 15,000Sm^3/hr이고, 염소 농도는 35.5mg/Sm^3이다. 이 배출가스를 NaOH 용액으로 처리하여 염소 농도를 5ppm으로 만들고자 할 때 필요한 NaOH의 양(kg/hr)을 구하시오. (단, 염소는 NaOH와 100% 반응하고, 표준상태이다. 화학식을 기재하시오.)

풀이

$$\text{제거해야 하는 } Cl_2 \text{ 양} = 35.5 - \left(5\times\frac{71}{22.4}\right) = 19.652\,\text{mg/Sm}^3$$

여기에 배출가스량 15,000m^3/hr를 곱하면

$$\frac{19.652\,\text{mg}}{\text{Sm}^3}\left|\frac{15{,}000\,\text{Sm}^3}{\text{hr}}\right|\frac{1\,\text{kg}}{10^6\text{mg}} = 0.295\,\text{kg/hr}$$

Cl_2 + 2NaOH → NaCl + NaOCl + H_2O

71kg : 2×40kg

0.295kg/hr : x

$\therefore\ x$(NaOH) = 0.332kg/hr

08 ★

배출가스 중 다이옥신을 기체 크로마토그래프 질량분석계(GC/MS)로 분석하고자 한다. 이때 GC/MS에 주입하기 전에 첨가하는 실린지 첨가용 내부표준물질 2가지를 쓰시오.

풀이 ① ^{13}C − 1,2,3,4 − TeCDD

② ^{13}C − 1,2,3,7,8,9 − HxCDD

09

★

다음은 A소각로에서 발생하는 다이옥신을 17%의 산소 농도에서 측정한 결과이다. 다이옥신의 농도(ng/Sm³)를 산소 농도 10%로 환산해 독성등가인자를 고려하여 ng-TEQ/Sm³로 구하시오.

다이옥신의 종류	독성등가환산계수 (TEF)	농도
T4CDD	1.0	0.1 ng/Sm³
T4CDF	0.5	0.2 ng/Sm³
P5CDD	0.5	0.5 ng/Sm³
O8CDD	0.001	12 ng/Sm³
O8CDF	0.001	2 ng/Sm³

풀이

독성등가농도(TEQ) = $\sum$(TEF × 이성질체의 농도)

$TEQ = 1\times0.1 + 0.5\times0.2 + 0.5\times0.5 + 0.001\times12 + 0.001\times2 = 0.464\,\text{ng-TEQ/Sm}^3$

오염물질 농도 보정

$$C = C_a \times \frac{21 - O_s}{21 - O_a}$$

여기서, C : 오염물질 농도, C_a : 실측오염물질 농도

O_s : 표준산소 농도, O_a : 실측산소 농도

∴ 다이옥신 환산농도, $C = 0.464 \times \frac{21-10}{21-17} = 1.276\,\text{ng-TEQ/Sm}^3$

10

★

습식 배연탈황법 중 석회석 세정법을 이용하여 황산화물을 처리할 때 발생하는 Scale 생성 방지대책을 3가지 적으시오.

풀이

① 순환세정수의 pH값의 변동을 적게 한다.
② 탑 내에 세정수를 주기적으로 분사한다.
③ 배출가스와 슬러리 분배를 적절하게 유지한다.
④ 슬러리의 석고 농도를 5% 이상 유지하여 석고의 결정화를 촉진시킨다.
⑤ 탑 내에 내장물을 가능한 한 설치하지 않는다.
⑥ 흡수액의 양을 증가시켜 탑 내에서의 결착을 방지한다.
(이 중 3가지 기술)

2018 제 1 회

대기환경기사 필답형 기출문제

01

★

바람의 종류 중 지균풍과 경도풍에 대해 서술하시오.

풀이 (1) 지균풍 : 기압경도력과 전향력이 평형을 이루어 마찰력이 없는 고도 1km 이상에서 등압선과 평행하게 부는 바람으로, 기압경도력과 전향력은 크기가 같고 방향이 반대일 때 부는 바람이다.

(2) 경도풍 : 기압경도력이 원심력, 전향력과 평형을 이루면서 고기압과 저기압의 중심부에서 발생하는 바람으로, 북반구의 저기압에서는 반시계방향으로 회전하며 위쪽으로 상승하면서 불고 고기압에서는 시계방향으로 회전하면서 분다.

02

★★★

입경의 종류 중 스토크스 직경과 공기역학적 직경에 대하여 서술하시오.

풀이 (1) 스토크스 직경(d_s) : 어떤 입자와 같은 최종침강속도와 같은 밀도를 가지는 구형물체의 직경을 말한다.

(2) 공기역학적 직경(d_a) : 같은 침강속도를 지니는 단위밀도(1g/cm^3)의 구형물체의 직경을 말한다.

Plus 이론학습 공기역학적 직경

1. 공기역학적 직경은 Stokes 직경과 달리 입자밀도를 1g/cm^{3}로 가정함으로서 보다 쉽게 입경을 나타낼 수 있다.

$$d_a = d_s\sqrt{\frac{\rho_p}{\rho_a}}$$

여기서, d_a : 공기역학적 직경, d_s : 스토크스 직경

ρ_p : 입자의 밀도, ρ_a : 공기의 밀도

2. 공기역학적 직경은 먼지의 호흡기 침착, 공기정화기의 성능조사 등 입자의 특성파악에 주로 이용된다.

03

고체연료의 연소장치 중 유동층 연소장치에 대해 장·단점을 2가지씩 적으시오.

✔ 풀이 (1) 장점

① 사용연료의 입도범위가 넓기 때문에 연료를 미분쇄할 필요가 없다.
② 수분 함량이 높은 저질 폐기물도 처리 가능하다.
③ 연료의 층 내 체류시간이 길어 저발열량의 석탄도 완전연소가 가능하다.
④ 균일한 연소가 가능하고, 연소실 부하가 크며, 과잉공기량이 적다.
⑤ 석회석 등의 탈황제를 사용하여 노 내 탈황도 가능하다.
⑥ 연소실 온도가 낮아 NO_x의 생성량이 적다.
⑦ 공기와의 접촉면적이 커서 연소효율이 좋다.
(이 중 2가지 기술)

(2) 단점

① 부하변동에 따른 적응성이 낮은 편이다.
② 석탄연소 시 미연소된 char가 배출될 수 있으므로 재연소장치에서의 연소가 필요하다.
③ 재나 비산먼지의 발생량이 많다.
④ 유동화에 따른 압력손실이 높아 동력비가 많이 든다.
⑤ 조대 연료는 투입 전 전처리 과정으로 파쇄공정이 필요하다.
⑥ 모래 등과 같은 유동매체가 필요하며, 이에 따른 운영비가 증가한다.
(이 중 2가지 기술)

04

다음은 배출가스 중 플루오린화합물 분석방법에서 적정법과 관련된 내용이다. ( ) 안에 알맞은 말을 쓰시오.

플루오린화 이온을 방해 이온과 분리한 다음, 완충액을 가하여 pH를 조절하고, (①)을 가한 다음 (②) 용액으로 적정하는 방법이다. 이 방법의 정량범위는 HF로서 0.60 ~ 4,200ppm이고, 방법검출한계는 0.20ppm이다.

✔ 풀이 ① 네오토린, ② 질산토륨

05

★★

다음은 다중이용시설 중 산후조리원의 실내공기질 유지기준이다. ( ) 안에 알맞은 수치를 적으시오.

(1) 폼알데하이드 ( )$\mu g/m^3$ 이하
(2) 총 부유세균 ( )CFU/m^3 이하

✔ 풀이 (1) 80, (2) 800

06 ★★★

처리가스의 먼지 농도가 2,000mg/Sm^{3}인 것을 3개의 집진장치를 직렬로 연결하여 처리하고자 한다. 각각의 집진율이 70%, 50%, 80%라 할 때 배출되는 먼지의 농도(mg/Sm^3)를 계산하시오.

풀이

총 집진효율
$\eta_t = 1-(1-\eta_1)(1-\eta_2)(1-\eta_3)$
여기서, η_1, η_2, η_3=1번, 2번, 3번 집진장치의 집진효율

총 집진율, $\eta_t = 1-(1-0.7)(1-0.5)(1-0.8) = 0.97$
∴ 배출 먼지 농도, $C_t = 2,000 \times (1-0.97) = 60\,\text{mg/Sm}^3$

07 ★★★

반경이 15cm인 원통에 공기가 2m/s로 흐르고 있다. 유체의 밀도가 1.2kg/m^3, 점도가 0.2cP일 경우 레이놀즈수를 계산하시오.

풀이

레이놀즈수
$$Re = \frac{\rho \times V \times D}{\mu}$$
여기서, D : 직경(m), V : 공기 유속(m/s)
ρ : 밀도(kg/m^3), μ : 점도(kg/m · s)

1 poise = 100 cP = 0.1 kg/m · s이므로
$$\mu = 0.2\text{cP} \times \frac{0.1\text{kg/m} \cdot \text{s}}{100\text{cP}} = 2 \times 10^{-4}\text{kg/m} \cdot \text{s}$$
$$\therefore\ Re = \frac{1.2\text{kg/m}^3 \times 2\text{m/s} \times 0.3\text{m}}{2 \times 10^{-4}\text{kg/m} \cdot \text{s}} = 3,600$$

08 ★★

유해가스와 물이 일정한 온도에서 평형상태에 있다. 기상에서 유해가스의 분압이 38mmHg이며 수중 유해가스의 농도가 2.5kmol/m^{3}일 경우, 헨리상수(atm · m^3/kmol)를 계산하시오.

풀이

헨리의 법칙
P(atm) = $H \times C$(kmol/m^3), H(헨리상수)의 단위 : atm · m^3/kmol

$P = HC$에서 $H = \dfrac{P}{C}$
$$\therefore\ H = \frac{38\,\text{mmHg}}{} \left| \frac{1\,\text{atm}}{760\,\text{mmHg}} \right| \frac{\text{m}^3}{2.5\,\text{kmol}} = 0.02\,\text{atm} \cdot \text{m}^3/\text{kmol}$$

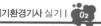

09

★★

전기집진장치에서 2차 전류가 현저하게 떨어질 때의 대책을 3가지 쓰시오.

풀이 ① 스파크 횟수를 증가시킨다.
② 부착된 먼지를 탈락시킨다.
③ 조습용 스프레이의 수량을 증가시켜 겉보기 저항을 낮춘다.
④ 입구의 먼지 농도를 적절히 조절한다.
(이 중 3가지 기술)

10

★

질소산화물(NO_x)의 3가지 생성기작에 대해 간단히 서술하시오.

풀이 ① Thermal NO_x : 연소 시 공급되는 공기 속에 포함된 질소와 고온에서 산소가 반응하여 생성되는 NO_x이다. Zeldovich 반응이라고 하며, 산소분자가 산소원자로 분해($O_2 + M \rightarrow 2O + M$)하기 위해 고온이 필요하다.
② Fuel NO_x : 연료 내 포함된 질소가 산소와 반응하여 생성되는 NO_x이다. 주로 고체연료(Coal 등) 연소 시 많이 발생된다.
③ Prompt NO_x : 연소반응 중 연료의 탄화수소와 질소가 반응초기에 화염면 근처(고온 영역)에서 Zeldovich 반응을 따르지 않고 생성되는 NO_x이다. 잠깐 나타났다 사라지므로 Prompt NO_x라고 한다.

11

★★★

기체 크로마토그래피에서 분리계수(d)와 분리도(R)의 공식을 쓰고, 각각 기술하시오.

풀이

$$분리계수(d) = \frac{t_{R2}}{t_{R1}},\quad 분리도(R) = \frac{2(t_{R2} - t_{R1})}{W_1 + W_2}$$

여기서, t_{R1} : 시료 도입점으로부터 봉우리 1의 최고점까지의 길이
t_{R2} : 시료 도입점으로부터 봉우리 2의 최고점까지의 길이
W_1 : 봉우리 1의 좌우 변곡점에서의 접선이 자르는 바탕선의 길이
W_2 : 봉우리 2의 좌우 변곡점에서의 접선이 자르는 바탕선의 길이

Plus 이론학습 기체 크로마토그래피에서 2개의 접근한 봉우리의 분리 정도를 나타내기 위하여 '분리계수' 또는 '분리도'를 가지고 위와 같이 정량적으로 정의하여 사용한다.

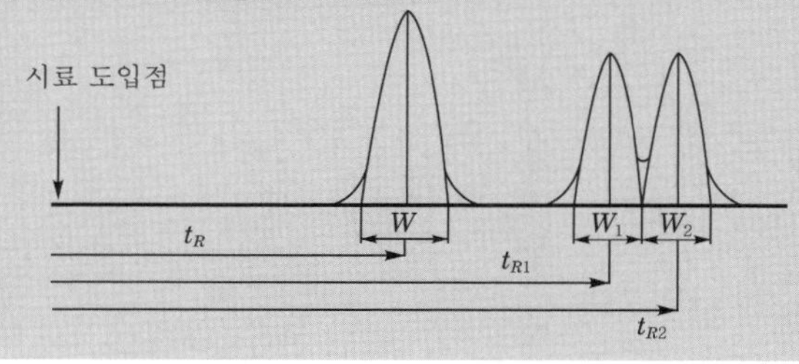

12 ★

이온 크로마토그래피의 측정원리와 서프레서의 역할을 서술하시오.

풀이 (1) 측정원리 : 이온 크로마토그래피는 이동상으로는 액체, 그리고 고정상으로는 이온교환수지를 사용하여 이동상에 녹는 혼합물을 고분리능 고정상이 충전된 분리관 내로 통과시켜 시료 성분의 용출상태를 전도도검출기 또는 광학검출기로 검출하여 그 농도를 정량하는 방법으로, 일반적으로 강수(비, 눈, 우박 등), 대기먼지, 하천수 중의 이온성분을 정성, 정량 분석하는 데 이용한다.

(2) 서프레서의 역할 : 서프레서란 용리액에 사용되는 전해질 성분을 제거하기 위하여 분리관 뒤에 직렬로 접속시킨 것으로서, 전해질을 물 또는 저전도도의 용매로 바꿔줌으로써 전기전도도 셀에서 목적이온 성분과 전기전도도만을 고감도로 검출할 수 있게 해 주는 것이다. 서프레서는 관형과 이온교환막형이 있으며, 관형은 음이온에는 스티롤계 강산형 H^+수지가, 양이온에는 스티롤계 강염기형 OH^-수지가 충전된 것을 사용한다.

13 ★★★

탄소 85%, 수소 15%인 경유(1kg)를 공기과잉계수 1.1로 연소했더니 탄소 1%가 검댕(그을음)으로 된다. 건조배기가스 $1Sm^3$ 중 검댕의 농도(g/Sm^3)를 계산하시오.

풀이 $O_o = 1.867C + 5.6(H - O/8) + 0.7S = 1.867 \times 0.85 + 5.6 \times 0.15 = 2.427\,m^3/kg$

$A_o = O_o/0.21 = 2.427/0.21 = 11.557\,m^3/kg$

$m = 1.1$

$G_d = mA_o - 5.6H + 0.7O + 0.8N = 1.1 \times 11.557 - 5.6 \times 0.15 = 11.8727\,m^3/kg$

검댕의 발생량 $= 1kg \times 0.85 \times 0.01 = 0.0085\,kg/kg$

$\therefore$ 검댕의 농도 $= \dfrac{0.0085}{11.8727} = 0.00072\,kg/Sm^3 = 0.72\,g/Sm^3$

2018 제2회 대기환경기사 필답형 기출문제

01

★

부피비로 CO 45%, H_2 55%인 기체 혼합물이 있다. 다음 물음에 답하시오.

(1) CO와 H_2의 중량비(%)를 계산하시오.
(2) 기체 혼합물의 평균분자량(g)을 계산하시오.

풀이

(1) $CO = \frac{CO}{CO + H_2} \times 100 = \frac{28 \times 0.45}{28 \times 0.45 + 2 \times 0.55} \times 100 = 91.971\%$

$H_2 = \frac{H_2}{CO + H_2} \times 100 = \frac{2 \times 0.55}{28 \times 0.45 + 2 \times 0.55} \times 100 = 8.029\%$

(2) 기체 혼합물의 평균분자량 $= 28 \times 0.45 + 2 \times 0.55 = 13.7\,g$

02

★★★

중력집진장치의 높이와 폭이 3m이고 가스 유속이 1m/s일 경우 레이놀즈수를 계산하시오. (단, 20℃, 1atm이며, 가스의 밀도 = 1.3kg/Sm^3, 점성계수(μ) = 1.18×10^{-5}kg/m · s이다.)

풀이

레이놀즈수

$$Re = \frac{\rho \times V \times D}{\mu}$$

여기서, D : 직경(m)
V : 공기 유속(m/s)
ρ : 밀도(kg/m^3)
μ : 점도(kg/m · s)

가로 a, 세로 b인 직사각형의 상당직경(D) 산출식 $= \frac{2(a \times b)}{(a+b)} = \frac{2 \times (3 \times 3)}{(3+3)} = 3$

온도 및 압력 보정, $\rho = \frac{1.3kg}{Sm^3 \times \frac{(273+20)}{273}} = 1.21\,kg/Sm^3$

$\therefore\ Re = \frac{1.21kg/m^3 \times 1m/s \times 3m}{1.18 \times 10^{-5}kg/m \cdot s} = 307{,}627.12$

03

★★★

탄소 87%, 수소 10%, 황 3%인 중유의 $(CO_2)_{max}$(%)를 계산하시오.

풀이 $O_o = 1.867C + 5.6(H - O/8) + 0.7S$

$= 1.867 \times 0.87 + 5.6 \times 0.1 + 0.7 \times 0.03 = 2.2053\,m^3/kg$

$A_o = O_o / 0.21$

$= 2.2053/0.21 = 10.5014\,m^3/kg$

$G_{od} = A_o - 5.6H + 0.7O + 0.8N$

$= 10.5014 - 5.6 \times 0.1 = 9.9414\,m^3/kg$

$$\therefore \ (CO_2)_{max} = \frac{CO_2}{G_{od}} \times 10^2 = \frac{1.867C}{G_{od}} \times 10^2 = \frac{1.867 \times 0.87}{9.9414} \times 10^2 = 16.34\,\%$$

04

다음 물음에 답하시오.

(1) 반응속도의 의미를 서술하시오.

(2) 1차 반응속도식을 쓰시오. (단, 반응시간과 농도와의 관계를 포함한다.)

(3) 2차 반응속도식을 쓰시오. (단, 반응시간과 농도와의 관계를 포함한다.)

풀이 (1) 반응속도는 반응물이 화학반응을 통하여 생성물을 형성할 때 단위시간당 반응물이나 생성물의 농도변화를 의미한다.

(2) 1차 반응속도식

$r = k[A]^1$ (농도 2배 증가 → 속도 2배 증가)

$$\ln[A] = -k \times t + \ln[A]_0 \rightarrow \ln\frac{[A]}{[A]_0} = -k \times t$$

(3) 2차 반응속도식

$r = k[A]^2$ (농도 2배 증가 → 속도 2^2배 증가)

$$\frac{1}{[A]} = k \times t + \frac{1}{[A]_0} \rightarrow \frac{1}{[A]} - \frac{1}{[A_0]} = k \times t$$

여기서, $[A]$: 시간 t일 때 농도

$[A]_0$: 시간이 0일 때의 초기농도

Plus 이론학습 **0차 반응속도식**

$r = k$ (농도 변화 → 속도 일정, 반응속도가 반응물의 농도에 영향을 받지 않음)

$[A] = -k \times t + [A]_0$

05

★★

폭굉에 관한 다음 물음에 답하시오.

(1) 폭굉 유도거리의 정의를 쓰시오.
(2) 폭굉 유도거리가 짧아지는 이유를 3가지 쓰시오.
(3) 다음 표를 기준으로 혼합기체의 하한 연소범위(%)를 계산하시오.

성분	조성(%)	하한 연소범위(%)
CH_4	80	5.0
C_2H_6	14	3.0
C_3H_8	4	2.1
C_4H_{10}	2	1.5

풀이 (1) 관 중에 폭굉가스가 존재할 때 최초의 완만한 연소가 격렬한 폭굉으로 발전할 때까지의 거리

(2) ① 압력이 높은 경우
② 점화원의 에너지가 큰 경우
③ 연소속도가 큰 혼합가스인 경우
④ 관 속에 방해물이 있거나 관경이 작은 경우
(이 중 3가지 기술)

(3) 혼합가스 연소범위 하한계(vol%) 계산식

$$\frac{100}{L} = \frac{V_1}{L_1} + \frac{V_2}{L_2} + \frac{V_3}{L_3} + \cdots$$

여기서, L : 혼합가스 연소범위 하한계(vol%), V_1, V_2, V_3 : 각 성분의 체적(vol%)

$$\frac{100}{L} = \frac{V_1}{L_1} + \frac{V_2}{L_2} + \frac{V_3}{L_3} + \cdots = \frac{80}{5.0} + \frac{14}{3.0} + \frac{4}{2.1} + \frac{2}{1.5} = 23.9$$

∴ 하한 연소범위, $L = 4.18\%$

06

★

어떤 집진장치의 입구와 출구에서 배출가스 중의 먼지 농도 측정결과 각각 $15g/m^3$, $0.15g/m^3$였다. 또 입구와 출구에서 채취한 먼지시료 중에 함유된 0~5μm의 입경범위인 것의 중량분율은 전 먼지에 대해 각각 10%, 60%였다면 이 집진장치의 0~5μm 입경범위의 먼지에 대한 부분 집진효율(%)은 얼마인지 계산하시오.

풀이 집진효율

$$\eta = \left(1 - \frac{C_t \times R_t}{C_i \times R_i}\right) \times 100$$

여기서, C_i : 입구 농도 (g/m^3), C_t : 출구 농도 (g/m^3)
R_i : 입구 중량백분율 (%), R_t : 출구 중량백분율 (%)

∴ 부분 집진효율, $\eta = \left(1 - \frac{0.15 \times 0.6}{15 \times 0.1}\right) \times 100 = 94\%$

07

★★

평판형 전기집진장치의 집진극의 전압이 60kV이며, 집진판의 간격은 30cm이다. 가스 속도는 1.0m/s, 입자 직경은 0.5μm일 때 입자의 이동속도는 $W_e = \dfrac{1.1\times10^{-14}\times P\times E^2\times d_p}{\mu}$를 이용하여 계산한다. 이때 효율이 100%가 되는 집진극의 길이(m)를 구하시오. (단, $P=2$, $\mu = 8.63\times10^{-2}$kg/m · hr)

풀이

입자의 이동속도

$$W_e = \frac{1.1\times10^{-14}\times P\times E^2\times d_p}{\mu}$$

여기서, P : 입자의 극성을 나타내는 상수, E : 전계강도 (V/m)

d_p : 입자의 직경(μm), μ : 점도 (kg/m · hr)

$E = \dfrac{V(\text{전압})}{d(\text{거리})} = \dfrac{60{,}000}{0.15} = 400{,}000\text{V/m}$ (전계강도는 방전극과 집진극 사이의 거리를 기준으로 하기 때문에 집진판 간격을 2로 나눈다. 즉, 0.3/2 = 0.15 m)

$$W_e = \frac{1.1\times10^{-14}\times2\times400{,}000^2\times0.5}{8.63\times10^{-2}} = 0.0204\ \text{m/s}$$

평판형 전기집진장치의 제거효율

$$\eta = \frac{L\times W_e}{R\times V}$$

여기서, L : 집진극 길이, W_e : 입자의 이동속도, R : 집진극과 방전극 사이의 거리 , V : 가스 유속

제거효율이 100%이므로 $1 = \dfrac{L\times W_e}{R\times V}$

$$\therefore\ L(\text{집진극 길이}) = \frac{R\times V}{W_e} = \frac{0.15\times1}{0.0204} = 7.35\text{m}$$

08

★

자외선/가시선분광법으로 측정한 A물질의 농도가 0.02M, 빛의 투사거리는 0.2mm라고 할 때, A물질의 흡광도를 계산하시오. (단, 흡광계수(ε)는 90이다.)

풀이

$I_t = I_o\times10^{-\varepsilon Cl}$

여기서, I_t : 투사광의 강도, I_o : 입사광의 강도

C : 농도 (M), l : 빛의 투사거리(mm), ε : 흡광계수

투과도 $(t) = \dfrac{I_t}{I_o}$, 흡광도 (A) = 투과도 (t) 역수의 상용대수 $= \log\dfrac{1}{t} = \log\dfrac{I_o}{I_t} = \varepsilon Cl$

$\therefore$ 흡광도 $(A) = \varepsilon Cl = 90\times0.02\times0.2 = 0.36$

09

★★★

NO 224ppm, NO_2 22.4ppm을 함유한 배출가스 100,000m^3/hr를 NH_3에 의한 선택적 접촉환원법으로 처리할 경우 NO_x를 제거하기 위한 NH_3의 이론량(kg/hr)을 계산하시오. (단, 표준상태이며, 산소 공존은 고려하지 않는다. 화학반응식을 기재하고 계산하시오.)

풀이

$$\text{NO의 발생량} = \frac{100{,}000\,m^3}{hr}\left|\frac{224\,mL}{m^3}\right|\frac{1\,m^3}{10^6\,mL} = 22.4\,m^3/hr$$

$6NO + 4NH_3 \rightarrow 5N_2 + 6H_2O$

$6\times22.4\,m^3 : 4\times17\,kg$

$22.4\,m^3/hr : x$

$$x = \frac{4\times17\times22.4}{6\times22.4} = 11.3333\,kg/hr$$

$$NO_2\text{의 발생량} = \frac{100{,}000\,m^3}{hr}\left|\frac{22.4\,mL}{m^3}\right|\frac{1\,m^3}{10^6\,mL} = 2.24\,m^3/hr$$

$6NO_2 + 8NH_3 \rightarrow 7N_2 + 12H_2O$

$6\times22.4\,m^3 : 8\times17\,kg$

$2.24\,m^3/hr : y$

$$y = \frac{8\times17\times2.24}{6\times22.4} = 2.2667\,kg/hr$$

$\therefore$ NH_3의 이론량 $= x + y = 11.3333 + 2.2667 = 13.6\,kg/hr$

10

★★

A지점의 미세먼지(PM-10) 측정농도가 80μg/m^3, 72μg/m^3, 96μg/m^3, 70μg/m^3, 65μg/m^{3}일 때 다음 물음에 답하시오.

(1) 기하평균을 계산한 후 대기환경기준의 24시간 평균치와 비교하시오.
(2) 산술평균을 계산한 후 대기환경기준의 24시간 평균치와 비교하시오.

풀이 (1) 기하평균 $= (80\times72\times96\times70\times65)^{1/5} = 75.88\,\mu g/m^3$

$\therefore$ 미세먼지(PM−10)의 24시간 환경기준은 100μg/m^{3}이므로 환경기준 미만이다.

(2) $\text{산술평균} = \frac{80+72+96+70+65}{5} = 76.6\,\mu g/m^3$

$\therefore$ 미세먼지(PM−10)의 24시간 환경기준은 100μg/m^{3}이므로 환경기준 미만이다.

Plus 이론학습 **산술평균과 기하평균**
산술평균은 모두 더한 값을 총수로 나눈 것이고, 기하평균은 모두 곱한 값을 총수만큼 제곱근을 씌우는 것이다.

2018

11

★★

다음은 노인요양시설의 실내공기질 유지기준이다. ( ) 안에 알맞은 수치를 적으시오.

항목	유지기준
PM－10	(①)$\mu g/m^3$ 이하
PM－2.5	(②)$\mu g/m^3$ 이하
이산화탄소	(③)ppm 이하
폼알데하이드	(④)$\mu g/m^3$ 이하
총부유세균	(⑤)CFU/m^3 이하
일산화탄소	(⑥)ppm 이하

풀이 ① 75, ② 35, ③ 1,000, ④ 80, ⑤ 800, ⑥ 10

2018 제4회

대기환경기사 필답형 기출문제

01

★

어떤 장소에서 특정 월의 최대 지면 온도가 30℃였다. 지면의 온도 21℃, 고도 600m에서의 온도가 18℃였을 때 최대혼합고(m)를 구하시오. (단, 건조단열감률은 −0.98℃/100m이다.)

풀이 최대혼합고(MMD)는 환경감률과 건조단열감률이 같아지는 고도를 이용하여 구할 수 있다.

$$\gamma \times \mathrm{MMD} + t = \gamma_d \times \mathrm{MMD} + t_{max}$$

여기서, γ : 환경감률, γ_d : 건조단열감률

t : 지면의 온도(℃), t_{max} : 지면의 최대온도(℃)

$$\gamma(\text{환경감률}) = \frac{(18-21)℃}{600\text{m}} = -0.5℃/100\text{m},\ \gamma_d(\text{건조단열감률}) = -0.98℃/100\text{m}$$

$$\therefore\ \mathrm{MMD} = \frac{t_{max} - t}{\gamma - \gamma_d} = \frac{30℃ - 21℃}{(-0.5℃/100\text{m}) - (-0.98℃/100\text{m})} = 1{,}875\text{m}$$

02

★★

처리가스량이 100,000$\mathrm{Sm^3}$/hr, 압력손실이 800mmH_2O, 1일 16시간 운전하는 집진장치의 연간 동력비는 1,160만원이다. 처리가스량이 70,000$\mathrm{Sm^3}$/hr, 압력손실이 400mmH_2O일 때 이 장치의 연간 동력비(원)를 계산하시오.

풀이

$$\text{송풍기 동력(kW)} = \frac{\Delta P \times Q}{6{,}120 \times \eta_s} \times \alpha$$

여기서, Q : 흡인유량($\mathrm{m^3}$/min), ΔP : 압력손실(mmH_2O)

α : 여유율, η_s : 송풍기 효율

위 식에서 알 수 있듯이 송풍기 동력(kW) $\propto \Delta P \times Q \propto$ 연간 동력비

$(100{,}000\,\mathrm{m^3/hr} \times 800\,\mathrm{mmH_2O})$: 1,160만원 $= (70{,}000\,\mathrm{m^3/hr} \times 400\,\mathrm{mmH_2O})$: x만원

$$\therefore\ x\text{만원} = \frac{70{,}000 \times 400 \times 1{,}160}{100{,}000 \times 800} = 406\text{만원}$$

03 ★

전기집진장치의 집진효율을 증가시키는 방법 6가지를 서술하시오.

풀이 ① 먼지의 전기비저항치를 적절하게 유지한다(10^4~10^{11}Ω−cm).
② 집진장치 내의 전류밀도를 안정적으로 유지한다.
③ 처리가스의 온도를 150℃ 이하 또는 250℃ 이상으로 조절한다.
④ 처리가스의 수분 함량을 증가시킨다.
⑤ 황 함량을 높인다.
⑥ 처리가스의 유속을 낮춘다.
⑦ 재비산현상 발생 시 배출가스 처리속도를 작게 한다.
⑧ 역전리현상 발생 시 고압부상의 절연회로를 점검 및 보수한다.
⑨ 집진면적(높이와 길이의 비 > 1)을 증가시킨다.
⑩ 집진극은 열 부식에 대한 기계적 강도, 포집먼지의 재비산 방지 또는 탈진 시 충격 등에 유의해야 한다.
⑪ 코로나 방전이 잘 형성되도록 방전봉을 가늘고 길게 하는 것이 좋지만 단선 방지가 중요함으로 진동에 대한 강도 및 충격 등에 유의해야 한다.
⑫ 입자의 겉보기 이동속도를 빠르게 한다.
(이 중 6가지 기술)

04 ★

여과집진장치에 대한 다음 물음에 답하시오.

(1) 간헐식 탈진방식의 장점을 2가지 쓰시오.
(2) 연속식 탈진방식의 장점을 2가지 쓰시오.

풀이 (1) ① 먼지의 재비산이 적다.
② 여과포의 수명이 길다.
③ 탈진과 여과를 순차적으로 실시하므로 집진효율이 높다.
(이 중 2가지 기술)
(2) ① 포집과 탈진이 동시에 이루어져 압력손실의 변동이 크지 않다.
② 고농도, 고용량의 가스처리에 효율적이다.
③ 점성 있는 조대먼지의 탈진에 효과적이다.
(이 중 2가지 기술)

Plus 이론학습

1. **간헐식 탈진방식의 단점**
   - 고농도 대량의 가스 처리에는 용이하지 않다.
   - 점성이 있는 조대먼지를 탈진할 경우 여과포 손상의 가능성이 있다.
2. **연속식 탈진방식의 단점**
   - 탈진 시 먼지의 재비산이 일어나 간헐식에 비해 집진율이 낮다.
   - 여과포의 수명이 짧은 편이다.

05

★★★

유효굴뚝높이가 60m인 굴뚝에서 오염물질이 40g/s로 배출되고 있다. 그리고 지상 5m에서의 풍속이 4m/s일 때 풍하거리 500m 떨어진 지점에서의 연기중심선상의 오염물질의 지표 농도($\mu g/m^3$)를 계산하시오. (단, P는 0.25, $\sigma_y=37m$, $\sigma_z=18m$이고, Deacon의 식, 가우시안 확산식을 이용한다.)

풀이

Deacon의 풍속법칙

$$U=U_0\left(\frac{Z}{Z_0}\right)^P$$

여기서, U : 임의 고도에서의 풍속(m/s)
U_0 : 기준 높이(Z_0)에서의 풍속(m/s)
Z : 임의 고도(m)
Z_0 : 기준높이(10m)
P : 풍속지수

$$U=U_0\left(\frac{Z}{Z_0}\right)^P=4\times\left(\frac{60}{5}\right)^{0.25}=7.448\,m/s$$

가우시안 확산식

$$C(x,y,z,H_e)=\frac{1}{2}\frac{Q}{\pi\sigma_y\sigma_z U}\times\exp\left[-\frac{1}{2}\frac{y^2}{{\sigma_y}^2}\right]\times\left\{\exp\left[-\frac{1}{2}\frac{(z-H_e)^2}{{\sigma_z}^2}\right]+\exp\left[-\frac{1}{2}\frac{(z+H_e)^2}{{\sigma_z}^2}\right]\right\}$$

여기서, C : 오염물질농도($\mu g/m^3$)
Q : 오염물질 배출량(g/s)
H_e : 유효굴뚝높이(m)
U : H_e에서의 평균풍속(m/s)
σ_y : 수평방향 표준편차(m)
σ_z : 수직방향 표준편차(m)
x : 오염원으로부터 풍하방향으로의 거리(m)
y : 플륨 중심선으로부터의 횡방향(측면) 거리(m)
z : 지면으로부터의 수직높이(m)

$$Q=\frac{40g}{sec}\Big|\frac{10^6\mu g}{g}=40\times10^6\,\mu g/s$$

지표 농도이므로 $z=0$, 연기중심선상의 농도이므로 $y=0$

$$\therefore\ C(x,0,0,60)=\frac{1}{2}\times\frac{40\times10^6}{\pi\times37\times18\times7.448}\times\exp\left[-\frac{1}{2}\times\frac{0^2}{37^2}\right]\times\left\{\exp\left[-\frac{1}{2}\times\frac{(0-60)^2}{18^2}\right]+\exp\left[-\frac{1}{2}\times\frac{(0+60)^2}{18^2}\right]\right\}$$

$$=\frac{1}{2}\times\frac{40\times10^6}{\pi\times37\times18\times7.448}\times[\exp(0)]\times\left\{2\times\exp\left[-\frac{1}{2}\left(\frac{60^2}{18^2}\right)\right]\right\}$$

$$=\frac{1}{2}\times\frac{40\times10^6}{\pi\times37\times18\times7.448}\times0.007732$$

$$=9.92\,\mu g/m^3$$

06

★★★

1m의 직경을 갖는 원심력집진장치에서 $3m^3/s$의 가스(1atm, 320K)를 처리하고자 한다. 이때 처리입자의 밀도는 $1.6g/cm^3$, 점도는 $1.85\times10^{-5}kg/m\cdot s$라고 할 때, 다음 물음에 답하시오. (단, 입구 높이= 0.5m, 입구 폭 = 0.25m, 유효회전수 = 4, 가스 밀도 = $1.3kg/m^3$)

(1) 유입속도(m/s)

(2) 절단입경(μm)

풀이 (1)

유입속도

$$V=\frac{Q}{A}$$

여기서, Q : 가스 유량, A : 면적

$$\therefore\ V=\frac{3}{0.5\times0.25}=24\,\text{m/s}$$

(2)

절단직경

$$d_{p,50}(\mu\text{m})=\sqrt{\frac{9\mu_g W}{2\pi N V_t(\rho_p-\rho_g)}}\times10^6$$

여기서, W : 유입구 폭, N : 유효 회전수

μ_g : 가스 점도, V_t : 유입속도

ρ_p : 입자 밀도, ρ_g : 가스 밀도

$$\text{먼지 밀도}(\rho_p)=\frac{1.6\text{g}}{\text{cm}^3}\left|\frac{1\text{kg}}{1{,}000\text{g}}\right|\frac{(100)^3\text{cm}^3}{1\text{m}^3}=1{,}600\,\text{kg/m}^3$$

$$\therefore\ d_{p,50}=\sqrt{\frac{9\times1.85\times10^{-5}\times0.25}{2\times3.14\times4\times24\times(1{,}600-1.3)}}\times10^6=6.57\mu\text{m}$$

07

★★★

C : 85%, H : 7%, S : 3.2%, N : 3%, H_2O : 1.8%인 석탄 1kg을 완전연소 시킬 경우 실제습연소가스량(Sm^3/kg)을 구하시오. (단, 공기비는 1.3이고, 석탄 중의 N은 전부 N_2로 전환된다.)

풀이 $O_o=1.867C+5.6(H-O/8)+0.7S=1.867\times0.85+5.6\times0.07+0.7\times0.032=2.001\,m^3/kg$

$A_o=O_o/0.21=2.001/0.21=9.529\,m^3/kg$

$m=1.3$

$\therefore\ G_w=mA_o+5.6H+0.7O+0.8N+1.24W$

$=1.3\times9.529+5.6\times0.07+0.8\times0.03+1.24\times0.018$

$=12.826\,Sm^3/kg$

08

★★★

물리적 흡착의 특징 4가지(화학적 흡착과 비교)와 흡착법의 단점 2가지를 쓰시오.

풀이 (1) 물리적 흡착의 특징

① 흡착열이 낮고, 흡착과정이 가역적이다.
② 다분자 흡착이며, 오염가스 회수가 용이하다.
③ 처리할 가스의 분압이 낮아지면 흡착량은 감소한다.
④ 처리가스의 온도가 올라가면 흡착량이 감소한다.
⑤ 흡착과정이 가역적이기 때문에 흡착제의 재생이 가능하다.
⑥ 입자 간의 인력(van der Waals)이 주된 원동력이다.
⑦ 기체의 분자량이 클수록 흡착량은 증가한다.
(이 중 4가지 기술)

(2) 흡착법의 단점

① 고온에 취약하다.
② 수분에 취약하다.
③ 흡착제가 고가이고 수시로 충전해야 하므로 운영비가 많이 든다.
④ 파과점 이상에서는 흡착효율이 급격히 떨어진다.
⑤ 먼지 및 미스트를 함유하는 가스는 전처리가 필요하다.
(이 중 2가지 기술)

09

★★★

10μm의 먼지 침강속도가 0.55cm/s일 경우 100μm의 먼지를 중력집진장치로 100% 처리한다면 침강실의 길이(m)는 얼마로 해야 하는지 구하시오. (단, 침강실의 높이는 10m, 유입속도는 5m/s이고, 층류이다.)

풀이

침강속도

$$V_t = \frac{d_p^{\,2}(\rho_p - \rho)g}{18\mu}$$

여기서, d_p : 입자의 직경, μ : 가스의 점도, ρ_p : 입자의 밀도
ρ : 가스의 밀도, g : 중력가속도

위의 식에서 침강속도(V_t)는 입자 직경의 제곱($d_p^{\,2}$)에 비례한다.

$0.55\,\text{cm/s} : (10\mu\text{m})^2 = x : (100\mu\text{m})^2$

$x = 0.55 \times (100)^2/(10)^2 = 55\,\text{cm/s} = 0.55\,\text{m/s}$

중력집진장치의 집진효율

$$\eta = \frac{V_t \times L}{V_x \times H}$$

여기서, V_t : 침강속도, V_x : 수평이동속도, L : 침강실 수평길이, H : 침강실 높이

제거효율이 100%이므로 $1 = \dfrac{V_t \times L}{V_x \times H}$

$$\therefore\ L = \frac{V_x \times H}{V_t} = \frac{5 \times 10}{0.55} = 90.91\,\text{m}$$

10

★★★

특정발생원에서 일정한 굴뚝을 거치지 않고 외부로 비산배출되는 먼지 농도를 측정하고자 한다. 측정지점에서의 포집 먼지량과 풍향・풍속의 측정조건이 다음과 같을 때, 비산먼지의 농도(mg/m^3)를 구하시오.

- 대조위치에서의 먼지 농도(mg/m^3) : 0.12
- 포집 먼지량이 가장 많은 위치에서의 먼지 농도(mg/m^3) : 6.83
- 전 시료 채취기간 중 주풍향이 90° 이상 변함
- 풍속 0.5m/초 미만 또는 10m/초 이상 되는 시간이 전 채취량의 50% 미만

풀이

비산먼지 농도(mg/m^3)

$C = (C_H - C_B) \times W_D \times W_S$

여기서, C_H : 채취 먼지량이 가장 많은 위치에서의 먼지 농도(mg/m^3)

C_B : 대조위치에서의 먼지 농도(mg/m^3)

(단, 대조위치를 선정할 수 없는 경우 C_B는 0.15mg/m^3로 함)

W_D, W_S : 풍향, 풍속 측정결과로부터 구한 보정계수

$\therefore \ C = (6.83 - 0.12) \times 1.5 \times 1.0 = 10.065\,mg/m^3$

Plus 이론학습

1. 풍향에 대한 보정

풍향 변화범위	보정계수 (W_D)
전 시료 채취기간 중 주풍향이 90° 이상 변할 때	1.5
전 시료 채취기간 중 주풍향이 45~90° 변할 때	1.2
전 시료 채취기간 중 풍향이 변동 없을 때(45° 미만)	1.0

2. 풍속에 대한 보정

풍속 변화범위	보정계수 (W_S)
풍속이 0.5m/s 미만 또는 10m/s 이상 되는 시간이 전 채취시간의 50% 미만일 때	1.0
풍속이 0.5m/s 미만 또는 10m/s 이상 되는 시간이 전 채취시간의 50% 이상일 때	1.2

11

★★★

다음은 환경정책기본법상 대기환경기준이다. ( ) 안에 알맞은 수치를 적으시오.

항목	기준
이산화질소 (NO_2)	연간 평균치 : (①)ppm 이하
	24시간 평균치 : (②)ppm 이하
	1시간 평균치 : (③)ppm 이하
오존 (O_3)	8시간 평균치 : (④)ppm 이하
	1시간 평균치 : (⑤)ppm 이하
일산화탄소 (CO)	8시간 평균치 : (⑥)ppm 이하
	1시간 평균치 : (⑦)ppm 이하

✔ **풀이** ① 0.03, ② 0.06, ③ 0.1, ④ 0.06, ⑤ 0.1, ⑥ 9, ⑦ 25

2018

2019 제 1 회 대기환경기사 필답형 기출문제

01 ★★

굴뚝의 배출가스 온도가 207℃에서 107℃로 변화되었을 때 통풍력은 처음의 몇 %로 감소되는지 계산하시오. (단, 대기온도는 27℃, 공기 및 배출가스 밀도는 1.3kg/Sm^3이다.)

풀이

통풍력

$$P = 273 \times H \times \left[\frac{\gamma_a}{273+t_a} - \frac{\gamma_g}{273+t_g}\right] \text{ 또는 } P = 355 \times H \times \left[\frac{1}{273+t_a} - \frac{1}{273+t_g}\right]$$

여기서, P : 통풍력(mmH_2O), H : 굴뚝의 높이(m)

γ_a : 공기 밀도(kg/m^3), γ_g : 배출가스 밀도(kg/m^3)

t_a : 외기 온도(℃), t_g : 배출가스 온도(℃)

$$P = 273 \times H \times \left[\frac{1.3}{273+t_a} - \frac{1.3}{273+t_g}\right] = 355 \times H \times \left[\frac{1}{273+t_a} - \frac{1}{273+t_g}\right]$$

$$P_1 = 207℃\text{에서의 통풍력} = 355 \times H \times \left[\frac{1}{273+27} - \frac{1}{273+207}\right] = 0.444H$$

$$P_2 = 107℃\text{에서의 통풍력} = 355 \times H \times \left[\frac{1}{273+27} - \frac{1}{273+107}\right] = 0.249H$$

$$\therefore \frac{107℃\text{에서의 통풍력}}{207℃\text{에서의 통풍력}} \times 100 = \frac{0.249H}{0.444H} \times 100 = 56.08\%$$

02 ★★

A물질의 반응 후 농도가 1차 반응에 의해 180min 후 초기농도의 1/10이 되었다면 99% 제거하기 위해 소요되는 시간(min)을 구하시오.

풀이

$$\ln[A] = -k \times t + \ln[A]_0 \rightarrow \ln\frac{[A]}{[A]_0} = -k \times t$$

$$\ln\frac{10}{100} = -2.303 = -k \times 180,\ \text{그러므로 } k = 0.0128$$

$$\ln\frac{1}{100} = -4.605 = -0.0128 \times t \quad \therefore t = 359.78\,\text{min}$$

03

★

탄소 85% 이외에 수소, 황으로 조성된 중유를 공기비 1.3에서 완전연소 한 후 실제습연소가스 중 SO_2는 0.25%였다. 이 중유 속에 포함된 황의 양(%)을 구하시오. (단, 황은 전량 SO_2가 된다.)

풀이 중유 속의 황 함량을 a(%)라고 가정하면 수소 함량은 $(15-a)$%

이론산소량

$C + O_2 \rightarrow CO_2$

12kg : 22.4m³ : 22.4m³

0.85kg : x

$$x = \frac{0.85 \times 22.4}{12} = 1.5867\,\mathrm{Sm^3/kg}$$

$H_2 + 0.5O_2 \rightarrow H_2O$

2kg : 0.5×22.4m³ : 22.4m³

$0.01 \times (15-a)$kg : $y(\mathrm{m^3})$

$$y = \frac{0.01 \times (15-a) \times 0.5 \times 22.4}{2} = 0.056 \times (15-a)\,\mathrm{Sm^3/kg}$$

$S + O_2 \rightarrow SO_2$

32kg : 22.4m³ : 22.4m³

$0.01 \times a$(kg) : z

$$z = \frac{0.01 \times a \times 22.4}{32} = 0.007a\,\mathrm{Sm^3/kg}$$

$O_o = 1.5867 + 0.056 \times (15-a) + 0.007a\,\mathrm{Sm^3/kg}$

$A_o = O_o/0.21 = (1.5867 + 0.056 \times (15-a) + 0.007a)/0.21 = (11.5557 - 0.2333a)\,\mathrm{Sm^3/kg}$

$m = 1.3$

$G_w = (m - 0.21)A_o + (CO_2) + (SO_2) + (H_2O)$

$= (1.3 - 0.21) \times (11.5557 - 0.2333a) + 1.5867 + 0.007a + 2 \times 0.056 \times (15-a)\,\mathrm{Sm^3/kg}$

$= (15.863 - 0.359a)\,\mathrm{Sm^3/kg}$

황 함유량(a), $SO_2(\%) = \frac{(SO_2)}{G_w} \times 10^2$

$$0.25 = \frac{0.007a}{(15.863 - 0.359a)} \times 10^2$$

$\therefore\ a = 5.02\%$

04 ★★

C : 72.3%, H : 5.8%, O : 14.9%, N : 1.3%, S : 0.5%, 회분 : 5.2%인 석탄을 완전연소 후 연소가스 중 O_2는 3%였다고 할 때, 건조연소가스 중 SO_2(ppm)을 구하시오. (단, 표준상태 기준, S는 모두 SO_2로 전환된다.)

풀이 $O_o = 1.867C + 5.6(H - O/8) + 0.7S = 1.867 \times 0.723 + 5.6 \times (0.058 - 0.149/8) + 0.7 \times 0.005$

$= 1.5738\,m^3/kg$

$A_o = O_o/0.21 = 1.5738/0.21 = 7.4943\,m^3/kg$

$m(\text{완전연소 시}) = \dfrac{21}{21 - O_2} = \dfrac{21}{21 - 3} = 1.1667$

$G_d = mA_o - 5.6H + 0.7O + 0.8N = 1.1667 \times 7.4943 - 5.6 \times 0.058 + 0.7 \times 0.149 + 0.8 \times 0.013$

$= 8.5335\,m^3/kg$

$\therefore\ SO_2 = \dfrac{0.7S}{G_d} \times 10^6 = \dfrac{0.7 \times 0.005}{8.5335} \times 10^6 = 410.15\,ppm$

05 ★

집진효율이 99%인 전기집진장치와 집진효율이 95%인 여과집진장치를 병렬로 연결하여 먼지를 제거하고자 할 때 배출되는 먼지의 양(g/hr)을 구하시오. (단, 전기집진장치의 유입 유량은 10,000Sm^3/hr, 여과집진장치의 유입 유량은 30,000Sm^3/hr, 입구 먼지 농도는 3g/Sm^3이다.)

풀이 배출되는 먼지의 총량 = 전기집진장치를 통과한 먼지의 양 + 여과집진장치를 통과한 먼지의 양

$= 3 \times 10{,}000 \times (1 - 0.99) + 3 \times 30{,}000 \times (1 - 0.95)$

$= 300 + 4{,}500$

$= 4{,}800\,g/hr$

06 ★

사이클론에서 가스 유입속도를 2배로 증가시키고 입구 폭을 4배로 증가시키면, 50% 효율로 집진되는 입자의 직경, 즉, Lapple의 절단입경($d_{p,50}$)은 처음의 몇 배가 되는지 계산하시오.

풀이

$$d_{p,50}(\mu m) = \sqrt{\frac{9\mu_g W}{2\pi N V_t (\rho_p - \rho_g)}} \times 10^6$$

여기서, μ_g : 가스 밀도, W : 유입구 폭

N : 유효회전수, V_t : 가스 유속

ρ_p : 먼지 밀도, ρ_g : 가스 밀도

위의 식에서 $d_{p,50} \propto \sqrt{\dfrac{W}{V_t}}$ 이므로 $d_{p,50} = \sqrt{\dfrac{4}{2}} = \sqrt{2}$

$\therefore$ 처음의 $\sqrt{2}$ 배 증가

07

★

전기집진장치에서 전류밀도가 먼지층 표면 부근의 이온전류밀도와 같고 양호한 집진작용이 이루어지는 값이 $2\times10^{-8}A/cm^2$이다. 먼지층 중의 절연파괴 전계강도를 $5\times10^3V/cm$로 할 때 다음 물음에 답하시오.

(1) 먼지층의 겉보기 전기저항을 계산하시오.
(2) 역전리현상이 발생하는지 여부를 판단하시오.

풀이 (1) 겉보기 전기저항 = 절연파괴 전계강도/전류밀도

$$\text{겉보기 전기저항} = \frac{5\times10^3\ V/cm}{2\times10^{-8}A/cm^2} = 2.5\times10^{11}\ \Omega-cm$$

(2) 겉보기 전기저항이 $10^{11}\Omega-cm$ 이상이면 역전리현상이 발생됨으로, 문제와 같은 조건에서는 역전리현상이 발생된다.

Plus 이론학습 $10^4\Omega-cm$ 이하이면 재비산현상이 발생된다.

08

★★

배출가스 중 황산화물을 처리하려고 한다. 다음 물음에 답하시오.

(1) 건식법의 종류를 3가지 쓰시오.
(2) 습식법과 비교한 건식법의 장점을 3가지 쓰시오.

풀이 (1) ① 석회석주입법
② 활성탄흡착법
③ 활성산화망간법
④ 산화구리법
(이 중 3가지 기술)

(2) ① 배출가스의 온도 저하의 영향이 거의 없다.
② 굴뚝에 의한 배출가스의 확산이 양호하다.
③ 폐수 발생이 없다.
④ pH의 영향을 거의 받지 않는다.
⑤ 설치비가 저렴하다.
(이 중 3가지 기술)

2019

09 ★★★

충전탑을 이용하여 유해가스를 제거하고자 할 때, 흡수액의 구비조건 3가지를 적으시오.

풀이 ① 휘발성이 낮아야 한다.
② 용해도가 커야 한다.
③ 빙점(어는점)은 낮고, 비점(끓는점)은 높아야 한다.
④ 점도(점성)가 낮아야 한다.
⑤ 용매와 화학적 성질이 비슷해야 한다.
⑥ 부식성이 낮아야 한다.
⑦ 화학적으로 안정하고, 독성이 없어야 한다.
⑧ 가격이 저렴하고, 사용하기 편리해야 한다.
(이 중 3가지 기술)

10 ★

황이 2% 포함된 중유를 250kg/hr로 연소하는 보일러가 있다. 이때 배출가스를 탄산칼슘으로 탈황하여 $CaSO_4 \cdot 2H_2O$로 회수하려 한다. 탈황률이 95%라 할 때 이론적으로 회수할 수 있는 $CaSO_4 \cdot 2H_2O$의 양(kg/hr)을 계산하시오. (단, 연료 중의 황 성분은 모두 SO_2로 전환된다.)

풀이 $S + O_2 \rightarrow SO_2$

32 kg : 64 kg

250 kg × 0.02 × 0.95 kg/hr : x

$$x = SO_2\ \text{양}\ (\text{kg/hr}) = \frac{250 \times 0.02 \times 0.95 \times 64}{32} = 9.5\ \text{kg/hr}$$

$SO_2 + CaCO_3 + 2H_2O + 1/2O_2 \rightarrow CaSO_4 \cdot 2H_2O + CO_2$

64 kg : 172 kg

9.5 kg : y

$$\therefore\ y = CaSO_4 \cdot 2H_2O\ \text{양} = \frac{9.5 \times 172}{64} = 25.53\ \text{kg/hr}$$

11

기체 크로마토그래피에서 다음의 각 정량방법을 함유율을 구하는 식을 포함하여 설명하시오.

(1) 보정넓이백분율법 (2) 상대검정곡선법 (3) 표준물첨가법

풀이 (1) 도입한 시료의 전 성분이 용출되며, 또한 용출 전 성분의 상대감도가 구해진 경우는 다음 식에 의하여 정확한 함유율을 구할 수 있다.

$$X(\%) = \frac{\frac{A_i}{f_i}}{\sum_{i=1}^{n} \frac{A_i}{f_i}} \times 100$$

여기서, A_i : i성분의 봉우리 넓이, f_i : i성분의 상대감도, n : 전 봉우리 수

(2) 정량하려는 성분의 순물질(X) 일정량에 내부표준물질(S)의 일정량을 가한 혼합시료의 크로마토그램을 기록하여 봉우리 넓이를 측정한다. 횡축에 정량하려는 성분량(M_X)과 내부 표준물질량(M_S)의 비(M_X/M_S)를 취하고 분석시료의 크로마토그램에서 측정한 정량할 성분의 봉우리 넓이(A_X)와 표준물질 봉우리 넓이(A_S)의 비(A_X/A_S)를 취하여 검정곡선을 작성한다. 시료의 기지량(M)에 대하여 표준물질의 기지량(n)을 검정곡선의 범위 안에 적당히 가해서 균일하게 혼합한 다음 표준물질의 봉우리가 검정곡선 작성 시와 거의 같은 크기가 되도록 도입량을 가감해서 동일조건하에서 크로마토그램을 기록한다. 크로마토그램으로부터 피검성분 봉우리 넓이(A_X')와 표준물질 봉우리 넓이(A_S')의 비(A_X'/A_S')를 구하고, 검정곡선으로부터 피검성분량(M_X')과 표준물질량(M_S')의 비(M_X'/M_S')가 얻어지면 다음 식에 따라 함유율(X)을 산출한다. 또한 봉우리 넓이 대신에 봉우리 높이를 사용하여도 좋다. 이 방법을 시료 중의 각 성분에 적용하면 시료의 조성을 구할 수가 있다.

$$X(\%) = \frac{\frac{M_X'}{M_S'} \times n}{M} \times 100$$

(3) 시료의 크로마토그램으로부터 피검성분 A 및 다른 임의의 성분 B의 봉우리 넓이 a_1 및 b_1을 구한다. 다음에 시료의 일정량 W에 성분 A의 기지량 ΔW_A을 가하여 다시 크로마토그램을 기록하여 성분 A 및 B의 봉우리 넓이 a_2 및 b_2를 구하면 K의 정수로 해서 다음 식이 성립한다.

$$\frac{W_A}{W_B} = K\frac{a_1}{b_1}, \quad \frac{W_A + \Delta W_A}{W_B} = K\frac{a_2}{b_2}$$

여기서, W_A 및 W_B는 시료 중에 존재하는 A 및 B 성분의 양, K는 비례상수

위 식으로부터 성분 A의 부피 또는 무게 함유율 X(%)를 다음 식으로 구한다.

$$X(\%) = \frac{\Delta W_A}{\left(\frac{a_2}{b_2} \cdot \frac{b_1}{b_2} - 1\right) W} \times 100$$

Plus 이론 학습

기체 크로마토그래피의 정량분석방법에는 절대검정곡선법, 넓이백분율법, 보정넓이백분율법, 상대검정곡선법, 표준물첨가법 등이 있다. 측정된 넓이 또는 높이와 성분량과의 관계를 구하는 데 사용되며, 검정곡선 작성 후 연속하여 시료를 측정하여 결과를 산출한다.

1. **절대검정곡선법** : 정량하려는 성분으로 된 순물질을 단계적으로 취하여 크로마토그램을 기록하고 봉우리 넓이 또는 봉우리 높이를 구한다. 이것으로부터 성분량을 횡축에, 봉우리 넓이 또는 봉우리 높이를 종축에 취하여 검정곡선을 작성한다. 동일 조건에 시료를 도입하여 크로마토그램을 기록하고 봉우리 넓이(또는 봉우리 높이)로부터 검정곡선에 따라 분석하려는 각 성분의 절대량을 구하여 그 조성을 결정한다.
2. **넓이백분율법** : 크로마토그램으로부터 얻은 시료 각 성분의 봉우리 면적을 측정하고 그것들의 합을 100으로 하여 이에 대한 각각의 봉우리 넓이비를 각 성분의 함유율로 한다. 이 방법은 도입시료의 전 성분이 용출되고, 또한 사용한 검출기에 대한 각 성분의 상대감도가 같다고 간주되는 경우에 적용하며, 각 성분의 대개의 함유율(Xi)을 알 수가 있다.

   $$X(\%) = \frac{A_i}{\sum_{i=1}^{n} A_i} \times 100$$

   여기서, A_i : i성분의 봉우리 넓이, n : 전 봉우리 수

2019

2019 제2회 대기환경기사 필답형 기출문제

01 ★

고용량 공기시료채취기로 비산먼지 포집 시 포집 개시 직후의 유량이 $1.6m^3/min$이고, 포집 종료 직전의 유량이 $1.4m^3/min$이라면 총 흡입량(m^3)은 얼마인지 계산하시오. (단, 포집시간은 24시간이다.)

풀이 고용량 공기시료채취기로 비산먼지 채취 시 흡인공기량

$$\text{흡인공기량} = \frac{Q_s + Q_e}{2} \times t$$

여기서, Q_s : 시료 채취 개시 직후의 유량 (m^3/min)(보통 $1.2 \sim 1.7m^3/min$)

Q_e : 시료 채취 종료 직전의 유량 (m^3/min)

t : 시료 채취시간 (min)

$$\therefore \ \text{흡인공기량} = \left(\frac{1.6+1.4}{2}\right) \times 24 \times 60 = 2,160\,m^3$$

02 ★★

A공장의 유효굴뚝높이가 50m이다. 유효굴뚝높이를 높여 최대지표농도를 1/4로 감소시키고자 한다. 다른 조건이 동일할 경우 유효굴뚝높이(m)를 얼마로 해야 하는지 계산하시오. (단, Sutton 식을 적용한다.)

풀이 최대지표농도

$$C_{max} = \frac{2Q}{\pi e U H_e^2} \times \left(\frac{K_z}{K_y}\right)$$

여기서, Q : 오염물질의 배출량, e : 2.718

U : 유속, H_e : 유효굴뚝높이

K_y, K_z : 수평 및 수직 확산계수

위의 식에서 $C_{max} \propto \frac{1}{H_e^2}$ 이므로 $C_{max} : \frac{1}{50^2} = \frac{C_{max}}{4} : \frac{1}{H_e^2}$

$H_e^2 = 50^2 \times 4 \quad \therefore \ H_e = 100m$

03

★

외부식 장방형 후드의 속도압이 22mmH₂O이고, 유입계수가 0.79인 경우 후드의 압력손실 (mmH₂O)을 계산하시오.

풀이

압력손실

$$\Delta P = F \times P_v,\ F = \frac{1 - {C_e}^2}{{C_e}^2}$$

여기서, P_v : 속도압, F : 압력손실계수, C_e : 유입계수

$$\therefore\ \Delta P = F \times P_v = \frac{1 - {C_e}^2}{{C_e}^2} \times P_v = \frac{1 - 0.79^2}{0.79^2} \times 22 = 13.25\,\mathrm{mmH_2O}$$

04

압입통풍의 장·단점을 3가지씩 적으시오.

풀이 (1) 장점

① 송풍기의 고장이 적고, 점검 및 보수가 용이하다.
② 연소실 공기를 예열할 수 있다.
③ 내압이 정압(+)으로 연소효율이 좋다.
④ 흡인통풍식보다 송풍기의 동력소모가 적다.
(이 중 3가지 기술)

(2) 단점

① 역화의 위험성이 존재한다.
② 연소실 내의 압력이 정압이므로 열가스가 누설될 수 있다.
③ 연소실 내벽 손상이 발생될 수 있다.
④ 연소실 기밀 유지가 필요하다.
(이 중 3가지 기술)

Plus 이론학습

1. **압입통풍**
노 안에 설치된 가압송풍기에 의해 연소용 공기를 연소로 안으로 압입시키는 방법이다.
2. **흡인통풍의 장·단점**
   - 통풍력이 크다.
   - 굴뚝의 통풍저항이 큰 경우에 적합하다.
   - 노 내압이 부압(−)으로 역화의 우려가 없으나 냉기 침입의 우려가 있다.
   - 이젝터를 사용할 경우 동력이 불필요하다.
   - 송풍기의 점검 및 보수가 어렵다.

2019

05

★★★

원심력집진장치에서 블로다운(blow down)에 대한 다음 물음에 답하시오.

(1) 블로다운의 의미를 간단히 쓰시오.
(2) 블로다운의 효과를 3가지 쓰시오.

풀이 (1) 원심력집진장치의 집진효율을 향상시키기 위한 방법으로 먼지박스(dust box) 또는 멀티사이클론의 호퍼부(hopper)에서 처리가스량의 5~10%를 흡인하여 재순환시키는 방법

(2) ① 원심력집진장치 내의 난류 억제
② 포집된 먼지의 재비산 방지
③ 원심력집진장치 내의 먼지부착에 의한 장치폐쇄 방지
④ 집진효율 증대
(이 중 3가지 기술)

06

★★

슈테판-볼츠만의 법칙에 대한 정의를 서술하시오.

풀이 흑체의 단위면적당 복사에너지가 절대온도의 4제곱에 비례한다는 법칙이다. 관련 식은 아래와 같다.

$j=\sigma \times T^4$

여기서, j : 흑체 표면의 단위면적당 복사하는 에너지
T : 절대온도
σ : 슈테판-볼츠만 상수

07

★★★

충전탑을 이용하여 유해가스를 제거하고자 할 때 흡수액의 구비조건 3가지를 적으시오.

풀이 ① 휘발성이 낮아야 한다.
② 용해도가 커야 한다.
③ 빙점(어는점)은 낮고, 비점(끓는점)은 높아야 한다.
④ 점도(점성)가 낮아야 한다.
⑤ 용매와 화학적 성질이 비슷해야 한다.
⑥ 부식성이 낮아야 한다.
⑦ 화학적으로 안정하고, 독성이 없어야 한다.
⑧ 가격이 저렴하고, 사용하기 편리해야 한다.
(이 중 3가지 기술)

08

★

액분산형 흡수장치 중 분무탑(spray tower)의 장점 및 단점을 각각 3가지씩 적으시오.

풀이 (1) 장점

① 구조가 간단하고, 압력손실이 적다.
② 침전물이 생기는 경우에 적합하다.
③ 충전탑에 비해 설비비 및 유지비가 적게 소요된다.
④ 고온가스 처리에 적합하다.
(이 중 3가지 기술)

(2) 단점

① 분무에 큰 동력이 필요하다.
② 가스의 유출 시 비말동반이 많다.
③ 분무액과 가스의 접촉이 불균일하여 제거효율이 낮다.
④ 편류가 발생할 수 있고, 흡수액과 가스를 균일하게 접촉하기 어렵다.
⑤ 노즐이 막힐 염려가 있다.
(이 중 3가지 기술)

09

★★

배출가스 중 황산화물을 처리하려고 한다. 다음 물음에 답하시오.

(1) 건식법의 종류 3가지를 쓰시오.
(2) 습식법과 비교한 건식법의 장점 3가지 쓰시오.

풀이 (1) ① 석회석주입법
② 활성탄흡착법
③ 활성산화망간법
④ 산화구리법
(이 중 3가지 기술)

(2) ① 배출가스의 온도 저하의 영향이 거의 없다.
② 굴뚝에 의한 배출가스의 확산이 양호하다.
③ 폐수 발생이 없다.
④ pH의 영향을 거의 받지 않는다.
⑤ 설치비가 저렴하다.
(이 중 3가지 기술)

10 ★

보일러에서 황 2.5%인 중유를 10ton/hr로 연소시키고 있다. 배출가스를 NaOH 수용액을 이용하여 황을 처리할 때 필요한 NaOH 양(kg/day)을 계산하시오. (단, 황은 전부 SO_2로 산화되고, 제거효율은 85%이며, 보일러는 24시간 운전한다.)

풀이 $S + O_2 \rightarrow SO_2$

32kg : 64kg

10,000×0.025kg/hr : x

$$x(SO_2\ \text{발생량}) = \frac{10{,}000\times0.025\times64\,\text{kg}}{32\,\text{kg}} = 500\,\text{kg/hr}$$

$SO_2 + 2NaOH \rightarrow Na_2SO_3 + H_2O$

64kg : 2×40kg

$$500\frac{\text{kg}}{\text{hr}}\times\frac{85}{100}\times\frac{24\text{hr}}{1\text{day}} : y$$

$$\therefore\ y(\text{NaOH 필요량}) = \frac{(500\times0.85\times24)\text{kg/day}\times(2\times40)\text{kg}}{64\,\text{kg}} = 12{,}750\,\text{kg/day}$$

11 ★

기체 크로마토그래피에서 이론단수가 1,800인 분리관이 있다. 보유시간이 10분이 되는 피크의 밑부분 폭(피크 좌우 변곡점에서 접선이 자르는 바탕선의 길이)(mm)을 계산하시오. (단, 기록지의 이동속도는 1.5cm/min, 이론단수는 모든 성분에 대하여 같다.)

풀이 분리관 효율은 보통 이론단수 또는 1이론단에 해당하는 분리관의 길이 HETP (height equivalent to a theoretical plate)로 표시하며, 크로마토그램상의 봉우리로부터 다음 식에 의하여 구한다.

$$\text{이론단수}(n) = 16\times\left(\frac{t_R}{W}\right)^2$$

여기서, t_R : 시료 도입점으로부터 봉우리 최고점까지의 길이(보유시간)

W : 봉우리의 좌우 변곡점에서 접선이 자르는 바탕선의 길이

$$\text{HETP} = \frac{L}{n}$$

여기서, L : 분리관의 길이(mm), n : 이론단수

$$t_R = \frac{1.5\,\text{cm}}{\text{min}}\times10\,\text{min}\times\frac{10\,\text{mm}}{1\,\text{cm}} = 150\,\text{mm}$$

$$\therefore\ W = \frac{150}{\sqrt{(1{,}800/16)}} = 14.14\text{mm}$$

12

★★★

20개의 Bag을 사용한 여과집진장치에서 집진효율이 90이고, 입구의 먼지 농도는 10g/Sm³였다. 가동 중 1개의 Bag에 구멍이 뚫려 전체 처리가스량의 1/10이 그대로 통과하였을 때 출구의 먼지 농도(g/Sm³)를 계산하시오.

풀이

$$10\,g/Sm^3 \times \frac{9}{10} \times (1-0.9) + 10\,g/Sm^3 \times \frac{1}{10} \times (1-0) = 1.9\,g/Sm^3$$

2019

2019 제4회 대기환경기사 필답형 기출문제

01

★★

흑체(黑體, black body)의 정의를 설명하고, 슈테판－볼츠만 법칙의 공식과 각각의 인자를 설명하시오.

풀이 (1) 흑체의 정의
진동수와 입사각에 관계없이 입사하는 모든 전자기 복사를 흡수하는 이상적인 물체

(2) 슈테판 – 볼츠만 법칙
$j=\sigma\times T^4$
여기서, j : 흑체 표면의 단위면적당 복사하는 에너지
T : 절대온도
σ : 슈테판 – 볼츠만 상수

Plus 이론학습 **슈테판－볼츠만 법칙**
흑체의 단위면적당 복사에너지가 절대온도의 4제곱에 비례한다는 법칙

02

자동차와 관련된 다음 물음에 답하시오.

(1) 가솔린엔진과 관련된 옥탄가에 대해 서술하시오.
(2) 디젤엔진과 관련된 세탄가에 대해 서술하시오.

풀이 (1) 옥탄가(octane number)
휘발유의 노킹 정도를 측정하는 값으로, 원래 트라이메틸펜테인(아이소옥테인)을 100, $n-$헵테인을 0으로 하여 휘발유의 안티노킹 정도와 두 탄화수소의 혼합물의 노킹 정도가 같을 때 트라이메틸펜테인의 분율을 퍼센트로 한 값이다. 옥탄가가 높을수록, 노킹에 대한 저항성이 높을수록 고급 휘발유이다.

(2) 세탄가(cetane number)
헥사데케인을 100으로, 헵타메틸노네인의 값을 15로 하여 시료로 사용된 경유와 동일한 노킹 정도를 나타내는 헥사데케인과 헵타메틸노난의 혼합물에 포함되는 헥사데케인의 비율이 그 시료의 세탄가이다. 디젤엔진 안에서의 경유의 발화성을 나타내는 수치이고, 세탄가가 높은 연료일수록 노킹이 덜 일어난다.

03

★

굴뚝높이 50m, 대기온도 25℃, 배출가스의 평균온도 225℃일 때, 통풍력을 1.5배 증가시키기 위해서 배출가스의 온도는 얼마가 되어야 하는지 구하시오. (단, 가스 및 공기의 밀도는 같다.)

풀이

통풍력

$$P = 273 \times H \times \left[\frac{\gamma_a}{273+t_a} - \frac{\gamma_g}{273+t_g}\right] \text{ 또는 } P = 355 \times H \times \left[\frac{1}{273+t_a} - \frac{1}{273+t_g}\right]$$

여기서, P : 통풍력 (mmH$_2$O), H : 굴뚝의 높이 (m)

γ_a : 공기 밀도 (kg/m^3), γ_g : 배출가스 밀도 (kg/m^3)

t_a : 외기 온도 (℃), t_g : 배출가스 온도 (℃)

현재의 통풍력, $P = 355 \times H \times \left[\frac{1}{273+t_a} - \frac{1}{273+t_g}\right]$

$$= 355 \times 50 \times \left[\frac{1}{273+25} - \frac{1}{273+225}\right]$$

$$= 23.9212$$

통풍력이 1.5배 증가한 경우 배출가스의 온도

$$23.9212 \times 1.5 = 355 \times 50 \times \left[\frac{1}{273+25} - \frac{1}{273+t_g}\right]$$

$\therefore\ t_g = 476.52$ ℃

04

★

바람의 종류 중 지균풍과 경도풍에 대해 서술하시오.

풀이

(1) 지균풍 : 기압경도력과 전향력이 평형을 이루어 마찰력이 없는 고도 1km 이상에서 등압선과 평행하게 부는 바람으로, 기압경도력과 전향력의 크기가 같고 방향이 반대일 때 부는 바람이다.

(2) 경도풍 : 기압경도력이 원심력, 전향력과 평형을 이루면서 고기압과 저기압의 중심부에서 발생하는 바람으로, 북반구의 저기압에서는 반시계방향으로 회전하며 위쪽으로 상승하면서 불고 고기압에서는 시계방향으로 회전하면서 분다.

05

★

대기오염공정시험기준상 굴뚝 배출가스 중 이산화황의 연속자동측정방법을 3가지 쓰시오.

풀이

① 정전위전해법(전기화학법)
② 용액전도율법
③ 적외선흡수법
④ 자외선흡수법
⑤ 불꽃광도법
(이 중 3가지 기술)

06

★★★

탄소 82%, 수소 13%, 황 2%, 산소 2%, 질소 1%의 중유를 연소하여 배출가스를 분석했더니 (CO_2+SO_2)가 13%, O_2가 3%였다. 건연소가스 중의 SO_2 농도(ppm)를 계산하시오. (단, 표준상태이다.)

풀이

$O_o = 1.867C + 5.6(H - O/8) + 0.7S$

$= 1.867 \times 0.82 + 5.6 \times (0.13 - 0.02/8) + 0.7 \times 0.02$

$= 2.25894\,m^3/kg$

$A_o = O_o/0.21 = 2.25894/0.21 = 10.7569\,m^3/kg$

$N_2 = 100 - (CO_2+SO_2) - (O_2) = 100 - 13 - 3 = 84$

$O_2 = 3$

$CO = 0$

$$m = \frac{N_2}{N_2 - 3.76(O_2 - 0.5CO)} = \frac{84}{84 - 3.76(3.0 - 0.5 \times 0)} = 1.1551$$

$G_d = mA_o - 5.6H + 0.7O + 0.8N$

$= 1.1551 \times 10.7569 - 5.6 \times 0.13 + 0.7 \times 0.02 + 0.8 \times 0.01$

$= 11.7193\,m^3/kg$

$$\therefore\ SO_2 = \frac{0.7S}{G_d} \times 10^6 = \frac{0.7 \times 0.02}{11.7193} \times 10^6 = 1,194.61\,ppm$$

07

★★

황화수소가 5% 포함된 메탄을 공기비 1.05로 연소할 경우 건연소가스 중의 SO_2 농도(ppm)를 계산하시오. (단, 황화수소는 모두 SO_2로 변환된다.)

풀이

- H_2S : 5%

  $H_2S + 1.5O_2 \rightarrow SO_2 + H_2O$

  황화수소 연소에 필요한 $O_o = 1.5 \times 0.05 = 0.075$, $A_o = 0.075/0.21 = 0.357\,mol/mol$
- CH_4 : 95%

  $CH_4 + 2O_2 \rightarrow CO_2 + 2H_2O$

  메탄 연소에 필요한 $O_o = 2 \times 0.95 = 1.9$, $A_o = 1.9/0.21 = 9.048\,mol/mol$
- 전체 공기량, $A_o = 0.357 + 9.048 = 9.405\,mol/mol$
- 건연소가스량, G_d = 이론적인 질소량 + 과잉공기량 + 건조연소생성물

  $= (0.719A_o) + (m-1)A_o + CO_2 + SO_2$

  $= (m - 0.21)A_o + CO_2 + SO_2$

  $= (1.05 - 0.21) \times 9.405 + 0.95 + 0.05$

  $= 8.9\,mol/mol$

$$\therefore\ SO_2 = \frac{SO_2}{G_d} \times 10^6 = \frac{0.05}{8.9} \times 10^6 = 5,617.98\,ppm$$

08

★★★

유입구의 폭이 15cm, 유효회전수가 6인 원심분리기에 입자밀도가 1.6g/cm³인 배출가스가 15.0m/s의 속도로 유입된다. 이때 절단직경(μm)을 계산하시오. (단, 공기밀도는 무시, 가스점도는 300K에서 0.0648kg/m · hr이다.)

풀이

절단직경

$$d_{p,50}(\mu m) = \sqrt{\frac{9\mu_g W}{2\pi N V_t (\rho_p - \rho_g)}} \times 10^6$$

여기서, W : 유입구 폭, N : 유효 회전수

μ_g : 가스의 점도, V_t : 유입속도

ρ_p : 입자의 밀도, ρ_g : 가스의 밀도

단위 통일을 위해서,

$$\text{가스 점도}(\mu_g) = \frac{0.0648\,kg}{m \times hr} \cdot \frac{1\,hr}{3,600\,s} = 1.8 \times 10^{-5}\,kg/m \cdot s$$

$$\text{먼지 밀도}(\rho_p) = \frac{1.6\,g}{cm^3} \cdot \frac{1\,kg}{1,000\,g} \cdot \frac{(100)^3 cm^3}{1\,m^3} = 1,600\,kg/m^3$$

$$\therefore\ d_{p,50} = \sqrt{\frac{9 \times 1.8 \times 10^{-5} \times 0.15}{2 \times \pi \times 6 \times 15 \times 1,600}} \times 10^6 = 5.182\mu m$$

09

★★

전기집진장치의 집진성능과 관련된 다음 물음에 답하시오.

(1) 재비산현상 방지대책을 2가지 쓰시오.

(2) 역전리현상 방지대책을 2가지 쓰시오.

풀이

(1) ① 처리가스를 조절하거나 집진극에 Baffle을 설치한다.
② 온도 및 습도를 조절한다.
③ 암모니아(NH_3)를 주입한다.
④ 처리가스의 속도를 낮춘다.
(이 중 2가지 기술)

(2) ① 황 함량이 높은 연료를 주입한다.
② SO_3, 트리에틸아민(TEA) 등을 주입한다.
③ 온도 및 습도를 조절한다.
④ 집진극의 타격을 강하게 하거나 빈도수를 늘린다.
⑤ 전극의 청결을 유지한다.
(이 중 2가지 기술)

10 ★

전기집진장치에서 먼지에 작용하는 집진원리를 4가지 쓰시오.

풀이 ① 대전입자 하전에 의한 쿨롱력
② 전계강도에 의한 힘
③ 전기풍에 의한 힘
④ 입자 간의 흡인력

11

충전탑에서 발생하는 편류현상에 대해 쓰고, 방지대책 3가지를 쓰시오.

풀이 (1) 편류현상
오염물질이 균일하게 충전물에 분산되지 않고 한쪽으로 치우쳐 흐르는 현상
(2) 방지대책
① 충전탑 직경과 충전재 직경의 비를 8~10으로 유지하면 편류현상이 최소가 된다.
② 균일하고 동일한 충전재를 사용한다.
③ 저항이 적고 높은 공극률을 갖는 충전재를 사용한다.
④ 정류판을 설치한다.
(이 중 3가지 기술)

12 ★

처리가스 중 오염물질 60ppm을 흡착처리하여 5ppm으로 배출할 때 흡착제의 양(g)을 구하시오. (단, 흡착용량 200L, k는 0.015, $1/n$은 4이며, Freundlich의 등온흡착식을 적용한다.)

풀이

Freundlich 등온흡착식

$$\frac{X}{M} = kC^{1/n}$$

여기서, X : 흡착된 흡착질의 질량, M : 흡착제의 질량
C : 흡착질의 평형농도, k 및 n : 상수

$\frac{X}{M} = kC^{1/n}$에서 $M = \frac{X}{k \times C^{1/n}} = \frac{(60-5)}{0.015 \times 5^4} = 5.8667\,\text{g/L}$

∴ 흡착제의 양 $= 5.8667\,\text{g/L} \times 200\,\text{L} = 1{,}173.34\,\text{g}$

2020 제 1 회

대기환경기사 필답형 기출문제

01

★

처음 굴뚝의 높이는 35m이다. 집진장치를 설치하였더니 압력손실이 10mmH$_2$O 발생되었다. 집진장치를 설치했을 때 굴뚝의 높이(m)를 처음보다 얼마나 높여야 하는지 계산하시오. (단, 배출가스의 온도 227℃, 대기 온도 27℃, 굴뚝 내부의 마찰손실은 무시하며, 공기 및 배출가스의 밀도는 1.3kg/Sm^{3}이다.)

풀이

통풍력

$$P = 273 \times H \times \left[\frac{\gamma_a}{273+t_a} - \frac{\gamma_g}{273+t_g}\right] \text{ 또는 } P = 355 \times H \times \left[\frac{1}{273+t_a} - \frac{1}{273+t_g}\right]$$

여기서, P : 통풍력(mmH$_2$O), H : 굴뚝의 높이(m)

γ_a : 공기 밀도(kg/m^3), γ_g : 배출가스 밀도(kg/m^3)

t_a : 외기 온도(℃), t_g : 배출가스 온도(℃)

압력손실과 굴뚝의 높이는 비례하므로 압력손실이 발생된 만큼 굴뚝을 높여야 한다.

$$10 = 355 \times H \times \left[\frac{1}{273+27} - \frac{1}{273+227}\right]$$

∴ 이를 H에 대해 정리하면 $H = 21.13\text{m}$

02

입자의 측정방법 중 간접측정방법을 2가지 쓰고 간단히 설명하시오.

풀이

① 관성충돌법 : 입자의 관성충돌을 이용하여 입경을 간접적으로 측정하는 방법으로, 입자의 질량크기 분포를 알 수 있다.
② 광산란법 : 입자에 빛을 조사하면 반사하여 발광하게 되는데 그 반사광을 측정하여 입자의 개수, 입자의 반경을 측정하는 방법이다.
③ 액상침강법 : 액상 중 입자의 침강속도를 적용하여 측정하는 방법이다.
④ 공기투과법 : 입자의 비표면적을 측정하여 입경을 측정하는 방법이다.
(이 중 2가지 기술)

03 ★★

유효굴뚝높이 50m인 굴뚝을 높여 최대지표농도를 1/3로 감소시키려 한다. 다른 조건이 동일한 경우 유효굴뚝높이(m)를 처음보다 얼마나 높여야 하는지 계산하시오. (단, Sutton 식을 적용한다.)

✔ **풀이**

최대지표농도

$$C_{\max} = \frac{2Q}{\pi e U H_e^2} \times \left(\frac{K_z}{K_y}\right)$$

여기서, Q : 오염물질의 배출량, e : 2.718

U : 유속, H_e : 유효굴뚝높이

K_y, K_z : 수평 및 수직 확산계수

위의 식에서 $C_{\max} \propto \frac{1}{H_e^2}$ 이므로

$C_{\max} : \frac{1}{50^2} = \frac{C_{\max}}{3} : \frac{1}{H_e^2}$, $H_e^2 = 50^2 \times 3$, $H_e = 86.60\text{m}$

∴ 높여야 하는 유효굴뚝높이 $= 86.60 - 50 = 36.60\text{m}$

04 ★

다음 물음에 답하시오.

(1) COH의 정의를 쓰시오.
(2) COH 공식을 쓰시오.

✔ **풀이**

(1) Coefficent Of Haze의 약자로, 광화학밀도가 0.01이 되도록 하는 여과지상에 빛을 분산시켜 준 고형물의 양을 의미한다. 즉, COH는 광화학밀도(OD)를 0.01로 나눈 값이다.

(2) $\text{COH} = \frac{\text{OD}}{0.01} = \frac{\log(1/t)}{0.01} = \frac{\log\left(\frac{1}{I_t/I_o}\right)}{0.01} = 100\log\left(\frac{1}{I_t/I_o}\right)$

여기서, OD : 광화학 밀도(Optical Density)로 불투명도의 log값

I_t : 투과광의 강도

I_o : 입사광의 강도

I_t/I_o : 빛 전달률(투과도, t)

Plus 이론학습

m당 $\text{COH} = \frac{100 \times \log(I_o/I_t) \times \text{거리(m)}}{\text{속도(m/s)} \times \text{시간(s)}}$

05

★★★

탄소 86.6%, 수소 4%, 황 1.4%, 산소 8%인 중유 연소에 필요한 이론산소량(Sm^3/kg)과 이론습연소가스량(Sm^3/kg)을 계산하시오.

풀이 (1) 이론산소량 (Sm^3/kg)

$O_o = 1.867C + 5.6(H - O/8) + 0.7S$

$= 1.867 \times 0.866 + 5.6 \times (0.04 - 0.08/8) + 0.7 \times 0.014$

$= 1.795\,Sm^3/kg$

(2) 이론습연소가스량 (Sm^3/kg)

$A_o = O_o/0.21 = 1.795/0.21 = 8.548\,Sm^3/kg$

$\therefore\ G_{ow} = A_o + 5.6H + 0.7O + 0.8N + 1.24W$

$= 8.548 + 5.6 \times 0.04 + 0.7 \times 0.08$

$= 8.83\,Sm^3/kg$

06

★★★

탄소 74%, 수소 26%인 액체연료를 100kg/hr 연소할 경우 공기 공급량(Sm^3/hr)을 계산하시오.

풀이 $O_o = 1.867C + 5.6(H - O/8) + 0.7S = 1.867 \times 0.74 + 5.6 \times 0.26 = 2.838\,Sm^3/kg$

$A_o = O_o/0.21 = 2.838/0.21 = 13.514\,Sm^3/kg$

$\therefore$ 공기 공급량 $= 100\,kg/hr \times \dfrac{13.514\,Sm^3}{kg} = 1{,}351.4\,Sm^3/hr$

07

★

함진가스 $500m^3/min$을 전기집진장치로 처리하고자 한다. 반경 12cm, 길이 15m인 집진극이 24개 존재할 때 먼지입자의 겉보기 이동속도(m/s)를 계산하시오. (단, 유입농도 $10g/m^3$, 유출농도 $0.1g/m^3$)

풀이

Deutsch–Anderson 식

$\eta = 1 - e^{\left(-\frac{AW_e}{Q}\right)}$

여기서, A : 집진면적(m^2), W_e : 입자의 이동속도 (m/s), Q : 가스 유량 (m^3/s)

$\eta = \dfrac{(10-0.1)}{10} \times 100 = 99\%$, $Q = 500/60 = 8.333\,m^3/s$

$A = 2\pi R \times L \times$ 개수 $= 2 \times \pi \times 0.12 \times 15 \times 24 = 271.434\,m^2$

$\eta = 1 - e^{\left(-\frac{AW_e}{Q}\right)}$ 에서 $0.99 = 1 - e^{\left(-\frac{271.434 \times W_e}{8.333}\right)}$

$\therefore\ W_e = 0.1414\,m/s$

08

★

송풍기의 송풍량이 200m^3/min, 회전수가 200rpm, 정압이 60mmH$_2$O, 동력이 6HP이다. 이 송풍기의 회전수가 400rpm으로 변할 때 다음을 구하시오.

(1) 정압(mmH$_2$O)
(2) 동력(HP)
(3) 송풍량(m^3/min)

풀이 (1)

정압

$$P_2 = P_1 \times \left(\frac{N_2}{N_1}\right)^2$$

여기서, P_1, P_2 : 변경 전, 후 압력
N_1, N_2 : 변경 전, 후 회전수

∴ 정압 $(P_2) = 60 \times \left(\frac{400}{200}\right)^2 = 240\text{mmH}_2\text{O}$

(2)

동력

$$W_2 = W_1 \times \left(\frac{N_2}{N_1}\right)^3$$

여기서, W_1, W_2 : 변경 전, 후 동력
N_1, N_2 : 변경 전, 후 회전수

∴ 동력$(W_2) = 6 \times \left(\frac{400}{200}\right)^3 = 48\text{HP}$

(3)

송풍량

$$Q_2 = Q_1 \times \left(\frac{N_2}{N_1}\right)^1$$

여기서, Q_1, Q_2 : 변경 전, 후 송풍량
N_1, N_2 : 변경 전, 후 회전수

∴ 송풍량 $(Q_2) = 200 \times \left(\frac{400}{200}\right)^1 = 400\text{m}^3/\text{min}$

Plus 이론학습

송풍기의 법칙(송풍기 회전수에 따른 변화 법칙)
- 풍량은 송풍기의 회전속도와 비례$(Q \propto N)$
- 풍압은 송풍기의 회전속도의 제곱에 비례$(P \propto N^2)$
- 동력은 송풍기의 회전속도의 세제곱에 비례(HP $\propto N^3$)

09

★★★

0.3048m의 직경을 갖는 덕트에 유속 2m/s로 유체가 흐르고 있다. 밀도 1.2kg/m^{3}이고 점도 20cP일 경우 레이놀즈수와 동점성계수(m^2/s)를 계산하시오.

풀이 (1) 레이놀즈수

$$Re = \frac{\rho \times V \times D}{\mu}$$

여기서, D : 직경(m), V : 공기 유속(m/s)
ρ : 밀도(kg/m^3), μ : 점도(kg/m·s)

1 poise = 100 cP = 0.1 kg/m·s이므로

$$\mu = 20\text{cP} \times \frac{0.1\,\text{kg/m}\cdot\text{sec}}{100\text{cP}} = 0.02\text{kg/m}\cdot\text{s}$$

$$\therefore\ Re = \frac{12\,\text{kg/m}^3 \times 2\,\text{m/s} \times 0.3048}{0.02\,\text{kg/m}\cdot\text{s}} = 36.58$$

(2) 동점성계수(m^2/s)

$$\nu = \frac{\mu}{\rho}$$

여기서, ρ : 밀도(kg/m^3), μ : 점도(kg/m·s)

$$\therefore\ \nu = \frac{0.02}{1.2} = 0.0167\,\text{m}^2/\text{s}$$

10

배출가스 중 가스상 물질의 시료 채취방법에 관한 다음 물음에 답하시오.

(1) 시료 채취관을 선정할 때 재질과 관련되어 고려해야 할 사항을 3가지 쓰시오.
(2) 폼알데하이드 여과재를 2가지 쓰시오.

풀이 (1) ① 화학반응이나 흡착작용 등으로 배출가스의 분석결과에 영향을 주지 않는 것
② 배출가스 중의 부식성 성분에 의하여 잘 부식되지 않는 것
③ 배출가스의 온도, 유속 등에 견딜 수 있는 충분한 기계적 강도를 갖는 것
④ 채취관, 충전 및 여과지의 재질은 일반적으로 분석물질, 공존가스 및 사용온도 등에 따라서 선택
(이 중 3가지 기술)

(2) ① 알칼리 성분이 없는 유리솜 또는 실리카솜
② 소결유리

2020

11 ★

부탄(C_4H_{10}) 1Sm^3를 연소시켰다. 건조연소가스 중 CO_2가 11%일 때 공기비(m)를 구하시오.

풀이 $C_4H_{10}+6.5O_2 \rightarrow 4CO_2+5H_2O$

1 : 4

$O_o = 6.5Sm^3$, $A_o = O_o/0.21 = 6.5/0.21 = 30.95m^3$

$CO_2 = \dfrac{CO_2}{G_d}\times 100$, $11 = \dfrac{4}{G_d}\times 100$, $G_d = 36.36m^3$

한편, $G_d = (m-0.21)\times A_o + CO_2$

$36.36 = (m-0.21)\times 30.95 + 4$

$\therefore\ m = 1.26$

12 ★★★

배출가스 유량 $4.78\times10^6cm^3/s$, 공기 여재비 4cm/s로 여과집진장치로 유입되고 있다. 여과포 1개의 직경이 200mm, 유효높이가 3m인 경우 필요한 여과포의 개수를 계산하시오.

풀이

1개 Bag의 공간 = 원의 둘레($2\pi R$)×높이(H)×겉보기 여과속도(V_t)

1개 Bag의 공간 $= 2\times\pi\times10cm\times300cm\times4cm/s$

$= 75{,}360cm^3/s$

$\therefore$ 필요한 Bag의 수 $= 4.78\times10^6/75{,}360 = 63.43$개 → 최종 64개 필요

13 ★★★

여과집진장치에서 먼지 부하가 $360g/m^2$일 때마다 부착먼지를 간헐적으로 탈락시키고자 한다. 유입가스 중의 먼지 농도가 $10g/m^3$이고, 겉보기 여과속도가 1cm/s일 때 부착먼지의 탈락시간 간격(sec)을 구하시오. (단, 집진효율은 98.5%이다.)

풀이

부착먼지의 탈락시간 간격

$$t = \frac{L_d}{C_i\times V_f\times\eta}$$

여기서, L_d : 먼지 부하(g/m^2), C_i : 입구 먼지 농도(g/m^3)

V_f : 여과속도(m/s), η : 집진효율(%)

$$\therefore\ t = \frac{360g/m^2}{10g/m^3\times0.01m/s\times0.985} = 3{,}654.82\,sec$$

14 ★

여과집진장치의 집진원리 4가지를 적으시오.

풀이 ① 직접차단
② 관성충돌
③ 확산
④ 중력

15 ★

벤투리 스크러버에서 목부의 직경 0.2m, 수압 20,000mmH₂O, 노즐의 직경 3.8mm, 액가스비 0.5L/m^3, 목부의 가스 유속 60m일 때, 노즐의 개수를 계산하시오.

풀이

$$n \times \left(\frac{d}{D_t}\right)^2 = \frac{V_t \times L}{100\sqrt{P}}$$

여기서, n : 노즐 개수, d : 노즐의 직경(m), D_t : 목부의 직경(m)
V_t : 유속(m/s), L : 액가스비(L/m^3), P : 수압(mmH$_2$O)

$$n \times \left(\frac{3.8 \times 10^{-3}}{0.2}\right)^2 = \frac{60 \times 0.5}{100\sqrt{20{,}000}}$$

이를 n에 대해서 정리하면 $n = 5.876$
∴ 6개 필요

16 ★

충전탑과 단탑의 차이점을 3가지 서술하시오.

풀이 ① 충전탑은 단탑에 비해 흡수액의 홀드업(hold-up)이 적다.
② 충전탑은 단탑에 비해 압력손실이 적다.
③ 흡수액에 부유물이 포함된 경우에는 충전탑보다 단탑 사용이 더 효율적이다.
④ 충전탑은 충진재가 추가로 필요하므로 초기 설치비가 높다.
⑤ 충전탑은 단탑에 비해 부하변동의 적응성이 유리하다.
⑥ 충전탑은 단탑에 비해 액가스비가 더 높다.
⑦ 충전탑은 단탑에 비해 오염물질 제거효율이 높다.
⑧ 포말성 흡수액일 경우 충전탑이 단탑에 비해 유리하다.
⑨ 온도변화에 따른 팽창과 수축이 일어날 경우에는 충진재 손상이 발생되어 단탑 사용이 더 효율적이다.
⑩ 운전 시 흡수액에 의해 발생되는 용해열을 제거해야 할 경우 냉각오일을 설치하기 쉬운 단탑이 유리하다.
(이 중 3가지 기술)

17 ★★★

수은 1kg이 기화됐을 때 체적(m^3)을 구하시오. (단, 기온은 25℃, 압력은 760mmHg, 수은 원자량은 200이다.)

풀이

$$\frac{1\,kg}{} \left| \frac{22.4\,Sm^3}{200\,kg} \right| \frac{(273+25)}{273} \left| \frac{760}{760} \right. = 0.12\,m^3$$

18 ★★★

다음은 환경정책기본법령상의 대기환경기준이다. ( ) 안에 알맞은 수치를 적으시오.

항목	기준
이산화질소 (NO_2)	연간 평균치 : (①)ppm 이하
	24시간 평균치 : (②)ppm 이하
	1시간 평균치 : (③)ppm 이하
오존 (O_3)	8시간 평균치 : (④)ppm 이하
	1시간 평균치 : (⑤)ppm 이하
일산화탄소 (CO)	8시간 평균치 : (⑥)ppm 이하
	1시간 평균치 : (⑦)ppm 이하

풀이 ① 0.03, ② 0.06, ③ 0.1, ④ 0.06, ⑤ 0.1, ⑥ 9, ⑦ 25

19 ★

원심력집진장치의 집진효율 향상 조건 3가지를 쓰시오. (단, Blow down 효과는 제외한다.)

풀이
① 원통의 직경, 내경을 작게
② 입자의 밀도를 크게
③ 한계유속 내에서 가스의 유입속도를 크게
④ 입자의 직경을 크게
⑤ 회전수를 크게
⑥ 고농도는 병렬로 연결하고 응집성이 강한 먼지는 직렬로 연결하여 사용
⑦ 입자의 재비산을 방지하기 위해 스키머와 Turning vane 등을 사용
(이 중 3가지 기술)

20

★★

A공장 배기가스에서 사플루오린화규소(SiF_4)의 농도가 25ppm이었다. 이 공장의 SiF_4의 배출 허용기준이 플루오린(F) 양 기준으로 10mg/Sm^3라면 배출가스 중의 SiF_4 처리효율을 얼마로 해야 하는지 계산하시오. (단, SiF_4의 분자량은 104, F의 원자량은 19이다.)

풀이 SiF_4, 25 ppm → F, mg/Sm^3로 전환

$$\frac{25\,\text{mL}}{\text{Sm}^3}\left|\frac{104\,\text{mg}}{22.4\,\text{mL}}\right|\frac{19\times4\,\text{mg}}{104\,\text{mg}}=84.8214\,\text{mg/Sm}^3$$

$$\therefore\ \eta=\left(\frac{84.8214-10}{84.8214}\right)\times100=88.21\%$$

2020 제2회 대기환경기사 필답형 기출문제

01

★★★

온실효과에 의한 기온상승 원리에 대해 쓰고, 대표적인 원인물질 3가지를 적으시오.

풀이 (1) 기온상승 원리

온실효과는 태양의 열이 지구로 들어와서 나가지 못하고 순환되는 현상이다. 태양에서 방출된 빛에너지 중 지표에 흡수된 빛에너지는 열에너지나 파장이 긴 적외선으로 바뀌어 다시 바깥으로 방출하게 되는데 이 방출되는 적외선은 반 정도는 대기를 뚫고 우주로 빠져나가지만 나머지는 온실가스에 의해 흡수되며 온실가스들은 이를 다시 지표로 되돌려 보낸다. 이와 같은 작용을 반복하면서 지구의 기온은 상승하게 된다.

(2) 대표적인 원인물질

CO_2(이산화탄소), CH_4(메탄), N_2O(아산화질소), PFCs(과불화탄소), HFCs(수소불화탄소), SF_6(육불화황) 등

(이 중 3가지 기술)

02

★★★

C 64%, H 5.3%, O 8.8%, N 0.8%, S 0.1%이고, 회분 12%, 수분 9%인 석탄을 연소할 때 G_{od}(Sm^3/kg)와 G_{ow}(Sm^3/kg)를 계산하시오.

풀이 (1) G_{od}(Sm^3/kg)

$O_o = 1.867C + 5.6(H - O/8) + 0.7S = 1.867\times0.64 + 5.6\times(0.053 - 0.088/8) + 0.7\times0.001$

$= 1.431\,m^3/kg$

$A_o = O_o/0.21 = 1.4308/0.21 = 6.814\,m^3/kg$

$\therefore\ G_{od} = A_o - 5.6H + 0.7O + 0.8N$

$= 6.814 - 5.6\times0.053 + 0.7\times0.088 + 0.8\times0.008$

$= 6.585\,m^3/kg$

(2) G_{ow}(Sm^3/kg)

$G_{ow} = A_o + 5.6H + 0.7O + 0.8N + 1.24W$

$= G_{od} + 11.2H + 1.24W$

$= 6.585 + 11.2\times0.053 + 1.24\times0.09$

$= 7.290\,m^3/kg$

03

★★

다음 표의 조건을 이용하여 리차드슨수를 구하고, 대기안정도를 판별하시오.

고도	풍속	온도
3m	3.9m/s	14.7℃
2m	3.3m/s	15.4℃

풀이 (1) 리차드슨수

$$Ri(\text{리차드슨수}) = \frac{g}{T_m}\left(\frac{\Delta T/\Delta Z}{(\Delta U/\Delta Z)^2}\right)$$

여기서, T_m : 상하층의 평균절대온도 $= \frac{T_1 + T_2}{2}$, g : 중력가속도

ΔT : 온도차 $(T_2 - T_1)$, ΔU : 풍속차 $(U_2 - U_1)$, ΔZ : 고도차 $(Z_2 - Z_1)$

$\Delta T/\Delta Z$: 대류 난류의 크기, $\Delta U/\Delta Z$: 기계적 난류의 크기

$$T_m = \frac{(273+15.4)+(273+14.7)}{2} = 288.05,\ \Delta T = (273+15.4)-(273+14.7) = 0.7$$

$$\Delta U = 3.3 - 3.9 = -0.6,\ \Delta Z = 2 - 3 = -1$$

$$\therefore\ Ri = \frac{9.8}{288.05}\left(\frac{0.7/-1}{(-0.6/-1)^2}\right) = -0.066 = -0.07$$

(2) 대기안정도 판별

위에서 리차드슨수가 −0.07이므로 대기안정도는 불안정상태이다.

Plus 이론학습

1. **리차드슨수**
   리차드슨수는 고도에 따른 풍속차와 온도차를 적용하여 산출해낸 무차원수로서 동적인 대기안정도를 판단하는 척도이며, 대류난류(자유대류)를 기계적 난류(강제대류)로 전환시키는 율을 측정한 것이다.
2. **대기안정도 판별**
   위에서 리차드슨수가 −0.07이므로 아래 표에서 알 수 있듯이 대기안정도는 '불안정'상태이며, '대류에 의한 혼합'이 '기계적에 의한 혼합'을 지배한다.

Ri(리차드슨수)	대기안정도
+0.01 이상	안정
+0.01~ −0.01	중립
−0.01 이하	불안정

Ri(리차드슨수)	특성
$Ri > 0.25$	수직방향의 혼합이 없음(수평상의 소용돌이 존재)
$0 < Ri < 0.25$	성층에 의해 약화된 기계적 난류 존재
$Ri = 0$	기계적 난류만 존재(수직방향의 혼합은 있음)
$-0.03 < Ri < 0$	기계적 난류와 대류가 존재하나 기계적 난류가 지배적임
$Ri < -0.04$	대류에 의한 혼합이 기계적에 의한 혼합을 지배함

※ (−)의 값이 커질수록 불안정도는 증가하며, 대류난류(자유대류)가 지배적인 상태가 된다.

04 ★★

다음 연소방법을 해당 물질 1가지 이상을 언급하여 의미를 서술하시오.

(1) 증발연소
(2) 분해연소
(3) 표면연소
(4) 확산연소
(5) 내부연소

풀이 (1) 휘발유, 등유 등과 같이 화염으로부터 열을 받아 발생된 가연성 증기가 공기와 혼합된 상태에서 연소하는 형태
(유황, 나프탈렌, 파라핀, 유지, 가솔린, 등유, 경유, 알코올, 아세톤 등 중 1가지 이상 언급하여 서술하면 됨!)
(2) 석탄, 목재 등의 가연물의 열분해 반응 시 생성된 가연성 가스가 공기와 혼합된 상태에서 연소하는 형태
(목재, 석탄, 종이, 플라스틱, 고무, 중유, 아스팔트유 등 중 1가지 이상 언급하여 서술하면 됨!)
(3) 목탄, 코크스 등과 같이 고정탄소 성분이 연소하여 화염을 내지 않고 표면이 빨갛게 빛을 내면서 연소하는 형태
(숯, 코크스, 목탄, 금속분(마그네슘 등), 벙커C유 등 중 1가지 이상 언급하여 서술하면 됨!)
(4) LPG, 프로판 등과 같은 기체연료와 산소를 인접한 2개의 분출구에서 각각 분출시켜 양자의 계면에서 연소를 하는 형태. 연료와 산소가 고온의 화염면으로 확산됨에 따라 예혼합연소와는 달리 화염면이 전파되지 않는다.
(5) 니트로글리세린, TNT 등과 같이 분자 내에 산소를 가지고 있어 외부의 산소 공급원이 없이도 점화원의 존재하에 스스로 폭발적인 연소를 일으키는 형태

05 ★★★

탄소 85%, 수소 15%인 경유(1kg)를 공기과잉계수 1.1로 연소했더니 탄소 1%가 검댕(그을음)으로 된다. 건조배기가스 $1Sm^3$ 중 검댕의 농도(g/Sm^3)를 계산하시오.

풀이 $O_o = 1.867C + 5.6(H - O/8) + 0.7S$
$= 1.867 \times 0.85 + 5.6 \times 0.15$
$= 2.427\,m^3/kg$
$A_o = O_o/0.21 = 2.427/0.21 = 11.557\,m^3/kg$
$m = 1.1$
$G_d = mA_o - 5.6H + 0.7O + 0.8N$
$= 1.1 \times 11.557 - 5.6 \times 0.15$
$= 11.8727\,m^3/kg$
검댕의 발생량 $= 1kg \times 0.85 \times 0.01 = 0.0085\,kg/kg$
$\therefore$ 검댕의 농도 $= \dfrac{0.0085}{11.8727} = 0.00072\,kg/Sm^3 = 0.72\,g/Sm^3$

06

★★★

탄소 74%, 수소 26%인 액체연료를 100kg/hr 연소할 경우 공기 공급량(Sm^3/hr)을 계산하시오.

풀이

$O_o = 1.867C + 5.6(H - O/8) + 0.7S$

$= 1.867 \times 0.74 + 5.6 \times 0.26$

$= 2.838\,Sm^3/kg$

$A_o = O_o/0.21 = 2.838/0.21 = 13.514\,Sm^3/kg$

$\therefore$ 공기 공급량 $= 100\,kg/hr \times \dfrac{13.514\,Sm^3}{kg} = 1{,}351.4\,Sm^3/hr$

07

★★

70%의 효율을 갖는 송풍기를 이용하여 72,000m^3/hr의 가스를 처리하려고 한다. 배출원에서 송풍기까지의 압력손실이 150mmH_2O일 때 송풍기의 소요동력(kW)을 계산하시오.

풀이

송풍기 동력(kW) $= \dfrac{\Delta P \times Q}{6{,}120 \times \eta_s} \times \alpha$

여기서, Q : 흡인유량 (m^3/min), ΔP : 압력손실 (mmH_2O)

α : 여유율, η_s : 송풍기 효율

$Q = 72{,}000/60 = 1{,}200\,m^3/min$

$\therefore$ 송풍기 동력 $= \dfrac{150 \times 1{,}200}{6{,}120 \times 0.7} = 42.02\,kW$

08

★

먼지 농도 50g/Sm^3의 함진가스를 정상운전 조건에서 80%로 처리하는 사이클론이 있다. 이때 처리가스의 5%에 해당하는 외부공기가 유입되면 먼지 통과율은 외부공기 유입이 없는 정상운전의 2배에 달한다고 한다면 유출 농도(g/Sm^3)는 얼마인지 계산하시오.

풀이

$\eta(\%) = \left(1 - \dfrac{C_2 \times Q_2}{C_1 \times Q_1}\right) \times 100$

여기서, C_1 : 입구 먼지 농도, C_2 : 출구 먼지 농도

Q_1 : 입구 가스량, Q_2 : 출구 가스량

$C_1 = 50\,g/Sm^3$, $Q_1 = 1$, $Q_2 = 1.05$

외기가 5% 유입될 때의 제거효율, $\eta = 100 -$ 통과율 $= 100 - (20 \times 2) = 60\%$

$60 = \left(1 - \dfrac{C_2 \times 1.05}{50 \times 1}\right) \times 100$

$\therefore$ $C_2 = 19.05\,g/Sm^3$

09 ★★★

직경 55μm인 입자가 유속 2.2m/s로 중력집진장치에 유입되고 있다. 중력집진장치의 높이가 1.55m, 침강속도가 15.5cm/s인 경우 입자를 100% 제거하기 위한 이론적 중력집진장치의 길이(m)를 계산하시오. (단, 층류영역이다.)

풀이

중력집진장치의 집진효율

$$\eta = \frac{V_t \times L}{V_x \times H}$$

여기서, V_x : 수평이동속도, V_t : 침강속도

L : 침강실 수평길이, H : 침강실 높이

제거효율이 100%이므로 $1 = \frac{V_t \times L}{V_x \times H} \quad \rightarrow \quad L = \frac{V_x \times H}{V_t}$

$$\therefore \quad L = \frac{2.2 \times 1.55}{0.155} = 22\text{m}$$

10 ★★★

원심력집진장치와 관련된 다음 물음에 답하시오.

(1) 블로다운(blow down)의 의미를 서술하시오.

(2) 블로다운(blow down) 효과를 3가지 쓰시오.

풀이 (1) 원심력집진장치의 집진효율을 향상시키기 위한 방법으로 먼지박스(dust box) 또는 멀티사이클론의 호퍼부(hopper)에서 처리가스량의 5~10%를 흡인하여 재순환시키는 방법

(2) ① 원심력집진장치 내의 난류 억제

② 포집된 먼지의 재비산 방지

③ 원심력집진장치 내의 먼지부착에 의한 장치폐쇄 방지

④ 집진효율 증대

(이 중 3가지 기술)

11 ★

흡착제 재생방법을 5가지 쓰시오.

풀이 ① 고온공기 탈착법

② 수세 탈착법

③ 수증기 탈착법

④ 불활성 가스에 의한 탈착법

⑤ 감압진공 탈착법

12

★★★

다음 조건에서 먼지를 유효높이가 11.6m인 Bag filter를 사용하여 처리할 경우 필요한 Bag filter의 개수를 계산하시오.

- 배출가스량 : 1,180 m^3/min
- Bag filter의 직경 : 290 mm
- 처리가스의 여과속도 : 1.3 cm/s

풀이

1개 Bag의 공간 = 원의 둘레($2\pi R$)×높이(H)×겉보기 여과속도 (V_t)

$$V_t = \frac{1.3\,\text{cm}}{\text{s}} \times \frac{1\,\text{m}}{100\,\text{cm}} \times \frac{60\,\text{s}}{1\,\text{min}} = 0.78\,\text{m/min}$$

1개 Bag의 공간 = $2 \times \pi \times 0.145\,\text{m} \times 11.6\,\text{m} \times 0.78\,\text{m/min} = 8.243\,\text{m}^3/\text{min}$

∴ 필요한 bag의 수 = 1,180/8.243 = 143.2개 → 최종 144개 필요

13

세정집진장치에 대한 다음 물음에 답하시오.

(1) 기본원리를 서술하시오.
(2) 포집원리를 3가지 쓰시오.

풀이

(1) 액적, 액막, 기포 등을 이용하여 함진가스를 세정한 후 입자의 부착, 응집을 촉진시켜 입자상 물질을 분리·포집하는 장치이며, 가스상 물질도 동시에 제거가 가능한 장치이다.

(2) 관성충돌, 차단, 확산, 응축 등
(이 중 3가지 기술)

Plus 이론학습 **세정집진장치의 장·단점**

1. 장점
   - 연소성 및 폭발성 가스의 처리가 가능하다.
   - 점착성 및 조해성 입자의 처리가 가능하다.
   - 벤투리 스크러버와 제트 스크러버는 기본유속이 클수록 집진율이 높다.
2. 단점
   - 압력손실이 높아 운전비가 많이 든다.
   - 소수성 입자의 집진율은 낮은 편이다.
   - 별도의 폐수처리시설이 필요하다.
   - 먼지에 의한 폐쇄 등의 장애가 일어날 확률이 높다.

14

지표면 근처의 CO_2 농도를 측정하였더니 평균 350ppm이었다. 지구의 반지름이 6,380km라고 한다면 지표면과 지표면으로부터 150m 상공 사이에 존재하는 CO_2의 양(ton)을 계산하시오. (단, 표준상태이다.)

풀이

구의 부피 $= \frac{\pi d^3}{6}$

여기서, d : 구의 직경

CO_2의 양 $=$ CO_2 농도 $\times$ 체적

지표면으로부터 상공 150m의 체적 $= \frac{\pi \times [2 \times (6{,}380{,}000 + 150)]^3}{6} - \frac{\pi \times [2 \times (6{,}380{,}000)]^3}{6}$

$= 7.6728 \times 10^{16}\,\text{m}^3$

$\therefore$ CO_2의 양 $= \frac{350\,\text{mL}}{\text{m}^3} \times 7.6728 \times 10^{16}\,\text{m}^3 \times \frac{44\,\text{mg}}{22.4\,\text{mL}} \times \frac{1\,\text{ton}}{10^9\,\text{mg}} = 5.28 \times 10^{10}\,\text{ton}$

15

★★★

활성탄 흡착법 중 물리적 흡착의 특성 6가지를 적으시오.

풀이

① 흡착열이 낮고, 흡착과정이 가역적이다.
② 다분자 흡착이며, 오염가스 회수가 용이하다.
③ 처리할 가스의 분압이 낮아지면 흡착량은 감소한다.
④ 처리가스의 온도가 올라가면 흡착량이 감소한다.
⑤ 흡착과정이 가역적이기 때문에 흡착제의 재생이 가능하다.
⑥ 입자 간의 인력(van der Waals)이 주된 원동력이다.
⑦ 기체의 분자량이 클수록 흡착량은 증가한다.
(이 중 6가지 기술)

Plus 이론학습 물리적 흡착과 화학적 흡착의 차이점

구분	물리적 흡착	화학적 흡착
온도 범위	낮은 온도	대체로 높은 온도
흡착층	여러 층이 가능	여러 층이 가능
가역 정도	가역성이 높음	가역성이 낮음
흡착열	낮음	높음(반응열 정도)

16

액가스비를 크게 하는 경우 3가지를 적으시오.

풀이
① 먼지의 점착성이 큰 경우(↑)
② 처리가스의 온도가 높은 경우(↑)
③ 먼지 농도가 높은 경우(↑)
④ 먼지의 친수성이 작은 경우(↓)
⑤ 먼지 입경이 작은 경우(↓)
(이 중 3가지 기술)

17

★★★

충전탑을 이용하여 유해가스를 제거하고자 할 때 흡수액의 구비조건 3가지를 적으시오.

풀이
① 휘발성이 낮아야 한다.
② 용해도가 커야 한다.
③ 빙점(어는점)은 낮고, 비점(끓는점)은 높아야 한다.
④ 점도(점성)가 낮아야 한다.
⑤ 용매와 화학적 성질이 비슷해야 한다.
⑥ 부식성이 낮아야 한다.
⑦ 화학적으로 안정하고, 독성이 없어야 한다.
⑧ 가격이 저렴하고, 사용하기 편리해야 한다.
(이 중 3가지 기술)

18

★

송풍기 회전판 회전에 의하여 집진장치에 공급되는 세정액이 미립자로 만들어져 집진하는 원리를 가진 회전식 세정집진장치에서 직경 12cm인 회전판이 4,400rpm으로 회전할 때 형성되는 물방울의 직경(μm)을 구하시오.

풀이

$$d_p = \frac{200}{N \times \sqrt{R}} \times 10^4$$

여기서, d_p : 물방울의 직경(μm)
N : 회전판의 회전수(rpm)
R : 회전판의 반경(cm)

$$\therefore\ d_p = \frac{200}{4{,}400 \times \sqrt{6}} \times 10^4 = 185.57\mu\text{m}$$

2020

19 ★

오염가스가 4,300Sm^3/hr로 배출되고 있다. 오염가스 중 HF의 농도는 46ppm이며 이를 수산화칼슘 용액으로 침전 제거하려고 할 때 5일 동안 사용한 수산화칼슘의 양(kg)을 계산하시오. (단, HF는 90%가 흡수액에 흡수되고, 하루 9시간 운전하며, 표준상태이다.)

✔ 풀이

$$\text{HF 흡수량} = \frac{4,300\,\text{Sm}^3}{\text{hr}} \left| \frac{46\,\text{mL}}{\text{Sm}^3} \right| \frac{90}{100} \left| \frac{1\,\text{m}^3}{10^6\,\text{mL}} \right| \frac{9\,\text{hr}}{1\,\text{day}} \left| 5\,\text{day} \right. = 8.01\,\text{m}^3$$

$2HF + Ca(OH)_2 \rightarrow CaF_2 + 2H_2O$

$2 \times 22.4\,\text{m}^3$: 74 kg

$8.01\,\text{m}^3$: x

$$\therefore\ x = \frac{74 \times 8.01}{2 \times 22.4} = 13.23\,\text{kg/hr}$$

20 ★★★

고용량 공기시료채취기로 비산먼지를 채취하고자 한다. 비산먼지의 농도(mg/m^3)를 구하시오. (단, 채취시간 24시간, 채취 개시 직후의 유량 1.8m^3/min, 채취 종료 직전의 유량 1.2m^3/min, 채취 후 여과지의 질량 3.6816g, 채취 전 여과지의 질량 3.416g)

✔ 풀이

고용량 공기시료채취기로 비산먼지 채취 시 흡인공기량

$$V = \frac{Q_s + Q_e}{2} \times t$$

여기서, Q_s : 시료 채취 개시 직후의 유량 (m^3/min)(보통 1.2~1.7m^3/min)

Q_e : 시료 채취 종료 직전의 유량 (m^3/min)

t : 시료 채취시간 (min)

$$\text{흡인공기량} = \left(\frac{1.8 + 1.2}{2}\right) \times 24 \times 60 = 2{,}160\,\text{m}^3$$

$$\text{먼지 농도} = \frac{(W_e - W_s)}{V}$$

여기서, W_e : 채취 후 여과지의 질량 (mg)

W_s : 채취 전 여과지의 질량 (mg)

V : 총 공기흡입량 (Sm^3)

$$\therefore\ \text{먼지 농도} = \frac{(3.6816 - 3.416)\,\text{g}}{2{,}160\,\text{m}^3} = 0.123\,\text{mg/m}^3$$

2020 제3회 대기환경기사 필답형 기출문제

01 ★★★

다음은 광화학사이클에 대한 내용이다. 빈칸(①~⑤)에 해당되는 알맞은 말을 적으시오.

오전 시간 중 자동차 등에서 발생한 NO_2가 (①)에 의해 NO와 (②)로(으로) 분해되며, O_2와 (③)이(가) 반응하여 O_3가 생성된다. 이때 (④)는(은) 생성된 O_3와 반응하여 NO_2로 (⑤)하여 대기 중 O_3의 농도가 유지된다.

풀이 ① 자외선, ② O, ③ O, ④ NO, ⑤ 산화

Plus 이론학습

$NO_2 + hv$ (자외선) → $NO + O$

$O + O_2 + M$ → $O_3 + M$ (M: 반응매체)

$NO + O_3$ → $NO_2 + O_2$

02 ★★★

석탄의 조성이 C 64%, H 5.3%, O 8.8%, N 0.8%, S 0.1%, 회분 12%, 수분 9%였을 때 다음을 계산하시오.

(1) G_{od}(Sm^3/kg) (2) G_{ow}(Sm^3/kg) (3) $(CO_2)_{max}$(%)

풀이 (1) $O_o = 1.867C + 5.6(H - O/8) + 0.7S$

$= 1.867 \times 0.64 + 5.6 \times (0.053 - 0.088/8) + 0.7 \times 0.001 = 1.431\,Sm^3/kg$

$A_o = O_o/0.21 = 1.4308/0.21 = 6.814\,m^3/kg$

$\therefore G_{od} = A_o - 5.6H + 0.7O + 0.8N$

$= 6.814 - 5.6 \times 0.053 + 0.7 \times 0.088 + 0.8 \times 0.008$

$= 6.585\,Sm^3/kg$

(2) $G_{ow} = A_o + 5.6H + 0.7O + 0.8N + 1.24W$

$= G_{od} + 11.2H + 1.24W$

$= 6.585 + 11.2 \times 0.053 + 1.24 \times 0.09 = 7.290\,Sm^3/kg$

(3) $$(CO_2)_{max} = \frac{CO_2}{G_{od}} \times 10^2 = \frac{1.867C}{G_{od}} \times 10^2 = \frac{1.867 \times 0.64}{6.585} \times 10^2 = 18.15\,\%$$

03

알베도와 비인의 변위법칙에 대해 간단히 설명하시오.

풀이 (1) 알베도(albedo) : 지구 지표의 반사율을 나타내는 지표로, 지표면에 입사된 에너지에 대한 반사되는 에너지의 비율이다. 눈(얼음)은 90% 이상, 바다는 약 3.5%이다.

(2) 비인의 변위법칙 : 흑체로부터 방출되는 파장 가운데 에너지 밀도가 최대인 파장과 흑체의 온도는 반비례한다는 법칙이다. 관련 식은 다음과 같다.

$\lambda = 2{,}897/T$

여기서, λ : 최대에너지가 복사될 때의 파장(μm), T : 흑체의 표면온도(K)

04

★★★

온실효과에 의한 기온상승 원리와 대표적인 원인물질 3가지를 적으시오.

풀이 (1) 기온상승 원리

온실효과는 태양의 열이 지구로 들어와서 나가지 못하고 순환되는 현상이다. 태양에서 방출된 빛에너지 중 지표에 흡수된 빛에너지는 열에너지나 파장이 긴 적외선으로 바뀌어 다시 바깥으로 방출하게 되는데 이 방출되는 적외선은 반 정도는 대기를 뚫고 우주로 빠져나가지만 나머지는 온실가스에 의해 흡수되며 온실가스들은 이를 다시 지표로 되돌려 보낸다. 이와 같은 작용을 반복하면서 지구의 기온은 상승하게 된다.

(2) 대표적인 원인물질

CO_2(이산화탄소), CH_4(메탄), N_2O(아산화질소), PFCs(과불화탄소), HFCs(수소불화탄소), SF_6(육불화황) 등

(이 중 3가지 기술)

05

★

기체연료(C_mH_n) 1mol을 이론공기량으로 완전연소 시켰을 경우 이론습연소가스량(mol)을 계산하시오.

풀이

C_mH_n의 완전연소반응식 : $C_mH_n + \left(m + \frac{n}{4}\right)O_2 \rightarrow m\,CO_2 + \frac{n}{2}H_2O$

O_o(이론적 산소량) $= \left(m + \frac{n}{4}\right)$mol

A_o(이론적 공기량) $= \left(m + \frac{n}{4}\right)/0.21$mol

G_{ow}(이론습연소가스량) = CO_2 양 + H_2O 양 + 이론적인 질소량

이론적인 질소량 $= 0.79A_o = 3.76\left(m + \frac{n}{4}\right)$mol

$\therefore$ G_{ow}(이론습연소가스량) $= m + \frac{n}{2} + 3.76\left(m + \frac{n}{4}\right) = (4.76m + 1.44n)$mol

06

★

A공장에서 6,000kcal/kg의 발열량을 갖는 석탄을 연소하고 있다. SO_2의 규제 기준이 2.5mg SO_2/kcal라면 기준에 맞는 석탄의 황 함유량(%)을 계산하시오.

풀이

$S + O_2 \rightarrow SO_2$

32kg : 64kg

$$\frac{2.5\,\text{mg}}{\text{kcal}} = \frac{\text{kg}}{6{,}000\,\text{kcal}} \left| \frac{x}{} \right| \frac{64}{32} \left| \frac{10^6\,\text{mg}}{1\,\text{kg}} \right., \quad x = 0.0075\,\text{kg}$$

$$\therefore \text{ 석탄의 황 함유량} = \frac{0.0075\,\text{kg}}{1\,\text{kg}} \times 100 = 0.75\%$$

07

연료($C_{10}H_{20}$) 중 0.3% 중량비를 갖는 질소가 포함된 연료가 연소되고 있다. 연료 중의 질소는 전부 NO_2로 전환될 때 습연소가스량 중 NO_2의 농도(ppm)를 구하시오. (단, 표준상태이고, 과잉공기계수는 60%이다.)

풀이

$C_{10}H_{20} + 15O_2 \rightarrow 10CO_2 + 10H_2O$

140kg : $15\times22.4\,m^3$: $10\times22.4\,m^3$: $10\times22.4\,m^3$

0.997kg : x : CO_2 발생량 : H_2O 발생량

$$\text{이론적인 산소량, } x = \frac{0.997\times15\times22.4}{140} = 2.3928\,Sm^3/kg$$

$$CO_2 \text{ 발생량} = \frac{0.997\times10\times22.4}{140} = 1.5952\,Sm^3/kg$$

$$H_2O \text{ 발생량} = \frac{0.997\times10\times22.4}{140} = 1.5952\,Sm^3/kg$$

$N_2 + 2O_2 \rightarrow 2NO_2$

28kg : $2\times22.4\,m^3$: $2\times22.4\,m^3$

0.003kg : y : NO_2 발생량

$$\text{이론적인 산소량, } y = \frac{0.003\times2\times22.4}{28} = 0.0048\,Sm^3/kg$$

$$NO_2 \text{ 발생량} = \frac{0.003\times2\times22.4}{28} = 0.0048\,Sm^3/kg$$

이론적인 공기량 $(A_o) = (x+y)/0.21 = (2.3928+0.0048)/0.21 = 11.4171\,Sm^3/kg$

$$\begin{aligned}\text{습연소가스량}(G_w) &= (m-0.21)A_o + CO_2 + H_2O + NO_2 \\ &= (1.6-0.21)\times11.4171+1.5952+1.5952+0.0048 \\ &= 19.065\,Sm^3/kg\end{aligned}$$

$$\therefore NO_2 = \frac{0.0048}{19.065}\times10^6 = 251.77\,\text{ppm}$$

08

★★

처리가스량이 100m^3/min인 전기집진장치를 설계하고자 한다. 입자의 이동속도가 10cm/s라면 입자를 99.9% 제거하는 데 필요한 면적(m^2)을 계산하시오.

풀이

Deutsch–Anderson 식

$$\eta = 1 - e^{\left(-\frac{AW_e}{Q}\right)}$$

여기서, A : 집진면적(m^2), W_e : 입자의 이동속도(m/s), Q : 가스 유량(m^3/s)

$W_e = 10/100 = 0.1\,\text{m/s}$

$Q = 100/60 = 1.667\,\text{m}^3/\text{s}$

$\eta = 1 - e^{\left(-\frac{AW_e}{Q}\right)}$ 에서 $0.999 = 1 - e^{\left(-\frac{A\times 0.1}{1.667}\right)}$

$\therefore\ A = 115.13\,\text{m}^2$

09

★★★

반경이 15cm인 원통에 공기가 2m/s로 흐른다. 유체의 밀도가 1.2kg/m^3, 점도가 0.2cP일 경우 레이놀즈수와 동점성계수(m^2/s)를 구하시오.

풀이 (1) 레이놀즈수(Re)

$$Re = \frac{\rho \times V \times D}{\mu}$$

여기서, D : 직경(m), V : 공기 유속(m/s)
ρ : 밀도(kg/m^3), μ : 점도(kg/m·s)

1 poise = 100 cP = 0.1 kg/m·s이므로

$$\mu = 0.2\,\text{cP} \times \frac{0.1\,\text{kg/m}\cdot\text{s}}{100\text{cP}} = 2\times 10^{-4}\text{kg/m}\cdot\text{s}$$

$$\therefore\ Re = \frac{\rho \times V \times D}{\mu} = \frac{1.2\,\text{kg/m}^3 \times 2\,\text{m/s} \times 0.3\,\text{m}}{2\times 10^{-4}\text{kg/m}\cdot\text{s}} = 3{,}600$$

(2) 동점성계수(ν)

$$\nu = \frac{\mu}{\rho}$$

여기서, ρ : 밀도(kg/m^3), μ : 점도(kg/m·s)

$$\therefore\ \nu = \frac{\mu}{\rho} = \frac{2\times 10^{-4}}{1.2} = 1.67\times 10^{-4}\,\text{m}^2/\text{s}$$

10

어느 공간에서 배출되는 CO_2의 양이 분당 $0.9m^3$이다. 이때 공기 중 CO_2를 5,000ppm으로 유지하기 위해 필요한 환기량(m^3/hr)을 계산하시오. (단, 안전계수는 10이다.)

풀이

$$\text{필요한 환기량} = \frac{CO_2\ \text{발생량}}{\text{허용농도}} \times \text{안전계수}$$

$$CO_2\ \text{발생량} = \frac{0.9m^3}{min} \times \frac{60min}{hr} = 54m^3/hr$$

$$\therefore\ \text{필요한 환기량} = \frac{54}{5{,}000 \times 10^{-6}} \times 10 = 108{,}000\,m^3/hr$$

11

★

다음 표를 이용하여 집진장치의 총 집진효율(%)을 계산하시오.

입경 범위(μm)	0~5	5~10	10~15
중량 분포(%)	50	30	20
부분 집진효율(%)	45	80	96

풀이

총 집진효율

$$\eta_t = \sum_{i=1}^{n}(R_i \times \eta_i)$$

여기서, R_i : 중량 분포, η_i : 제거효율

$$\therefore\ \eta_t = 50 \times 0.45 + 30 \times 0.8 + 20 \times 0.96 = 65.7\%$$

12

★★

A물질이 550sec 동안 반응한 후 농도가 초기농도의 1/2이 되었다면 A물질이 1/5이 남을 때까지 소요되는 시간(sec)을 구하시오. (단, 1차 반응이다.)

풀이

$$\ln[A] = -k \times t + \ln[A]_o \rightarrow \ln\frac{[A]}{[A]_o} = -k \times t$$

$$\ln\frac{1}{2} = -k \times 550,\ \text{그러므로}\ k = 1.2603 \times 10^{-3}$$

$$\ln\frac{1}{5} = -1.2603 \times 10^{-3} \times t$$

$$\therefore\ t = 1{,}277.03\text{sec}$$

2020

13

★★

원심력집진장치를 이용하여 먼지를 처리하고자 한다. 아래 조건을 기준으로 Lapple 식을 적용하여 절단직경(μm)과 총 집진효율(%)을 계산하시오.

- 유입구 폭 : 0.25m
- 유입구 높이 : 0.5m
- 유효 회전수 : 6회
- 유입 함진가스 : $1m^3/s$
- 가스 밀도 : $1.2kg/m^3$
- 가스 점도 : 1.85×10^{-4}poise
- 먼지 밀도 : $1.8g/cm^3$

입경(μm)	10	30	60	80	100
중량 분포(%)	5	15	50	20	10

$d_p/d_{p,50}$	0.16	0.48	1.14	1.27	2.06
부분 집진율(%)	3	19	51	62	81
$d_p/d_{p,50}$	3.42	3.83	6.85	9.13	11.42
부분 집진율(%)	93	94	97	99	100

풀이 (1) 절단직경

$$d_{p,50}(\mu m) = \sqrt{\frac{9\mu_g W}{2\pi N V_t(\rho_p-\rho_g)}}\times10^6$$

여기서, W : 유입구 폭, N : 유효 회전수

μ_g : 가스 점도, V_t : 유입속도, ρ_p : 입자 밀도, ρ_g : 가스 밀도

단위 통일을 위해서,

가스 점도 $(\mu_g) = 1.85\times10^{-4}$poise $= \frac{1.85\times10^{-4}g}{cm\times s}\left|\frac{1kg}{1,000g}\right|\frac{100cm}{1m}$

$= 1.85\times10^{-5}kg/m\cdot s$

먼지 밀도 $(\rho_p) = \frac{1.8g}{cm^3}\left|\frac{1kg}{1,000g}\right|\frac{(100)^3cm^3}{1m^3} = 1,800kg/m^3$

유입속도 $(V_t) = Q/A = \frac{1m^3}{s}\left|\frac{}{0.25m\times0.5m}\right. = 8m/s$

$$\therefore\ d_{p,50} = \sqrt{\frac{9\times1.85\times10^{-5}\times0.25}{2\times\pi\times6\times8\times(1,800-1.2)}}\times10^6 = 8.7594\mu m$$

(2) 총 집진효율

입경별 부분 집진효율(%)

- 10μm의 부분 집진효율 = 10/8.7594 = 1.14. 그러므로 51%
- 30μm의 부분 집진효율 = 30/8.7594 = 3.42. 그러므로 93%
- 60μm의 부분 집진효율 = 60/8.7594 = 6.85. 그러므로 97%
- 80μm의 부분 집진효율 = 80/8.7594 = 9.13. 그러므로 99%
- 100μm의 부분 집진효율 = 100/8.7594 = 11.42. 그러므로 100%

∴ 총 집진효율, $\eta_t = 5\times0.51+15\times0.93+50\times0.97+20\times0.99+10\times1.00 = 94.8\%$

14 ★

보일러에서 황 2.5%인 중유를 10ton/hr로 연소시키고 있다. 배출가스 중 황을 NaOH 수용액을 이용하여 처리할 때 필요한 NaOH의 양(kg/day)을 계산하시오. (단, 황은 전부 SO_2로 산화되고, 제거효율은 85%이며, 보일러는 24시간 운전한다.)

풀이

$S + O_2 \rightarrow SO_2$

$32\,kg : 64\,kg$

$10,000 \times 0.025\,kg/hr : x$

$$x(SO_2 \text{ 발생량}) = \frac{10,000 \times 0.025 \times 64\,kg}{32\,kg} = 500\,kg/hr$$

$SO_2 + 2NaOH + 2NaOH + H_2O \rightarrow Na_2SO_3 + H_2O$

$64\,kg : 2 \times 40\,kg$

$$500\frac{kg}{hr} \times \frac{85}{100} \times \frac{24\,hr}{1\,day} : y$$

$$\therefore\ y(NaOH \text{ 필요량}) = \frac{(500 \times 0.85 \times 24)\,kg/day \times (2 \times 40)kg}{64\,kg} = 12,750\,kg/day$$

15 ★

선택적 촉매환원법(SCR)에 대한 다음 물음에 답하시오.

(1) 원리를 간단히 서술하시오.

(2) 대표적인 반응식을 3가지 쓰시오.

풀이

(1) 반응원리 : 촉매의 존재하에 환원제(주로 NH_3, 기타 CO, H_2S, H_2 등)를 주입하여 NO_x를 H_2O와 N_2로 환원시키는 방법이다.

(2) 대표적인 반응식

① $4NO + 4NH_3 + O_2 \rightarrow 4N_2 + 6H_2O$

② $6NO + 4NH_3 \rightarrow 5N_2 + 6H_2O$

③ $2NO_2 + 4NH_3 + O_2 \rightarrow 3N_2 + 6H_2O$

④ $6NO_2 + 8NH_3 \rightarrow 7N_2 + 12H_2O$

(이 중 3가지 기술)

Plus 이론학습 **선택적 촉매환원법(SCR)**

- 반응조건 : Temp. = 200~400℃, Time ≒ 0.2sec
- 촉매 : TiO_2의 담체에 V_2O_5를 입힌 촉매를 주로 사용

2020

16 ★

전기집진장치에서 역전리현상의 방지대책을 2가지 적으시오.

풀이
① 황 함량이 높은 연료를 주입한다.
② SO_3, 트리에틸아민(TEA) 등을 주입한다.
③ 온도 및 습도를 조절한다.
④ 집진극의 타격을 강하게 하거나 빈도수를 늘린다.
⑤ 전극의 청결을 유지한다.
(이 중 2가지 기술)

17 ★★★

전구를 만드는 공장에서 배출되는 NO_x를 선택적 촉매환원법으로 처리할 때 필요한 NH_3의 양(Sm^3/day)을 계산하시오. (단, 조건은 다음을 따른다.)

- 배출되는 NO_x는 모두 NO_2이다.
- NO_2의 농도는 7,000ppm이다.
- 오염되는 배출 유량은 135Sm^3/hr이다.
- 공장은 하루에 8시간 가동한다.
- 산소의 공존은 없는 것으로 가정한다.

풀이

$$NO_2\text{의 발생량} = \frac{135\,Sm^3}{hr}\left|\frac{8\,hr}{1\,day}\right|\frac{7{,}000\,mL}{m^3}\left|\frac{1\,m^3}{10^6\,mL}\right. = 7.56\,Sm^3/day$$

$6NO_2 + 8NH_3 \rightarrow 7N_2 + 12H_2O$

$6\,m^3 : 8\,m^3$

$7.56\,m^3/day : x$

$$\therefore\ NH_3\text{의 이론량},\ x = \frac{8 \times 7.56}{6} = 10.08\,Sm^3/day$$

18 ★

다음에서 설명하고 있는 먼지의 측정법을 쓰시오.

이 방법은 먼지 입자들에 의한 빛의 반사, 흡수, 분산으로 인한 감쇄현상에 기초를 둔다. 먼지를 포함하는 굴뚝 배출가스에 일정한 광량을 투과하여 얻어진 투과된 광의 강도 변화를 측정하여 굴뚝에서 미리 구한 먼지 농도와 투과도의 상관관계식에 측정한 투과도를 대입하여 먼지의 상대농도를 연속적으로 측정하는 방법이다.

풀이 광투과법

19

★★★

기체 크로마토그래피에서 피크의 분리 정도를 나타내는 분리도와 분리계수를 구하시오. (단, 시료 도입점으로부터 봉우리 1의 최고점까지의 길이(시간)는 2분, 시료 도입점으로부터 봉우리 2의 최고점까지의 길이(시간)는 5분, 봉우리 1의 좌우 변곡점에서의 접선이 자르는 바탕선의 길이(시간)는 40초, 봉우리 2의 좌우 변곡점에서의 접선이 자르는 바탕선의 길이(시간)는 60초이다.)

풀이 (1) 분리도

$$R=\frac{2(t_{R2}-t_{R1})}{W_1+W_2}$$

여기서, t_{R1} : 시료 도입점으로부터 봉우리 1의 최고점까지의 길이
t_{R2} : 시료 도입점으로부터 봉우리 2의 최고점까지의 길이
W_1 : 봉우리 1의 좌우 변곡점에서의 접선이 자르는 바탕선의 길이
W_2 : 봉우리 2의 좌우 변곡점에서의 접선이 자르는 바탕선의 길이

$$\therefore\ R=\frac{2\times(5-2)}{(40+60)/60}=3.6$$

(2) 분리계수

$$d=\frac{t_{R2}}{t_{R1}}$$

여기서, t_{R1} : 시료 도입점으로부터 봉우리 1의 최고점까지의 길이
t_{R2} : 시료 도입점으로부터 봉우리 2의 최고점까지의 길이

$$\therefore\ d=\frac{5}{2}=2.5$$

Plus 이론학습 기체 크로마토그래피에서 2개의 접근한 봉우리의 분리 정도를 나타내기 위하여 분리계수 또는 분리도를 가지고 위와 같이 정량적으로 정의하여 사용한다.

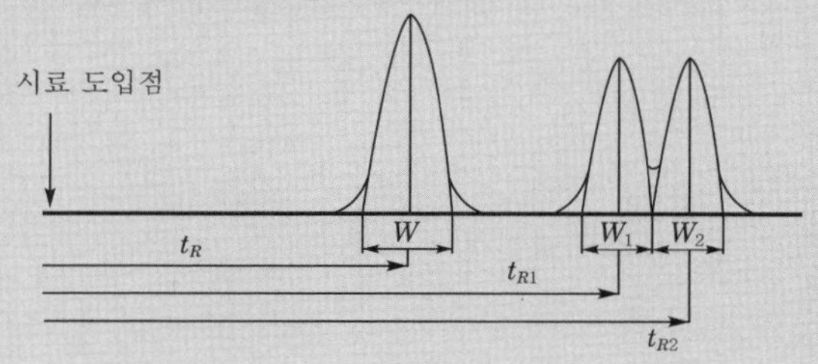

20

★

원자흡수분광광도법에서 사용하는 다음 용어의 정의를 각각 쓰시오.

(1) 공명선(Resonance Line)
(2) 분무실(Nebulizer–Chamber, Atomizer Chamber)

풀이 (1) 원자가 외부로부터 빛을 흡수했다가 다시 먼저 상태로 돌아갈 때 방사하는 스펙트럼선
(2) 분무기와 함께 분무된 시료용액의 미립자를 더욱 미세하게 해 주는 한편 큰 입자와 분리시키는 작용을 갖는 장치

2020 제4회 대기환경기사 필답형 기출문제

01 ★

굴뚝높이 75m, 대기온도 27℃, 배출가스 평균온도 105℃일 때, 통풍력을 2.5배 증가시키기 위해서 요구되는 배출가스의 온도(℃)를 계산하시오. (단, 배출가스와 표준상태의 공기밀도는 1.3kg/m³이다.)

풀이

통풍력

$$P = 273 \times H \times \left[\frac{\gamma_a}{273+t_a} - \frac{\gamma_g}{273+t_g}\right] \text{ 또는 } P = 355 \times H \times \left[\frac{1}{273+t_a} - \frac{1}{273+t_g}\right]$$

여기서, P : 통풍력(mmH₂O), H : 굴뚝의 높이(m)

γ_a : 공기 밀도(kg/m³), γ_g : 배출가스 밀도(kg/m³)

t_a : 외기 온도(℃), t_g : 배출가스 온도(℃)

현재의 통풍력, $P = 355 \times 75 \times \left[\frac{1}{273+27} - \frac{1}{273+105}\right] = 18.3135$

통풍력이 2.5배 증가한 경우 배출가스의 온도

$$18.3135 \times 2.5 = 355 \times 75 \times \left[\frac{1}{273+27} - \frac{1}{273+t_g}\right]$$

$\therefore\ t_g = 346.67$℃

02

연소조절에 의하여 질소산화물(NO_x)을 처리하는 방법 4가지를 적으시오.

풀이

① 과잉 공기를 적게 주입한다(저과잉공기연소법).
② 연소용 공기에 배출가스의 일부를 혼합 공급하여 산소 농도를 감소시킨다(배출가스 재순환법).
③ 다단연소 등을 통해 화염온도를 감소시킨다(다단연소).
④ 고온에서 연소가스의 체류시간을 단축시킨다.
⑤ 부분적인 고온영역이 없게 해야 한다.
⑥ 유기질소화합물을 함유하지 않는 연료를 사용한다.
⑦ 저NO_x 버너를 사용한다.
(이 중 4가지 기술)

03 ★

분산모델과 수용모델의 특징을 각각 3가지씩 기술하시오.

풀이 (1) 분산모델

① 지형 및 기상, 오염원의 조업 및 운영조건에 영향을 받는다.
② 점, 선, 면 오염원의 영향을 평가할 수 있다.
③ 미래의 대기질을 예측할 수 있으며, 시나리오를 작성할 수 있다.
④ 기초적인 기상학적 원리를 적용해 미래의 대기질을 예측하여 대기오염제어 정책입안에 도움을 준다.

(이 중 3가지 기술)

(2) 수용모델

① 측정지점에서의 오염물질 농도와 성분 분석을 통하여 배출원별 기여율을 구하는 모델이다.
② 지형 및 기상학적 정보, 오염원의 조업 및 운영 상태에 관한 정보 없이도 사용할 수 있다.
③ 현재나 과거에 일어났던 일을 추정하여 미래를 위한 전략은 세울 수 있으나 미래예측은 어렵다.
④ 측정자료를 입력자료로 사용하므로 시나리오 작성이 곤란하다.

(이 중 3가지 기술)

04 ★★★

탄소 84%, 수소 13%, 황 3%인 중유를 연소하는 데 공기 15Sm^3/kg이 소요될 때 습연소가스 중의 SO_2 농도(ppm)를 계산하시오. (단, 표준상태 기준이다.)

풀이 $A = 15\,\text{m}^3/\text{kg}$

$G_w = A + 5.6\text{H} + 0.7\text{O} + 0.8\text{N} + 1.24W = 15 + 5.6 \times 0.13 = 15.728\,\text{m}^3/\text{kg}$

$$\therefore\ \text{SO}_2 = \frac{0.7S}{G_w} \times 10^6 = \frac{0.7 \times 0.03}{15.728} \times 10^6 = 1{,}355.2\,\text{ppm}$$

05 ★★★

C 85%, H 15%인 액체연료 100kg/hr를 연소한 후 배출가스 분석결과 N_2 : 84%, O_2 : 4%, CO_2 : 12%였다. 이 경우 실제공기량(Sm^3/hr)을 계산하시오. (단, 표준상태이다.)

풀이 $O_o = 1.867\text{C} + 5.6(\text{H} - \text{O}/8) + 0.7\text{S} = 1.867 \times 0.85 + 5.6 \times 0.15 = 2.427\,\text{Sm}^3/\text{kg}$

$A_o = O_o/0.21 = 2.427/0.21 = 11.5571\,\text{Sm}^3/\text{kg}$

$$m = \frac{\text{N}_2}{\text{N}_2 - 3.76(\text{O}_2 - 0.5\text{CO})} = \frac{84}{84 - 3.76 \times 4} = 1.2181$$

실제공기량$(A) = mA_o = 1.2181 \times 11.5571 = 14.078\,\text{Sm}^3/\text{kg}$

단위 변환하면,

$$100\,\text{kg/hr} \times \frac{14.078\,\text{Sm}^3}{\text{kg}} = 1{,}407.8\,\text{Sm}^3/\text{hr}$$

06

★★★

가솔린($C_8H_{17.5}$)을 연소시킬 경우 부피기준의 공연비(AFR)와 질량기준의 공연비(AFR)를 계산하시오.

풀이 (1) 부피기준 AFR

$$C_8H_{17.5}+\left(8+\frac{17.5}{4}\right)O_2 \rightarrow 8CO_2+\frac{17.5}{2}H_2O$$

$O_o = 12.375m^3$

$A_o = O_o/0.21 = 12.375/0.21 = 58.93m^3$

$\therefore$ 부피기준 AFR $= \dfrac{58.93m^3}{1m^3} = 58.93$

(2) 질량기준 AFR

질량 기준 AFR $= \dfrac{58.93 \times 29kg}{1 \times 113.5kg} = 15.06$ (공기의 질량 = 29kg, 가솔린의 질량 = 113.5kg)

07

★

$500m^3$ 크기의 방 안에서 10명 중 5명이 담배를 피우고 있다. 1시간 동안 5명이 총 10개비의 담배를 피울 때 담배 1개당 1.4mg의 폼알데하이드가 발생한다면 1시간 후 방 안의 폼알데하이드 농도(ppm)를 계산하시오. (단, 폼알데하이드는 완전혼합되고, 담배를 피우기 전의 농도는 0, 실내온도는 25℃이다.)

풀이 1.4mg/개피×10개피= 14mg이므로 폼알데하이드의 농도는 $14mg/500m^3 = 0.028mg/m^3$
$0.028mg/m^3$를 ppm으로 단위전환하면

$\dfrac{mg}{m^3} \times \dfrac{22.4(L)}{\text{분자량}(g)} \rightarrow$ ppm 이므로

$$\therefore \frac{0.028mg}{m^3}\times\frac{(273+25)}{273}\times\frac{22.4m^3}{30mg} = 0.023ppm$$

08

국소배기장치에서 후드의 흡인 저하 원인을 4가지 적으시오.

풀이 ① 발생원과 후드의 개구부가 멀어지는 경우
② 후드 주변에 방해기류 등에 의한 난기류가 형성되는 경우
③ 후드 입구부분에 높은 압력이 형성되는 경우
④ 내부에 먼지 등이 퇴적된 경우

09
★★★

송풍기의 크기와 유체의 밀도가 일정할 때, 상사법칙을 회전수와 연관지어 다음을 설명하시오.

(1) 풍량
(2) 풍압
(3) 동력

풀이 송풍기의 법칙(송풍기 회전수에 따른 변화 법칙)

(1) 풍량은 송풍기의 회전속도와 비례($Q \propto N^1$)
(2) 풍압은 송풍기의 회전속도의 제곱에 비례($P \propto N^2$)
(3) 동력은 송풍기의 회전속도의 세제곱에 비례($Hp \propto N^3$)

10
★

먼지 농도 $10g/m^3$인 배출가스를 처리하는 1차 집진장치의 집진효율이 90%인 경우, 출구 먼지 농도를 $0.2g/m^3$로 하기 위한 2차 집진기의 집진효율(%)을 계산하시오.

풀이

총 집진효율
$\eta_t = \eta_1 + \eta_2(1-\eta_1) = 1-(1-\eta_1)(1-\eta_2)$
여기서, η_1, η_2 : 1번, 2번 집진장치의 집진효율

$\eta_1 = 90\%,\ \eta_t = \dfrac{(10-0.2)}{10} \times 100 = 98\%$

그러므로 $\eta_t = 1-(1-\eta_1)(1-\eta_2)$

$0.98 = 1-(1-0.9)(1-\eta_2)$

$\therefore\ \eta_2 = 80\%$

11

유량 $10m^3/s$, 먼지 농도 $155g/m^3$, 먼지 밀도 $800kg/m^3$, 제거효율 85%인 중력침강실에서 침전된 먼지의 부피가 $0.55m^3$일 경우 청소시간 간격(min)을 계산하시오.

풀이

$\text{청소시간 간격(min)} = \dfrac{\text{먼지 밀도} \times \text{침전된 먼지의 부피}}{\text{제거해야 할 먼지량}}$

$\text{제거해야 할 먼지량} = \dfrac{155g}{m^3} \times \dfrac{10m^3}{s} \times \dfrac{85}{100} \times \dfrac{1kg}{1,000g} = 1.3175\,kg/s$

$\therefore\ \text{청소시간 간격} = \dfrac{800kg/m^3 \times 0.55m^3}{1.3175kg/s \times 60s/min} = 5.57\,min$

12

★★

평판형 전기집진기의 집진극 전압이 60kV, 집진판 간격은 30cm이다. 가스 속도는 1.0m/s, 입자의 직경은 0.5μm일 때 효율이 100%가 되는 집진극의 길이(m)를 계산하시오. (단, 입자의 이동속도 공식 및 조건은 다음에 제시된 것을 기준으로 한다.)

- 입자의 이동속도 (W_e) $= \dfrac{1.1 \times 10^{-14} \times P \times E^2 \times d_p}{\mu}$
- $P = 2$
- $\mu = 8.63 \times 10^{-2}$kg/m · hr

풀이

$$W_e = \frac{1.1 \times 10^{-14} \times P \times E^2 \times d_p}{\mu}$$

여기서, P : 입자의 극성을 나타내는 상수, E : 전계강도 (V/m)
d_p : 입자의 직경 (μm), μ : 점도 (kg/m · hr)

$E = \dfrac{V(\text{전압})}{d(\text{거리})} = \dfrac{60{,}000}{0.15} = 400{,}000$ V/m (전계강도는 방전극과 집진극 사이의 거리를 기준으로 하기 때문에 집진판 간격을 2로 나눔. 즉, 0.3/2 = 0.15m)

$$W_e = \frac{1.1 \times 10^{-14} \times 2 \times 400{,}000^2 \times 0.5}{863 \times 10^{-2}} = 0.0204\,\text{m/s}$$

평판형 전기집진장치의 제거효율

$$\eta = \frac{L \times W_e}{R \times V}$$

여기서, L : 집진극 길이, R : 집진극과 방전극 사이의 거리
W_e : 입자 이동속도, V : 가스 속도

제거효율이 100%이므로 $1 = \dfrac{L \times W_e}{R \times V}$

$\therefore\ L(\text{집진극 길이}) = \dfrac{R \times V}{W_e} = \dfrac{0.15 \times 1}{0.0204} = 7.35\,\text{m}$

13

흡착제 재생방법 5가지를 적으시오.

풀이

① 고온공기 탈착법
② 수세 탈착법
③ 수증기 탈착법
④ 불활성 가스에 의한 탈착법
⑤ 감압진공 탈착법

2020

14

★

유해가스 흡수장치 중 액분산형 흡수장치를 3가지 쓰시오.

풀이 ① 분무탑(spray tower)
② 충전탑(packed tower)
③ 벤투리 스크러버
④ 사이클론 스크러버
⑤ 제트 스크러버
(이 중 3가지 기술)

15

★

벤투리 스크러버에서 목부의 직경은 0.22m, 수압은 2atm, Nozzle의 수는 6개, 액가스비는 0.5L/m³, 목부의 가스 유속은 60m/s일 때, Nozzle의 직경(mm)을 계산하시오.

풀이

$$n \times \left(\frac{d}{D_t}\right)^2 = \frac{V_t \times L}{100\sqrt{P}}$$

여기서, n : 노즐 개수, d : 노즐의 직경(m)
D_t : 목부의 직경(m), V_t : 유속(m/s)
L : 액가스비(L/m³), P : 수압(mmH₂O)

$$6 \times \left(\frac{d}{0.22}\right)^2 = \frac{60 \times 0.5}{100\sqrt{2 \times 10{,}000}}$$

이를 d에 대해서 정리하면 $d = 4.14 \times 10^{-3}\text{m} = 4.14\text{mm}$

16

★★★

흡착법에서 사용하는 물리적 흡착의 특성 4가지를 적으시오.

풀이 ① 흡착열이 낮고, 흡착과정이 가역적이다.
② 다분자 흡착이며, 오염가스 회수가 용이하다.
③ 처리할 가스의 분압이 낮아지면 흡착량은 감소한다.
④ 처리가스의 온도가 올라가면 흡착량이 감소한다.
⑤ 흡착과정이 가역적이기 때문에 흡착제의 재생이 가능하다.
⑥ 입자 간의 인력(van der Waals)이 주된 원동력이다.
⑦ 기체의 분자량이 클수록 흡착량은 증가한다.
(이 중 4가지 기술)

17

이온 크로마토그래프법에 대한 다음 물음에 대하여 설명하시오.

(1) 측정원리
(2) 서프레서의 역할

풀이 (1) 이온 크로마토그래피는 이동상으로는 액체, 그리고 고정상으로는 이온교환수지를 사용하여 이동상에 녹는 혼합물을 고분리능 고정상이 충전된 분리관 내로 통과시켜 시료성분의 용출상태를 전도도검출기 또는 광학검출기로 검출하여 그 농도를 정량하는 방법으로, 일반적으로 강수(비, 눈, 우박 등), 대기먼지, 하천수 중의 이온성분을 정성, 정량 분석하는 데 이용한다.

(2) 서프레서란 용리액에 사용되는 전해질 성분을 제거하기 위하여 분리관 뒤에 직렬로 접속시킨 것으로서, 전해질을 물 또는 저전도도의 용매로 바꿔줌으로써 전기전도도 셀에서 목적이온 성분과 전기전도도만을 고감도로 검출할 수 있게 해 주는 것이다. 서프레서는 관형과 이온교환막형이 있으며, 관형은 음이온에는 스티롤계 강산형 H^+수지가, 양이온에는 스티롤계 강염기형 OH^-수지가 충전된 것을 사용한다.

18

★★★

고용량 공기시료채취기로 비산먼지를 채취하고자 한다. 비산먼지의 농도(mg/m^3)를 구하시오. (단, 채취시간 24시간, 채취 개시 직후의 유량 1.8m^3/min, 채취 종료 직전의 유량 0.2m^3/min, 채취 후 여과지의 질량 14.9938g, 채취 전 여과지의 질량 3.4213g)

풀이

고용량 공기시료채취기로 비산먼지 채취 시 흡인공기량 $= \dfrac{Q_s + Q_e}{2} \times t$

여기서, Q_s : 시료 채취 개시 직후의 유량 (m^3/min) (보통 1.2~1.7m^3/min)

Q_e : 시료 채취 종료 직전의 유량 (m^3/min)

t : 시료 채취시간 (min)

$$흡인공기량 = \left(\frac{1.8+0.2}{2}\right) \times 24 \times 60 = 1{,}440\,\text{m}^3$$

먼지 농도 $= \dfrac{(W_e - W_s)}{V}$

여기서, W_e : 채취 후 여과지의 질량 (mg)

W_s : 채취 전 여과지의 질량 (mg)

V : 총 공기흡입량 (Sm^3)

$$\therefore\ 비산먼지의\ 농도 = \frac{(14.9938 - 3.4213)\text{g}}{1{,}440\text{m}^3} \times \frac{1{,}000\text{mg}}{1\text{g}} = 8.036\,\text{mg/m}^3$$

2020

19 ★★★

유입구의 폭이 15.0cm이고 유효회전수가 6인 원심분리기에 입자 밀도가 1.6g/cm^{3}인 배출가스가 15.0m/s의 속도로 유입된다. 이때 절단직경(μm)을 계산하시오. (단, 공기 밀도는 무시, 가스의 점도는 300K에서 0.0648kg/m · hr이다.)

✔ **풀이**

절단직경

$$d_{p,50}(\mu m) = \sqrt{\frac{9\mu_g W}{2\pi N V_t (\rho_p - \rho_g)}} \times 10^6$$

여기서, W : 유입구 폭, N : 유효 회전수
μ_g : 가스의 점도, V_t : 유입속도
ρ_p : 입자의 밀도, ρ_g : 가스의 밀도

단위 통일을 위해서,

$$\text{가스 점도}(\mu_g) = \frac{0.0648\,kg}{m \times hr}\left|\frac{1\,hr}{3{,}600\,s}\right. = 1.8 \times 10^{-5}\,kg/m \cdot s$$

$$\text{먼지 밀도}(\rho_p) = \frac{1.6\,g}{cm^3}\left|\frac{1\,kg}{1{,}000\,g}\right|\frac{(100)^3 cm^3}{1\,m^3} = 1{,}600\,kg/m^3$$

$$\therefore\ d_{p,50} = \sqrt{\frac{9\mu_g W}{2\pi N V_t (\rho_p - \rho_g)}} \times 10^6 = \sqrt{\frac{9 \times 1.8 \times 10^{-5} \times 0.15}{2 \times \pi \times 6 \times 15 \times 1{,}600}} \times 10^6 = 5.18\mu m$$

20 ★

25,000Sm^3/hr의 배출가스를 물을 이용하여 처리하고자 한다. 목부의 유속은 85m/s, 액가스비는 1L/m^{3}인 경우 목부의 직경(m)을 계산하시오. (단, 배출가스의 온도는 100°C이다.)

✔ **풀이**

$$Q = AV = \frac{\pi}{4}D^2 \times V$$

$$= \frac{25{,}000\,Sm^3}{hr}\left|\frac{(273+100)K}{273K}\right|\frac{1\,hr}{3{,}600\,s} = 9.488\,m^3/s$$

$$\therefore\ D = \sqrt{\frac{4Q}{\pi V}} = \sqrt{\frac{4 \times 9.488}{\pi \times 85}} = 0.377\,m$$

2020 제5회

대기환경기사 필답형 기출문제

01 ★

다음 바람에 대하여 서술하시오. (단, 정의, 특성, 밤과 낮일 때 차이를 구분해서 서술하시오.)

(1) 해륙풍
(2) 산곡풍
(3) 경도풍

풀이 (1) 해륙풍

① 정의 : 육지와 바다는 서로 다른 열적 성질 때문에 해안(또는 큰 호수가)에서 낮에는 바다에서 육지로, 밤에는 육지에서 바다로 부는 바람이다. 해륙풍은 육지와 직각 또는 해안에 직각으로 불고, 기온의 일변화가 큰 저위도 지방에서 현저하게 나타나며, 해풍과 육풍을 합한 것을 말한다.

② 특성

㉠ 낮에는 바다보다 육지가 빨리 더워져서 육지의 공기가 상승하기 때문에 바다에서 육지로 8~15km까지 바람이 불며, 주로 여름에 빈번히 발생한다(해풍).

㉡ 밤에는 육지가 빨리 식는 데 반하여 바다는 식지 않아 상대적으로 바다 위의 공기가 따뜻해져 상승하기 때문에 육지에서 바다로 향해 5~6km까지 불며, 겨울철에 빈번히 발생한다(육풍).

(2) 산곡풍

① 정의 : 산곡풍은 평지와 계곡 및 분지지역의 일사량 차이로 인하여 생기는 바람이다.

② 특성

㉠ 낮에는 산 정상의 가열 정도가 산 경사면의 가열 정도보다 더 크므로, 산 경사면에서 산 정상을 향해 부는 곡풍(산 경사면 → 산 정상)이 발생한다.

㉡ 밤에는 반대로 산 정상에서 산 경사면을 따라 내려가는 산풍(산 정상 → 산 경계면)이 발생한다.

㉢ 곡풍에 비해 산풍이 더 강하고 매서운 바람인데 이는 산 위에서 내려오면서 중력의 가속을 받기 때문이다.

(3) 경도풍

① 정의 : 경도풍은 기압경도력이 원심력, 전향력과 평형을 이루면서 고기압과 저기압의 중심부에서 발생하는 바람이다.

② 특성 : 북반구의 저기압에서는 반시계방향으로 회전하며 위쪽으로 상승하면서 불고, 고기압에서는 시계방향으로 회전하면서 분다.

02 ★

다음 중 오존파괴지수(ODP)가 큰 순서대로 나열하시오.

① $C_2F_4Br_2$, ② CF_3Br, ③ CH_2BrCl, ④ $C_2F_3Cl_3$, ⑤ CF_2BrCl

풀이 ② CF_3Br > ① $C_2F_4Br_2$ > ⑤ CF_2BrCl > ④ $C_2F_3Cl_3$ > ③ CH_2BrCl

Plus 이론학습 **오존파괴지수(ODP)**

① $C_2F_4Br_2$: 6　② CF_3Br : 10　③ CH_2BrCl : 0.12
④ $C_2F_3Cl_3$: 0.8　⑤ CF_2BrCl : 3

03 ★★★

열섬효과에 영향을 주는 대표적인 인자를 3가지 쓰시오.

풀이 ① 도시는 인구와 산업의 밀집지대로서 인공적인 열의 증가
② 도시지역 표면의 열적 성질의 차이 및 지표면에서의 증발잠열의 차이
③ 도시의 도로, 건물, 기타 구조물 등에 의한 거칠기 길이의 변화

04

액체연료의 장·단점을 각각 3가지씩 적으시오.

풀이 (1) 장점
① 수송, 운반이 용이하며, 배관공사 등에 걸리는 비용도 적게 소요된다.
② 단위질량당의 발열량이 커서 화력이 강하다.
③ 비교적 저가로 안정하게 공급되고, 품질에도 큰 차이가 없다.
④ 회분이 거의 없어 재처리가 필요 없고, 관 수송이 용이하다.
⑤ 점화, 소화 및 연소 조절이 용이하고, 고온을 얻기 쉽다.
⑥ 발열량이 높고, 성분이 일정하다.
⑦ 연소효율이 높고, 완전연소가 쉽다.
⑧ 저장·취급이 용이하고, 저장 중 품질 변화가 적다.
(이 중 3가지 기술)

(2) 단점
① 연소온도가 높아 국부과열 위험이 크다.
② 화재, 역화 등의 위험이 크다.
③ 황 성분을 일반적으로 많이 함유하고 있다(특히, 중유).
④ 버너에 따라 소음이 발생된다.
(이 중 3가지 기술)

05

★★★

탄소 85%, 수소 14%, 황 1%인 중유를 5kg/hr 연소하였다. 이때 건조연소가스 중의 SO_2 농도(ppm)를 계산하시오. (단, 표준상태이며, 공기비는 1.2이다.)

✔ 풀이

$O_o = 1.867C + 5.6(H - O/8) + 0.7S$

$= 1.867\times0.85 + 5.6\times0.14 + 0.7\times0.01$

$= 2.378\,Sm^3/kg$

$A_o = O_o/0.21 = 2.378/0.21 = 11.324\,Sm^3/kg$

$m = 1.2$

$G_d = mA_o - 5.6H + 0.7O + 0.8N = 1.2\times11.324 - 5.6\times0.14 = 12.805\,m^3/kg$

$\therefore\ SO_2 = \dfrac{0.7S}{G_d}\times10^6 = \dfrac{0.7\times0.01}{12.805}\times10^6 = 546.7\,ppm$

06

에탄과 프로판의 혼합가스 $1Sm^3$를 완전연소 시킨 결과 배출가스 중 이산화탄소 생성량이 $2.6Sm^3$였다면 혼합가스 중 에탄과 프로판의 mol비(에탄/프로판)를 계산하시오.

✔ 풀이

$C_mH_n + \left(m + \dfrac{n}{4}\right)O_2 = mCO_2 + \dfrac{n}{2}H_2O$이므로

$C_2H_6 + 3.5O_2 \rightarrow 2CO_2 + 3H_2O$

x : $2x$

$C_3H_8 + 5O_2 \rightarrow 3CO_2 + 4H_2O$

$1-x$: $3(1-x)$

그러므로 $2x + 3(1-x) = 2.6,\ x = 0.4\,Sm^3$

$\therefore$ 에탄과 프로판의 mol비 $= \dfrac{x}{1-x} = \dfrac{0.4}{1-0.4} = 0.667$

07

★★

처리가스의 먼지 농도가 $2,000mg/Sm^3$인 것을 3개의 집진장치를 직렬로 연결하여 처리하고자 한다. 각각의 집진효율은 70%, 50%, 80%라 할 때, 배출되는 먼지 농도(mg/Sm^3)를 계산하시오.

✔ 풀이

> 총 집진효율
> $\eta_t = 1-(1-\eta_1)(1-\eta_2)(1-\eta_3)$
> 여기서, $\eta_1,\ \eta_2,\ \eta_3$: 1번, 2번, 3번 집진장치의 집진효율

$\eta_t = 1-(1-0.7)(1-0.5)(1-0.8) = 0.97$

$\therefore$ 배출 먼지 농도, $C_t = 2,000\times(1-0.97) = 60\,mg/Sm^3$

08

★★

폭굉에 관한 다음 물음에 답하시오.

(1) 폭굉 유도거리의 정의를 쓰시오.
(2) 폭굉 유도거리가 짧아지는 이유를 3가지 쓰시오.
(3) 다음 표를 기준으로 혼합기체의 하한 연소범위(%)를 계산하시오.

성분	조성(%)	하한 연소범위(%)
CH_4	80	5.0
C_2H_6	14	3.0
C_3H_8	4	2.1
C_4H_{10}	2	1.5

풀이 (1) 관 중에 폭굉가스가 존재할 때 최초의 완만한 연소가 격렬한 폭굉으로 발전할 때까지의 거리

(2) ① 압력이 높은 경우
② 점화원의 에너지가 큰 경우
③ 연소속도가 큰 혼합가스인 경우
④ 관 속에 방해물이 있거나 관경이 작은 경우
(이 중 3가지 기술)

(3) 혼합가스 연소범위 하한계(vol%) 계산식

$$\frac{100}{L} = \frac{V_1}{L_1} + \frac{V_2}{L_2} + \frac{V_3}{L_3} + \cdots$$

여기서, L : 혼합가스 연소범위 하한계(vol%)
V_1, V_2, V_3 : 각 성분의 체적(vol%)

$$\frac{100}{L} = \frac{V_1}{L_1} + \frac{V_2}{L_2} + \frac{V_3}{L_3} + \cdots = \frac{80}{5.0} + \frac{14}{3.0} + \frac{4}{2.1} + \frac{2}{1.5} = 23.9$$

$\therefore\ L = 4.18\,\%$

09

세정집진장치에서 관성충돌계수를 크게 하기 위한 입자 배출원의 특성 또는 운전조건 6가지를 쓰시오.

풀이 ① 가스 유속을 빠르게 한다.
② 먼지 입경을 크게 한다.
③ 먼지 밀도를 크게 한다.
④ 가스 온도를 낮게 한다.
⑤ 가스 점도를 낮게 한다.
⑥ 물방울 직경을 작게 한다.

10

★★★

중력집진장치를 사용하여 72m^3/min으로 유입되는 가스를 처리하고자 한다. 단수는 30, 폭과 높이는 2m일 경우의 레이놀즈수를 구한 후 흐름상태를 판단하시오. (단, 점도 2.0×10^{-5}kg/m · s, 가스 밀도 1.0kg/m^3)

풀이

레이놀즈수

$$Re = \frac{\rho \times V \times D}{\mu}$$

여기서, D : 직경(m), V : 공기 유속(m/s)

ρ : 밀도(kg/m^3), μ : 점도(kg/m · s)

높이 H, 폭 W인 직사각형의 상당직경(D) 산출식 $= \dfrac{2(H \times W)}{(H+W)} = \dfrac{2 \times \left(\dfrac{2}{30} \times 2\right)}{\left(\dfrac{2}{30}+2\right)} = 0.129\text{m}$

단수가 30이기 때문에 실제 높이를 구할 때에는 높이를 단수로 나누어야 한다.

$$V = \frac{Q}{A} = \frac{72\text{m}^3/\text{min} \times \text{min}/60s}{2\text{m} \times 2\text{m}} = 0.3\text{m/s}$$

$$\therefore \ Re = \frac{1.0\text{kg/m}^3 \times 0.3\text{m/s} \times 0.129\text{m}}{2.0 \times 10^{-5}\text{kg/m} \cdot \text{s}} = 1{,}935$$

레이놀즈수가 2,100보다 작으므로 층류이다.

Plus 이론학습

레이놀즈수
- Re > 4,000 : 난류
- 2,100 < Re < 4,000 : 천이영역
- Re < 2,100 : 층류

11

★★

전기집진장치에서 2차 전류가 현저하게 떨어질 때의 대책을 3가지 쓰시오.

풀이

① 스파크의 횟수를 늘린다.
② 조습용 스프레이 수량을 증가시켜 겉보기 먼지 저항을 낮춘다.
③ 물, NH_4OH, 트리에틸아민, SO_3, 각종 염화물, 유분 등의 물질을 주입시킨다.
④ 입구의 먼지 농도를 조절한다.
⑤ 부착된 먼지를 탈락시킨다.

(이 중 3가지 기술)

Plus 이론학습

2차 전류가 현저하게 떨어지는 원인
- 먼지의 농도가 너무 높기 때문
- 먼지의 비저항이 비정상적으로 높기 때문

2020

12
★★★

입자 직경 50μm, 밀도 2,000kg/m^{3}인 중력집진장치의 가스 유량은 10m^3/s이다. 집진기의 폭이 1.5m, 높이가 1.5m이며, 밑면을 포함한 평판이 10단일 때 효율이 100%가 되기 위한 침강실의 길이(m)를 계산하시오. (단, 층류이며, 점성계수 $\mu = 1.75\times10^{-5}$kg/m · s, 공기의 밀도는 1.3kg/m^{3}이다.)

풀이

중력침강속도

$$V_t = \frac{d_p^{\,2}\times(\rho_p-\rho_g)\times g}{18\times\mu}$$

여기서, d_p : 입자의 직경, μ : 가스의 점도

ρ_p : 입자의 밀도, ρ_g : 가스의 밀도

g : 중력가속도

$$V_t = \frac{(50\times10^{-6})^2\times(2{,}000-1.3)\times9.8}{18\times(1.75\times10^{-5})} = 0.1555\,\text{m/s}$$

$$V_x = \frac{10\,\text{m}^3}{\text{sec}}\bigg|\frac{}{1.5\,\text{m}\times1.5\,\text{m}} = 4.4444\,\text{m/s}$$

중력집진장치의 집진효율

$$\eta = \frac{V_t\times L}{V_x\times H}$$

여기서, V_x : 수평이동속도, V_t : 종말침강속도

L : 침강실 수평길이, H : 침강실 높이

제거효율이 100%이므로 $1 = \frac{V_t\times L}{V_x\times H}$, $1 = \frac{0.1555\times L}{4.4444\times1.5/10}$ (10단이기 때문에 높이를 10으로 나누어 준다.)

$\therefore\ L = 4.29\text{m}$

13
★★

유해가스와 물이 일정한 온도에서 평형상태에 있다. 기상 유해가스의 분압이 38mmHg이고 수중 유해가스의 농도가 2.5kmol/m^{3}일 경우 헨리상수(atm · m^3/kmol)를 계산하시오.

풀이

헨리의 법칙

P(atm) $= H\times C$(kmol/m^3), H(헨리상수)의 단위 : atm · m^3/kmol

$P = HC$에서 $H = \frac{P}{C}$

$$\therefore\ H = \frac{38\,\text{mmHg}}{}\bigg|\frac{1\,\text{atm}}{760\,\text{mmHg}}\bigg|\frac{\text{m}^3}{2.5\,\text{kmol}} = 0.02\,\text{atm}\cdot\text{m}^3/\text{kmol}$$

14

★★★

전기집진장치의 집진효율을 증가시키는 방법 6가지를 서술하시오.

풀이
① 먼지의 전기비저항치를 적절하게 유지한다($10^4 \sim 10^{11}\Omega-cm$).
② 집진장치 내의 전류밀도를 안정적으로 유지한다.
③ 처리가스의 온도를 150℃ 이하 또는 250℃ 이상으로 조절한다.
④ 처리가스의 수분 함량을 증가시킨다.
⑤ 황 함량을 높인다.
⑥ 처리가스의 유속을 낮춘다.
⑦ 재비산현상 발생 시 배출가스 처리속도를 작게 한다.
⑧ 역전리현상 발생 시 고압부상의 절연회로를 점검 및 보수한다.
⑨ 집진면적(높이와 길이의 비 > 1)을 증가시킨다.
⑩ 집진극은 열 부식에 대한 기계적 강도, 포집먼지의 재비산 방지, 또는 탈진 시 충격 등에 유의해야 한다.
⑪ 코로나 방전이 잘 형성되도록 방전봉을 가늘고 길게 하는 것이 좋지만 단선 방지가 중요함으로 진동에 대한 강도 및 충격 등에 유의해야 한다.
⑫ 입자의 겉보기 이동속도를 빠르게 한다.
(이 중 6가지 기술)

15

★★

기체 용해도에 따른 유해가스 흡수법에 대한 다음 물음에 답하시오.

(1) 액분산형 흡수장치의 종류를 3가지 적으시오.
(2) Hold-up, Loading Point, Flooding Point의 의미에 대해 쓰시오.

풀이
(1) 분무탑(spray tower), 충전탑(packed tower), 벤투리 스크러버, 사이클론 스크러버, 제트 스크러버
(이 중 3가지 기술)
(2) ① 홀드업(Hold up) : 흡수액을 통과시키면서 가스 유속을 증가시킬 때, 충전층 내의 액 보유량이 증가하는 것(충전층 내의 액 보유량을 의미)
② 로딩점(Loading Point) : Hold up 상태에서 계속해서 유속을 증가하면 액의 Hold up이 급격하게 증가하게 되는 점(압력손실이 급격하게 증가되는 첫 번째 파과점을 의미)
③ 플로딩점(Flooding Point) : Loading Point를 초과하여 유속을 계속적으로 증가하면 Hold up이 급격히 증가하고 가스가 액 중으로 분산 범람하게 되는 점(액이 비말동반을 일으켜 흘러넘쳐 향류 조작 자체가 불가능한 두 번째 파과점을 의미)

Plus 이론학습
채널링(channeling)
임의로 충전한 충전탑에서 혼합물을 물리적으로 분리할 때 액의 분배가 원활하게 이루어지지 못하면 채널링현상이 발생되는데, 이는 충전탑의 기능을 저하시키는 큰 요인이 된다.

16

200kmol/hr로 배출되는 처리가스는 공기 3mol : HCl 5mol로 구성되어 있다. 처리가스를 16,200kg/hr의 물로 HCl을 흡수처리할 때 배출되는 가스의 공기 1mL당 HCl은 몇 mol인지 계산하시오. (단, 배출된 물은 물 8mol당 HCl 1mol로 구성되고, 탑 내에서 물의 증발 손실은 없다.)

풀이 배출되는 처리가스 중 공기의 양 = 200kmol/hr × 3/8 = 75kmol/hr
배출되는 처리가스 중 HCl의 양 = 200kmol/hr − 75kmol/hr = 125kmol/hr

$$흡수하는\ 물의\ 양 = \frac{16,200\,kg}{hr} \times \frac{1\,mol}{18\,kg} = 900\,kmol/hr$$

배출되는 물속의 HCl의 양 = 900kmol/hr × 1/8 = 112.5kmol/hr
물에 흡수되지 않고 공기 중으로 배출되는 HCl의 양 = 125kmol/h − 112.5kmol/hr = 12.5kmol/hr

$$배출되는\ 가스의\ 공기\ 1\,mol당\ HCl의\ mol수 = \frac{12.5}{75} = 0.17$$

∴ 배출되는 가스의 공기 1mol당 HCl의 양 = 0.17mol

17

A공정에서 NO_2 150ppm이 포함된 처리가스 1,500Sm^3/hr가 배출되고 있다. 이를 CH_4으로 환원처리한 후 $FeSO_4$로 흡수 처리하고자 할 때 필요한 $FeSO_4$(kg/hr)의 양을 구하시오. (단, $FeSO_4$의 분자량은 151.8이다.)

풀이 $4NO_2 + CH_4 \rightarrow 4NO + CO_2 + 2H_2O$
4 : 4
NO_2 : NO = 1 : 1 반응이므로 NO 발생량은 NO_2 발생량과 같다.

$$NO_2\ 발생량 = \frac{150\,mL}{m^3} \times \frac{1,500\,Sm^3}{hr} \times \frac{m^3}{10^6\,mL} = 0.225\,Sm^3/hr$$

$NO + FeSO_4 \rightarrow FeNOSO_4$
$22.4\,m^3$: 151.8kg
$0.225\,Sm^3$: x

$$\therefore\ x(FeSO_4) = \frac{151.8 \times 0.225}{22.4} = 1.525\,kg/hr$$

18

★★★

배출가스 시료 채취 시 채취관을 보온 또는 가열해야 하는 경우를 3가지 쓰시오.

풀이 ① 채취관이 부식될 염려가 있는 경우
② 여과재가 막힐 염려가 있는 경우
③ 분석대상 기체가 응축수에 용해되어서 오차가 생길 염려가 있는 경우

19

★

전기집진장치에서 전기적 구획화(electrical sectionalization)를 하는 이유를 서술하시오.

풀이 입구는 먼지 농도가 높아 코로나 전류가 상대적으로 감소하며, 출구는 먼지 농도가 낮아 코로나 전류가 급등하는 전류의 불균형으로 전기집진장치의 효율이 감소한다. 따라서 전기적 특성에 따라 몇 개의 집진실로 구획화하여 전류의 흐름을 균일하게 함으로써 효율을 증가시키기 위해서 전기적 구획화를 한다.

20

★★★

기체 크로마토그래피에서 분리도(R)와 분리계수(d)의 공식을 쓰고, 각 인자를 설명하시오.

풀이 분리계수 $(d) = \dfrac{t_{R2}}{t_{R1}}$, 분리도 $(R) = \dfrac{2(t_{R2} - t_{R1})}{W_1 + W_2}$

여기서, t_{R1} : 시료 도입점으로부터 봉우리 1의 최고점까지의 길이
t_{R2} : 시료 도입점으로부터 봉우리 2의 최고점까지의 길이
W_1 : 봉우리 1의 좌우 변곡점에서의 접선이 자르는 바탕선의 길이
W_2 : 봉우리 2의 좌우 변곡점에서의 접선이 자르는 바탕선의 길이

Plus 이론학습 기체 크로마토그래피에서 2개의 접근한 봉우리의 분리 정도를 나타내기 위하여 분리계수 또는 분리도를 가지고 위와 같이 정량적으로 정의하여 사용한다.

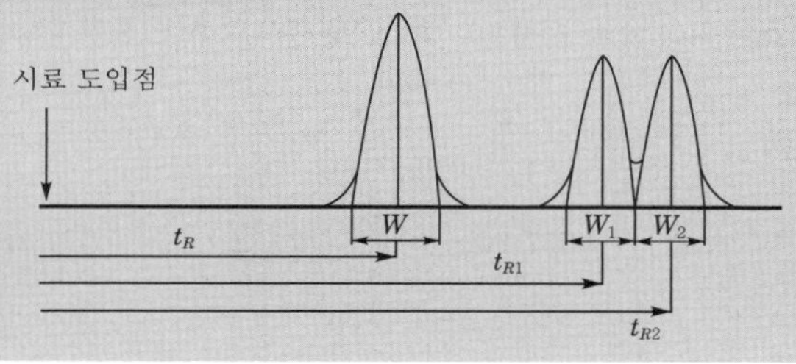

2021 제 1 회 대기환경기사 필답형 기출문제

01

★★★

유효굴뚝높이(H_e)가 60m인 굴뚝으로부터 SO_2가 125g/s의 속도로 배출되고 있다. 굴뚝높이에서의 풍속이 6m/s일 때, 이 굴뚝으로부터 500m 떨어진 연기중심선상에서 오염물질의 지표 농도(μg/m^3)를 구하시오. (단, 가우시안 모델식을 사용, $\sigma_y=36$m, $\sigma_z=18.5$m, 배출되는 SO_2는 화학적으로 반응하지 않는다.)

풀이

지표 농도

$$C(x,\ 0,\ 0, H_e) = \frac{Q}{\pi\sigma_y\sigma_z U} \times \exp\left[-\frac{1}{2}\left(\frac{H_e}{\sigma_z}\right)^2\right]$$

여기서, Q : 오염물질 배출량 (g/s), U : H_e에서의 평균풍속 (m/s)

σ_y : 수평방향 표준편차 (m), σ_z : 수직방향 표준편차 (m)

H_e : 유효굴뚝높이 (m), x : 오염원으로부터 풍하방향으로의 거리 (m)

$$\frac{Q}{\pi\sigma_y\sigma_z U} = \frac{125\,\text{g}}{\text{s}}\left|\frac{}{\pi}\right|\frac{}{36\,\text{m}}\left|\frac{}{18.5\,\text{m}}\right|\frac{\text{s}}{6\,\text{m}}\left|\frac{10^6\mu\text{g}}{\text{g}}\right. = 9{,}957.14\,\mu\text{g/m}^3$$

$$\therefore\ C(x,\ 0,\ 0, H_e) = 9{,}957.14 \times \exp\left[-\frac{1}{2}\left(\frac{60}{18.5}\right)^2\right] = 51.77\,\mu\text{g/m}^3$$

02

대기오염공정시험기준에서 아래 물질에 대해 배출가스 중 분석방법 2가지를 적으시오.

(1) 암모니아 분석방법
(2) 염화수소 분석방법
(3) 황산화물 분석방법

풀이

(1) 인도페놀법(자외선/가시선분광법), 중화적정법
(2) 이온 크로마토그래피법, 싸이오사이안산제이수은법(자외선/가시선분광법)
(3) 침전적정법(아르세나조Ⅲ법), 자동측정법－전기화학식(정전위전해법), 적외선흡수법, 용액전도율법, 적외선흡수법, 자외선흡수법, 불꽃광도법
(이 중 2가지 기술)

03

★★

대기오염물질의 농도를 추정하기 위한 상자모델 이론을 적용하기 위한 가정조건을 4가지 서술하시오.

풀이
① 상자공간에서 오염물질의 농도는 균일하다.
② 오염물질의 분해는 1차 반응을 따른다.
③ 배출원은 지면 전역에 균등하게 분포되어 있다.
④ 오염물질은 방출과 동시에 균등하게 혼합된다.
⑤ 바람의 방향과 속도는 일정하다.
⑥ 배출된 오염물질은 다른 물질로 변화하지도 흡수되지도 않는다.
⑦ 상자 안에서는 밑면에서 방출되는 오염물질이 상자 높이인 혼합층까지 즉시 균등하게 혼합된다.
(이 중 4가지 기술)

Plus 이론학습 상자모델
- 오염물질의 질량보존을 기본으로 한 모델로, 넓은 지역을 하나의 상자로 가정하여 상자 내부의 오염물질 배출량, 대상영역 외부로부터의 오염물질 유입, 화학반응에 의한 물질의 생성 및 소멸 등을 고려한 모델이다.
- 대상영역 내의 평균적인 오염물질 농도의 시간 변화를 계산하며, 비교적 간단하면서도 기상조건과 배출량의 시간 변화를 고려할 수 있고, 모델에 따라서는 화학반응에 의한 농도의 시간 변화도 계산이 가능하다.

04

★★★

탄소 85%, 수소 15%인 경유(1kg)를 공기과잉계수 1.1로 연소했더니 탄소 1%가 검댕(그을음)으로 된다. 건조배기가스 $1Sm^3$ 중 검댕의 농도(g/Sm^3)를 계산하시오.

풀이

$O_o = 1.867C + 5.6(H - O/8) + 0.7S$

$= 1.867 \times 0.85 + 5.6 \times 0.15$

$= 2.427\,m^3/kg$

$A_o = O_o/0.21 = 2.427/0.21 = 11.557\,m^3/kg$

$m = 1.1$

$G_d = mA_o - 5.6H + 0.7O + 0.8N$

$= 1.1 \times 11.557 - 5.6 \times 0.15$

$= 11.8727\,m^3/kg$

검댕의 발생량(kg/kg) $= 1\,kg \times 0.85 \times 0.01 = 0.0085\,kg/kg$

$\therefore$ 검댕의 농도 $= \dfrac{0.0085}{11.8727} = 0.00072\,kg/Sm^3 = 0.72\,g/Sm^3$

2021

05

★★★

중유 1kg의 조성이 C : 80%, O : 10%, H : 7%, S : 3%이며, 15.3Sm^3의 공기를 이용하여 완전 연소할 경우 다음을 구하시오.

(1) 공기비(m)
(2) 과잉공기량(Sm^3)
(3) 과잉공기비(%)

풀이 O_o(이론산소량) $= 1.867C + 5.6(H - O/8) + 0.7S$

$= 1.867 \times 0.8 + 5.6 \times (0.07 - 0.1/8) + 0.7 \times 0.03$

$= 1.8366\,Sm^3/kg$

A_o(이론공기량) $= O_o/0.21$

$= 1.8366/0.21$

$= 8.7457\,Sm^3/kg$

A(실제공기량) $= 15.3\,Sm^3/kg$

(1) 공기비(m) = 실제공기량/이론공기량 = A/A_o

$= 15.3/8.7457$

$= 1.7494$

(2) 과잉공기량 = 실제공기량 − 이론공기량 = $A - A_o$

$= 15.3 - 8.7457$

$= 6.5543\,Sm^3/kg$

(3) 과잉공기비 $= \dfrac{\text{실제공기량} - \text{이론공기량}}{\text{이론공기량}} \times 100$

$= \dfrac{A - A_o}{A_o} \times 100$

$= \dfrac{(15.3 - 8.7457)}{8.7457} \times 100$

$= 74.94\%$

06

★★★

황 함량 4%인 벙커C유 100kL를 사용하는 보일러에 황 함량 1.5%인 벙커C유를 40% 섞어서 사용하면 SO_2의 배출량은 몇 % 감소하는지 구하시오. (단, 기타 연소 조건은 동일하며, S은 연소 시 전량 SO_2로 변환되고, 벙커C유의 비중은 0.95이다.)

풀이 $Q_1 = 100\,kL/day \times 0.04 = 4\,kL/day$

$Q_2 = (100\,kL/day \times 0.6) \times 0.04 + (100\,kL/day \times 0.4) \times 0.015 = 3\,kL/day$

∴ 감소량 $= \dfrac{(4-3)}{4} \times 100 = 25\%$

07

★★

후드 선정 시 모형, 크기 등을 고려하여 선정해야 한다. 후드 선택 시 흡인요령을 3가지 서술하시오.

풀이 ① 국부적인 흡인방식을 택한다.
② 충분한 포착속도를 유지한다.
③ 후드를 발생원에 최대한 근접시킨다.
④ 후드의 개구면적을 좁게 하여 흡인속도를 크게 한다.
⑤ 에어커튼을 사용한다.
(이 중 3가지 기술)

08

★★★

원심력집진장치에서 적용되는 블로다운(blow down)에 대해서 서술하고, 적용 효과를 3가지 서술하시오.

풀이 (1) 블로다운(blow down)
원심력집진장치의 집진효율을 향상시키기 위한 방법으로 먼지박스(dust box) 또는 멀티사이클론의 호퍼부(hopper)에서 처리가스량의 5~10%를 흡인하여 재순환시키는 방법이다.
(2) 적용 효과
① 원심력집진장치 내의 난류 억제
② 포집된 먼지의 재비산 방지
③ 원심력집진장치 내의 먼지부착에 의한 장치폐쇄 방지
④ 집진효율 증대
(이 중 3가지 기술)

09

★★★

원심력집진장치의 제거효율의 변화는 다음 식을 이용하여 구할 수 있다. 유량이 200Sm³/s일 경우 효율이 70%라면, 유량이 100Sm³/s일 때의 효율(%)을 구하시오.

$$\frac{100-\eta_a}{100-\eta_b}=\left(\frac{Q_b}{Q_a}\right)^{0.5}$$

풀이 $\frac{100-70}{100-\eta_b}=\left(\frac{100}{200}\right)^{0.5}$

$\therefore\ \eta_b = 57.57\%$

10

★★★

직경 20cm, 유효높이 8m인 원통형 Bag filter를 사용하여 65,000Sm³/hr의 함진가스를 처리할 경우 필요한 Bag filter의 개수를 구하시오. (단, 여과속도는 1.5m/min이다.)

풀이

1개 Bag의 공간 = 원의 둘레$(2\pi R)$ × 높이(H) × 겉보기 여과속도(V_t)

1개 Bag의 공간 $= 2\times\pi\times0.1\times8\times1.5$

$= 7.54\,m^3/min$

함진가스량, $Q = \dfrac{65{,}000\,Sm^3}{hr}\left|\dfrac{1\,hr}{60\,min}\right. = 1083.33\,Sm^3/min$

∴ 필요한 Bag filter의 수 = 1,083.33/7.54 = 143.68개 → 최종 144개 필요

11

★

전기집진장치에서 입구 먼지 농도가 12g/m³, 출구 먼지 농도가 0.1g/m³였다. 출구 먼지 농도를 50mg/m³로 하기 위해서는 집진극 면적을 몇 배 넓게 하면 되는지 구하시오. (단, 다른 조건은 변하지 않는다.)

풀이

$\eta = 1 - e^{\left(-\frac{AWL}{Q}\right)} \rightarrow -\dfrac{AW_e}{Q} = \ln(1-\eta)$ 그러므로 $A \propto -\ln(1-\eta)$

$\eta_1 = (12-0.1)/12\times100 = 99.17\%$

$\eta_2 = (12-0.05)/12\times100 = 99.58\%$

$\dfrac{A_2}{A_1} = \dfrac{-\ln(1-\eta_2)}{-\ln(1-\eta_1)} = \dfrac{-\ln(1-0.9958)}{-\ln(1-0.9917)} = 1.14$

∴ 1.14배 넓게 하면 된다.

12

★★★

기상총괄이동 단위높이(H_{OG})가 0.7m, 제거율이 98%인 경우 다음을 구하시오.

(1) 기상총괄이동 단위수(N_{OG})

(2) 충전탑의 높이(H)

풀이

(1) $N_{OG} = \ln\left(\dfrac{1}{1-E/100}\right)$

$= \ln\left(\dfrac{1}{1-98/100}\right) = 3.912$

(2) $H = H_{OG}\times N_{OG}$

$= 0.7\times3.912 = 2.74\,m$

13

★★★

충전탑을 이용하여 유해가스를 제거하고자 한다. 이때 흡수액이 갖추어야 할 조건 3가지를 적으시오.

풀이 ① 휘발성이 낮아야 한다.
② 용해도가 커야 한다.
③ 빙점(어는점)은 낮고, 비점(끓는점)은 높아야 한다.
④ 점도(점성)가 낮아야 한다.
⑤ 용매와 화학적 성질이 비슷해야 한다.
⑥ 부식성이 낮아야 한다.
⑦ 화학적으로 안정하고, 독성이 없어야 한다.
⑧ 가격이 저렴하고, 사용하기 편리해야 한다.
(이 중 3가지 기술)

14

우리나라의 월별 물질 농도표는 아래와 같다. 이 표를 참고하여 다음 물음에 답하시오. (단, y는 O_3, x_1는 NO_2, x_2는 TVOC이다.)

물질 \ 월	1월	2월	3월	4월	5월	6월
NO_2(ppm)	0.034	0.034	0.042	0.042	0.032	0.032
TVOC(ppm)	0.012	0.024	0.028	0.028	0.030	0.018
O_3(ppm)	0.064	0.072	0.106	0.102	0.080	0.068

(1) O_3와 NO_2의 회귀방정식($y = A + Bx$)
(2) O_3와 TVOC의 회귀방정식($y = A + Bx$)
(3) O_3와 NO_2의 상관계수
(4) O_3와 TVOC의 상관계수
(5) O_3와 상관성이 가장 높은 물질

풀이 ※ 계산기를 활용하면 용이하다.
(1) $y = 3.43x - 0.04$
(2) $y = 1.89x + 0.04$
(3) 0.91
(4) 0.74
(5) NO_2

15 ★

250m³의 크기를 갖는 실험실에서 폼알데하이드(HCHO)가 발생하여 농도가 0.5ppm이 되었다. 이를 0.01ppm까지 낮추기 위하여 25m³/min 유량을 갖는 공기청정기를 이용하려고 한다. 원하는 농도로 낮추기 위해 걸리는 시간(min)을 구하시오. (단, 처리효율은 100%이며, 1차 반응을 따른다.)

풀이

오염물질 분해는 1차 반응식을 따르므로 $\ln\frac{C_t}{C_o} = -kt$

여기서, C_t : t시간 지난 후 농도, C_o : 초기 농도

$k = \frac{Q}{V}$

여기서, Q : 송풍량(m^3/min), V : 실내 용적(m^3)

$\ln\frac{C_t}{C_o} = -\frac{Q}{V} \times t$, $\ln\frac{0.01}{0.5} = -\frac{25}{250} \times t$

$\therefore\ t = 39.12\,\text{min}$

16 ★

불화수소(HF) 농도가 500ppm인 굴뚝에서 배출가스량이 1,000Sm³/hr이다. 20m³의 물로 5시간 순환세정할 경우, 순환수의 pH를 구하시오. (단, HF의 흡수율은 100%이고, HF는 물에서 100% 전리된다.)

풀이

$\text{pH} = \log\frac{1}{[H^+]} = -\log[H^+]$

HF 몰농도(mol/L) = 흡수 HF mol/용액

$$\text{흡수 HF mol} = \frac{500\,\text{mL}}{\text{m}^3}\left|\frac{1\,\text{mol}}{22.4\,\text{L}}\right|\frac{\text{L}}{10^3\,\text{mL}}\left|\frac{1{,}000\,\text{m}^3}{\text{hr}}\right|5\,\text{hr} = 111.607\,\text{mol}$$

$\text{용액} = 20\,\text{m}^3 = 2\times10^4\,\text{L}$

$\text{HF 몰농도} = \frac{111.607}{2\times10^4} = 5.5804\times10^{-3}\,\text{mol/L}$

$HF \leftrightarrow H^+ + F^-$

1 : 1

$[H^+] = 5.5804\times10^{-3}\,\text{mol/L}$

$\therefore\ \text{pH} = -\log[H^+] = -\log[5.5804\times10^{-3}] = 2.25$

17

흡수탑에서 CO_2와 NH_3 및 공기의 혼합가스가 흡수 처리되고 있을 때, 흡수탑 출구 중의 NH_3의 함량을 구하시오. (단, CO_2와 공기량은 처리 전·후가 동일하다.)

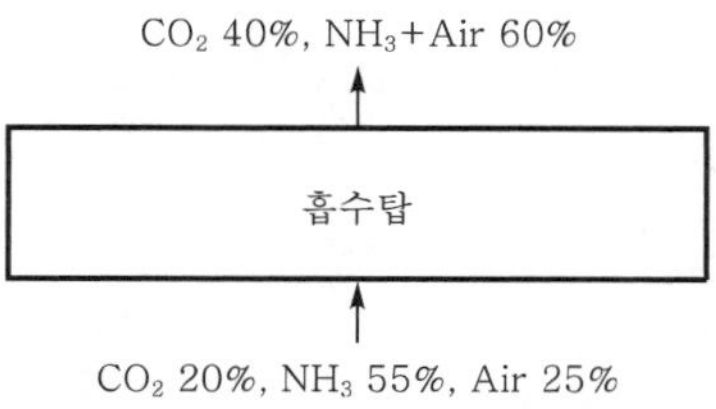

풀이 CO_2와 Air는 제거되지 않고 NH_3만 제거된다. 그러므로 CO_2 20%와 Air 25%는 그대로 배출된다.
흡수탑 출구 배출가스량 = 20(CO_2)+25(Air)+x(처리 후 배출된 NH_3)

$$CO_2(\%) = \frac{CO_2}{\text{배출가스량}} \times 100,\ 40 = \frac{20}{45+x} \times 100,\ x = 5$$

$$\therefore\ NH_3 = \frac{NH_3}{\text{배출가스량}} \times 100 = \frac{5}{(45+5)} \times 100 = 10\%$$

18

★★★

유량이 20,000m^3/hr인 가스를 충전탑에서 처리하고자 한다. 충전탑 내의 가스 유속을 2.5m/s로 할 때, 충전탑의 직경(m)은 얼마인지 계산하시오.

풀이 $A = Q/V = (20{,}000 \div 3{,}600)/2.5 = 2.22\,m^2$

$$A = \frac{\pi d^2}{4}$$

$$\therefore\ d = \sqrt{\frac{2.22 \times 4}{\pi}} = 1.68\,m$$

19

★★★

다음은 산성비에 대한 정의이다. 빈칸에 알맞은 것을 적으시오.

산성비의 pH는 (①) 이하이며, (②) 가스가 수증기 속에 녹아서 발생된다. 또한 온도가 (③) 산성 물질이 더 많이 용해된다.

풀이 ① 5.6
② CO_2
③ 낮을수록

20

배출가스에 대해 측정하고자 아래 보기와 같은 값을 얻었다. 다음 물음에 답하시오.

- 흡습 수분의 질량(m_a) : 2.0g
- 흡인한 건조가스량(건식 가스미터에서 읽은 값)(V_m) : 20L
- 가스미터에서의 흡인가스 온도(θ_m) : 17℃
- 가스미터에서의 가스 게이지압(P_m) : 13.6mmH₂O
- θ_m에서의 포화수증기압(P_v) : 14.53mmH₂O
- 대기압(P_a) : 760mmHg
- 피토관 계수(C) : 1.1
- 피토관에 의한 동압 측정치(h) : 6mmH₂O
- 배출가스의 밀도(γ) : 1.3kg/m³
- 채취된 먼지량(m_d) : 2.4mg
- 오리피스 압력차(ΔH) : 13.6mmH₂O

(1) 배출가스 중의 수분량(%)
(2) 배출가스의 유속(m/s)
(3) 배출가스 중의 먼지 농도(mg/Sm³)

풀이

(1) $$X_W = \frac{\frac{22.4}{18} \times m_a}{V_m \times \frac{273}{273+\theta_m} \times \frac{P_a + P_m}{760} + \frac{22.4}{18} \times m_a} \times 100$$

$$P_m = 13.6\,\mathrm{mmH_2O} \times \frac{760\,\mathrm{mmHg}}{10{,}332\,\mathrm{mmH_2O}} = 1\,\mathrm{mmHg}$$

$$\therefore\ X_W = \frac{\frac{22.4}{18} \times 2}{20 \times \frac{273}{273+17} \times \frac{760+1}{760} + \frac{22.4}{18} \times 2} \times 100 = 11.64\,\%$$

(2) $$V = C\sqrt{\frac{2gh}{r}} = 1.1 \times \sqrt{\frac{2 \times 9.8 \times 6}{1.3}} = 10.46\,\mathrm{m/s}$$

(3) $$C = \frac{m_d}{V_m} = \frac{2.4\mathrm{mg}}{20\mathrm{L} \times \frac{273}{(273+17)}} \times \frac{1{,}000\mathrm{L}}{\mathrm{m}^3} = 127.47 = 127.5\,\mathrm{mg/Sm^3}$$

2021 제2회 대기환경기사 필답형 기출문제

01 ★★

소각 후 발생하는 다이옥신류를 처리하기 위한 방법 3가지를 쓰시오. (단, 생물학적 분해방법은 제외한다.)

풀이 ① 촉매분해법
② 광분해법
③ 열분해법

Plus 이론학습
- **촉매분해법** : 촉매로는 금속산화물(V_2O_5, TiO_2 등), 귀금속(Pt, Pd)이 사용된다.
- **광분해법** : 자외선 파장(250~340nm)이 가장 효과적이다.
- **열분해법** : 산소가 아주 적은 환원성 분위기에서 탈염소화, 수소첨가반응 등에 의해 분해시킨다.

02 ★★★

입경의 종류 중 스토크스 직경과 공기역학적 직경에 대하여 서술하시오.

풀이 (1) 스토크스 직경(d_s) : 어떤 입자와 같은 최종침강속도와 같은 밀도를 가지는 구형물체의 직경을 말한다.
(2) 공기역학적 직경(d_a) : 같은 침강속도를 지니는 단위밀도($1g/cm^3$)의 구형물체의 직경을 말하며, Stokes 직경과 달리 입자 밀도를 $1g/cm^3$로 가정함으로서 보다 쉽게 입경을 나타낼 수 있다($d_a = d_s\sqrt{\rho_p}$, ρ_p는 입자의 밀도).

03 ★

실제 굴뚝높이를 늘리지 않고 유효굴뚝을 높여 배출가스를 희석시키는 방법 3가지를 서술하시오.

풀이 ① 배출가스의 속도를 증가시킨다.
② 배출가스의 온도를 높인다.
③ 배출가스량을 증가시킨다.

04

★★★

20℃, 1기압에서 공기의 동점성계수(ν)는 $1.5\times10^{-5}m^2/s$이다. 관의 지름이 50mm일 때, 그 관을 흐르는 공기의 속도(m/s)를 계산하시오. (단, $Re = 3.5\times10^4$이다.)

풀이

레이놀즈수

$$Re = \frac{관성력}{점성력} = \frac{\rho \times V_s \times D}{\mu} = \frac{V_s \times D}{\nu}$$

여기서, D : 직경(m), V_s : 공기 유속 (m/s)

ρ : 밀도 (kg/m^3), μ : 점도 (kg/m · s)

$$3.5\times10^4 = \frac{V_s \times 0.05}{1.5\times10^{-5}}$$

$\therefore\ V_s = 10.5\,m/s$

05

★

유효굴뚝높이가 100m인 굴뚝에서 배출되는 가스량은 $10m^3/s$, SO_2는 1,500ppm일 때, Sutton 식에 의한 최대지표농도(ppm)와 최대착지거리(m)를 계산하시오. (단, $K_y = K_z = 0.07$, $U = 10m/s$, $n = 0.25$이다.)

풀이 (1) 최대지표농도 (ppm)

$$C_{max} = \frac{2Q}{\pi\, e\, U H_e^2} \times \left(\frac{K_z}{K_y}\right)$$

여기서, Q : 배출량, e : 2.718

U : 유속, H_e : 유효굴뚝높이

K_y, K_z : 수평 및 수직 확산계수

$$\therefore\ C_{max} = \frac{2 \times 10\,m^3 \times 1{,}500\,ppm \times s \times 0.07}{\pi \times s \times e \times 10\,m \times 100^2 m^2 \times 0.07} = 0.035\,ppm$$

(2) 최대착지거리(m)

$$X_{max} = \left(\frac{H_e}{K_z}\right)^{\frac{2}{(2-n)}}$$

여기서, H_e : 유효굴뚝높이, K_z : 수직 확산계수

n : 대기안정도 지수

$$\therefore\ X_{max} = \left(\frac{100}{0.07}\right)^{\frac{2}{(2-0.25)}} = 4{,}032.76\,m$$

06

★

다음 표의 조건을 이용하여 리차드슨수를 구하고, 대기안정도를 판별하시오.

고도	풍속	온도
3m	3.9m/s	14.7℃
2m	3.3m/s	15.4℃

풀이 (1) 리차드슨수

$$Ri(\text{리차드슨수}) = \frac{g}{T_m}\left(\frac{\Delta T/\Delta Z}{(\Delta U/\Delta Z)^2}\right)$$

여기서, T_m : 상하층의 평균절대온도 $= \frac{T_1 + T_2}{2}$, g : 중력가속도

ΔT : 온도차 $(T_2 - T_1)$, ΔU : 풍속차 $(U_2 - U_1)$, ΔZ : 고도차 $(Z_2 - Z_1)$

$\Delta T/\Delta Z$: 대류난류의 크기, $\Delta U/\Delta Z$: 기계적 난류의 크기

$$T_m = \frac{(273+15.4)+(273+14.7)}{2} = 288.05,\ \Delta T = (273+15.4)-(273+14.7) = 0.7$$

$$\Delta U = 3.3 - 3.9 = -0.6,\ \Delta Z = 2 - 3 = -1$$

$$\therefore\ Ri(\text{리차드슨수}) = \frac{9.8}{288.05}\left(\frac{0.7/-1}{(-0.6/-1)^2}\right) = -0.066 = -0.07$$

(2) 대기안정도 판별

위에서 리차드슨수가 −0.07이므로 대기안정도는 불안정상태이다.

Plus 이론학습

1. **리차드슨수**

   고도에 따른 풍속차와 온도차를 적용하여 산출해낸 무차원수로서 동적인 대기안정도를 판단하는 척도이며, 대류난류(자유대류)를 기계적 난류(강제대류)로 전환시키는 율을 측정한 것이다.

2. **대기안정도 판별**

   위에서 리차드슨수가 −0.07이므로 아래 표에서 알 수 있듯이 대기안정도는 '불안정'상태이며, '대류에 의한 혼합'이 '기계적에 의한 혼합'을 지배한다.

Ri (리차드슨수)	대기안정도
+0.01 이상	안정
+0.01 ~ −0.01	중립
−0.01 이하	불안정

Ri (리차드슨수)	특성
$Ri > 0.25$	수직방향의 혼합이 없음(수평상의 소용돌이 존재)
$0 < Ri < 0.25$	성층에 의해 약화된 기계적 난류 존재
$Ri = 0$	기계적 난류만 존재(수직방향의 혼합은 있음)
$-0.03 < Ri < 0$	기계적 난류와 대류가 존재하나 기계적 난류가 지배적임
$Ri < -0.04$	대류에 의한 혼합이 기계적에 의한 혼합을 지배함

※ (−)의 값이 커질수록 불안정도는 증가하며, 대류난류(자유대류)가 지배적인 상태가 된다.

07 ★

이산화황이 굴뚝을 통하여 배출된다. 포집관 직경은 100mm, 길이는 1m일 경우 최대 5분 수집한다고 하였을 때 1분 동안의 수집 유량(L/min)을 계산하시오. (단, 배출가스의 온도는 150℃, 펌프의 온도는 150℃이다.)

풀이 1분 동안 수집 유량

$$Q=\left(\frac{\pi}{4}D^2\times H\right)/t=\left(\frac{\pi}{4}\times(0.1\text{m})^2\times 1\text{m}\times\frac{1{,}000\text{L}}{\text{m}^3}\right)/5\text{min}=1.57\text{L/min}$$

08 ★★★

탄소 85%, 수소 14%, 황 1%인 중유 5kg을 공기비 1.2로 완전연소 시 필요한 실제 공기량(Sm^3)을 계산하시오.

풀이 이론적인 산소량(O_o)= 1.867C +5.6(H−O/8)+0.7S

$= 1.867\times0.85+5.6\times0.14+0.7\times0.01$

$= 2.38\,Sm^3/kg$

이론적인 공기량$(A_o)= O_o/0.21= 2.38/0.21= 11.33\,Sm^3/kg$

실제 공기량$(A)= mA_o= 1.2\times11.33= 13.596\,Sm^3/kg$

∴ 중유 5kg 연소 시 필요한 실제공기량 $= 13.596\,Sm^3/kg\times5\,kg= 67.98\,Sm^3$

09 ★★

황화수소(H_2S)가 5% 포함된 메탄을 공기비 1.05로 연소할 경우 건조연소가스 중의 SO_2 농도(ppm)를 계산하시오. (단, 황화수소는 모두 SO_2로 변환된다.)

풀이

- H_2S : 5%
  $H_2S+1.5O_2 \rightarrow SO_2+H_2O$
  황화수소 연소에 필요한 $O_o= 1.5\times0.05= 0.075$, $A_o= 0.075/0.21= 0.357$ mol/mol
- CH_4 : 95%
  $CH_4+2O_2 \rightarrow CO_2+2H_2O$: 95%
  메탄 연소에 필요한 $O_o= 2\times0.95= 1.9$, $A_o= 1.9/0.21= 9.048$ mol/mol
- 전체 공기량, $A_o= 0.357+9.048= 9.405$ mol/mol
- 건조연소가스량, G_{od} = 이론적인 질소량 + 과잉공기량 + 건조연소생성물
  $= mA_o+(m-1)A_o+CO_2+SO_2$
  $= (m-0.21)A_o+CO_2+SO_2$
  $= (1.05-0.21)\times9.405+0.95+0.05$
  $= 8.9$ mol/mol

$$\therefore\ SO_2=\frac{SO_2}{G_{od}}\times10^6=\frac{0.05}{8.9}\times10^6=5{,}617.98\text{ ppm}$$

10

★★

원심력집진장치에서 가스 유입속도를 2배로 증가시키고 입구 폭을 4배로 늘리면, 50% 효율로 집진되는 입자의 직경, 즉 Lapple의 절단직경($d_{p,50}$)은 처음에 비해 어떻게 변화되는지 쓰시오.

풀이

절단입경

$$d_{p,50} = \sqrt{\frac{9\mu W}{2\pi N_e V(\rho_p - \rho)}} \times 10^6$$

여기서, μ : 가스 점도, W : 유입구 폭

N_e : 유효회전수, V : 유입속도

ρ_p : 입자 밀도, ρ : 가스 밀도

$$d_{p,50} \propto \sqrt{\frac{W}{V}} = \sqrt{\frac{4}{2}} = \sqrt{2}$$

∴ 처음의 $\sqrt{2}$ 배로 변화된다.

11

★

전기집진장치는 먼지의 비저항값에 영향을 많이 받는다. 정상상태로 운영하기 위해서는 비저항값을 10^4~$10^{11}\Omega \cdot$cm를 유지해야 하는데 $10^4\Omega \cdot$ cm 이하일 경우와 $10^{11}\Omega \cdot$ cm 이상일 경우 각각 발생되는 현상을 쓰고, 방지대책을 1가지씩 쓰시오.

(1) 비저항값이 $10^4\Omega \cdot$ cm 이하일 경우
(2) 비저항값이 $10^{11}\Omega \cdot$ cm 이상일 경우

풀이

(1) 비저항값이 $10^4\Omega \cdot$cm 이하일 경우
- 현상 : 재비산현상 발생
- 방지대책
  ① 처리가스를 조절하거나, 집진극에 Baffle을 설치한다.
  ② 온도 및 습도를 조절한다.
  ③ 암모니아를 주입한다.
  ④ 처리가스의 속도를 낮춘다.
  (이 중 1가지 기술)

(2) 비저항값이 $10^{11}\Omega \cdot$cm 이상일 경우
- 현상 : 역전리현상 발생
- 방지대책
  ① 스파크의 횟수를 늘린다.
  ② 조습용 스프레이 수량을 증가시켜 겉보기 먼지 저항을 낮춘다.
  ③ 물, NH_4OH, 트리에틸아민, SO_3, 각종 염화물, 유분 등의 물질을 주입시킨다.
  ④ 입구 먼지 농도를 조절한다.
  ⑤ 부착된 먼지를 탈락시킨다.
  (이 중 1가지 기술)

12

★★★

C_mH_n을 연소시킬 경우 질량기준의 공연비(AFR)를 계산하시오. (단, $m : n = 1 : 1.85$)

풀이 $C_mH_n + (m + n/4)O_2 \rightarrow mCO_2 + n/2H_2O$, $n = 1.85m$ 이므로 편의상 $m = 1$로 가정하면, $n = 1.85$

$C_1H_{1.85} + (1 + 1.85/4)O_2 \rightarrow 1CO_2 + (1.85/2)H_2O$

$C_1H_{1.85} + 1.4625O_2 \rightarrow CO_2 + 0.925H_2O$

O_o(질량기준) $= 1.4625 \times 32 = 46.8$g/g

A_o(질량기준) $= 46.8/0.232 = 201.724$g/g

∴ AFR(질량기준) = 공기의 질량/연료의 질량

= 201.724/(12+1.85)

= 201.724/13.85

= 14.56

13

어떤 공장의 함진가스량은 1,000m³/hr이고, 먼지 농도는 10g/m³이다. 입자의 모양은 모두 구형이라고 가정할 때 중력집진장치의 먼지 총 제거효율(%) 및 먼지 총 제거량(kg)을 구하시오. (단, 가스 흐름은 층류상태이다.)

- 침강실 길이 : 0.6m
- 함진가스 수평속도 : 10cm/s
- 함진가스 밀도 : 0.06kg/m³
- 점성도 : 8.5×10^6kg/m·s
- 침강실 높이 : 1m
- 일 가동시간 : 10hr
- 먼지 밀도 : 200kg/m³
- 총 가동일수 : 30day

직경(μm)	30	50	70	90	100
중량 분율(%)	5%	25%	40%	20%	10%

풀이 (1) 먼지 총 제거효율(%)

중력집진장치의 제거효율

$$\eta(\%) = \frac{V_t \times L}{V_x \times H} \times 100$$

여기서, V_x : 수평이동속도(m/s), V_t : 종말침강속도(m/s)

L : 침강실 수평길이(m), H : 침강실 높이(m)

중력침강식

$$V_t = \frac{d_p^{\,2} \times (\rho_p - \rho) \times g}{18 \times \mu}$$

여기서, d_p : 먼지의 직경, μ : 가스의 점도(kg/m·s)

ρ_p : 먼지의 밀도(kg/m³), ρ : 가스의 밀도(kg/m³)

- 직경 30μm의 제거효율(%)

$$V_t = \frac{(30\times10^{-6})^2\times(200-0.06)\times9.8}{18\times(8.5\times10^{-6})} = 0.0115\,\text{m/s}$$

$$\eta(\%) = \frac{0.0115\times0.6}{0.1\times1}\times100 = 6.9\%$$

- 직경 50μm의 제거효율(%)

$$V_t = \frac{(50\times10^{-6})^2\times(200-0.06)\times9.8}{18\times(8.5\times10^{-6})} = 0.0320\,\text{m/s}$$

$$\eta(\%) = \frac{0.0320\times0.6}{0.1\times1}\times100 = 19.2\%$$

- 직경 70μm의 제거효율(%)

$$V_t = \frac{(70\times10^{-6})^2\times(200-0.06)\times9.8}{18\times(8.5\times10^{-6})} = 0.0628\,\text{m/s}$$

$$\eta(\%)\times100 = \frac{0.0628\times0.6}{0.1\times1}\times100 = 37.7\%$$

- 직경 90μm의 제거효율(%)

$$V_t = \frac{(90\times10^{-6})^2\times(200-0.06)\times9.8}{18\times(8.5\times10^{-6})} = 0.1037\,\text{m/s}$$

$$\eta(\%)\times100 = \frac{0.1037\times0.6}{0.1\times1}\times100 = 62.2\%$$

- 직경 100μm의 제거효율(%)

$$V_t = \frac{(100\times10^{-6})^2\times(200-0.06)\times9.8}{18\times(8.5\times10^{-6})} = 0.1281\,\text{m/s}$$

$$\eta(\%) = \frac{0.1281\times0.6}{0.1\times1}\times100 = 76.9\%$$

∴ 총 제거효율, $\eta_t = 5\times0.069+25\times0.192+40\times0.377+20\times0.622+10\times0.769 = 40.355\%$

(2) 먼지 총 제거량(kg)

$$\frac{1,000\,\text{m}^3}{\text{hr}}\bigg|\frac{10\,\text{g}}{\text{m}^3}\bigg|\frac{\text{kg}}{1,000\,\text{g}}\bigg|\frac{10\,\text{hr}}{\text{day}}\bigg|\frac{30\,\text{day}}{}\bigg|\frac{40.355}{100} = 1,210.65\,\text{kg}$$

14

처리효율이 70%인 공정을 이용하여 농도 2g/m^3, 유량 1,000m^3/hr인 오염물질을 처리하고자 한다. 세정액량이 2m^{3}이고 세정액의 농도가 10g/L일 경우 방류할 때 방류시간 간격(hr)을 계산하시오.

풀이

$$C = \frac{2\,\text{g}}{\text{m}^3}\bigg|\frac{1,000\,\text{m}^3}{\text{hr}}\bigg|\frac{}{2\,\text{m}^3}\bigg|\frac{1\,\text{m}^3}{1,000\,\text{L}}\bigg|\frac{70}{100} = 0.7\,\text{g/L}\cdot\text{hr}$$

$$\therefore \text{방류시간 간격} = \frac{10\,\text{g}}{\text{L}}\bigg|\frac{\text{L}\cdot\text{hr}}{0.7\,\text{g}} = 14.29\,\text{hr}$$

15

수소 4g, 염소 12g을 20L인 용기에 혼합시켰을 때 혼합기체의 압력(mmHg, 25℃)을 구하시오.

풀이 수소 4g = 4/2 = 2mol, 염소 12g = 12/71 = 0.169mol

혼합기체의 mol = 2+0.169 = 2.169mol

이상기체상태방정식
$PV = nRT$
여기서, P : 압력(atm), V : 부피(L)
n : 몰수(m/M), R : 기체상수
T : 절대온도(K)

$$R = \text{기체상수}\left(0.082\frac{\text{atm}\cdot\text{L}}{\text{mol}\cdot\text{K}},\ 8.314\frac{\text{J}}{\text{mol}\cdot\text{K}},\ 1.987\frac{\text{cal}}{\text{mol}\cdot\text{K}}\right)$$

$$P = \frac{2.169\times0.082\times(273+25)}{20} = 2.65\text{atm}$$

$$\therefore\ P = 2.65\text{atm}\times\frac{760\text{mmHg}}{\text{atm}} = 2{,}014\text{mmHg}$$

16

★★★

원심력집진장치에서 적용하는 블로다운(blow down) 효과에 대해 서술하시오.

풀이 ① 원심력집진장치 내의 난류 억제
② 포집된 먼지의 재비산 방지
③ 원심력집진장치 내의 먼지부착에 의한 장치폐쇄 방지
④ 집진효율 증대

17

★

SO_2을 포함한 배출가스 200,000Sm^3/hr를 탄산칼슘으로 처리하여 부산물로 석고($CaSO_4\cdot 2H_2O$)를 하루에 10ton씩 회수하였다. 이때 SO_2의 농도(ppm)를 계산하시오. (단, 탈황률은 98%이다.)

풀이

$$SO_2\ \text{발생량} = \frac{x(\text{mL})}{\text{m}^3}\left|\frac{98}{100}\right|\frac{200{,}000\text{m}^3}{\text{hr}}\left|\frac{\text{m}^3}{10^6\text{mL}}\right|\frac{24\text{hr}}{1\text{day}} = 4.704\times x(\text{m}^3)$$

$SO_2 + CaCO_3 + 2H_2O + 1/2O_2 \rightarrow CaSO_4\cdot 2H_2O + CO_2$

22.4m^3 : 172kg

$4.704\times x(\text{m}^3)$: 10,000kg

$$\therefore\ x(SO_2\ \text{농도}) = \frac{22.4\times10{,}000}{4.704\times172} = 276.85\text{ ppm}$$

18

★

요소를 이용하여 NO를 포함하는 가스 50,000m^3/hr를 환원시킬 때 NO 600ppm을 150ppm으로 줄이기 위해 필요한 요소의 양(kg/hr)을 계산하시오. (단, 요소의 질량백분율 : 20wt%, 반응온도 : 150℃, 요소의 분자량 : 60g/mol, 요소 1몰당 NO는 2몰 반응한다.)

풀이

$$\text{NO 발생량}(\text{Sm}^3/\text{hr}) = \frac{(600-150)\,\text{mL}}{\text{m}^3} \times \frac{50{,}000\,\text{m}^3}{\text{hr}} \times \frac{273\,\text{K}}{(273+150)\,\text{K}} \times \frac{\text{m}^3}{10^6\,\text{mL}}$$

$$= 14.52\,\text{Sm}^3/\text{hr}$$

$4NO + 2CO(NH_2)_2(\text{요소}) + O_2 \rightarrow 4N_2 + 2CO_2 + 4H_2O$

$2 \times 22.4\,\text{Sm}^3 : 60\,\text{kg}$

$14.52\,\text{Sm}^3 : x \times 0.2$

$$\therefore\ x(\text{요소량, kg/hr}) = \frac{60 \times 14.52}{0.2 \times 2 \times 22.4} = 97.23\,\text{kg/hr}$$

19

★★

굴뚝 배출가스의 유속을 피토관으로 측정하였다. 다음 조건일 때 배출가스 유량(m^3/min)을 계산하시오.

- 온도 : 120℃
- 동압 : 15mmH$_2$O
- 굴뚝의 직경 : 1.2m
- 배출가스 밀도 : 1.29kg/Sm^3
- 정압 : 10mmH$_2$O
- 피토관계수 : 0.85

풀이

유속(m/s)

$$V = C\sqrt{\frac{2gh}{\gamma}}$$

여기서, C : 피토관계수, h : 피토관에 의한 동압 측정치(mmH$_2$O)
g : 중력가속도(9.81m/s^2), γ : 굴뚝 내의 배출가스 밀도(kg/m^3)

$$\gamma = \frac{1.29\,\text{kg}}{\text{Sm}^3} \times \frac{273\,\text{K}}{(273+120)\,\text{K}} \times \frac{(10{,}332+10)\,\text{mmH}_2\text{O}}{10{,}332\,\text{mmH}_2\text{O}} = 0.897\,\text{kg/m}^3$$

$$V = 0.85 \times \sqrt{\frac{2 \times 9.8 \times 15}{0.897}} = 15.39\,\text{m/s} = 923.4\,\text{m/min}$$

$$Q = AV,\ A = \frac{\pi}{4}D^2$$

$$A = \frac{\pi}{4} \times 1.2^2 = 1.131\,\text{m}^2$$

$$\therefore\ Q = 1.131\,\text{m}^2 \times 923.4\,\text{m/min} = 1{,}044.37\,\text{m}^3/\text{min}$$

20

기상의 오염물질 A를 제거하는 흡수장치에서 다음과 같은 측정값을 얻었다. 기액 경계면에서 오염물질 A의 농도(kmol/m^3)를 계산하시오.

- 헨리상수(H) : 2.0kmol/m^3 · atm
- 기상 경계면에서의 물질전달계수(k_G) : 3.2kmol/m^2 · hr · atm
- 액상 경계면에서의 물질전달계수(k_L) : 0.7m/hr
- 기상에서의 오염물질 A의 분압(P_A) : 114mmHg
- 액상에서의 오염물질 A의 농도(C_A) : 0.1kmol/m^3

풀이

오염물질 A의 Flux

$N_A = k_G(P_A - P_{A,i}) = k_L(C_{A,i} - C_A)$

여기서, P_A : 기상에서의 오염물질 A의 분압, C_A : 액상에서의 오염물질 A의 농도

$P_{A,i}$: 경계면에서의 오염물질 A의 분압, $C_{A,i}$: 경계면에서의 오염물질 A의 농도

k_G : 기상 경계면에서의 물질전달계수, k_L : 액상 경계면에서의 물질전달계수

헨리의 법칙

$P = H \times C$

여기서, P : 압력, H : 헨리상수, C : 농도

$k_G(P_A - P_{A,i}) = k_L(C_{A,i} - C_A)$와 헨리의 법칙$\left(P = \dfrac{C}{H}\right)$을 적용하면

$k_G\left(P_A - \dfrac{C_{A,i}}{H}\right) = k_L(C_{A,i} - C_A)$, $3.2 \times \left(\dfrac{114}{760} - \dfrac{C_{A,i}}{2}\right) = 0.7 \times (C_{A,i} - 0.1)$

$0.48 - 1.6C_{A,i} = 0.7C_{A,i} - 0.07$

$2.3C_{A,i} = 0.55$

$\therefore\ C_{A,i} = 0.24\,\text{kmol/m}^3$

Plus 이론학습 **오염물질**

오염물질은 농도의 차이에 의해 이동되며, 이를 Flux로 나타낼 수 있다. 또한 기상에서 경계면으로 이동하는 오염물질의 양은 경계면에서 액상으로 이동하는 오염물질의 양과 같다(이중격막설, Two Film Theory). 이를 식으로 표현한 것이 위의 식이다.

2021 제4회 대기환경기사 필답형 기출문제

01

★

휘발유 자동차에서 사용하는 삼원촉매장치에 대한 다음 물음에 답하시오.

(1) 사용하는 삼원촉매를 3가지 쓰시오.
(2) 제거되는 오염물질을 3가지 쓰시오.

풀이 (1) 백금(Pt), 파라듐(Pd), 로듐(Rh)
(2) NO_x, HC, CO

Plus 이론학습

1. **CO, HC 산화**
   - 백금(Pt), 파라듐(Pd) 촉매 이용
   - 산소 필요
2. **NO_x 환원**
   - 로듐(Rh) 촉매 이용
   - CO, HC, H_2 필요

02

★★★

탄소 87%, 수소 10%, 황 3%인 중유의 $(CO_2)_{max}$(%)를 계산하시오. (단, 표준상태, 건조가스 기준이다.)

풀이

$O_o = 1.867C + 5.6(H - O/8) + 0.7S$

$= 1.867 \times 0.87 + 5.6 \times 0.1 + 0.7 \times 0.03$

$= 2.2053\text{m}^3/\text{kg}$

$A_o = O_o/0.21 = 2.2053/0.21 = 10.5014\text{m}^3/\text{kg}$

$G_{od} = A_o - 5.6H + 0.7O + 0.8N$

$= 10.5014 - 5.6 \times 0.1$

$= 9.9414\text{m}^3/\text{kg}$

$$\therefore\ (CO_2)_{max} = \frac{CO_2}{G_{od}} \times 10^2 = \frac{1.867C}{G_{od}} \times 10^2 = \frac{1.867 \times 0.87}{9.9414} \times 10^2 = 16.34\%$$

2021

03

★★★

탄소 85%, 수소 15%의 경유 1kg을 공기과잉계수 1.1로 연소했더니 탄소 1%가 검댕(그을음)으로 되었다. 건조연소가스 $1Sm^3$ 중의 검댕(그을음)의 농도(ppm)는 얼마인지 계산하시오. (단, 검댕의 밀도는 2g/mL이다.)

풀이

$O_o = 1.867C + 5.6(H - O/8) + 0.7S$

$= 1.867 \times 0.85 + 5.6 \times 0.15$

$= 2.427\,m^3/kg$

$A_o = O_o/0.21 = 2.427/0.21 = 11.557\,m^3/kg$

$m = 1.1$

$G_d = mA_o - 5.6H + 0.7O + 0.8N$

$= 1.1 \times 11.557 - 5.6 \times 0.15$

$= 11.8727\,m^3/kg$

검댕의 발생량 = $1kg \times 0.85 \times 0.01 = 0.0085\,kg$

검댕의 양 $= \dfrac{0.0085\,kg \mid mL \mid 10^3 g \mid 1\,m^3}{\quad \mid 2g \mid 1kg \mid 10^6 mL} = 4.25 \times 10^6\,m^3$

∴ 검댕의 농도 $= \dfrac{4.25 \times 10^{-6}}{11.8727} \times 10^6 = 0.36\,ppm$

04

★

등가비가 1에서 1.1로 변하였을 경우, 배출가스 중 CO와 NO_x의 농도는 증가/감소 하는지 쓰고, 그 이유를 서술하시오.

풀이

등가비

$\phi = \dfrac{(\text{실제연료량/산화제})}{(\text{완전연소를 위한 이상적인 연료량/산화제})}$

ϕ가 1.11로 1보다 큰 경우($\phi > 1$), 연료 과잉으로 불완전연소에 의해 CO와 HC는 증가하나 NO_x의 배출량은 감소한다.

Plus 이론학습 **등가비(Equivalence Ratio)**

- $\phi=1$ 경우는 완전연소. 연료와 산화제의 혼합이 이상적이다.
- $\phi<1$ 경우는 공기 과잉. 완전연소에 가까우나 NO_x 생성량이 증가된다.
- 공기비$(m)=1/\phi$

05

★

함량이 CH_4 90%, CO_2 5%, O_2 3%, N_2 2%인 기체연료를 10Sm^3/Sm^{3}의 공기량으로 연소시켰을 때 공기비를 구하시오. (단, 표준상태이다.)

풀이 이론산소량(O_o) $= (m + n/4)C_mH_n + 0.5H_2 + 0.5CO - O_2$

CH_4의 이론산소량(O_o) $= 2\times 0.90$

O_2의 이론산소량(O_o) $= 1\times 0.03$

CO_2와 N_2는 산소가 필요 없다. 그러므로,

기체연료의 이론산소량(O_o) $= 2\times 0.90 - 1\times 0.03 = 1.77$ Sm^3/Sm^3

기체연료의 이론공기량(A_o) $= O_o/0.21 = 1.77/0.21 = 8.43$ Sm^3/Sm^3

기체연료의 실제공기량(A) $= 10$ Sm^3/Sm^3

$A = mA_o = m\times 8.43 = 10$ ∴ 공기비(m) $= 1.19$

06

★

가로 1.5m, 세로 2.5m, 높이 3.0m인 연소실에서 저위발열량 10,000kcal/kg의 중유를 1시간에 100kg 연소시키고 있다. 이때 연소실의 열발생률(kcal/m^3 · hr)을 구하시오.

풀이

연소부하율 또는 열발생률(kcal/m^3 · hr) = 단위시간, 단위연소실 용적당 발생하는 열량

$$= \frac{\text{발생열량}(Q)}{\text{연소실 용적}(V)} = \frac{W(\text{kg/hr}) \times \text{LHV}(\text{kcal/kg})}{V(\text{m}^3)}$$

여기서, 발생열량(Q)은 저위발열량(kcal/kg)에 폐기물 소각량(kg/hr)을 곱한 값이다.

$$\therefore \text{연소실의 열발생률} = \frac{100\,\text{kg/hr} \times 10{,}000\,\text{kcal/kg}}{(1.5\times 2.5\times 3.0)\,\text{m}^3} = 88{,}888.89\,\text{kcal/m}^3\cdot\text{hr}$$

07

★★

옥테인의 연소에 관한 다음 물음에 답하시오.

(1) 질량기준 이론공연비를 계산하시오. (단, 공기의 평균분자량은 29g/mol이다.)
(2) 옥테인을 연소할 경우 질량기준 공연비가 5라면, 옥테인의 연소상태는 어떻게 되는지 쓰시오.

풀이 (1) $C_8H_{18} + \left(8 + \frac{18}{4}\right)O_2 \rightarrow 8CO_2 + \frac{18}{2}H_2O$

$O_o = 12.5\text{mol}$, $A_o = O_o/0.21 = 12.5/0.21 = 59.524\,\text{mol} = 59.524\,\text{mol} \times \frac{29\,\text{g}}{1\,\text{mol}} = 1{,}726.2\,\text{g}$

C_8H_{18}(옥테인)의 분자량 = 114 kg

$$\therefore \text{질량기준 AFR} = \frac{1{,}726.2\,\text{kg}}{114\,\text{kg}} = 15.14$$

(2) (1)에서 구한 이론적인 공연비보다 작으므로 '불완전연소'가 발생된다.

08

원형 덕트의 직경이 2배가 될 때, 압력손실은 어떻게 변하는지 쓰시오. (단, 직경을 제외한 다른 변수는 모두 일정하다.)

풀이

$V = \frac{Q}{A} = \frac{4Q}{\pi D^2}$ 이므로 $V \propto \frac{1}{D^2}$

원형 덕트의 압력손실$(\Delta P) = 4f \times \frac{L}{D} \times \frac{\gamma \times V^2}{2g}$ 에서 $\Delta P \propto \frac{V^2}{D} \propto \frac{\left(\frac{1}{D^2}\right)^2}{D} \propto \frac{1}{D^5}$

$\Delta P_1 : \frac{1}{D_1^5} = \Delta P_2 : \frac{1}{D_2^5}$, $1 : \frac{1}{1^5} = \Delta P_2 : \frac{1}{2^5}$, $\Delta P_2 = \frac{1}{2^5}$

즉, 처음보다 1/32배 감소한다.

09

★★★

40μm인 먼지의 침강속도가 1.5m/s일 경우 20μm인 먼지를 중력집진장치로 100% 처리한다면 침강실의 높이(m)는 얼마인지 구하시오. (단, 중력집진장치 침강실의 길이는 8m이고, 유입속도는 2m/s이며, 층류이다.)

풀이

$V_t = \frac{d_p^{\,2}(\rho_p - \rho)g}{18\,\mu}$

여기서, d_p : 먼지의 입경, μ : 가스의 점도, ρ_p : 먼지의 밀도

ρ : 가스의 밀도, g : 중력가속도

위의 식에서 $V_t \propto d_p^{\,2}$이므로 $40^2 : 1.5 = 20^2 : V_t$

$V_t = \frac{20^2 \times 1.5}{40^2} = 0.375\,\text{m/s}$

$\eta = \frac{V_t\, L}{V_g\, H}$

여기서, V_g : 수평 이동속도, V_t : 침강속도

L : 침강실 수평길이, H : 침강실 높이

한편, 위의 식에서 $1 = \frac{0.375 \times 8}{2 \times H}$

$\therefore\ H = 1.5\,\text{m}$

10

★

직경이 20μm인 구형 입자가 침강할 때 침강속도(m/s)와 항력(N)을 계산하시오. (단, 아래 조건을 기준으로 한다.)

- 공기의 점도(μ) : 1.5×10^{-5}kg/m·s
- 커닝햄 보정계수(C_f) : 1.0
- 입자의 밀도(ρ_p) : 2,000kg/m^3
- 공기의 밀도(ρ_a) : 1.3kg/m^3

풀이 (1) 침강속도(m/s)

$$V_t=\frac{{d_p}^2(\rho_p-\rho)g}{18\mu}$$

여기서 d_p : 입자의 입경, μ : 공기의 점도, ρ_p : 입자의 밀도
ρ : 공기의 밀도, g : 중력가속도

$$\therefore\ V_t=\frac{(20^2\times10^{-12})\times(2,000-1.3)\times9.8}{18\times(1.5\times10^{-5})}=0.03\text{m/s}$$

(2) 항력(N)

$$F_d=3\pi\times\mu\times d_p\times V_t$$

여기서, μ : 공기의 점도, d_p : 입자의 직경, V_t : 침강속도

$$\therefore\ F_d=3\pi\times(1.5\times10^{-5})\times(20\times10^{-6})\times0.03$$
$$=8.48\times10^{-11}\text{kg}\cdot\text{m/s}^2$$
$$=8.48\times10^{-11}\text{N}$$

11

★★

처리가스량 30,000Sm^3/hr, 압력손실 300mmH_2O, 1일 12시간 운전하는 집진장치의 연간 동력비는 2,500만원이다. 처리가스량 20,000Sm^3/hr, 압력손실 200mmH_2O일 때 이 장치의 연간 동력비(원)를 계산하시오. (단, 효율은 동일하다.)

풀이

$$\text{송풍기 동력(kW)}=\frac{\Delta P\times Q}{6,120\times\eta_s}\times\alpha$$

여기서, ΔP : 압력손실(mmH_2O)
Q : 흡인유량(m^3/min)
η_s : 송풍기효율
α : 여유율

위 식에서 알 수 있듯이 송풍기 동력(kW) $\propto$ $\Delta P\times Q$ $\propto$ 연간 동력비

(30,000m^3/hr×300mmH_2O) : 2,500만원 = (20,000m^3/hr×200mmH_2O) : x만원

$$\therefore\ x\text{만원}=\frac{20,000\times200\times2,500}{30,000\times300}=1,111.11\text{만원}$$

2021

12 ★

Venturi Scrubber의 장치 사양이 아래와 같을 때 노즐 직경(mm)을 계산하시오.

- 목부 직경(D_t) : 0.22m
- 노즐 개수(n) : 6개
- 수압(P) : 2atm
- 액가스비(L) : 0.5L/m^3
- 목부 유속(V) : 60m/s

풀이

$$n \times \left(\frac{d}{D_t}\right)^2 = \frac{V_t \times L}{100\sqrt{P}}$$

여기서, n : 노즐 개수, d : 노즐 직경(m)
D_t : 목부 직경(m), V_t : 유속(m/s)
L : 액가스비(L/m^3), P : 수압(mmH_2O)

$$6 \times \left(\frac{d}{0.22}\right)^2 = \frac{60 \times 0.5}{100\sqrt{2 \times 10{,}000}}$$

이를 d에 대해서 정리하면

$\therefore\ d = 4.14 \times 10^{-3}\text{m} = 4.14\text{mm}$

13 ★

흡착법에 사용되는 Freundlich 등온흡착식과 Langmuir 등온흡착식을 적으시오.

풀이 (1) Freundlich 등온흡착식(실험식)

$$\frac{X}{M} = kC^{1/n}$$

여기서, X : 흡착된 흡착질의 질량
M : 흡착제의 질량
C : 흡착질의 평형농도
k 및 n : 상수

(2) Langmuir 등온흡착식(by Irving Langmuir in 1916)

$$\frac{X}{M} = \frac{abC}{1+aC}$$

여기서, X : 흡착된 흡착질의 질량
M : 흡착제의 질량
C : 흡착질의 평형농도
a 및 b : 상수

14

★★

원심력집진장치를 다음과 같이 변화시키는 경우 "증가/감소/불변" 중 괄호 안에 들어갈 알맞은 것을 적으시오.

(1) 블로다운 시, 효율은 (　　)한다.
(2) 입구의 직경이 작을수록, 효율은 (　　)한다.
(3) 유속이 증가할수록, 효율은 (　　)한다.
(4) 먼지 밀도가 클수록, 효율은 (　　)한다.
(5) 원통 직경이 클수록, 효율은 (　　)한다.

풀이 (1) 증가
(2) 증가
(3) 증가
(4) 증가
(5) 감소

15

★★★

NO 2,000ppm을 함유한 배출가스 10,000Sm³/hr를 NH_3에 의한 선택적 접촉환원법으로 NO가 20% 남을 때까지 처리했다. 이 경우 NO_x를 제거하기 위한 NH_3의 이론량(mol/hr)을 계산하시오. (단, 산소는 공존하지 않는다.)

풀이

$$\text{NO 제거량} = \frac{2{,}000\,\text{mL}}{\text{m}^3}\left|\frac{10{,}000\,\text{m}^3}{\text{hr}}\right|\frac{\text{m}^3}{10^6\,\text{mL}}\left|\frac{(100-20)}{100}\right. = 16\,\text{m}^3/\text{hr}$$

$6NO + 4NH_3 \rightarrow 5N_2 + 6H_2O$

$6 \times 22.4\,\text{m}^3 : 4 \times 17\,\text{kg}$

$16\,\text{m}^3 : x$

$$x = \frac{4 \times 17 \times 16}{6 \times 22.4} = 8.09524\,\text{kg/hr} = 8{,}095.24\,\text{g/hr}$$

단위를 변환하면

$$\left(8{,}095.24\text{g} \times \frac{\text{mol}}{17\text{g}}\right)/\text{hr} = 476.2\,\text{mol/hr}$$

16

★★

충전탑에서 주로 사용되는 다음의 용어를 각각 설명하시오.

(1) Hold up
(2) Loading Point
(3) Flooding Point

풀이 (1) 홀드업(Hold up) : 흡수액을 통과시키면서 가스 유속을 증가시킬 때, 충전층 내의 액 보유량이 증가하는 것(충전층 내의 액 보유량을 의미)
(2) 로딩점(Loading Point) : Hold up 상태에서 계속해서 유속을 증가하면 액의 Hold up이 급격하게 증가하게 되는 점(압력손실이 급격하게 증가되는 첫 번째 파과점을 의미)
(3) 플로딩점(Flooding Point) : Loading Point를 초과하여 유속을 계속적으로 증가하면 Hold up이 급격히 증가하고 가스가 액 중으로 분산 범람하게 되는 점(액이 비말동반을 일으켜 흘러넘쳐 향류 조작 자체가 불가능한 두 번째 파과점을 의미)

17

★

0.05M NaOH 15mL로 SO_2를 완전히 제거하려고 한다. 이때 제거되는 SO_2의 부피(mL)를 계산하시오. (단, 배출가스 온도 60℃, 압력 760mmHg)

풀이

$$\text{NaOH} = \frac{0.05\,\text{mol}}{\text{L}} \times 15\,\text{mL} \times \frac{22.4\,\text{L}}{\text{mol}} \times \frac{(273+60)\,\text{K}}{273\,\text{K}} = 20.49\,\text{mL}$$

$SO_2 + 2NaOH \rightarrow Na_2SO_3 + H_2O$

1 mol : 2 mol

x : 20.49 mL

$$\therefore\ x(SO_2) = \frac{1\times 20.49}{2} = 10.245\,\text{mL}$$

18

습식 배연탈황법 중 석회석 세정법을 이용하여 황산화물을 처리할 때 발생하는 Scale 생성 방지대책 3가지를 적으시오.

풀이 ① 순환세정수의 pH 값의 변동을 적게 한다.
② 탑 내에 세정수를 주기적으로 분사한다.
③ 배출가스와 슬러리 분배를 적절하게 유지한다.
④ 슬러리의 석고 농도를 5% 이상 유지하여 석고의 결정화를 촉진시킨다.
⑤ 탑 내에 내장물을 가능한 한 설치하지 않는다.
⑥ 흡수액의 양을 증가하여 탑 내에서의 결착을 방지한다.
(이 중 3가지 기술)

19

CH₄ 0.5Sm³, C₃H₈ 0.5Sm³인 혼합기체를 연소시킬 때 CH₄, C₃H₈의 저위발열량이 각각 8,600kcal/m³, 22,400kcal/m³였고, 연료와 공기는 20℃에서 공급된다. CO₂, H₂O(g), N₂의 평균 정압 몰비열은 각각 13.1kcal/kmol · ℃, 10.5kcal/kmol · ℃, 8.0kcal/kmol · ℃일 때 연료의 이론 연소온도(℃)를 계산하시오.

풀이

$$t_1 = \frac{H_l}{G_{ow} \times C_p} + t_2(℃)$$

여기서, H_l : 연료의 저위발열량(kcal/Sm^3)

G_{ow} : 이론습연소가스량(Sm^3/Sm^3)

C_p : G_{ow}의 평균 정압비열(kcal/Sm^3 · ℃)

t_1 : 연소온도(℃)

t_2 : 실제온도. 즉, 연소용 공기 및 연료의 공급온도(℃)

$CH_4 + 2O_2 \rightarrow CO_2 + 2H_2O$

0.5 : 1 : 0.5 : 1

$C_3H_8 + 5O_2 \rightarrow 3CO_2 + 4H_2O$

0.5 : 2.5 : 1.5 : 2

$O_o = 3.5\text{Sm}^3/\text{Sm}^3$, $A_o = 3.5/0.21 = 16.67\text{Sm}^3/\text{Sm}^3$

이론적 질소량$(0.79A_o) = 0.79 \times 16.67 = 13.17\text{Sm}^3/\text{Sm}^3$

$G_{ow} = CO_2 + H_2O +$ 이론적 질소량$(0.79A_o)$

$= 2 + 3 + 13.17 = 18.17\text{Sm}^3/\text{Sm}^3$

(11.0%) (16.5%) (72.5%) = (100%)

CO_2의 $C_p = 13.1\text{kcal/kmol} \cdot ℃ = 0.585\text{kcal/Sm}^3 \cdot ℃$

$H_2O(g)$의 $C_p = 10.5\text{kcal/kmol} \cdot ℃ = 0.469\text{kcal/Sm}^3 \cdot ℃$

N_2의 $C_p = 8.0\text{kcal/kmol} \cdot ℃ = 0.357\text{kcal/Sm}^3 \cdot ℃$

G_{ow}의 $C_p = 0.585 \times 0.11 + 0.469 \times 0.165 + 0.357 \times 0.725 = 0.40\text{kcal/Sm}^3 \cdot ℃$

$H_l = 8,600 \times 0.5 + 22,400 \times 0.5 = 15,500\text{kcal/m}^3$

$t_2 = 20℃$

$$\therefore\ t_1 = \frac{15,500}{18.17 \times 0.4} + 20 = 2,152.64℃$$

20

★★★

특정발생원에서 일정한 굴뚝을 거치지 않고 외부로 비산되는 먼지를 고용량 공기시료채취법으로 측정한 결과 다음과 같은 자료를 얻었다. 이때 비산먼지의 농도(mg/m^3)는 얼마인지 계산하시오.

- 채취먼지량이 가장 많은 위치에서의 먼지 농도 : $60mg/m^3$
- 대조위치에서 먼지 농도 : $0.3mg/m^3$
- 전 시료채취 기간 중 주풍향이 90° 이상 변하고, 풍속이 0.5m/s 미만 또는 10m/s 이상 되는 시간이 전 채취시간의 50% 이상이다.

풀이

비산먼지 농도

$C = (C_H - C_B) \times W_D \times W_S$

여기서, C_H : 채취먼지량이 가장 많은 위치에서의 먼지 농도(mg/m^3)

C_B : 대조위치에서의 먼지 농도(mg/m^3)

(단, 대조위치를 선정할 수 없는 경우에 C_B는 $0.15mg/m^3$로 함)

W_D, W_S : 풍향, 풍속 측정결과로부터 구한 보정계수

$\therefore\ C = (60-0.3) \times 1.5 \times 1.2 = 107.46mg/m^3$

Plus 이론학습

1. **풍향에 대한 보정**

풍향 변화범위	보정계수 (W_D)
전 시료 채취기간 중 주풍향이 90° 이상 변할 때	1.5
전 시료 채취기간 중 주풍향이 45~90° 변할 때	1.2
전 시료 채취기간 중 풍향이 변동 없을 때(45° 미만)	1.0

2. **풍속에 대한 보정**

풍속 변화범위	보정계수 (W_S)
풍속이 0.5m/s 미만 또는 10m/s 이상 되는 시간이 전 채취시간의 50% 미만일 때	1.0
풍속이 0.5m/s 미만 또는 10m/s 이상 되는 시간이 전 채취시간의 50% 이상일 때	1.2

2022 제 1 회

대기환경기사 필답형 기출문제

01 ★

광화학스모그의 대표적인 원인물질과 생성되기 좋은 기후조건을 쓰시오.

풀이 (1) 대표적인 원인물질
질소산화물과 탄화수소류(특히, 휘발성유기화합물)
(2) 생성되기 좋은 기후조건
① 기온이 25℃ 이상이고, 상대습도가 75% 이하일 때
② 기압 경도가 완만하여 풍속 4m/s 이하의 약풍이 지속될 때
③ 시간당 일사량이 $5MJ/m^2$ 이상으로 일사가 강할 때
④ 대기가 안정하고, 전선성 혹은 침강성의 역전이 존재할 때

Plus 이론학습 **광화학스모그**
- 광화학스모그란 질소산화물과 탄화수소류가 햇빛에 의해서 광화학반응을 일으켜 2차 오염물질(O_3, PAN)들이 생성되어 시계가 뿌옇게 보이는 현상이다.
- 광화학스모그는 일반적으로 일사량 및 기온에 비례하여 증가하고, 상대습도 및 풍속에 반비례하여 감소하는 경향을 보인다.

02 ★

대도시에서 탄화수소, NO_2, NO, O_3의 오전 4시부터 오후 6시까지의 시간 변화에 대한 그래프를 그리시오. (단, 각 물질 농도의 최고점이 구별되도록 표기하시오.)

풀이

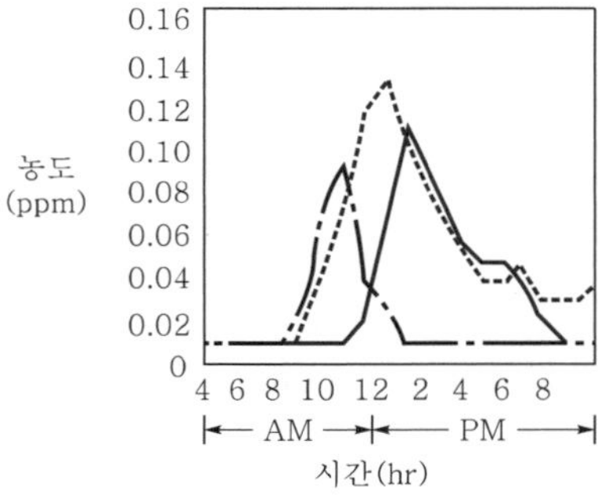

여기서, A : NO
B : NO_2
C : O_3

03

★

실내 대기오염물질 중 석면에 대한 다음 물음에 답하시오.

(1) 청석면, 갈석면, 백석면을 독성(발암성)이 강한 순서로 쓰시오. (단, 왼쪽물질의 독성이 더 강함)
(2) 석면으로 인해 인체에 나타나는 증상을 2가지 쓰시오.

풀이 (1) 청석면(Crocidolite) > 갈석면(Amosite) > 백석면(Chrysotile)(색깔이 진한 순)
(2) 석면폐증, 폐암, 악성중피종, 피부질환 등
(이 중 2가지 기술)

Plus 이론학습 **석면**
- 일반적인 특성 : 불연성, 방부성, 단열성, 전기절연성, 내마모성, 고인장성, 유연성 등
- 석면폐증 : 석면 분진이 폐에 들러붙어 폐가 딱딱하게 굳는 섬유화가 나타나는 질병이다.

04

★★★

메탄 고위발열량이 9,500kcal/Sm^{3}일 때, 저위발열량(kcal/Sm^3)을 구하시오. (단, 수증기의 증발잠열은 480kcal/Sm^{3}이다.)

풀이

저위발열량(LHV)=고위발열량(HHV) − 수증기의 증발잠열

기체연료 : $LHV = HHV - 480(H_2 + 2CH_4 + \cdots)$[kcal/m^3]

$CH_4 + 2O_2 \rightarrow CO_2 + 2H_2O$

$\therefore\ LHV = 9,500 - 480 \times 2 = 8,540\,kcal/m^3$

Plus 이론학습 **고체 및 액체 연료의 저위발열량 계산식**

$LHV = HHV - 600(9H + W)$[kcal/kg]

05

★★★

공기를 사용하여 프로판(C_3H_8)을 완전연소 시킬 때 건조연소가스 중의 $(CO_2)_{max}$(%)를 계산하시오.

풀이 $C_3H_8 + 5O_2 \rightarrow 3CO_2 + 4H_2O$

1 : 5 : 3 : 4

O_o(이론적인 산소량) $= 5\,m^3$

A_o(이론적인 공기량) $= O_o/0.21 = 5/0.21 = 23.81\,m^3$

G_{od}(이론적인 건조연소가스량) $= 3 +$ 이론적인 질소량 $(0.79A_o) = 3 + 0.79 \times 23.81 = 21.81\,m^3$

$$\therefore\ (CO_2)_{max} = \frac{CO_2}{G_{od}} \times 10^2 = \frac{3}{21.81} \times 10^2 = 16.76\%$$

06

★

황 함량이 2.5%인 B-C유를 시간당 2kL 연소할 때, 시간당 발생하는 SO_2 양(m^3/hr)을 계산하시오. (단, B-C유의 비중은 0.9, 배출가스의 온도는 600℃이다.)

풀이

시간당 황(S)의 발생량 $= \frac{2\,kL}{hr} \left| \frac{0.9\,kg}{L} \right| \frac{1{,}000\,L}{1\,kL} \left| \frac{2.5}{100} \right. = 45\,kg/hr$

$S + O_2 \rightarrow SO_2$

32kg : 22.4Sm^3

45kg : x

$$x(SO_2) = \frac{45 \times 22.4}{32} = 31.5\,Sm^3/hr$$

온도보정을 하면

$$31.5\,Sm^3/hr \times \frac{(273+600)\,K}{273\,K} = 100.73\,m^3/hr$$

07

★★

질소산화물을 접촉환원법으로 처리할 때 사용하는 환원성 기체 3가지를 쓰시오. (단, CO는 제외한다.)

풀이 H_2, NH_3, H_2S

Plus 이론학습

NO와 환원제와의 반응식

- H_2 : $2NO + 2H_2 \rightarrow N_2 + 2H_2O$
- NH_3 : $6NO + 4H_3 \rightarrow 5N_2 + 6H_2O$
- H_2S : $2NO + 2H_2S \rightarrow N_2 + 2H_2O + 2S$
- CO : $2NO + 2CO \rightarrow N_2 + 2CO_2$

08

★★★

배출가스량 360m^3/min, 농도 6g/Sm^3인 먼지를 유효높이 2.5m, 직경 200mm인 Bag filter를 사용하여 처리할 경우, 필요한 Bag filter의 개수를 구하시오. (단, 여과속도는 1.5cm/s이다.)

풀이

1개 Bag의 공간 = 원의 둘레($2\pi R$)×높이(H)×겉보기 여과속도(V_t)

$$V_t = \frac{1.5\,cm}{sec} \left| \frac{60\,sec}{1\,min} \right| \frac{1\,m}{100\,cm} = 0.9\,m/min$$

1개 Bag의 공간 = $2 \times \pi \times 0.1\,m \times 2.5\,m \times 0.9\,m/min = 1.4137\,m^3/min$

∴ 필요한 백의 수 = 360/1.4137 = 254.6개 → 최종 255개 필요

09

★★★

몸통 직경(D_o) 1m인 원심력집진장치에서 2Sm³/s의 함진가스를 처리하고자 한다. 다음 조건을 기준으로 물음에 답하시오.

- 처리가스의 점도 : 1.85×10^{-5}kg/m · s
- 입구의 높이 : $D_o/2$
- 공기의 밀도 : 1.3kg/Sm³
- 처리입자의 밀도 : 1.8g/cm³
- 입구의 폭 : $D_o/4$

(1) 원심력집진장치의 유입속도(m/s)
(2) 유효회전수가 5일 때 절단직경(μm)

풀이 (1)

유입속도

$$V_t = \frac{Q}{A}$$

여기서, Q : 가스량, A : 면적

$$\therefore\ V_t = \frac{2}{0.5 \times 0.25} = 16\,\text{m/s}$$

(2)

절단직경

$$d_{p,50}(\mu\text{m}) = \sqrt{\frac{9\mu_g W}{2\pi N V_t(\rho_p - \rho_g)}} \times 10^6$$

여기서, W : 유입구 폭, N : 유효 회전수
μ_g : 가스의 점도, V_t : 유입속도
ρ_p : 입자의 밀도, ρ_g : 가스의 밀도

먼지 밀도, $\rho_p = \frac{1.8\,\text{g}}{\text{cm}^3} \left| \frac{1\,\text{kg}}{1{,}000\,\text{g}} \right| \frac{(100)^3\text{cm}^3}{1\,\text{m}^3} = 1{,}800\,\text{kg/m}^3$

$n = 5$

$$\therefore\ d_{p,50} = \sqrt{\frac{9 \times (1.85 \times 10^{-5}) \times 0.25}{2 \times \pi \times 5 \times 16 \times (1{,}800 - 1.3)}} \times 10^6 = 6.79\mu\text{m}$$

10

★

환경대기 중 미세먼지(PM-10) 분석방법인 베타선법에 대해 설명하시오.

풀이 베타선을 방출하는 베타선원으로부터 조사된 베타선이 필터 위에 채취된 먼지를 통과할 때 흡수되는 베타선의 세기를 비교 측정하여 대기 중 미세먼지(PM−10)의 질량농도를 측정하는 방법이다. 측정결과는 상온상태(20℃, 1기압)로 환산된 미세먼지의 단위부피당 질량농도(μg/m³)로 나타낸다.

2022

11

★★★

전기집진장치의 집진효율을 증가시키는 방법 6가지를 서술하시오.

풀이

① 먼지의 전기비저항치를 적절하게 유지한다(10^4~10^{11}Ω−cm).
② 집진장치 내의 전류밀도를 안정적으로 유지한다.
③ 처리가스의 온도를 150℃ 이하 또는 250℃ 이상으로 조절한다.
④ 처리가스의 수분 함량을 증가시킨다.
⑤ 황 함량을 높인다.
⑥ 처리가스의 유속을 낮춘다.
⑦ 재비산현상 발생 시 배출가스 처리속도를 작게 한다.
⑧ 역전리현상 발생 시 고압부상의 절연회로를 점검 및 보수한다.
⑨ 집진면적(높이와 길이의 비 > 1)을 증가시킨다.
⑩ 집진극은 열부식에 대한 기계적 강도, 포집먼지의 재비산 방지 또는 탈진 시 충격 등에 유의해야 한다.
⑪ 코로나 방전이 잘 형성되도록 방전봉을 가늘고 길게 하는 것이 좋지만 단선 방지가 중요함으로 진동에 대한 강도 및 충격 등에 유의해야 한다.
⑫ 입자의 겉보기 이동속도를 빠르게 한다.
(이 중 6가지 기술)

12

★★

전기집진장치에서 가로 10m, 세로 10m인 집진판 2개를 사용하여 함진가스를 99%의 효율로 처리한다. 함진가스의 유량이 150m³/min일 때 이론적인 입자 이동속도(m/min)를 구하시오.

풀이

Deutsch−Anderson 식

$$\eta = 1 - e^{\left(-\frac{AW_e}{Q}\right)}$$

여기서, A : 집진면적(m^2)
W_e : 입자의 이동속도(m/s)
Q : 가스 유량(m^3/s)

$A = (10\,m \times 10\,m) \times 2$

$Q = 150\,m^3/min$

$\eta = 1 - e^{\left(-\frac{AW_e}{Q}\right)}$에서 $0.99 = 1 - e^{\left(-\frac{(10\times10)\times2\times W_e}{150}\right)}$

$-1.333\,W_e = -4.605$

$\therefore\ W_e = 3.455\,m/min$

13

★★★

10개의 Bag을 사용한 여과집진장치에서 집진효율이 98%, 입구의 먼지 농도는 10g/m^3였다. 가동 중 장치에 장애가 발생하여 전체 처리가스량의 1/5이 그대로 통과하였다면 출구의 먼지 농도(g/Sm^3)는 얼마인지 구하시오.

풀이 처리가스량 중 4/5의 출구 먼지 농도(g/Sm^3) = 10×(4/5)×(1−0.98) = 0.16g/Sm^3
처리가스량 중 1/5의 출구 먼지 농도(g/Sm^3) = 10×(1/5)×(1−0.00) = 2g/Sm^3
∴ 총 출구 먼지 농도 = 0.16g/Sm^3+2g/Sm^3 = 2.16g/Sm^3

14

★★★

기상총괄이동 높이(H_{OG})가 0.8m인 충전탑에서 HF를 200ppm에서 4ppm으로 감소시키고자 한다. 이때 필요한 충전탑의 높이(m)는 얼마인지 구하시오. (단, HF 외 흡수되는 물질은 존재하지 않는다.)

풀이

$$H = H_{OG} \times N_{OG} = H_{OG} \times \ln\left(\frac{1}{1 - E/100}\right)$$

여기서, H : 충전탑의 높이, E : 제거율
H_{OG} : 기상총괄이동 단위높이, N_{OG} : 기상총괄이동 단위수

$$E = \frac{(200-4)}{200} \times 100 = 98\%$$

$$\therefore\ H = 0.8 \times \ln\left(\frac{1}{1-98/100}\right) = 3.13\,\text{m}$$

15

★★★

충전탑을 이용하여 유해가스를 제거하고자 할 때 흡수액의 구비조건 3가지를 적으시오.

풀이
① 휘발성이 낮아야 한다.
② 용해도가 커야 한다.
③ 빙점(어는점)은 낮고, 비점(끓는점)은 높아야 한다.
④ 점도(점성)가 낮아야 한다.
⑤ 용매와 화학적 성질이 비슷해야 한다.
⑥ 부식성이 낮아야 한다.
⑦ 화학적으로 안정하고, 독성이 없어야 한다.
⑧ 가격이 저렴하고, 사용하기 편리해야 한다.
(이 중 3가지 기술)

16

★★

오염물질 농도 70,000ppm을 포함한 가스가 유입될 때, 3개의 흡수탑을 직렬로 연결하여 처리하고자 한다. 오염물질의 출구 농도(ppm)는 얼마인지 구하시오. (단, 각 흡수탑의 효율은 모두 75%이다.)

풀이

총 집진효율
$\eta_t = 1-(1-\eta_1)(1-\eta_2)(1-\eta_3)$
여기서, η_1, η_2, η_3 : 1번, 2번, 3번 집진장치의 집진효율

총 집진율, $\eta_t = 1-(1-0.75)(1-0.75)(1-0.75) = 0.984$

∴ 배출 먼지 농도, $C_t = 70{,}000 \times (1-0.984) = 1{,}120\,\text{ppm}$

17

★

염소 농도가 250ppm인 배출가스 75,000Sm³/hr를 수산화소듐(NaOH)으로 흡수시켜 처리하고자 한다. 이때 생성되는 차아염소산소듐(NaOCl)의 양(kg/hr)을 계산하시오. (단, 염소는 NaOH와 100% 반응하고 표준상태이며, Na의 원자량은 23g, Cl의 원자량은 35.5g이다.)

풀이

제거해야 하는 Cl_2 양 $= \dfrac{250\,\text{mL}}{\text{m}^3} \left| \dfrac{75{,}000\,\text{Sm}^3}{\text{hr}} \right| \dfrac{\text{m}^3}{10^6\,\text{mL}} = 18.75\,\text{Sm}^3/\text{hr}$

$Cl_2 + 2NaOH \rightarrow NaCl + NaOCl + H_2O$

$22.4\,\text{Sm}^3$: $74.5\,\text{kg}$

$18.75\,\text{Sm}^3$: x

∴ $x(NaOCl) = 62.36\,\text{kg/hr}$

18

★

질소산화물(NO_x)의 3가지 생성기작을 쓰고 간단히 서술하시오.

풀이

① Thermal NO_x : 연소 시 공급되는 공기 속에 포함된 질소와 고온에서 산소가 반응하여 생성되는 NO_x이다. Zeldovich 반응이라고 하며, 산소분자를 산소원자로 분해($O_2 + M \rightarrow 2O + M$)하기 위해 고온이 필요하다.

② Fuel NO_x : 연료 내 포함된 질소가 산소와 반응하여 생성되는 NO_x이다. 주로 고체연료(Coal 등) 연소 시 많이 발생된다.

③ Prompt NO_x : 연소반응 중 연료의 탄화수소와 질소가 반응초기에 화염면 근처(고온 영역)에서 Zeldovich 반응을 따르지 않고 생성되는 NO_x이다. 잠깐 나타났다 사라지므로 Prompt NO_x라고 한다.

19

10,000Sm³/hr의 배출가스에 NO 500ppm, NO_2 5ppm이 포함되어 있다. CO를 사용한 접촉환원법으로 질소산화물을 처리하고자 할 때, 다음 물음에 답하시오.

(1) CO의 필요량 (Sm³/hr)
(2) N_2의 발생량 (kg/hr)

풀이

(1) NO의 발생량 $= \dfrac{10{,}000\,\text{Sm}^3}{\text{hr}} \Big| \dfrac{500\,\text{mL}}{\text{m}^3} \Big| \dfrac{1\,\text{m}^3}{10^6\,\text{mL}} = 5\,\text{Sm}^3/\text{hr}$

$2NO + 2CO \rightarrow N_2 + 2CO_2$

$2\times22.4\,\text{m}^3 : 2\times22.4\,\text{m}^3$

$5\,\text{m}^3/\text{hr} : x$

$x = \dfrac{2\times22.4\times5}{2\times22.4} = 5\,\text{Sm}^3/\text{hr}$

NO_2의 발생량 $= \dfrac{10{,}000\,\text{Sm}^3}{\text{hr}} \Big| \dfrac{5\,\text{mL}}{\text{m}^3} \Big| \dfrac{1\,\text{m}^3}{10^6\,\text{mL}} = 0.05\,\text{Sm}^3/\text{hr}$

$2NO_2 + 4CO \rightarrow N_2 + 4CO_2$

$2\times22.4\,\text{m}^3 : 4\times22.4\,\text{m}^3$

$0.05\,\text{m}^3/\text{hr} : x$

$x = \dfrac{4\times22.4\times0.05}{2\times22.4} = 0.1\,\text{Sm}^3/\text{hr}$

∴ CO의 필요량 $= 5 + 0.1 = 5.1\,\text{Sm}^3/\text{hr}$

(2) NO의 발생량 $= \dfrac{10{,}000\,\text{Sm}^3}{\text{hr}} \Big| \dfrac{500\,\text{mL}}{\text{m}^3} \Big| \dfrac{1\,\text{m}^3}{10^6\,\text{mL}} = 5\,\text{Sm}^3/\text{hr}$

$2NO + 2CO \rightarrow N_2 + 2CO_2$

$2\times22.4\,\text{m}^3 : 1\times28\,\text{kg}$

$5\,\text{m}^3/\text{hr} : x$

$x = \dfrac{1\times28\times5}{2\times22.4} = 3.125\,\text{kg/hr}$

NO_2의 발생량 $= \dfrac{10{,}000\,\text{Sm}^3}{\text{hr}} \Big| \dfrac{5\,\text{mL}}{\text{m}^3} \Big| \dfrac{1\,\text{m}^3}{10^6\,\text{mL}} = 0.05\,\text{Sm}^3/\text{hr}$

$2NO_2 + 4CO \rightarrow N_2 + 4CO_2$

$2\times22.4\,\text{m}^3 : 1\times28\,\text{kg}$

$0.05\,\text{m}^3/\text{hr} : x$

$x = \dfrac{1\times28\times0.05}{2\times22.4} = 0.03125\,\text{kg/hr}$

∴ N_2의 발생량 $= 3.125 + 0.03125 = 3.16\,\text{kg/hr}$

20

★★★

C_3H_8 1m^{3}를 연소할 때 다음 물음에 답하시오. (단, 공기 분자량은 29g/mol이다.)

(1) C_3H_8의 완전연소 반응식(단, 질소를 포함한다.)
(2) 이론적인 AFR(부피기준)
(3) 이론적인 AFR(질량기준)

풀이 (1) $C_3H_8 + 5O_2 + 5\times3.76N_2 \rightarrow 3CO_2 + 4H_2O + 5\times3.76N_2$

단, N_2는 연소에 반응하지 않는다고 가정하기 때문에 반응 전·후에 변화가 없다.

(2) $C_3H_8 + 5O_2 \rightarrow 3CO_2 + 4H_2O$

$O_o = 5\,m^3$

$A_o = O_o/0.21 = 5/0.21 = 23.81\,m^3$

$\therefore$ 부피기준 AFR $= \dfrac{23.81\,m^3}{1\,m^3} = 23.81$

(3) 공기의 질량 = 29kg, 프로판의 질량 = 44kg이므로

$\therefore$ 질량기준 AFR $= \dfrac{23.81\times29\,kg}{1\times44\,kg} = 15.69$

2022

2022 제2회 대기환경기사 필답형 기출문제

01

가우시안 모델(Gaussian model)을 적용하기 위한 가정조건 5가지를 쓰시오.

✔ **풀이** ① 연기는 연속적이고 일정하게 배출(continuous emissions)된다.
② 배출량 등은 시간, 고도에 상관없이 일정(정상상태)하다.
③ 오염물질의 농도는 정규분포를 이룬다.
④ 바람에 의한 오염물질의 주이동방향은 x축이며, 풍속은 일정하다.
⑤ 수직방향의 풍속은 수평방향의 풍속보다 작으므로 고도변화에 따라 반영되지 않는다.
⑥ 풍하방향의 확산은 무시한다.
⑦ 간단한 화학반응은 묘사 가능(반감기도 묘사 가능)하다.
⑧ 지표반사와 혼합층 상부에서의 반사가 고려된다(질량보존의 법칙 적용).
⑨ 난류확산계수는 일정하다.
(이 중 5가지 기술)

02

★

잔류성 유기오염물질(POPs, Persistant Organic Pollutants)의 특징 4가지를 쓰시오.

✔ **풀이** ① 독성, ② 잔류성, ③ 생물축적성, ④ 장거리 이동성

Plus 이론학습

1. **잔류성 유기오염물질(POPs)**
   인류가 개발하고 사용한 수많은 유해물질 중에서 특히, 독성이 강하면서도 분해가 느려 생태계에 오랫동안 남아 피해를 일으키는 물질이다.
   - 독성(toxicity) : 암, 내분비계 장애 등을 일으킬 수 있다.
   - 잔류성(persistence) : 분해가 매우 느려 생태계에 오래 남아 피해를 준다.
   - 생물축적성(bioaccumulation) : 먹이사슬에서 위로 올라 갈수록 생체 내 축적 정도가 커진다.
   - 장거리 이동성(long-range transport) : 바람과 해류를 따라 수백, 수천 km를 이동한다.
2. **스톡홀름 협약**
   - POPs로부터 인간의 건강과 환경을 보호하기 위하여 지구적 차원에서 동 물질의 생산·사용·배출을 관리하는 것을 목적으로 한다.
   - 규제대상물질 : 12종의 POPs(Dirty dozen)를 우선규제대상물질로 선정하였고, 12개의 개별물질이 아니며, 12종 안에 포함된 개별물질 수는 약 450개이다.
   - 알드린(Aldrin), 클로르단(Chlordane), 디디티(DDT), 디엘드린(Dieldrin), 엔드린(Endrin), 헵타클로르(Heptachlor), 미렉스(Mirex), 톡싸펜(Toxaphene), HCB(Hexachlorobenzene), Dioxins, Furans, PCBs

03

★★★

유효굴뚝높이가 50m인 굴뚝에서 오염물질이 50g/s로 배출되고 있다. 지상 5m에서의 풍속이 5m/s일 때 풍하거리 500m 떨어진 지점에서의 연기중심선상의 오염물질의 지표 농도($\mu g/m^3$)를 계산하시오. (단, 가우시안 확산식과 Deacon 식을 이용하고, $p = 0.25$, $\sigma_y = 35m$, $\sigma_z = 15m$이다.)

풀이

Deacon의 풍속법칙

$$U = U_0\left(\frac{Z}{Z_0}\right)^P$$

여기서, U : 임의 고도(Z)에서의 풍속(m/s), U_0 : 기준높이(Z_0)에서의 풍속(m/s)

Z_0 : 기준높이(10m), Z : 임의 고도(m), P : 풍속지수

$$U = 5\times\left(\frac{50}{5}\right)^{0.25} = 8.89\text{m/s}$$

가우시안 확산식

$$C(x,y,z,H_e) = \frac{1}{2}\frac{Q}{\pi\sigma_y\sigma_z U}\times\exp\left[-\frac{1}{2}\frac{y^2}{{\sigma_y}^2}\right]\times\left\{\exp\left[-\frac{1}{2}\frac{(z-H_e)^2}{{\sigma_z}^2}\right]+\exp\left[-\frac{1}{2}\frac{(z+H_e)^2}{{\sigma_z}^2}\right]\right\}$$

여기서, C : 오염물질농도($\mu g/m^3$), Q : 오염물질 배출량($\mu g/s$)

H_e : 유효굴뚝높이(m), U : H_e에서의 평균풍속(m/s)

σ_y : 수평방향 표준편차(m), σ_z : 수직방향 표준편차(m)

문제에서 지표면에서의 오염물질 농도이므로 $z=0$, 연기중심선상의 오염물질 농도이므로 $y=0$

$$C(x,0,0,H_e) = \frac{Q}{\pi\sigma_y\sigma_z U}\times\exp\left[-\frac{1}{2}\left(\frac{H_e}{\sigma_z}\right)^2\right]$$

$$Q = \frac{50\text{g}}{\text{s}}\left|\frac{10^6\mu\text{g}}{\text{g}}\right. = 5\times10^7\mu\text{g/s}$$

$$\frac{Q}{\pi\sigma_y\sigma_z U} = \frac{5\times10^7\mu\text{g}}{\text{s}}\left|\frac{}{\pi}\right|\frac{}{35\text{m}}\left|\frac{}{15\text{m}}\right|\frac{\text{s}}{8.89\text{m}} = 3,410.04\,\mu\text{g/m}^3$$

$$\therefore\ C(x,0,0,50) = 3,410.04\times\exp\left[-\frac{1}{2}\left(\frac{50}{15}\right)^2\right] = 13.18\,\mu\text{g/m}^3$$

04

★★★

아세트산 10Sm³를 완전연소 시 이론건조가스량(Sm³)을 구하시오. (단, 화학반응식을 기재하시오.)

풀이

$CH_3COOH + 2O_2 \rightarrow 2CO_2 + 2H_2O$

10 : 20 : 20 : 20

$O_o = 20\text{Sm}^3$

$A_o = O_o/0.21 = 20/0.21 = 95.24\text{Sm}^3$

$\therefore\ G_{od} = CO_2 +$ 이론적인 질소량($0.79A_o$)

$= 20 + 0.79\times95.24$

$= 95.24\text{Sm}^3$

05 ★

악취 처리방법 5가지를 쓰시오.

풀이
① 흡착법
② 촉매연소법
③ 약액세정법
④ 염소주입법(산화법의 일종)
⑤ 수세법
⑥ BALL 차단법
⑦ 생물여과법
⑧ 냉각응축법
⑨ 희석법
⑩ 마스킹법
(이 중 5가지 기술)

06 ★

A공장의 먼지의 농도는 3.5g/m^{3}이며, 배출허용기준인 0.1g/m^{3}에 맞춰 배출하려고 한다. 다음 물음에 답하시오.

(1) 집진장치 1개를 이용하여 배출허용기준에 맞춰 배출하려고 할 때 집진장치의 효율(%)은?
(2) 집진장치 2개를 직렬연결하여 배출허용기준에 맞춰 배출하려고 할 때 집진장치 1개의 효율(%)은? (단, 2개의 집진장치의 집진효율은 같다.)
(3) 집진장치 2개를 직렬연결하여 배출허용기준에 맞춰 배출하려고 할 때 두 번째 집진장치의 효율이 75%였다면, 나머지 장치의 효율은?

풀이
(1) 집진효율 $= \frac{(3.5-0.1)}{3.5} \times 100 = 97.14\%$

(2)
> 총 집진효율
> $\eta_t = 1-(1-\eta_1)(1-\eta_2)$
> 여기서, η_1, η_2 : 1번, 2번 집진장치의 집진효율

η_t는 97.14%이고 $\eta_1 = \eta_2$이므로 $0.9714 = 1-(1-\eta_1)^2$

$(1-\eta_1)^2 = 0.0286$

$\therefore\ \eta_1 = 83.09\%$

(3) 두 번째 집진장치의 집진효율, $\eta_t = 1-(1-\eta_1)(1-\eta_2)$

$0.9714 = 1-(1-0.75)(1-\eta_2)$

$\therefore\ \eta_2 = 88.56\%$

07

★

시골의 먼지 농도를 측정하기 위하여 공기를 0.3m/s의 속도로 6시간 동안 여과지에 통과시켰을 때, 사용된 여과지의 빛 전달률이 깨끗한 여과지의 75%로 감소했다. 다음 표의 조건을 기준으로 물음에 답하시오.

(1) 1,000m당 COH는 얼마인가?
(2) 대기오염 정도를 판별하시오.

COH/1,000m	오염도
0~3.2	약하다.
3.3~6.5	보통이다.
6.6~9.8	심하다.
9.9~13.1	아주 심하다.
13.2 이상	극심하다.

풀이 (1)

$$\text{m당 COH} = \frac{100 \times \log(I_o/I_t) \times \text{거리(m)}}{\text{속도(m/s)} \times \text{시간(s)}}$$

여기서, I_t : 투과광의 강도, I_o : 입사광의 강도

$$\therefore\ \text{1,000m당 COH} = \frac{100 \times \log(100/75) \times 1{,}000\text{m}}{0.3\text{m/s} \times 6\text{hr} \times 3{,}600\text{s/hr}} = 1.928$$

(2) 대기의 오염도 : 약함

Plus 이론학습

COH

Coefficent Of Haze의 약자로, 광화학밀도가 0.01이 되도록 하는 여과지상에 빛을 분산시켜 준 고형물의 양을 의미한다. 즉, COH는 광화학밀도(OD)를 0.01로 나눈 값이다.

08

★★★

열섬현상의 정의 및 대표적인 발생원인 4가지를 적으시오.

풀이 (1) 정의

태양 복사열에 의해 도시에 축적된 열이 주변지역에 비해 커서 온도가 높아지는 현상으로 Dust dome effect라고도 하며, 직경 10km 이상의 도시에서 잘 나타나는 현상이다.

(2) 발생원인

① 도시에서는 인구와 산업의 밀집지대로서 인공적인 열이 시골에 비하여 많이 공급되어 발생
② 도시 지표면은 시골보다 열용량이 많고 열전도율이 높아서 발생
③ 지표면에서의 증발잠열의 차이 등으로 발생
④ 도시인구가 늘어나서 녹지가 도로, 건물, 기타 구조물의 아스팔트나 콘크리트로 바뀌면서 발생
⑤ 건물 등에 의한 거칠기 변화 등으로 발생

(이 중 4가지 기술)

09

다음 조건에서의 메탄의 이론연소온도(℃)를 계산하시오.

메탄, 공기는 18℃에서 공급되며, CO_2, $H_2O(g)$, N_2의 평균 정압몰비열(상온~2,100℃)은 각각 13.1, 10.5, 8.0(kcal/kmol · ℃)이고, 메탄의 저위발열량은 8,600 kcal/Sm^3이다.

풀이

$$t_1 = \frac{H_l}{G_{ow} \times C_p} + t_2(℃)$$

여기서, t_1 : 연소온도(℃), t_2 : 실제온도(즉, 연소용 공기 및 연료의 공급온도(℃))

H_l : 연료의 저위발열량(kcal/Sm^3), G_{ow} : 이론습연소가스량(Sm^3/Sm^3)

C_p : G_{ow}의 평균 정압비열(kcal/Sm^3 · ℃)

$CH_4 + 2O_2 \rightarrow CO_2 + 2H_2O$

1 : 2 : 1 : 2

$O_o = 2\,Sm^3/Sm^3$

$A_o = 2/0.21 = 9.524\,Sm^3/Sm^3$

이론적 질소량($0.79A_o$)$= 0.79 \times 9.524 = 7.524\,Sm^3/Sm^3$

$G_{ow} = CO_2 + H_2O +$ 이론적 질소량($0.79A_o$)

$= 1 + 2 + 7.524 = 10.524\,Sm^3/Sm^3$

(9.5%) (19.0%) (71.5%) = (100%)

CO_2의 $C_p = 13.1$ kcal/kmol · ℃ $= 0.585$ kcal/Sm^3 · ℃

$H_2O(g)$의 $C_p = 10.5$ kcal/kmol · ℃ $= 0.469$ kcal/Sm^3 · ℃

N_2의 $C_p = 8.0$ kcal/kmol · ℃ $= 0.357$ kcal/Sm^3 · ℃

G_{ow}의 $C_p = 0.585 \times 0.095 + 0.469 \times 0.19 + 0.357 \times 0.715 = 0.40$ kcal/Sm^3 · ℃

$H_l = 8,600$ kcal/Sm^3

$t_2 = 18$℃

$$\therefore\ t_1 = \frac{8,600}{10.524 \times 0.4} + 18 = 2,060.95℃$$

10

★★★

무게 조성이 탄소 87%, 수소 11%, 황 2%인 중유의 $(CO_2)_{max}$(%)를 계산하시오. (단, 표준상태, 건조가스 기준이다.)

풀이

$O_o = 1.867C + 5.6(H - O/8) + 0.7S = 1.867 \times 0.87 + 5.6 \times 0.11 + 0.7 \times 0.02 = 2.254\,m^3/kg$

$A_o = O_o/0.21 = 2.254/0.21 = 10.733\,m^3/kg$

$G_{od} = A_o - 5.6H + 0.7O + 0.8N = 10.733 - 5.6 \times 0.11 = 10.117\,m^3/kg$

$$\therefore\ (CO_2)_{max} = \frac{1.867C}{G_{od}} \times 10^2 = \frac{1.867 \times 0.87}{10.117} \times 10^2 = 16.06\,\%$$

2022

11

★★

황 함량이 3%인 중유를 시간당 10톤 연소하는 보일러에서 발생되는 가스를 탈황한 후 황산을 회수하려고 한다. 회수되는 H_2SO_4의 양(kg/hr)을 구하시오. (단, 탈황률은 90%이다.)

풀이

$S + O_2 \rightarrow SO_2$

$32\,kg : 64\,kg$

$10{,}000\,kg/hr \times 0.03 : x$

$$x(SO_2\text{ 양}) = \frac{64 \times 10{,}000 \times 0.03}{32} = 600\,kg/hr$$

$SO_2 + H_2O \rightarrow H_2SO_4$

$64\,kg : 98\,kg$

$600\,kg/hr \times 0.9 : y$

$$\therefore\ y(H_2SO_4\text{ 양}) = \frac{98 \times 600 \times 0.9}{64} = 826.88\,kg/hr$$

12

★★

1차 반응에서 초기농도가 1mol, 180분 경과 후에 농도가 0.1mol로 감소하였다. 이 반응이 99% 반응하여 농도가 0.01mol로 감소하는 데 걸리는 시간(min)을 구하시오.

풀이

1차 반응, $\ln[A] = -k \times t + \ln[A]_o \rightarrow \ln\frac{[A]}{[A]_o} = -k \times t$

$\ln\frac{0.1}{1} = -2.303 = -k \times 180$, 그러므로 $k = 0.0128$

$\ln\frac{0.01}{1} = -4.605 = -0.0128 \times t$

$\therefore\ t = 359.78\,min$

13

★

원심력집진장치의 집진효율 향상 조건을 3가지 쓰시오. (단, Blow down 효과는 제외한다.)

풀이

① 원통의 직경, 내경을 작게 한다.
② 입자의 밀도를 크게 한다.
③ 한계유속 내에서 가스의 유입속도를 크게 한다.
④ 입자의 직경을 크게 한다.
⑤ 회전수를 크게 한다.
⑥ 고농도는 병렬로 연결하고 응집성이 강한 먼지는 직렬로 연결하여 사용한다.
⑦ 입자의 재비산을 방지하기 위해 스키머와 Turning vane 등을 사용한다.
(이 중 3가지 기술)

14

★★★

폭 1m, 길이 3m, 유입속도 1m/s, 직경 15μm의 먼지를 60%의 집진효율로 처리하려고 한다. 중력집진장치 침강실의 높이(cm)를 구하시오. (단, 입자 밀도는 320kg/m^3, 공기 밀도는 0.11kg/m^3, 가스 점도는 1.85×10^{-6}kg/m · s이며, 층류 조건이다.)

✔ 풀이

침강속도

$$V_t = \frac{d_p^{\,2}(\rho_p - \rho)g}{18\,\mu}$$

여기서, d_p : 먼지의 직경, μ : 가스 점도

ρ_p : 입자의 밀도, ρ : 가스 밀도

g : 중력가속도

$$V_t = \frac{(15\times10^{-6})^2\times(320-0.11)\times9.8}{18\times(1.85\times10^{-6})} = 0.021\ \text{m/s}$$

$$\eta = \frac{V_t\,L}{V_g\,H}$$

여기서, V_g : 수평 이동속도, V_t : 침강속도

L : 침강실 수평길이, H : 침강실 높이

한편, $\eta = \dfrac{V_t\,L}{V_g\,H}$에서 집진효율이 60%가 되기 위한 침강실의 높이 계산

$$0.6 = \frac{0.021\times3}{1\times H} \qquad \therefore\ H = 0.105\,\text{m} = 10.5\,\text{cm}$$

15

면적 1.5m^{2}인 여과집진장치로 먼지 농도가 1.5g/m^{3}인 배출가스가 100m^3/min으로 통과하고 있다. 먼지가 모두 여과포에서 제거되었으며 집진된 먼지층의 밀도가 1g/cm^{3}라면, 1시간 후 여과된 먼지층의 두께(mm)를 구하시오.

✔ 풀이

여과속도

$$V_f = \frac{Q}{A}$$

여기서, Q : 유량, A : 면적

$$\text{여과속도, } V_f = \frac{100\,\text{m}^3}{\text{min}}\cdot\frac{1}{1.5\,\text{m}^2}\cdot\frac{60\,\text{min}}{1\,\text{hr}} = 4{,}000\,\text{m/hr}$$

$$\text{단위면적당 먼지층의 양} = \frac{1.5\,\text{g}}{\text{m}^3}\cdot\frac{4{,}000\,\text{m}}{\text{hr}}\cdot 1\,\text{hr} = 6{,}000\,\text{g/m}^2$$

$$\therefore\ \text{여과된 먼지층의 두께} = \frac{6{,}000\,\text{g}}{\text{m}^2}\cdot\frac{\text{cm}^3}{1\,\text{g}}\cdot\frac{1\,\text{m}^3}{(100\,\text{cm})^3}\cdot\frac{10^3\,\text{mm}}{1\text{m}} = 6\,\text{mm}$$

16

★★★

SO_2의 용해도가 아래 표와 같을 때 20℃, 1atm에서 SO_2의 헨리상수(L · atm/g)를 계산하시오.

구분	SO_2
0℃	20 mL/mL
20℃	40 mL/mL

풀이

헨리의 법칙

$P = H \times C$

여기서, P : 압력, H : 헨리상수, C : 농도

$$C = \frac{40\,\text{mL}}{\text{mL}} \left| \frac{64\,\text{mg}}{22.4\,\text{mL}} \right| \frac{273}{273+20} \left| \frac{1\,\text{g}}{10^3\,\text{mg}} \right| \frac{10^3\,\text{mL}}{1\,\text{L}} = 106.485\,\text{g/L}$$

$$\therefore\ H = \frac{P}{C} = \frac{1\,\text{atm}}{106.485\,\text{g/L}} = 9.39 \times 10^{-3}\,\text{L} \cdot \text{atm/g}$$

17

★

흡착제 선택 시 고려사항 2가지와 흡착제의 흡착능과 관련된 보전력(retentivity)과 파과점(Break Through Point)에 대하여 설명하시오.

풀이

(1) 흡착제 선택 시 고려사항

① 가스의 온도는 가능한 낮게 유지한다.

② 단위질량당 표면적이 커야 한다.

③ 기체흐름에 대한 압력손실이 작아야 한다.

④ 흡착률이 좋아야 한다.

⑤ 흡착된 물질의 회수가 용이해야 한다.

⑥ 흡착제의 재생이 쉬워야 한다.

⑦ 흡착제의 강도가 커야 한다.

(이 중 2가지 기술)

(2) 보전력(retentivity)

포화된 흡착제층에 순수한 공기를 통과시켜 오염물질을 탈착시킬 때 탈착되지 않고 남아 있는 흡착질의 양을 의미한다.

(3) 파과점(Break Through Point, 돌파점)

흡착제가 오염물질에 의해 포화되어 오염물질의 출구 농도가 높아져서 배출허용기준농도(C_s)까지 도달하는 점, 또는 출구 농도가 입구 농도의 약 10%가 되는 점을 말한다. 또한 파과점은 흡착제(흡착 배드) 교체시기를 결정할 수 있는데 파과점에 도달하기 전에 교체해야 한다.

18

★★

제품을 하루에 100톤 생산하는 공장이 있다. 이때 1톤당 20kg의 SO_2가 배출되고 있으며 이 중에 80%(부피비)는 SO_3로 전환되고 SO_3는 다시 90%(부피비)로 수증기와 반응하여 H_2SO_4로 전환된다. 이때 하루에 배출되는 H_2SO_4의 양(kg/day)은 얼마인지 구하시오. (단, 대기로 배출된 SO_2, SO_3, H_2SO_4의 생성과 손실은 무시한다.)

풀이 $SO_2 + H_2O \rightarrow H_2SO_4$

64kg : 98kg

20kg/ton×100ton/day×0.8×0.9kg : x(kg)

$$\therefore\ x = \frac{98 \times (20 \times 100 \times 0.8 \times 0.9)}{64} = 2{,}205\,\text{kg/day}$$

19

CO, CO_2, CH_4의 혼합기체를 기체 크로마토그래프로 분석하여 아래 그림과 같은 형태의 결과를 기록지에 얻었다. 곡선 아랫부분의 면적은 시료 중에 함유된 각 성분의 몰수와 비례한다. 이러한 자료로서 혼합기체 속의 CO, CO_2, CH_4의 몰분율과 질량분율을 구하시오.

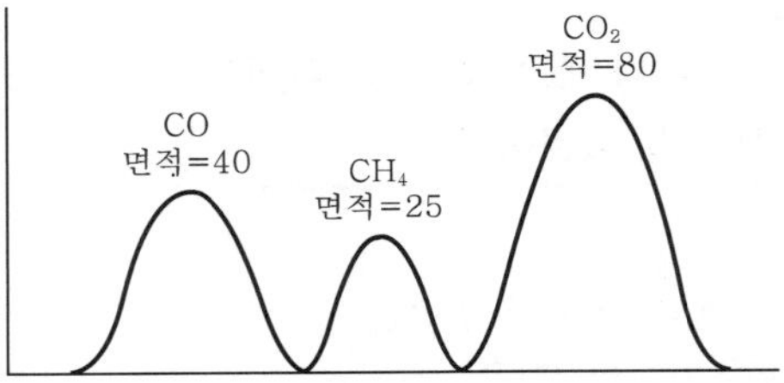

풀이 (1) 몰분율(%)

문제에서 면적은 몰수와 비례한다고 하였기에 면적 = 몰수

$$\therefore\ \text{CO 몰분율(\%)} = \frac{40}{40+25+80} \times 100 = 27.59\%$$

$$CO_2\ \text{몰분율(\%)} = \frac{80}{40+25+80} \times 100 = 55.17\%$$

$$CH_4\ \text{몰분율(\%)} = \frac{25}{40+25+80} \times 100 = 17.24\%$$

(2) 질량분율(%)

각 기체의 분자량에 몰분율을 곱해서 혼합기체의 평균분자량을 구한다.

혼합기체의 평균분자량 = 28×0.2759+44×0.5517+16×0.1724 = 34.7584g

$$\therefore\ \text{CO 질량분율(\%)} = \frac{28 \times 0.2759}{34.7584} \times 100 = 22.23\%$$

$$CO_2\ \text{질량분율(\%)} = \frac{44 \times 0.5517}{34.7584} \times 100 = 69.84\%$$

$$CH_4\ \text{질량분율(\%)} = \frac{16 \times 0.1724}{34.7584} \times 100 = 7.94\%$$

20

★★★

환경정책기본법령상 다음 각 항목에 대한 환경기준을 (   ) 안에 각각 쓰시오.

항목	기준
• 아황산가스 (SO_2)	1시간 평균치 (①) ppm 이하
• 일산화탄소 (CO)	8시간 평균치 (②) ppm 이하
• 이산화질소 (NO_2)	24시간 평균치 (③) ppm 이하
• 오존 (O_3)	1시간 평균치 (④) ppm 이하
• 납 (Pb)	연간 평균치 (⑤) $\mu g/m^3$ 이하
• 벤젠 (C_6H_6)	연간 평균치 (⑥) $\mu g/m^3$ 이하

풀이 ① 0.15, ② 9, ③ 0.06, ④ 0.1, ⑤ 0.5, ⑥ 5

2022

2022 제 4 회

대기환경기사 필답형 기출문제

01

★★

리차드슨수의 공식 및 인자를 설명하고, 아래의 조건에 따른 안정도(불안정/안정/중립)를 구분하시오.

- $Ri > 1$
- $-0.01 < Ri < 0.01$
- $Ri < -1$

풀이 (1) 리차드슨수 공식 및 인자

$$Ri(\text{리차드슨수}) = \frac{g}{T_m}\left(\frac{\Delta T/\Delta Z}{(\Delta U/\Delta Z)^2}\right)$$

여기서, T_m : 상하층의 평균절대온도 $= \dfrac{T_1 + T_2}{2}$

g : 중력가속도

ΔT : 온도차 $(T_2 - T_1)$

ΔU : 풍속차 $(U_2 - U_1)$

ΔZ : 고도차 $(Z_2 - Z_1)$

$\Delta T/\Delta Z$: 대류난류의 크기

$\Delta U/\Delta Z$: 기계적 난류의 크기

(2) 안정도(불안정/안정/중립) 구분

Ri (리차드슨수)	대기안정도
$Ri > 1$	안정
$-0.01 < Ri < 0.01$	중립
$Ri < -1$	불안정

Plus 이론학습 **리차드슨수**

고도에 따른 풍속차와 온도차를 적용하여 산출해낸 무차원수로서, 동적인 대기안정도를 판단하는 척도이며 대류난류(자유대류)를 기계적 난류(강제대류)로 전환시키는 율을 측정한 것이다.

02

★★

태양에너지 복사와 관련하여 다음 물음에 답하시오.

(1) 흑체의 정의
(2) 슈테판-볼츠만의 법칙
(3) 키르히호프의 법칙

풀이 (1) 진동수와 입사각에 관계없이 입사하는 모든 전자기 복사를 흡수하는 이상적인 물체

(2) 흑체의 단위면적당 복사에너지가 절대온도의 4제곱에 비례한다는 법칙으로, 관련 식은 다음과 같다.

$j = \sigma \times T^4$

여기서, j : 흑체 표면의 단위면적당 복사하는 에너지

σ : 슈테판-볼츠만 상수

T : 절대온도

(3) 열역학 평형상태 하에서는 어떤 주어진 온도에서 매질의 방출계수와 흡수계수의 비는 매질의 종류에 상관없이 온도에 의해서만 결정된다는 법칙으로, 키르히호프는 흑체복사 개념을 도입하여 열역학상의 발산과 복사에 대한 키르히호프 법칙(Kirchhoff's law)을 발견하였다.

03

★

배출가스량이 $500Sm^3/hr$이고, HCl 농도는 500ppm이다. $5m^3$의 물을 순환 사용하는 스크러버를 설치하여 8시간 운영한 후 순환수의 pH를 구하시오. (단, 물의 증발손실은 없으며, 스크러버의 제거율은 85%이고, HCl은 완전히 해리된다.)

풀이

$$pH = \log\frac{1}{[H^+]} = -\log[H^+]$$

HCl 몰농도(mol/L) = 흡수 HCl mol/용액

$$\text{흡수 HCl mol} = \frac{500\,mL}{m^3}\left|\frac{1\,mol}{22.4\,L}\right|\frac{L}{10^3\,mL}\left|\frac{500\,m^3}{hr}\right|8\,hr\left|\frac{85}{100}\right. = 75.89\,mol$$

용액 $= 5m^3 = 5{,}000\,L$

$$\text{HCl 몰농도} = \frac{75.89}{5{,}000} = 0.0152\,mol/L$$

$HCl \leftrightarrow H^+ + Cl^-$

1 : 1

$[H^+] = 0.0152\,mol/L$

$\therefore\ pH = -\log[H^+] = -\log[0.0152] = 1.82$

04

★★

유효굴뚝높이 60m, 풍속 6m/s일 때, 풍하방향으로 500m 떨어진 연기중심선상 지표면에서의 아황산가스 농도가 66μg/m^{3}이다. 그리고 풍하방향 500m 및 y방향 50m 떨어진 지점의 지표면에서 아황산가스 농도가 23μg/m^{3}일 때 표준편차 σ_y를 구하시오. (단, 가우시안 확산방정식을 이용한다.)

풀이

가우시안 확산식

$$C(x,y,z,H_e) = \frac{1}{2}\frac{Q}{\pi\sigma_y\sigma_z U} \times \exp\left[-\frac{1}{2}\frac{y^2}{{\sigma_y}^2}\right] \times \left\{\exp\left[-\frac{1}{2}\frac{(z-H_e)^2}{{\sigma_z}^2}\right] + \exp\left[-\frac{1}{2}\frac{(z+H_e)^2}{{\sigma_z}^2}\right]\right\}$$

여기서, C : 오염물질 농도(μg/m), Q : 오염물질 배출량(μg/s)
H_e : 유효굴뚝높이(m), U : H_e에서의 평균풍속(m/s)
σ_y : 수평방향 표준편차(m), σ_z : 수직방향 표준편차(m)

① 풍하방향으로 500m 떨어진 연기중심선상 지표면에서의 아황산가스 농도는 66μg/m^{3}이다. 즉, $z=0$, $y=0$에서의 $C=66\mu g/m^3$이다.

$$66 = \frac{Q}{\pi\sigma_y\sigma_z U} \times \exp\left[-\frac{1}{2}\left(\frac{H_e}{\sigma_z}\right)^2\right]$$

② 한편, y방향 50m 떨어진 지점의 지표면에서 아황산가스 농도는 23μg/m^{3}이다. 즉, $z=0$에서의 $C=23\mu g/m^3$이다.

$$23 = \frac{Q}{\pi\sigma_y\sigma_z U} \times \exp\left[-\frac{1}{2}\left(\frac{y}{\sigma_y}\right)^2\right] \times \exp\left[-\frac{1}{2}\left(\frac{H_e}{\sigma_z}\right)^2\right]$$

①을 ②에 대입하여 풀면, $23 = 66 \times \exp\left[-\frac{1}{2}\left(\frac{50}{\sigma_y}\right)^2\right]$

$\therefore\ \sigma_y = 34.44$m

05

탄소/수소(C/H)비와 관련하여 다음 물음에 답하시오.

(1) 휘발유, 등유, 경유, 중유를 C/H비가 큰 순서대로 나열하시오.
(2) 아래에서 알맞은 내용을 선택하시오.
① C/H비가 커질수록 이론공연비는 (커진다/작아진다).
② C/H비가 커질수록 휘도는 (높아진다/낮아진다).
③ C/H비가 커질수록 방사율은 (커진다/작아진다).

풀이 (1) 중유 > 경유 > 등유 > 휘발유(품질이 나쁜 순으로)
(2) ① 작아진다
② 높아진다
③ 커진다

06

수분 39%, 회분 8%인 고체연료에서 수분과 회분을 제거한 후의 휘발분이 46%, 고정탄소가 54%였다. 수분과 회분을 제거하기 전 고체연료 속의 휘발분(%)과 고정탄소(%)를 구하시오.

풀이 수분과 회분 제거 전 고체연료 중의 [휘발분과 고정탄소] = 100 − 39 − 8 = 53%

수분과 회분 제거 전 고제연료 중의 [휘발분] = 53×46/100 = 24.38%

∴ 수분과 회분 제거 전 고체연료 중의 [고정탄소] = 53×54/100 = 28.62%

07

★★

프로판 $1Sm^3$를 6%의 과잉공기를 사용하여 완전연소 하였을 때, 습연소가스 $1Sm^3$ 중 산소 농도(부피 %)를 구하시오.

풀이 $C_3H_8 + 5O_2 \rightarrow 3CO_2 + 4H_2O$

1 : 5 : 3 : 4

O_o(이론적인 산소량) = $5m^3$, A_o(이론적인 공기량) = $O_o/0.21 = 5/0.21 = 23.81m^3$

$m = 1.06$

G_w(실제습연소가스량) = $CO_2 + H_2O$ + 이론적인 질소량($0.79A_o$) + 과잉공기량($(m-1)A_o$)

$= 3 + 4 + 0.79 \times 23.81 + (1.06 - 1) \times 23.81$

$= 27.2385Sm^3$

$$\therefore O_2 = \frac{0.21 \times (m-1)A_o}{G_w} \times 10^2 = \frac{0.21 \times (1.06-1) \times 23.81}{27.2385} \times 10^2 = 1.1\%$$

08

★

먼지 입경(d_p)을 체거름상 적산분포 $R(\%) = 100\exp(-\beta \times d_p{}^n)$으로 나타낸다. 먼지의 입경 15μm 이하의 입자가 차지하는 것은 전체의 몇 %를 차지하는지 계산하시오. (단, $\beta = 0.058$, $n = 1$)

풀이

> Rosin-Rammler 분포 공식
> $R(\%) = 100\exp(-\beta \times d_p{}^n)$
> 여기서, R : 체거름, β : 계수, d_p : 입자의 직경, n : 지수

$\beta = 0.058$, $n = 1$이므로 $R = 100\exp(-0.058 \times 15^1) = 41.895\%$

∴ 먼지의 입경 15μm 이하의 비율 = 100 − 41.895 = 58.105%

Plus 이론학습 **Rosin−Rammler 분포 공식**

- 입경분포를 적산분포와 같이 체거름 R로 표시한다.
- 계수 β가 클수록 직선이 좌측으로 기울어지고 입경은 작아진다.
- 지수 n이 클수록 직선은 직립하여 입경분포의 범위가 좁아진다.

09

★★★

중력집진장치에서의 조건이 다음과 같을 때 최소제거입경(μm)을 구하시오. (단, 가스 밀도는 무시한다.)

- 침강실의 길이 : 10m
- 먼지의 밀도 : 1g/cm^3
- 가스 유속 : 1.4m/s
- 침강실의 높이 : 5m
- 가스 점도 : 2.0×10^{-4}g/cm·s
- 가스 흐름 : 층류

풀이

중력집진장치의 집진효율

$$\eta=\frac{V_t\times L}{V_x\times H}$$

여기서, V_x : 수평이동속도(m/s)

V_t : 종말침강속도(m/s)

L : 침강실 수평길이(m)

H : 침강실 높이(m)

먼지를 100% 제거하기 위한 공식은 위의 식에서

$$1=\frac{V_t\times L}{V_x\times H},\ \text{즉, } V_t=\frac{V_x\times H}{L}$$

수평이동속도

$$V_t=\frac{{d_p}^2\times(\rho_p-\rho)\times g}{18\times\mu}$$

여기서, ρ_p : 먼지의 밀도(kg/m^3), ρ : 가스의 밀도(kg/m^3)

μ : 가스의 점도(kg/m·s), g : 중력가속도

d_p : 입자의 직경

가스의 밀도는 무시

$$\text{먼지의 밀도}(\rho_p)=\frac{1\text{g}}{\text{cm}^3}\left|\frac{(100\text{cm})^3}{1\text{m}^3}\right|\frac{1\text{kg}}{1{,}000\text{g}}=1{,}000\text{kg/m}^3$$

$$\text{가스의 점도}(\mu)=\frac{2.0\times10^{-4}\text{g}}{\text{cm}\cdot\text{s}}\left|\frac{100\text{cm}}{1\text{m}}\right|\frac{1\text{kg}}{1{,}000\text{g}}=2.0\times10^{-5}\text{kg/m}\cdot\text{s}$$

$L=10\text{m},\ H=5\text{m}$

$$\frac{{d_p}^2\times(\rho_p-\rho)\times g}{18\times\mu}=\frac{V_x\times H}{L}\ \rightarrow\ \frac{{d_p}^2\times1{,}000\times9.8}{18\times(2\times10^{-5})}=\frac{1.4\times5}{10}$$

$${d_p}^2=\frac{18\times(2\times10^{-5})\times1.4\times5}{1{,}000\times9.8\times10},\ {d_p}^2=2.57\times10^{-8}\text{m}^2$$

$$\therefore\ d_p=160.3\times10^{-6}\text{m}=160.3\mu\text{m}$$

10

★

아래는 커닝햄 보정계수(Cunninghum correction factor)와 관련된 사항이다. ( ) 안에 알맞은 것을 고르시오.

① 입자가 미세화되면 커닝햄 보정계수는 (커진다/작아진다).
② 처리가스 온도가 낮아질수록 커닝햄 보정계수는 (커진다/작아진다).
③ 처리가스 압력이 낮아질수록 커닝햄 보정계수는 (커진다/작아진다).

풀이 ① 커진다, ② 작아진다, ③ 커진다

Plus 이론학습 **커닝햄 보정계수(Cunninghum correction factor)**
미세입자의 경우 기체분자가 입자에 충돌할 때 입자 표면에서 미끄럼현상(slip)이 일어나면 입자에 작용하는 항력이 작아져 종말침강속도가 커지게 되는데 이를 보정하는 계수를 의미하며, 커닝햄 보정계수는 항상 1보다 크다.

11

★★

효율 80%인 전기집진장치에서 처음 유량의 2배가 되었을 때 배출되는 먼지량은 처음의 몇 배가 되는지 계산하시오. (단, 전기집진기의 효율은 Deutsch-Anderson 식에 의해 구해지며, 기타 조건은 동일하다.)

풀이

Deutsch-Anderson 식

$$\eta = 1 - e^{\left(-\frac{AW_e}{Q}\right)}$$

여기서, A : 집진면적(m^2), W_e : 입자의 이동속도(m/s), Q : 가스 유량(m^3/s)

$$e^{\left(-\frac{AW_e}{Q}\right)} = 1-\eta,\ \ln(1-\eta) \propto \frac{-1}{Q}$$

$$\ln(1-\eta_1) : \frac{-1}{Q_1} = \ln(1-\eta_2) : \frac{-1}{Q_2}$$

$$\frac{1}{Q_1} \times \ln(1-\eta_2) = \frac{1}{Q_2} \times \ln(1-\eta_1)$$

$$\frac{Q_2}{Q_1} = \frac{\ln(1-\eta_1)}{\ln(1-\eta_2)},\ Q_2 = 2Q_1$$

$$\frac{2}{1} = \frac{\ln(1-0.8)}{\ln(1-\eta_2)} = \frac{\ln(0.2)}{\ln(1-\eta_2)} = \frac{-1.609}{\ln(1-\eta_2)}$$

$$\ln(1-\eta_2) = \frac{-1.609}{2}$$

$1-\eta_2 = 0.4473,\ \eta_2 = 0.5527$

투과율(P)$=1-\eta$(제거효율)

$P_1 = 0.12,\ P_2 = 0.4473$

$$\therefore \frac{P_2}{P_1} = \frac{0.4473}{0.2} = 2.24\text{배}$$

12 ★

원심력집진장치에서 처리가스의 온도가 증가하는 경우 아래의 물음에 답하시오.

(1) 집진효율은 어떻게 변화하는가?
(2) 집진효율이 변하는 이유는 무엇인가?

풀이 (1) 감소한다.
(2) 처리가스의 온도가 증가하면 점도가 증가하기 때문이다.

13 ★★

20℃, 1atm에서 H_2S의 헨리상수가 0.0483×10^4 atm · m^3/kmol, 몰분율이 0.05일 때, H_2S의 농도(mg/L)를 구하시오.

풀이

헨리의 법칙
$P(\text{atm}) = H \times C(\text{kmol/m}^3)$, H의 단위 : atm · m^3/kmol

$$\therefore\ C = \frac{P}{H}$$

$$= 0.05\,\text{mol} \times \frac{\text{kmol}}{0.0483 \times 10^4\,\text{atm} \cdot \text{m}^3} \times \frac{10^3\,\text{mol}}{\text{kmol}} \times \frac{34\,\text{g}}{\text{mol}} \times \frac{10^3\,\text{mg}}{1\,\text{g}} \times \frac{1\,\text{m}^3}{10^3\,\text{L}} \times 1\,\text{atm}$$

$$= 3.52\,\text{mg/L}$$

14 ★

용해도가 큰 기체에 사용하는 흡수장치와 용해도가 작은 기체에 사용하는 흡수장치 3가지를 쓰시오.

풀이 (1) 용해도가 큰 기체에 사용하는 흡수장치
분무탑(spray tower), 충전탑(packed tower), 벤투리 스크러버, 사이클론 스크러버, 제트 스크러버 등
(이 중 3가지 기술)
(2) 용해도가 작은 기체에 사용하는 흡수장치
단탑(plate tower), 다공판탑(Perforated plate tower), 포종탑, 기포탑 등
(이 중 3가지 기술)

Plus 이론학습 **흡수장치**

- 용해도가 큰 기체에 사용하는 흡수장치는 액체분산형 흡수장치이며, 가스측 저항이 큰 경우에 사용하고, 주로 수용성 기체에 적용한다.
- 용해도가 작은 기체에 적용하는 흡수장치는 기체분산형 흡수장치이며, 액측저항이 큰 경우에 사용하고, 주로 난용성 기체(CO, O_2, N_2 등)에 적용한다.

2022

15

순수한 방정석(Na_3AlF_6)을 사용하여 200kg/day의 알루미늄을 생성하는 공장의 배출가스 유량은 1,500m^3/min(50℃, 760mmHg)이다. 불소의 배출허용기준이 F로서 10ppm이라면 이 공장의 불소 제거효율은 최소 몇 %인지 계산하시오. (단, 방정석에 함유된 Al은 전량 알루미늄 금속으로, F는 전량 배출가스 중에 함유된다고 가정하며, 알루미늄과 불소의 원자량은 각각 27, 19이다.)

풀이 방정석(Na_3AlF_6)에서 Al과 F의 비율은 Al : F = 1 : 6

Al : 6F

27kg : $6\times22.4\,Sm^3$

200kg/day : x

$$x=\frac{200\times6\times22.4}{27}=995.556\,Sm^3/day$$

$$\text{F의 배출량}(m^3/min)=\frac{995.556\,Sm^3}{day}\times\frac{273+50}{273}\times\frac{1\,day}{24\,hr}\times\frac{1\,hr}{60\,min}=0.818\,m^3/min$$

$$\text{F의 농도 (ppm)}=\frac{0.818}{1,500}\times10^6=545.333\,ppm$$

$$\therefore\ \text{F의 제거효율}=\frac{(545.333-10)}{545.333}\times100=98.17\%$$

16

★

광화학스모그의 대표적인 원인물질과 생성되기 좋은 기후조건을 설명하시오.

풀이 (1) 대표적인 원인물질

가장 중요한 물질은 오존(O_3)이고, 그 외에 PAN($CH_3COOONO_2$), 과산화수소(H_2O_2), 염화니트로실(NOCl), 아크롤레인(CH_2CHCHO), 케톤, 유기산(ROOH) 등이 있다.

(2) 생성되기 좋은 기후조건

바람이 적은 날, 여름, 낮에 더 활발하게 발생한다.

> **Plus 이론학습** **광화학스모그**
> - 정의 : 질소산화물과 탄화수소류가 햇빛에 의해서 광화학반응을 일으켜 2차 오염물질(O_3, PAN)들이 생성되어 시계가 뿌옇게 보이는 현상
> - 대표적인 원인물질 : 질소산화물과 탄화수소류(특히, 휘발성유기화합물)
> - 생성되기 좋은 기후조건 : 일반적으로 일사량 및 기온에 비례하여 증가하고, 상대습도 및 풍속에 반비례하여 감소하는 경향을 보인다.

17 ★★★

오존(O_3)의 농도가 각각 5ppb, 24ppb, 32ppb, 65ppb, 71ppb, 75ppb, 50ppb, 18ppb, 7ppb일 때 기하평균농도(mg/Sm^3)를 구하시오.

풀이 기하평균은 모두 곱한 값을 총수만큼 제곱근을 씌우는 것이다.

$C(\text{ppb})=(5\times24\times32\times65\times71\times75\times50\times18\times7)^{1/9}=27.2821\,\text{ppb}$

$$\therefore\ C=\frac{27.2821\mu\text{L}}{\text{Sm}^3}\times\frac{\text{mL}}{10^3\mu\text{L}}\times\frac{48\,\text{mg}}{22.4\,\text{mL}}=0.06\,\text{mg/Sm}^3$$

18 ★

배출가스 중 NO_2의 농도가 50ppm, 처리가스량이 500Sm^{3}였다면, CO에 의한 접촉환원법으로 처리 시 필요한 CO의 양(m^3)을 구하시오. (단, 100℃, 1atm 기준)

풀이

$$NO_2\text{의 배출량}=\frac{500\,\text{Sm}^3}{}\times\frac{50\,\text{mL}}{\text{m}^3}\times\frac{1\,\text{m}^3}{10^6\text{mL}}=0.025\,\text{Sm}^3$$

$2NO_2 \quad + \quad 4CO \quad \rightarrow N_2+4CO_2$

$2\times22.4\,\text{m}^3 \ :\ 4\times22.4\,\text{m}^3$

$0.025\,\text{m}^3 \ :\ x$

$$\therefore\ x=\frac{4\times22.4\times0.025}{2\times22.4}\times\frac{(273+100)}{273}=0.068\,\text{m}^3$$

19 ★

이온 크로마토그래피의 측정원리와 장치 구성 순서를 적으시오.

풀이 (1) 측정원리

이온 크로마토그래피는 이동상으로는 액체, 그리고 고정상으로는 이온교환수지를 사용하여 이동상에 녹는 혼합물을 고분리능 고정상이 충전된 분리관 내로 통과시켜 시료 성분의 용출상태를 전도도검출기 또는 광학검출기로 검출하여 그 농도를 정량하는 방법이다.

(2) 장치 구성 순서

용리액조 – 송액펌프 – 시료 주입장치 – 분리관 – 서프레서 – 검출기 – 기록계 순서로 구성된다.

Plus 이론학습 **이온 크로마토그래피**

일반적으로 강수(비, 눈, 우박 등), 대기먼지, 하천수 중의 이온성분을 정성, 정량 분석하는 데 이용한다.

20

★★★

환경정책기본법령상 다음 각 항목에 대한 환경기준을 ( ) 안에 각각 쓰시오.

항목	기준	
이산화질소 (NO_2)	연간 평균치	(①) ppm 이하
	24시간 평균치	(②) ppm 이하
	1시간 평균치	(③) ppm 이하
오존 (O_3)	1시간 평균치	(④) ppm 이하
	8시간 평균치	(⑤) ppm 이하
일산화탄소 (CO)	1시간 평균치	(⑥) ppm 이하

풀이 ① 0.03, ② 0.06, ③ 0.1, ④ 0.1, ⑤ 0.06, ⑥ 25

2022

2023 제1회 대기환경기사 필답형 기출문제

01 ★★

다음 중 오존파괴지수(ODP)가 큰 순서대로 나열하시오.

① $C_2F_4Br_2$, ② CF_3Br, ③ CH_2BrCl, ④ $C_2F_3Cl_3$, ⑤ CF_2BrCl

풀이 ② CF_3Br > ① $C_2F_4Br_2$ > ⑤ CF_2BrCl > ④ $C_2F_3Cl_3$ > ③ CH_2BrCl

Plus 이론학습 오존파괴지수(ODP)

① $C_2F_4Br_2$: 6 ② CF_3Br : 10 ③ CH_2BrCl : 0.12
④ $C_2F_3Cl_3$: 0.8 ⑤ CF_2BrCl : 3

02 ★★

굴뚝 배출가스 온도가 227℃에서 127℃로 변화되었을 때 통풍력은 처음의 몇 %로 감소되는지 계산하시오. (단, 대기온도는 27℃, 공기 및 배출가스 밀도는 1.3kg/Sm^{3}이다.)

풀이

통풍력

$$P = 273 \times H \times \left[\frac{\gamma_a}{273+t_a} - \frac{\gamma_g}{273+t_g}\right] \text{ 또는 } P = 355 \times H \times \left[\frac{1}{273+t_a} - \frac{1}{273+t_g}\right]$$

여기서, P : 통풍력(mmH_2O), H : 굴뚝의 높이(m), γ_a : 공기 밀도(kg/m^3)
γ_g : 배출가스 밀도(kg/m^3), t_a : 외기 온도(℃), t_g : 배출가스 온도(℃)

$$P = 273 \times H \times \left[\frac{1.3}{273+t_a} - \frac{1.3}{273+t_g}\right] = 355 \times H \times \left[\frac{1}{273+t_a} - \frac{1}{273+t_g}\right]$$

$$P_1 = 227℃\text{에서의 통풍력} = 355 \times H \times \left[\frac{1}{273+27} - \frac{1}{273+227}\right] = 0.473H$$

$$P_2 = 127℃\text{에서의 통풍력} = 355 \times H \times \left[\frac{1}{273+27} - \frac{1}{273+127}\right] = 0.296H$$

$$\therefore \frac{127℃\text{에서의 통풍력}}{227℃\text{에서의 통풍력}} \times 100 = \frac{0.296H}{0.473H} \times 100 = 62.58\%$$

03 ★

유효굴뚝높이 180m, 풍속 30m/s일 때, 다음 물음에 답하시오. (단, $K_y = 0.07$, $K_z = 0.07$, $n = 0.25$이다.)

(1) 최대지표농도를 1/2로 감소시키기 위해 높여야 할 굴뚝높이(m)를 계산하시오. (단, 모든 조건은 동일하다.)

(2) 최대착지거리(m)를 계산하시오.

풀이 (1)

최대지표농도

$$C_{max} = \frac{2Q}{\pi e U H_e^2} \times \left(\frac{K_z}{K_y}\right)$$

여기서, Q : 배출량, e : 2.718

U : 유속, H_e : 유효굴뚝높이

K_y, K_z : 수평 및 수직 확산계수

$C_{max} \propto \frac{1}{H_e^2} \rightarrow H_e \propto \frac{1}{\sqrt{C_{max}}}$, C_{max}가 1이라고 하면 $H_{e,1} : \frac{1}{\sqrt{1}} = H_{e,2} : \frac{1}{\sqrt{\frac{1}{2}}}$

$H_{e,2} = H_{e,1} \times \sqrt{2} = 180\text{m} \times \sqrt{2} = 254.56\text{m}$

$\therefore\ H_e = H_{e,2} - H_{e,1} = 254.56 - 180 = 74.56\text{m}$

(2)

최대착지거리

$$X_{max} = \left(\frac{H_e}{K_z}\right)^{\frac{2}{(2-n)}}$$

여기서, H_e : 유효굴뚝높이, K_z : 수직확산계수, n : 대기안정도 지수

$$\therefore\ X_{max} = \left(\frac{180}{0.07}\right)^{\frac{2}{(2-0.25)}} = 7{,}903.68\text{m}$$

04 ★

파장이 5,240Å인 빛 속에서 밀도(ρ)가 0.95g/cm^{3}이고 직경 0.6μm인 기름방울의 분산면적비(K)가 4.1이었다. 먼지 농도가 0.4mg/m^{3}라면 가시거리는 몇 m인지 구하시오.

풀이

가시거리

$$V(\text{m}) = \frac{5.2 \times \rho \times r}{K \times C}$$

여기서, ρ : 먼지 밀도 (g/cm^3), r : 먼지 반경(μm)

K : 분산 면적비 또는 산란계수, C : 먼지 농도 (g/m^3)

각각의 단위에 주의하고 식에 숫자를 대입하면,

$$V = \frac{5.2 \times 0.95 \times 0.3}{4.1 \times (0.4 \times 10^{-3})} = 903.66\text{m}$$

05 ★

다음 물질의 구조식을 그리시오.

(1) 2,3,7,8-TCDD
(2) 2,3,7,8-TCDF
(3) PCBs

풀이 (1) 2,3,7,8-TCDD (2,3,7,8-tetrachlorodibenzo para dioxin)

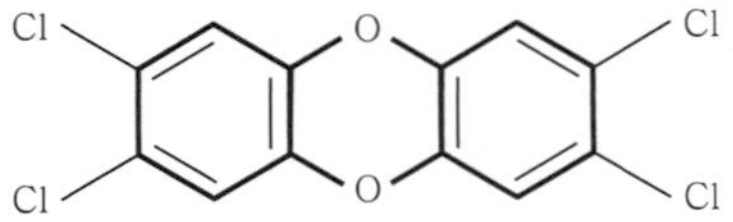

(2) 2,3,7,8-TCDF (2,3,7,8-Tetrachlorodibenzo furan)

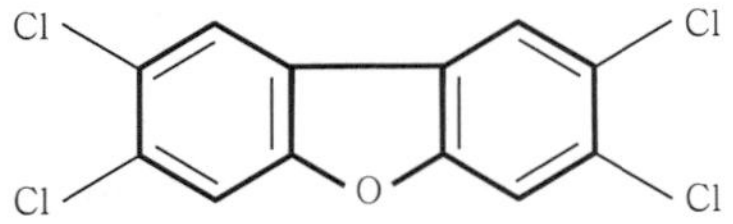

(3) PCBs (PolyChlorinated Biphenyls)

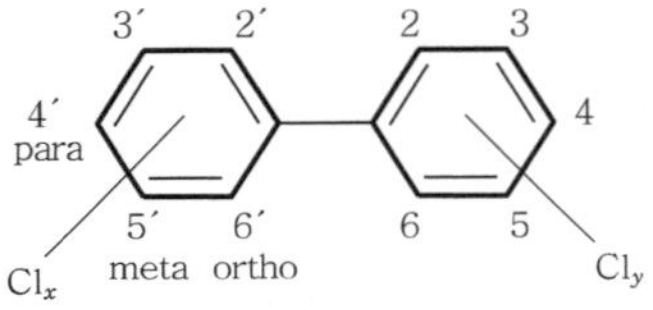

Plus 이론학습

다이옥신 (Dioxine)

- 다이옥신은 1개 또는 2개의 산소원자에 2개의 벤젠고리가 연결된 3중 고리구조로 1개에서 8개의 염소원자를 갖는 다염소화된 방향족화합물을 말하며, 가운데 고리에 산소원자가 두 개인 다이옥신계 화합물 (Polychlorinated dibenzo-p-dioxins ; PCDD)과 산소원자가 하나인 퓨란계 화합물 (Polychlorinated dibenzo-Furans ; PCDF)을 통칭한다.
- 다이옥신은 염소의 위치와 개수에 따라 여러 종류의 이성체가 존재하는데, PCDDs는 75개, PCDFs는 135개의 이성체가 존재하여 총 210개의 이성체가 존재한다.

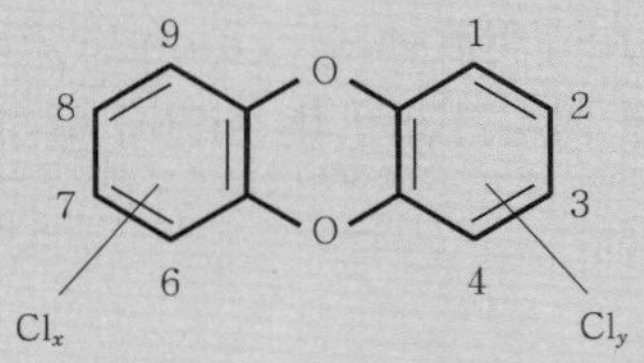

PCDDs

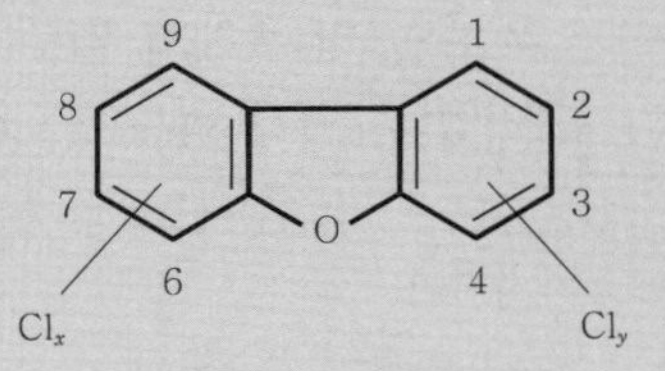

PCDFs

- PCBs는 두 개의 페닐기에 결합되어 있는 수소원자가 염소원자로 치환된 209종의 화합물로 강한 독성, 잔류성, 장거리 이동성, 생체 축적성의 특성을 가진다.

06

★★★

석탄 100kg이 C 85kg, H 5kg, O 6kg, S 2kg, 회분 2kg으로 구성되어 있다. 이 석탄을 공기비 1.3으로 연소할 때 건조연소가스 중 SO_2 농도(ppm)를 구하고, 이 석탄을 시간당 500kg 연소할 때 하루 동안 필요한 공기량(ton/day)을 구하시오.

풀이 (1) 건조연소가스 중 SO_2 농도(ppm)

$O_o = 1.867C + 5.6(H - O/8) + 0.7S$

$= 1.867 \times 0.85 + 5.6 \times (0.05 - 0.06/8) + 0.7 \times 0.02$

$= 1.84\,m^3/kg$

$A_o = O_o/0.21 = 1.84/0.21 = 8.762\,m^3/kg$

$m = 1.3$

$A = mA_o = 1.3 \times 8.762 = 11.3906\,m^3/kg$

$G_d = mA_o - 5.6H + 0.7O + 0.8N = 11.3906 - 5.6 \times 0.05 + 0.7 \times 0.06 = 11.1526\,m^3/kg$

$\therefore\ SO_2 = \dfrac{0.7S}{G_d} \times 10^6 = \dfrac{0.7 \times 0.02}{11.1526} \times 10^6 = 1255.31\,ppm$

(2) 하루 동안 필요한 공기량(ton/day)

$O_o = 2.667C + 8 \times (H - O/8) + S$

$= 2.667 \times 0.85 + 8 \times (0.05 - 0.06/8) + 0.02$

$= 2.62695\,kg/kg$

$A_o = O_o/0.232 = 2.62695/0.232 = 11.323\,kg/kg$

$A = mA_o = 1.3 \times 11.323 = 14.72\,kg/kg$

$\therefore$ 하루 동안 필요한 공기량 $= 14.72\,kg/kg \times 500\,kg/hr \times 24\,hr/day = 176.64\,ton/day$

07

벤투리 스크러버로 $5 \times 10^4 m^3/hr$(450℃)의 배출가스가 유입되고 있고, 흡수액의 온도는 20℃이며, 액가스비는 $1.5L/m^3$이다. 먼지 농도는 $30g/m^3$, 가스의 밀도는 $1.2kg/m^3$, 흡수액의 밀도는 1kg/L, 가스와 흡수액의 정압비열은 각각 0.31kcal/kg · ℃, 1kcal/kg · ℃일 때, 벤투리 스크러버에서 배출되는 가스의 온도는 몇 ℃인지 구하시오.

풀이 배출가스량 $= \dfrac{5 \times 10^4 m^3}{hr} \times \dfrac{1.2kg}{m^3} \times \dfrac{1hr}{60min} = 1{,}000kg/min$

흡수액 사용량 $= \dfrac{5 \times 10^4 m^3}{hr} \times \dfrac{1.5L}{m^3} \times \dfrac{1hr}{60min} = 1{,}250kg/min$

한편, $Q = G \times C_p \times \Delta t$에서($Q$: 열량, G : 가스량, C_P : 정압비열, Δt : 온도차)

$1{,}000kg/min \times 0.31\,kcal/kg \cdot ℃ \times (450 - t) = 1{,}250\,kg/min \times 1\,kcal/kg \cdot ℃ \times (t - 20)$

$1{,}560t = 164{,}500$

$\therefore\ t = 105.45℃$

08

★★★

기체연료(C_mH_n) 1mol을 이론공기량으로 완전연소 시켰을 경우 이론습연소가스량(g)을 계산하시오.

풀이 단위가 질량(g)인 것에 주의해야 한다.

C_mH_n의 완전연소반응식 : $C_mH_n + \left(m+\frac{n}{4}\right)O_2 \rightarrow mCO_2 + \frac{n}{2}H_2O$

$1\,\text{mol} : \left(m+\frac{n}{4}\right)\times 32\,\text{g} : m\times 44\,\text{g} : \frac{n}{2}\times 18\,\text{g}$

O_o(이론적 산소량) $=\left(m+\frac{n}{4}\right)\times 32\,\text{g}$

A_o(이론적 공기량) $=\frac{O_o}{0.232}=\frac{(m+n/4)\times 32}{0.232}=137.93m+34.48n$

G_{ow}(이론습연소가스량) = CO_2 양 + H_2O 양 + 이론적인 질소량

이론적인 질소량 $=(1-0.232)A_o=0.768\times(137.93m+34.48n)=105.93m+26.48n$

$\therefore$ G_{ow}(이론습연소가스량) $=m\times 44+\frac{n}{2}\times 18+105.93m+26.48n=149.93m+35.48n$(g)

Plus 이론학습 기체연료(C_mH_n) 1mol을 이론공기량으로 완전연소 시켰을 경우 **이론습연소가스량(mol)**을 계산하면 다음과 같다.

C_mH_n의 완전연소반응식 : $C_mH_n+\left(m+\frac{n}{4}\right)O_2 \rightarrow mCO_2 + \frac{n}{2}H_2O$

$1\,\text{mol} : \left(m+\frac{n}{4}\right)\text{mol} : m(\text{mol}) : \frac{n}{2}\text{mol}$

O_o(이론적 산소량) $=\left(m+\frac{n}{4}\right)\text{mol}$

A_o(이론적 공기량) $=\left(m+\frac{n}{4}\right)/0.21\text{mol}$

G_{ow}(이론습연소가스량) = CO_2 양 + H_2O 양 + 이론적인 질소량

이론적인 질소량 $=(1-0.21)A_o=0.79A_o=3.76\left(m+\frac{n}{4}\right)\text{mol}$

$\therefore$ G_{ow}(이론습연소가스량) $=m+\frac{n}{2}+3.76\left(m+\frac{n}{4}\right)=(4.76m+1.44n)\text{mol}$

09

★

전기집진장치에서 먼지에 작용하는 집진원리를 4가지 쓰시오.

풀이 ① 대전입자 하전에 의한 쿨롱력
② 전계강도에 의한 힘
③ 전기풍에 의한 힘
④ 입자 간의 흡인력

10

★★★

다음과 같은 기체연료 $1Sm^3$를 연소 시 필요한 이론적인 공기량을 구하시오. (단, CO_2와 H_2O는 생성물이고, C_mH_n는 CO_2와 H_2O로 완전연소되며, N_2는 NO가 된다.)

가스	CH_4	C_2H_4	C_3H_6	CO	O_2	N_2	CO_2	H_2O
조성(Sm^3)	0.5	0.05	0.04	0.1	0.01	0.15	0.1	0.05

✔ 풀이

$$C_mH_n + \left(m + \frac{n}{4}\right)O_2 \rightarrow mCO_2 + \frac{n}{2}H_2O$$

$CH_4 + 2O_2 \rightarrow CO_2 + 2H_2O$

$0.5 : 0.5 \times 2$ ⇨ 이론적인 산소량$(O_o) = 1.0Sm^3$

$C_2H_4 + 3O_2 \rightarrow 2CO_2 + 2H_2O$

$0.05 : 0.05 \times 3$ ⇨ 이론적인 산소량$(O_o) = 0.15Sm^3$

$C_3H_6 + 4.5O_2 \rightarrow 3CO_2 + 3H_2O$

$0.04 : 0.04 \times 4.5$ ⇨ 이론적인 산소량$(O_o) = 0.18Sm^3$

$CO + 0.5O_2 \rightarrow CO_2$

$0.1 : 0.1 \times 0.5$ ⇨ 이론적인 산소량$(O_o) = 0.05Sm^3$

$N_2 + O_2 \rightarrow 2NO$

$0.15 : 0.15 \times 1$ ⇨ 이론적인 산소량$(O_o) = 0.15Sm^3$

한편, 기체연료 속에 있는 $O_2(0.01Sm^3)$는 빼 주어야 한다.

$$\therefore \text{이론적인 공기량}(A_o) = \frac{O_o}{0.21} = \frac{(1.0 + 0.15 + 0.18 + 0.05 + 0.15) - 0.01}{0.21} = 7.24Sm^3/Sm^3$$

11

기체 크로마토그래프에서 사용하는 전자포획검출기(ECD)에 대해 설명하시오.

✔ 풀이 전자포획검출기는 방사성 물질인 Ni−63 혹은 삼중수소로부터 방출되는 β선이 운반기체를 전리하여 이로 인해 전자포획검출기 셀(cell)에 전자구름이 생성되어 일정전류가 흐르게 된다. 이러한 전자포획검출기 셀에 전자친화적인 큰 화합물이 들어오면 셀에 있던 전자가 포획되어 이로 인해 전류가 감소하는 것을 이용하는 방법으로 유기할로겐화합물, 니트로화합물 및 유기금속화합물 등 전자친화력이 큰 원소가 포함된 화합물을 수ppt의 매우 낮은 농도까지 선택적으로 검출할 수 있다.

Plus 이론학습

전자포획검출기(electron capture detector, ECD)
- 주로 유기염소계의 농약 분석이나 PCB 등의 환경오염 시료의 분석에 많이 사용된다.
- 탄화수소, 알코올, 케톤 등에는 감도가 낮다.
- 고순도(99.9995%)의 운반기체를 사용하여야 하고, 반드시 수분트랩(trap)과 산소트랩을 연결하여 수분과 산소를 제거할 필요가 있다.

12

기상의 오염물질 A를 제거하는 흡수장치에서 다음과 같은 측정값을 얻었다. 기액 경계면에서 오염물질 A의 농도(kmol/m^3)를 계산하시오.

- 헨리상수(H) : 2.0kmol/m^3·atm
- 기상 경계면에서의 물질전달계수(k_G) : 3.2kmol/m^2·hr·atm
- 액상 경계면에서의 물질전달계수(k_L) : 0.7m/hr
- 기상에서의 오염물질 A의 분압(P_A) : 0.15atm
- 액상에서의 오염물질 A의 농도(C_A) : 0.1kmol/m^3

풀이

오염물질 A의 Flux

$N_A = k_G(P_A - P_{A,i}) = k_L(C_{A,i} - C_A)$

여기서, P_A : 기상에서의 오염물질 A의 분압, $P_{A,i}$: 경계면에서의 오염물질 A의 분압
C_A : 액상에서의 오염물질 A의 농도, $C_{A,i}$: 경계면에서의 오염물질 A의 농도
k_G : 기상 경계면에서의 물질전달계수, k_L : 액상 경계면에서의 물질전달계수

헨리의 법칙

$P = H \times C$

여기서, 헨리상수의 단위는 atm·m^3/kmol

여기에서 헨리상수는 kmol/m^3·atm로 주어졌기 때문에 헨리의 법칙은 $C = H \times P$이다.

$k_G(P_A - P_{A,i}) = k_L(C_{A,i} - C_A)$와 헨리의 법칙$\left(P = \dfrac{C}{H}\right)$을 적용하면

$k_G\left(P_A - \dfrac{C_{A,i}}{H}\right) = k_L(C_{A,i} - C_A)$, $3.2 \times \left(0.15 - \dfrac{C_{A,i}}{2}\right) = 0.7 \times (C_{A,i} - 0.1)$

$0.48 - 1.6C_{A,i} = 0.7C_{A,i} - 0.07$

$2.3C_{A,i} = 0.55$

$\therefore\ C_{A,i} = 0.24\text{kmol/m}^3$

Plus 이론학습 오염물질은 농도의 차이에 의해 이동되며, 이를 Flux로 나타낼 수 있다. 또한 기상에서 경계면으로 이동하는 오염물질의 양은 경계면에서 액상으로 이동하는 오염물질의 양과 같다(이중격막설, Two Film Theory). 이를 식으로 표현한 것이 위의 식이다.

13 ★

HF 3,000ppm, SiF_4 1,500ppm을 함유하는 배출가스 22,400Sm^3/hr를 물에 흡수하여 H_2SiF_6(규불산)을 회수하려고 한다. 이런 경우 흡수율이 100%라면 이론적으로 회수할 수 있는 규불산의 양(kg/hr)은 얼마인지 구하시오. (단, SiF_4의 분자량은 104g이고, F의 원자량은 19g이다. 반응식을 기재하고 서술하시오.)

풀이

$$\text{HF 배출량}(Sm^3/hr) = \frac{3{,}000\,mL}{m^3} \Big| \frac{22{,}400\,Sm^3}{hr} \Big| \frac{m^3}{10^6\,mL} = 67.2\,Sm^3/hr$$

$$SiF_4\ \text{배출량}(Sm^3/hr) = \frac{1{,}500\,mL}{m^3} \Big| \frac{22{,}400\,Sm^3}{hr} \Big| \frac{m^3}{10^6\,mL} = 33.6\,Sm^3/hr$$

$2HF + SiF_4 \rightarrow H_2SiF_6$

$2 \times 22.4\,Sm^3$: $144\,kg$

$67.2\,Sm^3/hr$: x

$$\therefore\ x = \frac{67.2 \times 144}{2 \times 22.4} = 216\,kg/hr$$

14 ★

어떤 집진장치의 유입 가스량이 50,000Sm^3/hr, 먼지 농도가 2g/Sm^3일 경우, 출구로부터 배출되는 1일 먼지량을 60kg으로 제어하기 위해서는 집진율을 얼마 이상으로 해야 하는지 구하시오.

풀이

총 제거효율

$$\eta_t = \left(1 - \frac{C_o Q_o}{C_i Q_i}\right) \times 100$$

여기서, C_o : 출구에서의 농도, C_i : 입구에서의 농도

Q_o : 출구에서의 가스량, Q_i : 입구에서의 가스량

$$\text{입구 먼지량}(C_i \times Q_i) = \frac{2\,g}{Sm^3} \times \frac{50{,}000\,Sm^3}{hr} \times \frac{1\,kg}{10^3\,g} = 100\,kg/hr$$

$$\text{출구 먼지량}(C_o \times Q_o) = \frac{60\,kg}{day} \times \frac{1\,day}{24\,hr} = 2.5\,kg/hr$$

$$\therefore\ \text{총 제거효율},\ \eta_t = \left(1 - \frac{2.5}{100}\right) \times 100 = 97.5\,\%$$

15

★★★

NO 224ppm, NO_2 22.4ppm을 함유한 배출가스 100,000m^3/hr를 NH_3에 의한 선택적 접촉환원법으로 처리할 경우 NO_x를 제거하기 위한 NH_3의 이론량(kg/hr)을 계산하시오. (단, 표준상태이며, 산소 공존은 고려하지 않는다. 화학반응식을 기재하시오.)

풀이

$$\text{NO의 발생량} = \frac{100{,}000\,\text{m}^3}{\text{hr}} \left| \frac{224\,\text{mL}}{\text{m}^3} \right| \frac{1\,\text{m}^3}{10^6\,\text{mL}} = 22.4\,\text{m}^3/\text{hr}$$

$6NO + 4NH_3 \rightarrow 5N_2 + 6H_2O$

$6 \times 22.4\,\text{m}^3$: $4 \times 17\,\text{kg}$

$22.4\,\text{m}^3/\text{hr}$: x

$$x = \frac{4 \times 17 \times 22.4}{6 \times 22.4} = 11.3333\,\text{kg/hr}$$

$$\text{NO}_2\text{의 발생량} = \frac{100{,}000\,\text{m}^3}{\text{hr}} \left| \frac{22.4\,\text{mL}}{\text{m}^3} \right| \frac{1\,\text{m}^3}{10^6\,\text{mL}} = 2.24\,\text{m}^3/\text{hr}$$

$6NO + 8NH_3 \rightarrow 7N_2 + 12H_2O$

$6 \times 22.4\,\text{m}^3$: $8 \times 17\,\text{kg}$

$2.24\,\text{m}^3/\text{hr}$: y

$$y = \frac{8 \times 17 \times 2.24}{6 \times 22.4} = 2.2667\,\text{kg/hr}$$

$\therefore$ NH_3의 이론량 $= x + y = 11.3333 + 2.2667 = 13.6\,\text{kg/hr}$

16

★

두 개의 집진장치가 그림과 같이 직결로 연결되어 있을 경우, 총 집진효율(η_t)을 각 집진장치의 효율인 η_1과 η_2의 함수로 나타내시오. (단, C_1, C_2, C_3는 각 단계별 농도이다.)

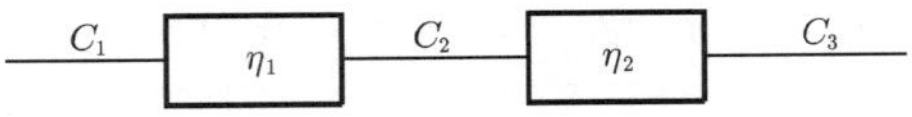

풀이

$$\eta_1 = \frac{(C_1 - C_2)}{C_1} = 1 - \frac{C_2}{C_1},\quad C_2 = (1-\eta_1)C_1$$

$$\eta_2 = \frac{(C_2 - C_3)}{C_2} = 1 - \frac{C_3}{C_2},\quad C_3 = (1-\eta_2)C_2$$

$$\therefore\ \eta_t = \frac{(C_1 - C_3)}{C_1} = \frac{C_1 - (1-\eta_2)C_2}{C_1} = \frac{C_1 - (1-\eta_2)(1-\eta_1)C_1}{C_1} = 1 - (1-\eta_1)(1-\eta_2)$$

17

★

A사업장의 자가측정기록부를 근거로 다음 물음에 답하시오. (단, 배출가스의 밀도는 1.3kg/Sm^3, 17℃에서 물의 포화수증기압은 14.5mmHg이다.)

굴뚝 직경(m)	3m		대기압(atm)	1atm	
경사마노미터 (수액 : 물)	확대율	10	여과지 무게(g)	포집 전	0.801g
	경사각	30°		포집 후	0.921g
	액주이동거리	20cm	습식 가스미터	지시흡인량	1,200L
				온도	17℃
피토관계수(C)	0.84			게이지압	0mmHg

(1) 배출가스 유속(m/s)

(2) 배출가스 중 먼지 농도(mg/Sm^3)

✔ **풀이** (1)

유속(m/s)

$$V = C \times \sqrt{\frac{2gh}{\gamma}}$$

여기서, C : 피토관계수, g : 중력가속도(9.81m/s^2)
h : 동압(mmH_2O), γ : 가스 밀도(kg/m^3)

동압(mmH_2O)

$$h = \gamma \times L \times \sin\theta \times \frac{1}{\alpha}$$

여기서, γ : 경사마노미터 안의 용액 비중, L : 액주(mm), θ : 경사각, α : 확대율

동압(h)$= 1 \times 200 \times \sin 30 \times \frac{1}{10} = 10mmH_2O$

∴ 배출가스 유속, $V = 0.84 \times \sqrt{\frac{2 \times 9.8 \times 10}{1.3}} = 10.314$m/s

(2)

먼지 농도(mg/Sm^3)

$$C = \frac{m_a}{V_s}$$

여기서, m_a : 먼지의 질량($m_{a1} - m_{a2}$)(g), V_s : 시료가스 채취량(L)

시료가스 채취량(L)

$$V_s = V \times \frac{273}{273+t} \times \frac{P_a + P_m - P_v}{760}$$

여기서, V : 가스미터로 측정한 흡입가스량, t : 가스미터의 온도(℃), P_a : 대기압(mmHg)
P_m : 가스미터의 게이지압(mmHg), P_v : t(℃)에서의 포화수증기압(mmHg)

$m_a = 0.921 - 0.801 = 0.12$g $= 120$mg

$V_s = 1{,}200\text{L} \times \frac{273}{(273+17)} \times \frac{760+0-14.5}{760} = 1108.1\text{L} = 1.1081\text{Sm}^3$

∴ 먼지 농도, $C = \frac{120}{1.1081} = 108.3$mg/Sm^3

18

★★

10개의 Bag을 사용한 여과집진장치에서 집진효율이 98%, 입구의 먼지 농도는 10g/m^3였다. 가동 중 장치에 장애가 발생하여 전체 처리가스량의 1/10이 그대로 통과하였다면 출구의 먼지 농도(g/Sm^3)는 얼마인지 계산하시오.

풀이 처리가스량 중 9/10의 출구 먼지 농도(g/Sm^3) $= 10\times(9/10)\times(1-0.98) = 0.18$ g/Sm^3

처리가스량 중 1/10의 출구 먼지 농도(g/Sm^3) $= 10\times(1/10)\times(1-0.00) = 1$ g/Sm^3

∴ 총 출구 먼지 농도(g/Sm^3) $= 0.18$ g/Sm^3 $+ 1$ g/Sm^3 $= 1.18$ g/Sm^3

2023 제2회

대기환경기사 필답형 기출문제

01

다음 표는 각 물질의 진비중과 겉보기비중을 나타낸 것이다. 다음 물음에 답하시오.

물질	진비중	겉보기비중
카본 블랙	1.90	0.03
미분탄 보일러	2.10	0.52
시멘트 킬른	3.00	0.60
산소 제강로	4.75	0.65
황동용 전기로	5.40	0.36

(1) 재비산이 가장 잘 일어나는 물질은?
(2) 재비산이 가장 잘 일어나는 물질의 공극률은?

풀이 (1) 카본 블랙

(2)

$$공극률(\%)=\left(1-\frac{겉보기비중}{진비중}\right)\times 100$$

$$\therefore \text{ 카본 블랙의 공극률} =\left(1-\frac{0.03}{1.9}\right)\times 100=98.42\%$$

Plus 이론학습

• 재비산이 가장 잘 일어나는 물질은 $\frac{진비중}{겉보기비중}$의 값이 가장 큰 물질이다.

물질	진비중	겉보기비중	$\frac{진비중}{겉보기비중}$
카본 블랙	1.90	0.03	63.33
미분탄 보일러	2.10	0.52	4.04
시멘트 킬른	3.00	0.60	5.00
산소 제강로	4.75	0.65	7.29
황동용 전기로	5.40	0.36	15.00

02

★★★

다음과 같은 조성으로 이루어진 석탄 1kg이 있다. 공기비가 1.3인 경우 습연소가스량에 대한 SO_2 농도(ppm)를 계산하시오. (단, 질소는 연소에 참여하지 않는다.)

구분	C	H	O	N	S	Ash
질량 분율(%)	77.3	5.1	5.9	1.3	2.5	7.9

풀이

$O_o = 1.867C + 5.6(H - O/8) + 0.7S$

$= 1.867 \times 0.773 + 5.6 \times (0.051 - 0.059/8) + 0.7 \times 0.025$

$= 1.705\,m^3/kg$

$A_o = O_o/0.21 = 1.705/0.21 = 8.12\,m^3/kg$

$m = 1.3$

$A = mA_o = 1.3 \times 8.12 = 10.556\,m^3/kg$

$G_w = mA_o + 5.6H + 0.7O + 0.8N + 1.24\,W\,(m^3/kg)$

$= 10.556 + 5.6 \times 0.051 + 0.7 \times 0.059 + 0.8 \times 0.013$

$= 10.8933\,m^3/kg$

$$\therefore\ SO_2 = \frac{0.7S}{G_d} \times 10^6 = \frac{0.7 \times 0.025}{10.8933} \times 10^6 = 1{,}606.5\,ppm$$

03

각 물질의 생성열은 다음과 같다. $CH_4(g)$와 $C_{12}H_{26}(L)$ 연소 시 엔탈피를 구하고, 같은 부피에서 발열량이 적은 물질은 무엇인지 스시오. (단, 293K 기준이며, 절대값을 취한 값으로 크기를 판단하시오.)

구분	$CH_4(g)$	$C_{12}H_{26}(L)$	$CO_2(g)$	$H_2O(g)$	$O_2(g)$
ΔH_f(kcal/mol)	−17.89	−83	−94.05	−57.80	0

풀이 (1) $CH_4(g)$와 $C_{12}H_{26}(L)$ 연소 시 엔탈피

ΔH_f = 생성물의 표준생성열 − 반응물의 표준생성열

- $CH_4(g) + 2O_2(g) \rightarrow CO_2(g) + 2H_2O(g)$

  $\Delta H_f = [1 \times (-94.05) + 2 \times (-57.80)] - [1 \times (-17.89) + 2 \times (0)]$

  $= -191.76\,kcal/mol$(발열반응)

- $C_{12}H_{26}(L) + 18.5O_2(g) \rightarrow 12CO_2(g) + 13H_2O(g)$

  $\Delta H_f = [12 \times (-94.05) + 13 \times (-57.80)] - [1 \times (-83) + 18.5 \times (0)]$

  $= -1{,}797\,kcal/mol$(발열반응)

(2) 같은 부피에서 발열량이 적은 물질

$CH_4(g)$가 $C_{12}H_{26}(L)$보다 1mol당 발열량이 적다.

04

★★

어떤 1차 반응에서 550sec 동안 반응물의 1/2이 분해되었다. 반응물이 1/5 남을 때까지의 시간(hr)을 구하시오.

풀이 1차 반응, $\ln[A] = -k\times t + \ln[A]_o \rightarrow \ln\frac{[A]}{[A]_o} = -k\times t$

$$\ln\left(\frac{1/2}{1}\right) = -k\times 550 \rightarrow k = 1.26\times 10^{-3}\mathrm{s}^{-1}$$

$$\ln\left(\frac{1/5}{1}\right) = -1.26\times 10^{-3}\mathrm{s}^{-1}\times t$$

$$\therefore\ t = 1,277.33\,\mathrm{sec} = 0.355\,\mathrm{hr}$$

05

★

빛의 소멸계수 (σ_{ext}) 0.45km^{-1}인 대기에서 시정거리의 한계를 빛의 강도가 초기강도의 95%가 감소했을 때의 거리라고 정의할 때, 시정거리 한계(km)를 계산하시오. (단, 광도는 Lambert－Beer 법칙을 따르며, 자연대수로 적용한다.)

풀이

Lambert－Beer 법칙

$$\frac{I_t}{I_o} = \exp(-\sigma_{ext}\times x)$$

여기서, I_o : 입사광의 강도, I_t : 투사광의 강도

σ_{ext} : 빛의 소멸계수, x : 시정거리의 한계

$$\therefore\ x = -\frac{\ln\left(\frac{I_t}{I_o}\right)}{\sigma_{ext}} = -\frac{\ln\left(\frac{5}{100}\right)}{0.45} = 6.66\,\mathrm{km}$$

06

★★

비중이 0.8인 에탄올 1.5L를 연소시킬 때 필요한 공기량(Sm^3)을 계산하시오.

풀이

$C_2H_6OH + 3O_2 \rightarrow 2CO_2 + 3H_2O$

46kg : $3\times 22.4\,\mathrm{Sm}^3$

$1.5\mathrm{L}\times 0.8$: x

$$x(O_o) = \frac{3\times 22.4\times 1.5\times 0.8}{46} = 1.753\,\mathrm{Sm}^3$$

$$\therefore\ A_o = O_o/0.21 = 1.753/0.21 = 8.348\,\mathrm{Sm}^3$$

07 ★

실내온도가 15℃인 5m×3m×3m 연소실에서 C_8H_{18}을 시간당 60g 연소하였는데 모두 불안전 연소되어 CO가 발생되었다. 최종 CO 농도가 100ppm이 되었다면 이 농도에 도달하기까지 소요되는 시간(min)을 계산하시오. (단, 초기 CO 농도는 0ppm이다.)

풀이

$$\text{배출된 CO 양} = \frac{100\,\text{mL}}{\text{m}^3} \times \frac{273}{(273+15)} \times (5\times3\times3)\text{m}^3 = 4265.625\,\text{mL} = 4.27\,\text{L}$$

C_8H_{18} $+ 8.5O_2$ → $8CO$ $+ 9H_2O$

114g : 8×22.4L

$60 \times \frac{\text{g}}{\text{hr}} \times t(\text{hr})$: 4.27L

$$\therefore\ t = \frac{114\times4.27}{8\times22.4\times60} = 0.0453\,\text{hr} = 2.718\,\text{min}$$

08 ★

집진장치의 입구와 출구에서 시료를 채취하여 입경에 따른 입자수를 분석한 결과는 다음 표와 같다. 입자수 기준의 집진효율(%)과 질량 기준의 집진효율(%)을 구하시오. (단, 입자들은 모두 구형이고, 밀도는 1g/cm^{3}로 동일한 것으로 가정한다.)

입경(μm)	입구의 입자수(개)	출구의 입자수(개)
1	100	80
5	100	50
10	100	10

풀이 (1) 입자수 기준 제거효율(%)

입구 입자수 = 100+100+100 = 300

출구 입자수 = 80+50+10 = 140

$$\therefore\ \text{집진효율} = \left(1-\frac{140}{300}\right)\times100 = 53.33\,\%$$

(2) 질량 기준 제거효율(%)

질량(g) = 체적(cm^3)×밀도(g/cm^3), $m = V\times\rho$

$$m = \frac{\pi}{6}\times d^3\times\rho$$

여기서, 밀도(ρ)는 동일하므로 $m \propto d^3$

입구 질량 = $(1^3\times100)+(5^3\times100)+(10^3\times100)$ = 112,600

출구 질량 = $(1^3\times80)+(5^3\times50)+(10^3\times10)$ = 16,330

$$\therefore\ \text{집진효율} = \left(1-\frac{16{,}330}{112{,}600}\right)\times100 = 85.50\%$$

09

★

커닝햄 보정계수(Cunninghum correction factor)의 정의를 쓰고, ( ) 안에 알맞은 것을 고르시오.

(1) 정의

(2) ① 입자가 미세화되면 커닝햄 보정계수는 (커진다/작아진다).
② 처리가스 온도가 낮아질수록 커닝햄 보정계수는 (커진다/작아진다).
③ 처리가스 압력이 낮아질수록 커닝햄 보정계수는 (커진다/작아진다).

풀이 (1) 미세입자의 경우 기체분자가 입자에 충돌할 때 입자 표면에서 미끄럼현상(slip)이 일어나면 입자에 작용하는 항력이 작아져 종말침강속도가 커지게 되는데 이를 보정하는 계수를 의미한다.

(2) ① 커진다, ② 작아진다, ③ 커진다

Plus 이론학습 커닝햄 보정계수는 항상 1보다 크다.

10

★★

입구 먼지 농도 10g/Sm^3인 함진가스를 5m×4m인 집진판 19개를 사용하여 전기집진장치로 처리할 경우 집진효율이 95%였다. 이 전기집진장치의 출구 먼지 농도를 20mg/Sm^3가 되도록 하기 위해 집진판을 추가하려고 한다. 추가해야 할 집진판의 수를 계산하시오. (단, Deutsch-Anderson 식을 적용하고, 먼지의 이동속도는 2cm/s이다.)

풀이

Deutsch-Anderson 식

$$\eta = 1 - e^{\left(-\frac{AW_e}{Q}\right)}$$

여기서, A : 집진면적(m^2), W_e : 입자의 이동속도(m/s), Q : 가스 유량(m^3/s)

$$0.95 = 1 - e^{\left(-\frac{19\times5\times4\times0.02}{Q}\right)}, \quad Q = 2.5369\text{m}^3/\text{s}$$

최종 집진효율

$$\eta_t = \left(1 - \frac{C_t}{C_o}\right)\times 100$$

여기서, C_t : 출구 농도, C_o : 입구 농도

$$\eta_t = \left(1 - \frac{C_t}{C_o}\right)\times 100 = 99.8\%$$

그러므로 $0.998 = 1 - e^{\left(-\frac{N\times5\times4\times0.02}{2.5369}\right)}$, $N = 39.41$개 → 40개

∴ 추가해야 할 집진판의 개수 = 40 − 19 = 21개

11

★★★

원심력집진장치를 이용하여 먼지를 처리하고자 한다. 아래 조건을 기준으로 Lapple 식을 적용하여 절단직경과 총 집진효율(%)을 계산하시오.

- 유입구 폭 : 0.25 m
- 유입구 높이 : 0.5 m
- 유효 회전수 : 6회
- 유입 유속 : 8 m/s
- 가스 밀도 : 1.2 kg/m^3
- 가스 점도 : 1.85×10^{-4}poise
- 먼지 밀도 : 1.8 g/cm^3

입경 범위(μm)	0~5	5~10	10~15	15~20
중량 분포(%)	10	30	40	20
부분 집진효율(%)	93	95	97	99

풀이 (1) 절단직경

$$d_{p,50}(\mu m) = \sqrt{\frac{9\mu_g W}{2\pi N V_t (\rho_p - \rho_g)}} \times 10^6$$

여기서, W : 유입구 폭, N : 유효 회전수

μ_g : 가스의 점도, V_t : 유입속도

ρ_p : 입자의 밀도, ρ_g : 가스의 밀도

단위 통일을 위해서

가스 점도(μ_g) $= 1.85\times10^{-4}\text{poise} = \dfrac{1.85\times10^{-4}\text{g}}{\text{cm}\times\text{s}} \left| \dfrac{1\text{kg}}{1{,}000\text{g}} \right| \dfrac{100\text{cm}}{1\text{m}}$

$= 1.85\times10^{-5}\text{kg/m}\cdot\text{s}$

먼지 밀도(ρ_p) $= \dfrac{1.8\text{g}}{\text{cm}^3} \left| \dfrac{1\text{kg}}{1{,}000\text{g}} \right| \dfrac{(100)^3\text{cm}^3}{1\text{m}^3} = 1{,}800\text{kg/m}^3$

$$\therefore\ d_{p,50} = \sqrt{\frac{9\times1.85\times10^{-5}\times0.25}{2\times\pi\times6\times8\times(1{,}800-1.2)}} \times 10^6 = 8.7594\mu m$$

(2) 총 집진효율

$\eta_t = 10\times0.93+30\times0.95+40\times0.97+20\times0.99 = 96.4\%$

12

★

전기집진장치에서 집진실을 전기적 구획화(electrical sectionalization) 하는 이유를 서술하시오.

풀이 입구는 먼지 농도가 높아 코로나 전류가 상대적으로 감소하며, 출구는 먼지 농도가 낮아 코로나 전류가 급등하는 전류의 불균형으로 전기집진장치의 효율이 감소한다. 따라서 전기적 특성에 따라 몇 개의 집진실로 구획화하여 전류의 흐름을 균일하게 함으로써 효율을 증가시키기 위해서 전기적 구획화를 한다.

13

★★★

아래 표는 온도에 따른 기체의 용해도이다. 표를 참조하여 20℃, 1atm에서 H_2S의 헨리상수 (atm · m^3/kmol)를 계산하시오.

온도(℃)	H_2S (mL/mL)	CO_2 (mL/mL)	SO_2 (mL/mL)	O_2 (mL/mL)
0	4.67	1.71	20	14.75
20	2.59	0.88	40	7.83

✔ 풀이

헨리의 법칙
$P = H \times C$
여기서, P : 압력, H : 한계상수, C : 농도

$$C = \frac{2.59\,\text{mL}}{\text{mL}} \left| \frac{1\,\text{kmol}}{22.4\times10^6\,\text{mL}} \right| \frac{10^6\,\text{mL}}{1\,\text{m}^3} = 0.115625\,\text{kmol/m}^3$$

$$\therefore \text{ 헨리상수, } H = \frac{P}{C} = \frac{1\,\text{atm}}{0.115625\,\text{kmol/m}^3} = 8.65\,\text{atm}\cdot\text{m}^3/\text{kmol}$$

14

NH_3를 제거하기 위해 흡착제로 활성탄을 사용하였다. NH_3 농도가 56μg/m^3인 배출가스에 활성탄을 20μg/m^3 주입하였더니 NH_3 농도가 16μg/m^3로 낮아졌고, 56μg/m^3를 주입하였더니 NH_3 농도가 4μg/m^3로 낮아졌다. NH_3 농도를 5μg/m^3로 낮추기 위한 활성탄의 양(μg/m^3)을 계산하시오. (단, Freudlich 등온흡착식을 이용하시오.)

✔ 풀이

Freundlich 등온흡착식(실험식)

$$\frac{X}{M} = kC^{1/n}$$

여기서, X : 흡착된 흡착질의 질량, M : 흡착제의 질량
C : 흡착질의 평형농도, k 및 n : 상수

$\frac{X}{M} = kC^{1/n}$에서 $M = \frac{X}{k\times C^{1/n}}$

$$20 = \frac{(56-16)}{k\times16^{1/n}} \quad \cdots \text{①}$$

$$52 = \frac{(56-4)}{k\times4^{1/n}} \quad \cdots \text{②}$$

①과 ②를 연립해서 풀면 $n=2$, $K=0.5$

$$\therefore M = \frac{(56-5)}{0.5\times5^{1/2}} = 45.62\,\mu\text{g/m}^3$$

15

★★★

여과집진장치에서 먼지 부하가 800g/m^{2}일 때마다 부착먼지를 간헐적으로 탈락시키고자 한다. 유입 먼지 농도 0.5g/m^3, 겉보기 유속 2cm/s, 집진효율 90%로 운전할 때, 부착먼지의 탈락 시간 간격(hr)을 구하시오.

풀이

$$\text{부착먼지의 탈락시간 간격}(t) = \frac{L_d}{C_i \times V_f \times \eta}$$

여기서, L_d : 먼지 부하 (g/m^2), C_i : 입구 먼지 농도 (g/m^3)

V_f : 여과속도 (m/s), η : 집진효율 (%)

$$\therefore\ t = \frac{800\,\text{g/m}^2}{0.5\,\text{g/m}^2 \times 0.02\,\text{m/s} \times 0.9} = 88,888.89\,\text{s} = 24.69\,\text{hr}$$

16

충전탑 하부로부터 20℃의 NH_3와 공기가 시간당 280m^{3}로 유입되며 이 중 NH_3가 3% 함유되어 있을 때 충전탑 상부로부터 순수한 물을 향류 접촉시켜 NH_3의 90%를 회수하려 한다. 이때 필요한 물의 양(kg/hr)을 계산하시오. (단, 공기의 분자량은 29g이다.)

〈20℃에서 부분압력에 대한 NH_3 용해도〉

NH_3 부분압력(mmHg)	12	18.2	22.8	31.7	50
g NH_3/ 100g water	2	3	3.6	5	7.5

풀이

$$NH_3\ \text{부분압력} = NH_3\ \text{부피분율} = \frac{280 \times 0.03}{280} = 0.03\,\text{atm} = 0.03 \times \frac{760\,\text{mmHg}}{1\,\text{atm}} = 22.8\,\text{mmHg}$$

위의 표에서 22.8mmHg에 해당되는 용해도는 3.6g/100g water

물에 흡수되는 NH_3의 양 (kg)

$$280\,\frac{\text{m}^3}{\text{hr}} \times 0.03 \times 0.9 \times \frac{273}{(273+20)} \times \frac{17\,\text{kg}}{22.4\,\text{Sm}^3} = 5.3489\,\frac{\text{kg}}{\text{hr}}$$

필요한 물의 양 (kg)

water : NH_3

100kg : 3.6kg

$$x\,\frac{\text{kg}}{\text{hr}} : 5.3489\,\frac{\text{kg}}{\text{hr}}$$

$$\therefore\ x(\text{water}) = \frac{100 \times 5.3489}{3.6} = 148.58\,\text{kg/hr}$$

17

환원제 H_2S를 사용하여 SO_2와 NO를 동시에 제거하고자 한다. 배출가스량이 2,000Sm^3/min이고, SO_2 800ppm, NO 400ppm인 경우 한달 동안 필요한 H_2S 양(Sm^3/month)과 회수되는 S(황)의 양(ton/month)을 계산하시오. (단, H_2S 반응률과 처리효율은 모두 100%이며, 방지시설은 일일 8시간, 매달 25일 가동한다.)

풀이

- 배출되는 SO_2 양 $= \frac{800\,mL}{m^3} \left| \frac{2{,}000\,Sm^3}{min} \right| \frac{1\,m^3}{10^6\,mL} \left| \frac{60\,min}{1\,hr} \right| \frac{8\,hr}{1\,day} \left| \frac{25\,day}{1\,month} \right.$

$= 19{,}200\,Sm^3/month$

$SO_2 + 2H_2S \rightarrow 3S + 2H_2O$

$22.4\,Sm^3 : 2\times22.4\,Sm^3 : 3\times32\,kg$

$19{,}200\,Sm^3/month : x_1 : y_1$

$x_1 = 38{,}400\,Sm^3/month$

$y_1 = 82{,}285.7\,kg/month = 82.2857\,ton/month$

- 배출되는 NO 양 $= \frac{400\,mL}{m^3} \left| \frac{2{,}000\,Sm^3}{min} \right| \frac{1\,m^3}{10^6\,mL} \left| \frac{60\,min}{1hr} \right| \frac{8\,hr}{1\,day} \left| \frac{25\,day}{1\,month} \right.$

$= 9{,}600\,Sm^3/month$

$NO + H_2S \rightarrow S + 0.5N_2 + H_2O$

$22.4\,Sm^3 : 22.4\,Sm^3 : 32\,kg$

$9{,}600\,Sm^3/month : x_2 : y_2$

$x_2 = 9{,}600\,Sm^3/month$

$y_2 = 13{,}714.3\,kg/month = 13.7143\,ton/month$

∴ 한달 동안 필요한 H_2S 양 $= x_1 + x_2 = 38{,}400 + 9{,}600 = 48{,}000\,Sm^3/month$

한달 동안 회수되는 S(황)의 양 $= y_1 + y_2 = 82.2857 + 13.7143 = 96\,ton/month$

18

★★

A지점의 미세먼지(PM-10)를 1년 동안 측정한 농도($\mu g/m^3$)가 46$\mu g/m^3$, 53$\mu g/m^3$, 48$\mu g/m^3$, 62$\mu g/m^3$, 57$\mu g/m^3$일 때 다음 물음에 답하시오.

(1) 기하평균을 계산한 후 대기환경기준의 연간 평균치와 비교하시오.
(2) 산술평균을 계산한 후 대기환경기준의 연간 평균치와 비교하시오.

풀이 (1) 미세먼지(PM−10) 연간 대기환경기준 평균치 : 50$\mu g/m^3$

기하평균 : $(46\times53\times48\times62\times57)^{1/5} = 52.88\mu g/m^3$

∴ 대기환경기준(50$\mu g/m^3$)을 초과한다.

(2) 미세먼지(PM−10) 연간 대기환경기준 평균치 : 50$\mu g/m^3$

산술평균 : $\frac{46+53+48+62+57}{5} = 53.2\mu g/m^3$

∴ 대기환경기준(50$\mu g/m^3$)을 초과한다.

19

정압, 동압을 정의하고, 피토관을 이용한 유속의 측정원리를 설명하시오.

풀이 (1) 정압 : 유체가 관 내를 흐르고 있을 때 흐름과 직각방향으로 작용하는 압력
(2) 동압 : 유체가 관 내를 흐르고 있을 때 유체의 유동방향으로 작용하는 압력
(3) 피토관을 이용한 유속의 측정원리
피토관의 유속은 마노미터에 나타나는 수두차에 의해서 계산되며, 전압과 정압이 측정된다.

Plus 이론학습

1. **정압** (Static Pressure, P_s)
   주변 대기압이라고도 하며, 대기압보다 낮을 때는 (−)값을 갖고 대기압보다 높을 때는 (+)값을 갖는다.
2. **동압** (Velocity Pressure, P_v)
   흐름의 속도에 관계되는 압력을 말하며, 항상 (+)값을 갖는다.
3. **전압과 정압**
   - 전압 측정 : 마노미터 안쪽에 있는 관은 배출가스 흐름에 평행하게 향하도록 하여 측정
   - 정압 측정 : 마노미터 바깥쪽에 있는 관은 배출가스 흐름에 수직되게 향하도록 하여 측정
   - 동압(속도압) 계산
     동압 = 전압 − 정압
   - 유속 계산
     $$V = C \times \sqrt{\frac{2gh}{\gamma}}$$
     여기서, C : 피토관계수, g : 중력가속도 (9.81m/s²)
     h : 동압 (mmH₂O), γ : 가스 밀도 (kg/m³)

20 ★

질소산화물(NO_x) 생성에 있어 화염온도가 민감한 이유를 쓰시오.

풀이 고온에서 산소(O_2)와 질소(N_2)가 반응하여 NO_x가 생성되는 반응을 Thermal NO_x라고 하며 Zeldovich 반응이라고 한다. 즉, 연소용 공기 중 산소가 고온에서 유리($O_2 + M \rightarrow 2O + M$)되어 공기 중의 N_2를 산화시켜 질소산화물(NO_x)이 생성된다($N_2 + O \rightarrow NO + N$). 산소가 유리될 때 고온이 필요하며, 고온일수록 질소산화물(NO_x)이 많이 발생한다.

2023 제4회 대기환경기사 필답형 기출문제

01

★

A공장의 현재 유효굴뚝높이가 50m일 때, 최대지표농도를 1/4로 낮추려면 유효굴뚝높이를 얼마나 높여야 하는지 구하시오. (단, Sutton 식을 적용하고, 다른 조건은 같다.)

풀이

최대지표농도

$$C_{\max} = \frac{2Q}{\pi e U H_e^2} \times \left(\frac{K_z}{K_y}\right)$$

여기서, Q : 오염물질의 배출량, e : 2.718

U : 유속, H_e : 유효굴뚝높이

K_y, K_z : 수평 및 수직 확산계수

위의 식에서 $C_{\max} \propto \frac{1}{H_e^2}$ 이므로 $C_{\max} : \frac{1}{50^2} = \frac{C_{\max}}{4} : \frac{1}{H_e^2}$, $H_e^2 = 50^2 \times 4$, $H_e = 100\text{m}$

∴ 높여야 하는 유효굴뚝높이 $= 100 - 50 = 50\text{m}$

02

밀도 1.5g/cm^3, 비표면적 5,000m^2/kg일 때 직경을 2배로 증가시키면 비표면적은 어떻게 되는지 계산하시오. (단, 다른 조건은 모두 동일하다.)

풀이

구형입자의 비표면적

$$S_v(\text{m}^2/\text{kg}) = \frac{6}{d_s \times \rho}$$

여기서, d_s : 입자의 직경(m), ρ : 입자의 밀도(kg/m^3)

$S_v(\text{m}^2/\text{kg}) = \frac{6}{d_s \times \rho}$ 이므로 비표면적, $S_v \propto \frac{1}{d_s}$

직경이 2배가 되면 비표면적는 1/2배가 된다$\left(= \frac{1/2d_s}{1/d_s}\right)$.

∴ 직경이 2배가 되었을 때 비표면적 $= 5{,}000\text{m}^2/\text{kg} \times 1/2 = 2{,}500\text{m}^2/\text{kg}$

03 ★★

다음 연소방법을 해당 물질 1가지 이상을 언급하여 의미를 서술하시오.

(1) 증발연소
(2) 분해연소
(3) 표면연소
(4) 확산연소
(5) 내부(자기)연소

풀이 (1) 휘발유, 등유 등과 같이 화염으로부터 열을 받아 발생된 가연성 증기가 공기와 혼합된 상태에서 연소하는 형태
(유황, 나프탈렌, 파라핀, 유지, 가솔린, 등유, 경유, 알코올, 아세톤 등 중 1가지 이상 언급하여 서술하면 됨!)

(2) 석탄, 목재 등의 가연물의 열분해 반응 시 생성된 가연성 가스가 공기와 혼합된 상태에서 연소하는 형태
(목재, 석탄, 종이, 플라스틱, 고무, 중유, 아스팔트유 등 중 1가지 이상 언급하여 서술하면 됨!)

(3) 목탄, 코크스 등과 같이 고정탄소 성분이 연소하여 화염을 내지 않고 표면이 빨갛게 빛을 내면서 연소하는 형태
(숯, 코크스, 목탄, 금속분(마그네슘 등), 벙커C유 등 중 1가지 이상 언급하여 서술하면 됨!)

(4) LPG, 프로판 등과 같은 기체연료와 산소를 인접한 2개의 분출구에서 각각 분출시켜 양자의 계면에서 연소를 하는 형태. 연료와 산소가 고온의 화염면으로 확산됨에 따라 예혼합연소와는 달리 화염면이 전파되지 않는다.

(5) 니트로글리세린, TNT 등과 같이 분자 내에 산소를 가지고 있어 외부의 산소 공급원이 없이도 점화원의 존재하에 스스로 폭발적인 연소를 일으키는 형태

04 ★★★

탄소 85%, 수소 15%의 경유 1kg을 공기과잉계수 1.1로 연소했더니 탄소 1%가 검댕(그을음)으로 되었다. 건조배출가스 $1Sm^3$ 중의 검댕(그을음)의 농도(g/Sm^3)는 얼마인지 계산하시오.

풀이

$O_o = 1.867C + 5.6(H - O/8) + 0.7S = 1.867 \times 0.85 + 5.6 \times 0.15 = 2.427\,Sm^3/kg$

$A_o = O_o/0.21 = 2.427/0.21 = 11.557\,Sm^3/kg$

$m = 1.1$

$G_d = mA_o - 5.6H + 0.7O + 0.8N = 1.1 \times 11.557 - 5.6 \times 0.15 = 11.8727\,Sm^3/kg$

검댕의 발생량 $= 1\,kg \times 0.85 \times 0.01 = 0.0085\,kg/kg$

$\therefore$ 검댕의 농도 $= \dfrac{0.0085\,kg/kg}{11.8727\,Sm^3/kg} = 0.716\,g/Sm^3$

05

탄소 85% 이외에 수소, 황으로 조성된 중유를 공기비 1.3에서 완전연소 한 후 실제습연소가스 중 SO_2는 0.25%였다. 이 중유 속에 포함된 황의 양(%)을 구하시오. (단, 황은 전량 SO_2가 된다.)

풀이 중유 속의 황 함량을 a(%)라고 가정하면, 수소 함량은 $(15-a)$%이다.

이론산소량

$C + O_2 \rightarrow CO_2$

12kg : 22.4m³ : 22.4m³

0.85kg : x

$$x = \frac{0.85 \times 22.4}{12} = 1.5867\,Sm^3/kg$$

$H_2 + 0.5O_2 \rightarrow H_2O$

2kg : $0.5 \times 22.4m^3$: $22.4m^3$

$0.01 \times (15-a)$kg : $y(m^3)$

$$y = \frac{0.01 \times (15-a) \times 0.5 \times 22.4}{2} = 0.056 \times (15-a)\,Sm^3/kg$$

$S + O_2 \rightarrow SO_2$

32kg : $22.4m^3$: $22.4m^3$

$0.01 \times (a)$kg : z

$$z = \frac{0.01 \times a \times 22.4}{32} = 0.007a\,Sm^3/kg$$

$O_o = 1.5867 + 0.056 \times (15-a) + 0.007a\ Sm^3/kg$

$A_o = O_o/0.21 = (1.5867 + 0.056 \times (15-a) + 0.007a)/0.21 = (11.5557 - 0.2333a)\,Sm^3/kg$

$m = 1.3$

$G_w = (m - 0.21)A_o + (CO_2) + (SO_2) + (H_2O)$

$= (1.3 - 0.21) \times (11.5557 - 0.2333a) + 1.5867 + 0.007a + 0.112 \times (15-a)\,Sm^3/kg$

$= (15.8624 - 0.3593a)\,Sm^3/kg$

$$SO_2(\%) = \frac{SO_2}{G_w} \times 10^2,\ 0.25 = \frac{0.007a}{(15.8624 - 0.3593a)} \times 10^2,\ a = 5.02\%$$

∴ 황 함유량$(a) = 5.02\%$

06

★★★

배출가스 시료 채취 시 채취관을 보온 또는 가열해야 하는 경우를 3가지 쓰시오.

풀이 ① 채취관이 부식될 염려가 있는 경우

② 여과재가 막힐 염려가 있는 경우

③ 분석대상기체가 응축수에 용해되어서 오차가 생길 염려가 있는 경우

07 ★

열효율 34%, 500MW로 운전되는 석탄 화력발전소에서 7,000kcal/kg의 석탄을 연료로 사용하고 있다. 연료는 탄소 62%, 수소 14%, 황 2%, 회분 22%로 구성되어 있으며, 회분은 연소에 참여하지 않는다. 이때 건조연소가스량(m^3/s)을 계산하시오. (단, 공기비는 1.5이다.)

풀이

$$\text{열효율}(\%) = \frac{\text{전력량}(\text{kcal/s})}{\text{연료량}(\text{kg/s}) \times \text{발열량}(\text{kcal/kg})}$$

위의 식으로부터

$$\text{연료량} = \frac{\text{전력량}(\text{kcal/s})}{\text{열효율}(\%) \times \text{발열량}(\text{kcal/kg})}$$

$$= \frac{500\text{MW} \times \frac{10^3\text{kW}}{1\text{MW}} \times \frac{860\text{kcal}}{1\text{kW} \cdot \text{hr}} \times \frac{1\text{hr}}{3{,}600\text{s}}}{0.34 \times 7{,}000\text{kcal/kg}}$$

$= 50.2\text{kg/s}$

$O_o = 1.867\text{C} + 5.6(\text{H} - \text{O}/8) + 0.7\text{S}$

$= 1.867 \times 0.62 + 5.6 \times (0.14) + 0.7 \times 0.02$

$= 1.956\text{m}^3/\text{kg}$

$A_o = O_o/0.21 = 1.956/0.21 = 9.314\text{m}^3/\text{kg}$

$m = 1.5$

$A = mA_o = 1.5 \times 9.314 = 13.971\text{m}^3/\text{kg}$

$G_d(\text{m}^3/\text{kg}) = mA_o - 5.6\text{H} + 0.7\text{O} + 0.8\text{N}\,\text{m}^3/\text{kg}$

$= 13.971 - 5.6 \times 0.14$

$= 13.187\text{m}^3/\text{kg}$

$\therefore\ G_d = 13.187\text{m}^3/\text{kg} \times 50.2\text{kg/s} = 661.99\text{m}^3/\text{s}$

08 ★★★

입경의 종류 중 스토크스 직경과 공기역학적 직경에 대하여 서술하시오.

풀이 (1) 스토크스 직경(d_s) : 어떤 입자와 같은 최종침강속도와 같은 밀도를 가지는 구형물체의 직경을 말한다.

(2) 공기역학적 직경(d_a) : 같은 침강속도를 지니는 단위밀도(1g/cm^3)의 구형물체의 직경을 말한다.

Plus 이론학습 공기역학적 직경은 Stokes 직경과 달리 입자밀도를 1g/cm^3로 가정함으로서 보다 쉽게 입경을 나타낼 수 있다($d_a = d_s\sqrt{\rho_p}$, ρ_p는 입자의 밀도).

09

회분 함량 12%, 발열량 26,700kJ/kg인 석탄을 연소시켜 1,000MW의 전기를 생산하고 연소실의 효율이 40%인 화력발전소를 운영하고 있다. 회분의 50%는 배출가스 내의 먼지로 배출된다고 할 때 다음 표를 이용하여 집진처리 후 대기로 배출되는 먼지의 양(kg/s)을 계산하시오.

입경 범위(μm)	0~5	5~10	10~15	20~40	40 초과
부분 집진효율(%)	73	92	96	99	100
질량 분율(%)	12	16	22	27	23

풀이 총 집진효율, $\eta_t = 0.73\times12+0.92\times16+0.96\times22+0.99\times27+1.00\times23 = 94.33\%$

$$전력량 = 1{,}000\text{MW}\times\frac{1{,}000\text{kW}}{1\text{MW}}\times\frac{1\text{kJ}}{1\text{kW}\cdot\text{s}} = 10^6\text{kJ/s}$$

$$석탄\ 사용량 = \frac{전력량(\text{kJ/s})}{연소실\ 효율(\%)\times 발열량(\text{kJ/kg})} = \frac{10^6}{0.4\times26{,}700} = 93.633\text{kg/s}$$

∴ 대기로 배출되는 먼지의 양 $= 93.633\times0.12\times0.5\times(1-0.9433) = 0.32\text{kg/s}$

2023

10

★

시멘트 공장에서 먼지 제거를 위해 폭 4.2m, 높이 4.8m인 집진판을 23cm 간격으로 평행하게 설치한 전기집진장치를 사용하고 있다. 먼지 농도 11.4g/m^3, 배출가스량 60m^3/min을 처리할 경우 전기집진장치의 집진효율(%)과 하루 동안에 집진되지 않고 배출되는 먼지량(kg/day)을 계산하시오. (단, 겉보기 이동속도는 5cm/s, 일일 조업시간은 8시간이다.)

풀이 (1) 집진효율(%)

Deutsch–Anderson 식

$$\eta = 1 - e^{\left(-\frac{AW_e}{Q}\right)}$$

여기서, A : 집진면적(m^2), W_e : 입자의 이동속도(m/s), Q : 가스 유량(m^3/s)

$A = (4.2\times4.8)\times2 = 40.32\text{m}^2$

$W_e = 5/100 = 0.05\text{m/s}$

$Q = 60/60 = 1\text{m}^3/\text{s}$

$\eta = 1-e^{\left(-\frac{AW_e}{Q}\right)}$에서 $\eta = 1-e^{\left(-\frac{40.32\times0.05}{1.0}\right)} = 0.8668$

∴ $\eta = 86.68\%$

(2) 하루 동안에 집진되지 않고 배출되는 먼지량(kg/day)

$$11.4\frac{\text{g}}{\text{m}^3}\times1\frac{\text{m}^3}{\text{s}}\times\frac{1\text{kg}}{10^3\text{g}}\times\frac{3{,}600\text{s}}{1\text{hr}}\times\frac{8\text{hr}}{1\text{day}}\times(1-0.8668) = 43.73\text{kg/day}$$

11 ★★★

바닥판을 제외한 수평판이 8개가 설치된 중력집진장치에서의 조건이 다음과 같을 때 최소제거입경(μm)을 구하시오. (단, 가스 밀도는 무시한다.)

- 침강실의 길이 : 10m
- 침강실의 높이 : 5m
- 먼지의 밀도 : 1g/cm^3
- 가스 점도 : 2.0×10^{-4}g/cm·s
- 가스 유속 : 1.4m/s
- 가스의 흐름 : 층류

풀이

중력집진장치의 집진효율

$$\eta = \frac{V_t \times L}{V_x \times (H/n)}$$

여기서, V_x : 수평이동속도(m/s), V_t : 종말침강속도(m/s)

L : 침강실 수평길이(m), H : 침강실 높이(m)

n : 수평판의 단수

먼지를 100% 제거하기 위한 공식은 위의 식에서 $1 = \frac{V_t \times L}{V_x \times (H/n)}$

$L = 10$m, $H = 5$m, $n = 9$

즉, $V_t = \frac{V_x \times H}{L \times n} = \frac{1.4 \times 5}{10 \times 9} = 0.078$m/s

또한, $V_t = \frac{d_p^{\,2} \times (\rho_p - \rho) \times g}{18 \times \mu} \rightarrow d_p^{\,2} = \frac{18 \times \mu \times V_t}{(\rho_p - \rho) \times g}$

여기서, 먼지의 밀도 ρ_p(kg/m^3), 가스의 밀도는 무시, 가스의 점도 μ(kg/m·s)

먼지의 밀도(ρ_p) = $\frac{1\,\text{g}}{\text{cm}^3} \Big| \frac{(100\,\text{cm})^3}{1\,\text{m}^3} \Big| \frac{1\,\text{kg}}{1{,}000\,\text{g}} = 1{,}000\,\text{kg/m}^3$

가스의 점도(μ) = $\frac{2.0\times10^{-4}\,\text{g}}{\text{cm}\cdot\text{s}} \Big| \frac{100\,\text{cm}}{1\,\text{m}} \Big| \frac{1\,\text{kg}}{1{,}000\,\text{g}} = 2.0\times10^{-5}\,\text{kg/m}\cdot\text{s}$

$d_p^{\,2} = \frac{18 \times (2\times10^{-5}) \times 0.078}{1{,}000 \times 9.8}$ $\therefore$ $d_p = 53.53\times10^{-6}$m $= 53.53\mu$m

12 ★

50개의 Bag을 사용한 여과집진장치에서 입구 유량 150m^3/min, 입구 먼지 농도 0.5g/m^3, 집진효율 98.5%였다. 가동 중 Bag 2개에 구멍이 생겨 출구 먼지 농도가 200mg/m^{3}로 높아졌다. 이때 Bag 1개에서 배출되는 가스의 유량(m^3/min)을 구하시오.

풀이

정상 시 배출농도+비정상 시 배출농도 = 최종 배출농도

구멍난 Bag에서 통과되는 비율(%)을 x라고 하면

500mg/m^3 × $(1-0.985)\times(1-x)$ + 500mg/m^3 × x = 200mg/m^3

통과율, $x = 39.09\%$

∴ 구멍난 1개의 Bag에서 배출되는 가스의 유량 = 150m^3/min × (0.3909/2) = 29.32m^3/min

13

★★

20℃, 1atm에서 관의 직경 20mm, 가스량 25m³/hr일 때 레이놀즈수를 구하고, 층류인지, 난류인지 흐름을 판단하시오. (단, 공기의 점도 0.018cP, 공기의 분자량 29g, 공기의 밀도 1.3kg/Sm³이다.)

풀이 (1) 레이놀즈수

$$Re = \frac{\rho \times V \times D}{\mu}$$

여기서, D : 직경(m), V : 유속(m/s), ρ : 밀도(kg/m³), μ : 점도(kg/m · s)

1 poise = 100 cP = 0.1 kg/m · s이므로

점도, $\mu = 0.018\text{cP} \times \frac{0.1\text{kg/m}\cdot\text{s}}{100\text{cP}} = 1.8 \times 10^{-5}\text{kg/m}\cdot\text{s}$

유속

$V = Q/A$

여기서, Q : 유량, A : 면적

위의 식으로부터

$Q = \frac{25\text{m}^3}{\text{hr}} \times \frac{\text{hr}}{3{,}600\text{s}} = 0.006944\text{m}^3/\text{s}$, $A = \frac{\pi}{4} \times D^2 = \frac{\pi}{4} \times (20 \times 10^{-3})^2 = 0.000314\text{m}^2$

$V = 0.006944/0.000314 = 22.115\text{m/s}$

20℃, 1atm에서 공기의 밀도 $= 1.3\text{kg/Sm}^3 \times \frac{273}{(273+20)} = 1.211\text{kg/m}^3$

$\therefore\ Re = \frac{1.211\text{kg/m}^3 \times 22.115\text{m/s} \times (20 \times 10^{-3})\text{m}}{1.8 \times 10^{-5}\text{kg/m}\cdot\text{s}} = 29{,}756.96$

(2) 흐름 상태

$Re > 4{,}000$이므로 난류이다.

Plus 이론학습 레이놀즈수

- $Re > 4{,}000$: 난류
- $2{,}100 < Re < 4{,}000$: 천이영역
- $Re < 2{,}100$: 층류

14

★★★

황을 4% 함유하고 있는 중유 1톤에 수소를 첨가시켜 황화수소(H_2S)로 환원하고자 한다. 이때 발생하는 황화수소의 부피(Sm³)를 계산하시오.

풀이 $S + H_2 \rightarrow H_2S$

32kg : 22.4Sm³

1,000kg × 0.04 : x

$\therefore\ x = \frac{1{,}000 \times 0.4 \times 22.4}{32} = 280\text{Sm}^3$

15

25℃, 1atm에서 페놀(C_6H_5OH) 농도 30,000ppm, 가스량 250m^3/min이 배출되고 있다. 활성탄 1,000kg으로 흡착탑을 채웠으며, 활성탄 1kg당 0.2kg의 페놀을 처리한다고 한다. 페놀을 100% 처리하는 데 소요되는 시간(min)을 계산하시오. (단, 페놀의 분자량은 94.11g이다.)

풀이

처리해야 할 페놀량(kg/min) $= \dfrac{30{,}000\,\text{mL}}{\text{m}^3} \Big| \dfrac{250\,\text{m}^3}{\text{min}} \Big| \dfrac{273}{(273+25)} \Big| \dfrac{94.11\,\text{mg}}{22.4\,\text{mL}} \Big| \dfrac{1\,\text{kg}}{10^6\,\text{mg}}$

$= 28.87\,\text{kg/min}$

처리에 필요한 활성탄 양(kg/min) $= 28.87\,\text{kg/min} \times \dfrac{1\,\text{kg 활성탄}}{0.2\,\text{kg 페놀}} = 144.35\,\text{kg/min}$

충전된 활성탄 양 $= 1{,}000\,\text{kg}$

$\therefore$ 소요시간 $= \dfrac{1{,}000\,\text{kg}}{144.35\,\text{kg/min}} = 6.93\,\text{min}$

16

25℃, 1atm에서 유량 2,000m^3/min, 알코올(에탄올) 농도 250ppm이다. 알코올의 하루 배출허용기준이 100kg일 때 생물여과장치의 최소제거효율(%)을 계산하시오.

풀이

C_2H_5OH 250ppm (25℃, 1atm) → mg/m^3(0℃, 1atm), $250 \times \dfrac{46}{22.4} \times \dfrac{273}{273+25} = 470.323\,\text{mg/Sm}^3$

배출되는 에탄올(C_2H_5OH)의 양 $= \dfrac{2{,}000\,\text{m}^3}{\text{min}} \Big| \dfrac{470.323\,\text{mg}}{\text{m}^3} \Big| \dfrac{\text{kg}}{10^6\,\text{mg}} \Big| \dfrac{60\,\text{min}}{1\,\text{hr}} \Big| \dfrac{24\,\text{hr}}{1\,\text{day}}$

$= 1{,}354.53\,\text{kg/day}$

$\therefore$ 최소제거효율, $\eta = \left(1 - \dfrac{C_o}{C_i}\right) \times 100 = \left(1 - \dfrac{100}{1{,}354.53}\right) \times 100 = 92.62\%$

17 ★

충전탑의 편류현상에 대해 설명하고, 최소화 방법에 대해 쓰시오.

풀이

(1) 편류현상(channeling)
흡수액의 최소유량으로 충전물의 표면에 완전히 분배되기에 부족하여 흡수액을 고르게 분배시키지 못하고 한쪽으로 흐르게 되는 현상으로, 충전탑의 기능을 저하시키는 큰 요인이 된다.

(2) 최소화 방법
① 균일하고 동일한 충전재를 사용한다.
② 공극률이 높고 저항이 적은 충전재를 사용한다.
③ 주입구를 분산시켜 골고루 주입한다.
④ 탑 직경(D)과 충전물 직경(d)의 비(D/d)가 8~10 정도 되게 한다.
⑤ 탑 내 가스 유속을 줄인다.

18

★

액분산형 흡수장치 중 분무탑(spray tower)의 장·단점을 3가지씩 적으시오.

풀이 (1) 장점

① 구조가 간단하고, 압력손실이 적다.
② 침전물이 생기는 경우에 적합하다.
③ 충전탑에 비해 설비비 및 유지비가 적게 소요된다.
④ 고온가스 처리에 적합하다.
(이 중 3가지 기술)

(2) 단점

① 분무에 큰 동력이 필요하다.
② 가스의 유출 시 비말동반이 많다.
③ 분무액과 가스의 접촉이 불균일하여 제거효율이 낮다.
④ 편류가 발생할 수 있고, 흡수액과 가스를 균일하게 접촉하기 어렵다.
⑤ 노즐이 막힐 염려가 있다.
(이 중 3가지 기술)

19

★★★

NO 100ppm, NO_2 10ppm을 함유한 배출가스 1,000m^3/hr를 NH_3에 의한 선택적 접촉환원법으로 처리할 경우 NO_x를 제거하기 위한 NH_3 양(kg/hr)을 계산하시오. (단, 표준상태 기준이며, 산소 공존은 고려하지 않는다. 화학반응식을 기재하고 계산하시오.)

풀이

$$\text{NO의 발생량} = \frac{1{,}000\,m^3}{hr}\bigg|\frac{100\,mL}{m^3}\bigg|\frac{1\,m^3}{10^6\,mL} = 0.1\,m^3/hr$$

$6NO + 4NH_3 \rightarrow 5N_2 + 6H_2O$

$6 \times 22.4\,m^3 : 4 \times 17\,kg$

$0.1\,m^3/hr : x$

$$x = \frac{4 \times 17 \times 0.1}{6 \times 22.4} = 0.0506\,kg/hr$$

$$NO_2\text{의 발생량} = \frac{1{,}000\,m^3}{hr}\bigg|\frac{10\,mL}{m^3}\bigg|\frac{1\,m^3}{10^6\,mL} = 0.01\,m^3/hr$$

$6NO_2 + 8NH_3 \rightarrow 7N_2 + 12H_2O$

$6 \times 22.4\,m^3 : 8 \times 17\,kg$

$0.01\,m^3/hr : y$

$$y = \frac{8 \times 17 \times 0.01}{6 \times 22.4} = 0.0101\,kg/hr$$

$\therefore$ NH_3 양 $= x + y = 0.0506 + 0.0101 = 0.0607\,kg/hr$

20

★★

A도시의 면적은 965km^2, 인구는 254만명이다. 전국 평균 인구밀도가 480명/km^{2}일 때 A도시의 환경기준 시험을 위한 시료 채취 측정점 수를 계산하시오. (단, 거주지 면적은 도시 면적의 10%이고, 인구비례에 의한 방법으로 계산하시오.)

풀이

$$\text{시료 채취 측정점 수} = \frac{\text{그 지역 거주지 면적}}{25\text{km}^2} \times \frac{\text{그 지역 인구밀도}}{\text{전국 평균 인구밀도}}$$

$$\therefore \text{시료 채취 측정점 수} = \frac{965\,\text{km}^2 \times 0.1}{25\,\text{km}^2} \times \frac{2{,}540{,}000\text{명}/965\,\text{km}^2}{480\text{명}/\text{km}^2}$$

$$= 21.167\text{개} \rightarrow 22\text{개}$$

2024 제 1 회

대기환경기사 필답형 기출문제

01

★★★

A공장의 유효굴뚝높이가 50m일 때 유해가스의 농도는 25μg/m^{3}이다. 유효굴뚝높이를 125m로 증가하였을 때의 최대지표농도(μg/m^3)를 계산하시오. (단, 다른 조건은 동일하고, Sutton 식을 적용한다.)

풀이

Sutton 식

최대지표농도, $C_{\max} = \dfrac{2Q}{\pi e U H_e^2} \times \left(\dfrac{K_z}{K_y}\right)$

여기서, Q : 오염물질의 배출량, e : 2.718, U : 유속

H_e : 유효굴뚝높이, K_y, K_z : 수평 및 수직 확산계수

위의 식에서 $C_{\max} \propto \dfrac{1}{H_e^2}$ 이므로 $25 : \dfrac{1}{50^2} = x : \dfrac{1}{125^2}$

$\therefore\ x(C_{\max}) = 7.84\mu g/m^3$

02

★

석탄 연소 시 배출되는 SO_2의 배출량 규제를 위해서 석탄 연소 시 발생하는 발열량당 SO_2의 질량을 2.5mg SO_2/kcal 이하로 규제하려고 한다. 석탄의 발열량은 단위질량당 6,000kcal/kg인 황(S) 함량이 몇 % 이하여야 하는지 계산하시오. (단, 석탄 속의 황은 모두 SO_2로 변환된다.)

풀이

$S + O_2 \rightarrow SO_2$

32kg : 64kg

$\dfrac{x\,\text{kg}}{6{,}000\,\text{kcal}} \cdot \dfrac{10^6\,\text{mg}}{1\,\text{kg}}$: 2.5 mg/kcal

$x = \dfrac{6{,}000\,\text{kcal}}{\text{kg}} \cdot \dfrac{2.5\,\text{mg}}{\text{kcal}} \cdot \dfrac{32\,\text{kg}}{64\,\text{kg}} \cdot \dfrac{1\,\text{kg}}{10^6\,\text{mg}}$, $x = 0.0075$

$\therefore$ 석탄의 황(S) 함유량 $= \dfrac{0.0075\text{kg}}{1\text{kg}} \times 100 = 0.75\%$

03 ★

어떤 장소에서 특정 월의 최대지면온도가 20°C였다. 어느 날 지면의 온도 15°C, 고도 1,000m에서의 온도가 10°C였을 때, 다음 물음에 답하시오. (단, 건조단열감률은 -0.98°C/100m이다.)

(1) 환경감률을 구하고, 대기안정도를 판별하시오.
(2) 최대혼합고를 계산하시오.

풀이 (1) 환경감률과 대기안정도

- γ(환경감률)$=\dfrac{(10-15)℃}{1{,}000\text{m}}=-0.5℃/100\text{m}$, γ_d(건조단열감률)$=-0.98℃/100\text{m}$
- 사람마다 $|\gamma|<|\gamma_d|$ 또는 $|\gamma|\ll|\gamma_d|$로 판단할 수 있다.
  - $|\gamma|<|\gamma_d|$로 판단할 때, 대기는 약간 안정이며 연기형태는 원추형이다.
  - $|\gamma|\ll|\gamma_d|$로 판단할 때, 대기는 강한 안정이며 연기형태는 부채형이다.

∴ 환경감률 : $-0.5℃/100\text{m}$
대기안정도 : $|\gamma|<|\gamma_d|$로 판단할 때는 약간 안정, $|\gamma|\ll|\gamma_d|$로 판단할 때는 강한 안정

(2) 최대혼합고
최대혼합고(MMD)는 환경감률(γ)과 건조단열감률(γ_d)이 같아지는 고도를 이용하여 구할 수 있다.

$$\gamma\times\text{MMD}+t=\gamma_d\times\text{MMD}+t_{\max}$$

여기서, MMD : 최대혼합고, γ : 환경감률, γ_d : 건조단열감률
t : 지면의 온도(℃), $t_{\max}$: 지면의 최대온도(℃)

$$\therefore\ \text{MMD}=\frac{t_{\max}-t}{\gamma-\gamma_d}=\frac{20℃-15℃}{(-0.5℃/100\text{m})-(-0.98℃/100\text{m})}=1{,}041.67\text{m}$$

Plus 이론학습

1. **과단열적 조건** : $|\gamma|>|\gamma_d|$
   - 불안정한 상태로서 대기오염물질의 수직확산이 잘 된다.
   - 환상형(Looping) : 불안정 상태
2. **중립적 조건** : $|\gamma|=|\gamma_d|$
   - 대기가 중립적 안정 상태로서 작은 난류에 의해 수직확산이 이루어진다.
   - 원추형(Conning) : 중립, 약간 안정한 상태
3. **미단열 조건** : $|\gamma|<|\gamma_d|$
   - 대기가 약한 안정 상태로서 매우 작은 난류가 발생되며 도시 오염을 가중시킨다.
   - 원추형(Conning) : 중립, 약간 안정한 상태
4. **등온 조건**
   - 주위의 대기온도가 고도와 관계없이 일정하다(기온감률이 없는 상태).
5. **역전 조건** : $|\gamma|\ll|\gamma_d|$
   - 강한 안정 상태로서 대기오염도가 심화된다.
   - 부채형(Fanning) : 강한 안정한 상태

04

★★★

액체연료를 완전연소 하였을 때 습연소가스량은 $16.6Sm^3/kg$이다. 이 배출가스의 공기비(m)를 구하시오. (단, 이론공기량은 $11.4Sm^3/kg$, 이론습연소가스량은 $12.2Sm^3/kg$이다.)

풀이

$A_o = 11.4Sm^3/kg$

$G_w = mA_o + 5.6H + 0.7O + 0.8N + 1.24W = G_{ow} +$ 과잉공기량 $((m-1)\times A_o)$

$16.6 = 12.2 + (m-1)\times 11.4$

$\therefore$ m(공기비) $= 1.39$

05

★★

메탄 80%, 수소 20%로 구성된 혼합가스의 $(CO_2)_{max}$(%)를 계산하시오.

풀이

- CH_4 : 80%

  $CH_4 + 2O_2 \rightarrow CO_2 + 2H_2O$

  1 : 2 : 1

  0.8 : x : y

  $x(O_o) = 2\times 0.8 = 1.6m^3$

  $A_o = 1.6/0.21 = 7.619m^3$

  $y(CO_2) = 0.8m^3$

- H_2 : 20%

  $H_2 + 0.5O_2 \rightarrow H_2O$

  1 : 0.5

  0.2 : z

  $z(O_o) = 0.5\times 0.2 = 0.1m^3$

  $A_o = 0.1/0.21 = 0.476m^3$

- 총 이론적인 공기량, $A_o = 7.619 + 0.476 = 8.095m^3$
- 이론건연소가스량, G_{od} = 이론적인 질소량 + 과잉공기량 + 건조연소생성물

  $= 0.79mA_o + (m-1)A_o + CO_2$

  $= (m-0.21)A_o + CO_2$

  $= (1-0.21)\times 8.095 + 0.8$

  $= 7.195m^3$

$$\therefore\ (CO_2)_{max} = \frac{(CO_2)}{G_{od}}\times 10^2 = \frac{0.8}{7.195}\times 10^2 = 11.12\%$$

06

다음 조건에서의 메탄의 이론연소온도(℃)를 계산하시오.

메탄, 공기는 18℃에서 공급되며, CO_2, $H_2O(g)$, N_2의 평균정압몰비열(상온~2,100℃)은 각각 13.1 kcal/kmol · ℃, 10.5kcal/kmol · ℃, 8.0kcal/kmol · ℃이고, 메탄의 저위발열량은 8,600kcal/Sm^{3}이다.

풀이

연소온도(℃)

$$t_1 = \frac{H_l}{G_{ow} \times C_p} + t_2$$

여기서, H_l : 연료의 저위발열량(kcal/Sm^3)

G_{ow} : 이론습연소가스량(Sm^3/Sm^3)

C_p : G_{ow}의 평균정압비열(kcal/Sm^3 · ℃)

t_2 : 실제온도, 즉, 연소용 공기 및 연료의 공급온도(℃)

$CH_4 + 2O_2 \rightarrow CO_2 + 2H_2O$

1 : 2 : 1 : 2

$O_o = 2\,Sm^3/Sm^3$

$A_o = 2/0.21 = 9.524\,Sm^3/Sm^3$

이론적 질소량$(0.79A_o) = 0.79 \times 9.524 = 7.524\,Sm^3/Sm^3$

G_{ow} = CO_2 + H_2O + 이론적 질소량$(0.79A_o)$

= 1 + 2 + 7.524 = 10.524 Sm^3/Sm^3

(9.5%) (19.0%) (71.5%) = (100%)

CO_2의 C_p = 13.1 kcal/kmol · ℃ = 0.585 kcal/Sm^3 · ℃

$H_2O(g)$의 C_p = 10.5 kcal/kmol · ℃ = 0.469 kcal/Sm^3 · ℃

N_2의 C_p = 8.0 kcal/kmol · ℃ = 0.357 kcal/Sm^3 · ℃

G_{ow}의 $C_p = 0.585 \times 0.095 + 0.469 \times 0.19 + 0.357 \times 0.715 = 0.40$ kcal/Sm^3 · ℃

$H_l = 8,600$ kcal/Sm^3

$t_2 = 18$ ℃

$$\therefore\ t_1 = \frac{H_l}{G_{ow} \times C_p} + t_2 = \frac{8,600}{10.524 \times 0.4} + 18 = 2,060.95\ ℃$$

07

★★

80%의 효율을 갖는 송풍기를 이용하여 250m^3/min의 가스를 처리하려고 한다. 배출원에서 송풍기까지의 압력손실이 200mmH_2O일 때, 송풍기의 소요동력(kW)을 계산하시오. (단, 여유율은 1.2이다.)

풀이

$$송풍기\ 동력(kW) = \frac{\Delta P \times Q}{6,120 \times \eta_s} \times \alpha$$

여기서, ΔP : 압력손실(mmH_2O), Q : 흡인유량(m^3/min), η_s : 송풍기 효율, α : 여유율

$$\therefore\ 송풍기의\ 소요동력 = \frac{200 \times 250}{6,120 \times 0.8} \times 1.2 = 12.25\,kW$$

08

★

중력집진장치에서의 조건이 다음과 같을 때 최소제거입경(μm)을 구하시오. (단, 가스의 흐름 상태는 층류이다.)

- 침강실 길이 : 11m
- 침강실 높이 : 2m
- 먼지의 밀도 : 2g/cm^3
- 가스의 밀도 : 1.2kg/m^3
- 가스의 점도 : $2.0\times10^{-4}\text{g/cm}\cdot\text{s}$
- 가스 유속 : 1.4m/s

풀이

중력집진장치의 집진효율

$$\eta = \frac{V_t \times L}{V_x \times H}$$

여기서, V_x : 수평이동속도(m/s), V_t : 종말침강속도(m/s)
H : 침강실 높이(m), L : 침강실 길이(m)

먼지를 100% 제거하기 위한 공식은 위의 식에서 $1 = \frac{V_t \times L}{V_x \times H}$ 즉, $V_t = \frac{V_x \times H}{L}$ 이며,

또한, 종말침강속도, $V_t = \frac{d_p^2 \times (\rho_p - \rho_a) \times g}{18 \times \mu}$ 이다.

여기서, ρ_p : 먼지의 밀도(kg/m^3)
ρ_a : 가스의 밀도(kg/m^3)
μ : 가스의 점도($\text{kg/m}\cdot\text{s}$)
d_p : 먼지의 직경
g : 중력가속도

$$\text{먼지의 밀도}(\rho_p) = \frac{2\text{g}}{\text{cm}^3}\left|\frac{(100\text{cm})^3}{1\text{m}^3}\right|\frac{1\text{kg}}{1{,}000\text{g}} = 2{,}000\text{kg/m}^3$$

$$\text{가스의 점도}(\mu) = \frac{2.0\times10^{-4}\text{g}}{\text{cm}\cdot\text{s}}\left|\frac{100\text{cm}}{1\text{m}}\right|\frac{1\text{kg}}{1{,}000\text{g}} = 2.0\times10^{-5}\text{kg/m}\cdot\text{s}$$

침강실 길이(L) = 11m, 침강실 높이(H) = 2m

가스 유속 : 1.4m/s

$V_t = \frac{d_p^2 \times (\rho_p - \rho_a) \times g}{18 \times \mu}$ 이고, 또한 $V_t = \frac{V_x \times H}{L}$ 이므로

$$\frac{d_p^2 \times (2{,}000 - 1.2) \times 9.8}{18 \times (2 \times 10^{-5})} = \frac{1.4 \times 2}{11}$$

$$d_p^2 = \frac{18 \times (2 \times 10^{-5}) \times 1.4 \times 2}{(2{,}000 - 1.2) \times 9.8 \times 11}$$

$$= 4.68 \times 10^{-9}\text{m}^2$$

$$\therefore\ d_p = 68.41 \times 10^{-6}\text{m} = 68.41\mu\text{m}$$

09

★★★

1m의 원통부 직경(D_0)을 갖는 원심력 집진장치에서 150m^3/min(1atm, 350K)의 함진가스를 처리하고자 할 경우, 다음 물음에 답하시오. (단, 밀도는 온도의 영향을 받고, 먼지의 밀도는 1,600kg/Sm^{3}이며, 350K에서 가스의 점도는 0.075kg/m · hr이고, 가스의 밀도는 무시한다. 또한 원심력 집진장치의 재원은 아래 표와 같다.)

유입구 폭	유입구 높이	원통부 직경	원통부 길이	원추부 길이	출구 관경
$0.25D_0$	$0.5D_0$	D_0	$1.5D_0$	$2.5D_0$	$0.5D_0$

(1) 유입속도(m/s)
(2) 유효회전수(N)
(3) 절단직경(μm)

풀이 (1)

유입속도

$$V = \frac{Q}{A} = \frac{\text{배출가스량}}{\text{유입구 폭} \times \text{유입구 높이}}$$

$$Q = \frac{150\,\text{m}^3}{\text{min}} \left| \frac{1\text{min}}{60\text{s}} \right. = 2.5\,\text{m}^3/\text{s}$$

$$\therefore \ V = \frac{2.5}{0.25 \times 0.5} = 20\,\text{m/s}$$

(2)

유효회전수

$$\text{외부선회류의 회전수}(N) = \frac{1}{H_A}\left(H_B + \frac{H_C}{2}\right)$$

여기서, H_A : 유입구 높이, H_B : 원통부 길이, H_C : 원추부 길이

$$\therefore \ N = \frac{1}{0.5}\left(1.5 + \frac{2.5}{2}\right) = 5.5\text{회} \fallingdotseq 6\text{회}$$

(3)

절단직경

$$d_{p,50} = \sqrt{\frac{9\mu_g W}{2\pi N V_t (\rho_p - \rho_g)}} \times 10^6$$

여기서, W : 유입구 폭, N : 유효회전수

ρ_p : 먼지 밀도, μ_g : 가스 점도

V_t : 유입속도, ρ_g : 가스 밀도

$$\text{먼지 밀도}(\rho_p) = \frac{1{,}600\,\text{kg}}{\text{Sm}^3} \left| \frac{273}{350} \right. = 1{,}248\,\text{kg/m}^3$$

$$\text{가스 점도}(\mu_g) = \frac{0.075\,\text{kg}}{\text{m} \cdot \text{hr}} \left| \frac{1\,\text{hr}}{3{,}600\,\text{s}} \right. = 2.08 \times 10^{-5}\,\text{kg/m} \cdot \text{s}$$

$$\therefore \ d_{p,50} = \sqrt{\frac{9 \times 2.08 \times 10^{-5} \times 0.25}{2 \times \pi \times 6 \times 20 \times (1{,}248 - 0)}} \times 10^6 = 7.06\mu\text{m}$$

10

★

세정집진장치에 대한 다음 물음에 답하시오.

(1) 기본원리를 서술하시오.
(2) 포집원리를 3가지 쓰시오.

풀이 (1) 액적, 액막, 기포 등을 이용하여 함진가스를 세정한 후 입자의 부착, 응집을 촉진시켜 입자상 물질을 분리·포집하는 장치로, 가스상 물질도 동시에 제거가 가능하다.

(2) 관성충돌, 차단, 확산, 응축, 응집 등
(이 중 3가지 기술)

11

★★

HCl 7,000ppm을 2개의 세정집진장치를 직렬로 연결하여 처리하고자 한다. 각각의 집진율은 78%, 99.5%라 할 때, 배출되는 HCl 농도(ppm)를 계산하시오.

풀이

총 집진효율
$\eta_t = 1-(1-\eta_1)(1-\eta_2)$
여기서, η_1, η_2 : 1번, 2번 집진장치의 집진효율

총 집진율, $\eta_t = 1-(1-0.78)(1-0.995) = 0.9989$

∴ 배출 HCl 농도, $C_t = 7{,}000 \times (1-0.9989) = 7.7\,\text{ppm}$

12

먼지 농도가 $3g/m^3$인 입자가 있다. 해당 입자를 액가스비 $1L/Sm^3$인 세정집진장치로 처리하고자 한다. 먼지의 직경은 $5\mu m$이고 물방울의 직경은 $300\mu m$라면, 먼지 입자의 개수는 물방울 입자의 개수보다 몇 배 차이가 있는지 계산하시오. (단, 먼지 입자는 구형 입자이며, 비중은 2이다.)

풀이

질량(kg)=체적$\left(\dfrac{\pi}{6}d^3\right)$×비중×입자의 개수

먼지 입자의 개수 $= \dfrac{3\,g}{Sm^3}\left|\dfrac{1\,kg}{10^3\,g}\right|\dfrac{m^3}{2{,}000\,kg}\left|\dfrac{6}{\pi}\right|\dfrac{1}{(5\times10^{-6}m)^3} = 2.29\times10^{10}$개$/Sm^3$

물방울 입자의 개수 $= \dfrac{1\,L}{Sm^3}\left|\dfrac{1\,kg}{1\,L}\right|\dfrac{m^3}{1{,}000\,kg}\left|\dfrac{6}{\pi}\right|\dfrac{1}{(300\times10^{-6}m)^3} = 7.07\times10^7$개$/Sm^3$

∴ $\dfrac{\text{먼지 입자의 개수}}{\text{물방울 입자의 개수}} = \dfrac{2.29\times10^{10}}{7.07\times10^7} = 323.9$배

13

1,000℃의 배출가스 150m^3/min을 100℃로 냉각하기 위해 물을 분사하였다. 아래 조건을 이용하여 다음 물음에 답하시오.

- 1,000℃에서의 엔탈피 : 280kcal/kg
- 100℃에서의 엔탈피 : 20kcal/kg
- 물 1kg당 흡수열량 : 600kcal/kg
- 배출가스의 밀도 : 1.3kg/m^3

(1) 배출가스 냉각에 필요한 물의 양(kg/min)
(2) 냉각 후 혼합가스의 유량(m^3/min)

풀이 (1) 가스 유량(m^3/min)×가스 밀도(kg/m^3)×가스 열량(kcal/kg) = 물의 양(kg/min)×흡수 열량(kcal/kg)

∴ 배출가스 냉각에 필요한 물의 양 $= \dfrac{150\,m^3}{min}\bigg|\dfrac{1.3\,kg}{m^3}\bigg|\dfrac{(280-20)kcal}{kg}\bigg|\dfrac{1\,kg}{600\,kcal}$

$= 84.5\,kg/min$

(2) 냉각 후 혼합가스의 유량(m^3/min)=냉각 후 배출가스 유량+냉각 후 물의 유량

냉각 후 배출가스 유량 $= 150m^3/min \times \dfrac{(273+100)K}{(273+1,000)K}$

$= 43.951\,m^3/min$

냉각 후 물의 유량 $= 84.5kg/min \times \dfrac{22.4Sm^3}{18kg} \times \dfrac{(273+100)K}{273K}$

$= 143.674\,m^3/min$

∴ 냉각 후 혼합가스의 유량 $= 43.95 + 143.67 = 187.63\,m^3/min$

14 ★

일산화질소(NO)를 다음과 같은 환원제를 이용하여 N_2로 환원시키고자 한다. 각각의 반응식을 쓰시오.

(1) H_2
(2) CO
(3) NH_3
(4) H_2S

풀이 NO와 환원제와의 반응식

(1) H_2 : $2NO + 2H_2 \rightarrow N_2 + 2H_2O$
(2) CO : $2NO + 2CO \rightarrow N_2 + 2CO_2$
(3) NH_3 : $6NO + 4NH_3 \rightarrow 5N_2 + 6H_2O$
(4) H_2S : $2NO + 2H_2S \rightarrow N_2 + 2H_2O + 2S$

15

★

다음은 전기집진장치의 장애현상이다. 다음 조건에 해당되는 장애현상과 방지대책 2가지를 적으시오.

(1) 입자의 전기비저항치가 10^4 Ω · cm 이하인 조건
(2) 입자의 전기비저항치가 10^{11} Ω · cm 이상인 조건

풀이 (1) • 장애현상 : 재비산 현상
• 방지대책
① 처리가스를 조절하거나 집진극에 Baffle 설치
② 온도 및 습도 조절
③ 암모니아(NH_3) 주입
④ 처리가스의 속도를 낮춤
(이 중 2가지 기술)

(2) • 장애현상 : 역전리 현상
• 방지대책
① 황 함량이 높은 연료 주입
② SO_3, 트리에틸아민(TEA) 등 주입
③ 온도 및 습도 조절
④ 집진극의 타격을 강하게 하거나 빈도수를 늘림
⑤ 전극 청결 유지
(이 중 2가지 기술)

16

★

산성비 발생에는 SO_2가 관여한다. 빗방울 반경이 0.1cm, 빗방울 비중이 1g/cm^{3}이며, SO_2 0.1μg이 전량 빗방울에 흡수될 경우, 이 빗방울의 pH를 계산하시오. (단, 빗방물은 구형 입자이며, SO_2는 모두 HSO_3와 반응하고 HSO_3는 전량 해리된다.)

풀이 $pH = \log\frac{1}{[H^+]} = -\log[H^+]$

SO_2 mol $= \frac{0.1\mu g}{} \bigg| \frac{1g}{10^6\mu g} \bigg| \frac{1mol}{64g} = 1.5625\times10^{-9}$mol

빗방울의 체적 $= \frac{4}{3}\times\pi\times r^3 = \frac{4}{3}\times\pi\times(0.1\times10^{-2}m)^3 = 4.1888\times10^{-6}L$

SO_2의 몰농도 $= 1.5625\times10^{-9}$mol/4.1888×10^{-6}L $= 3.7302\times10^{-4}$mol/L

$SO_2 + H_2O \rightarrow HSO_3 + H^+$
1 : 1

SO_2의 mol농도와 $[H^+]$의 몰농도는 동일하므로, $[H^+]$의 몰농도는 3.7302×10^{-4}mol/L이다.

$\therefore pH = -\log[H^+] = -\log[3.7302\times10^{-4}] = 3.43$

17 ★

A사업장의 자가측정기록부를 근거로 다음 물음에 답하시오. (단, 270℃에서의 배출가스 밀도는 1.3kg/Sm^3, 17℃에서 물의 포화수증기압은 14.5mmHg이다.)

굴뚝 직경(m)	4m		대기압(atm)	1atm	
경사마노미터 (수액 : 물)	경사각	30°	여과지 무게(g)	포집 전	0.805g
				포집 후	0.950g
	액주이동거리	25cm	가스미터(습식)	지시흡인량	1,200L
				온도	17℃
피토관계수(C)	0.8614			게이지압	0mmHg

(1) 배출가스 유량(m^3/s)
(2) 배출가스 중 먼지 농도(mg/Sm^3)

풀이 (1)

배출가스 유량 (m^3/s)
$Q = A \times V$
여기서, A : 면적, V : 배출가스 유속

배출가스 유속 (m/s)
$$V = C \times \sqrt{\frac{2gh}{\gamma}}$$
여기서, C : 피토관계수, g : 중력가속도 (9.81 m/s^2)
h : 동압 (mmH_2O), γ : 가스 밀도 (kg/m^3)

동압 (mmH_2O)
$$h = \gamma \times L \times \sin\theta \times \frac{1}{\alpha}$$
여기서, γ : 경사마노미터 안의 용액 비중, L : 액주(mm)
θ : 경사각, α : 확대율

- 동압 $(h) = 1 \times 250 \times \sin 30 \times \frac{1}{1} = 125\,mmH_2O$
- 유속 $(V) = 0.8614 \times \sqrt{\frac{2 \times 9.8 \times 125}{1.3}} = 37.395$ m/s

∴ 배출가스 유량, $Q = A \times V = \frac{\pi}{4} D^2 \times V = \frac{\pi}{4} \times 4^2 \times 37.395 = 469.92\ m^3/s$

(2)

먼지 농도 (mg/Sm^3)
$$C = \frac{m_a}{V_s}$$
여기서, m_a : 먼지의 질량 $(m_{a1} - m_{a2})$(g)
V_s : 시료가스 채취량 (L)

> 시료가스 채취량 (L)
>
> $$V_s = V \times \frac{273}{273+t} \times \frac{P_a + P_m - P_v}{760}$$
>
> 여기서, V : 가스미터로 측정한 흡입 가스량 (L)
> t : 가스미터의 온도 (℃)
> P_a : 대기압 (mmHg)
> P_m : 가스미터의 게이지압 (mmHg)
> P_v : t(℃)에서의 포화수증기압 (mmHg)

- $m_a = (0.950 - 0.805)\text{g} = 0.145\text{g} = 145\text{mg}$
- $V_s = 1{,}200\text{L} \times \frac{273}{(273+17)} \times \frac{760+0-14.5}{760} = 1{,}108.1\text{L} = 1.1081\text{Sm}^3$

∴ 먼지 농도, $C = \frac{145}{1.1081} = 130.85\text{mg/Sm}^3$

18

★★

Freundlich 등온흡착식 $\frac{X}{M} = k \cdot C^{1/n}$에서 상수 k와 n을 구하는 방법을 서술하시오.

풀이

> Freundlich 등온흡착식
>
> $$\frac{X}{M} = kC^{1/n}$$
>
> 여기서, X : 흡착된 흡착질의 질량
> M : 흡착제의 질량
> C : 흡착질의 평형농도
> k 및 n : 상수

$\frac{X}{M} = kC^{1/n}$에서 양변에 log를 취함 → $\log\frac{X}{M} = \log k + \frac{1}{n}\log C$, 이것은 $y = ax + b$의 형태이기 때문에 y는 $\log\frac{X}{M}$이고 x는 $\log C$인 선형식이 되며, 이때 기울기는 $\frac{1}{n}$, 절편은 $\log k$가 된다.

즉, 아래와 같이 기울기$\left(\frac{1}{n}\right)$와 절편($\log k$)을 이용하여 n과 k를 구할 수 있다.

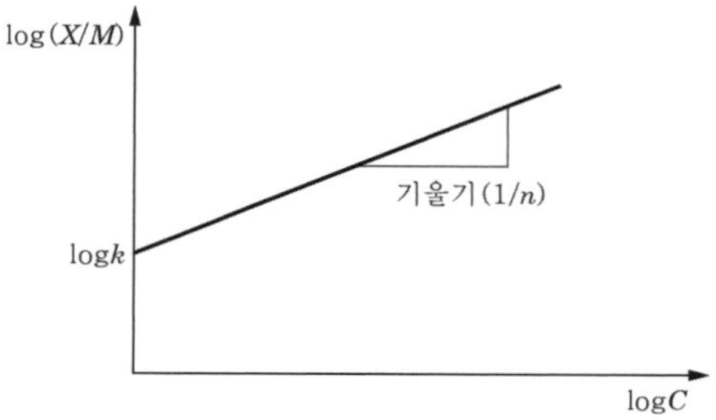

19

다음은 배출가스 중 황화수소를 자외선/가시선분광법으로 분석하는 방법(메틸렌블루법)에 대한 설명이다. ( ) 안을 알맞게 채우시오.

배출가스 중의 황화수소를 (①)에 흡수시켜 (②)과/와 (③)을/를 가하여 생성되는 메틸렌블루의 흡광도를 (④)nm 부근에서 측정하여 황화수소를 정량한다.

풀이 ① 아연아민착염 용액
② p-아미노다이메틸아닐린 용액
③ 염화철(Ⅲ) 용액
④ 670

20

★★★

고용량 공기시료채취기로 비산먼지 포집 시 포집개시 직후의 유량이 1.6m³/min, 포집종료 직전의 유량이 1.4m³/min이라면 흡인 공기량(m³)은 얼마인지 구하시오. (단, 포집시간은 25시간이다.)

풀이

고용량 공기시료채취기로 비산먼지 채취 시 흡인 공기량 $= \frac{Q_s + Q_e}{2} \times t$

여기서, Q_s : 시료 채취 개시 직후의 유량 (m^3/min), 보통 $1.2 \sim 1.7\,m^3/min$

Q_e : 시료 채취 종료 직전의 유량 (m^3/min)

t : 시료 채취시간 (min)

$\therefore$ 흡인 공기량 $= \left(\frac{1.6 + 1.4}{2}\right) \times 25 \times 60 = 2{,}250\,m^3$

2024 제2회 대기환경기사 필답형 기출문제

01

★★

대기 온도 25℃, 배출가스 온도 330℃인 굴뚝에서 통풍력을 60mmH_2O로 유지하기 위한 굴뚝 높이(m)를 계산하시오. (단, 굴뚝 내의 마찰손실은 무시하고, 공기 및 배출가스의 밀도는 1.3kg/Sm^3이다.)

풀이

통풍력(mmH_2O)

$$P = 273 \times H \times \left[\frac{\gamma_a}{273+t_a} - \frac{\gamma_g}{273+t_g}\right] \text{ 또는 } P = 355 \times H \times \left[\frac{1}{273+t_a} - \frac{1}{273+t_g}\right]$$

여기서, H : 굴뚝 높이(m), γ_a : 공기 밀도(kg/m^3), γ_g : 배출가스 밀도(kg/m^3)

t_a : 대기(외기) 온도(℃), t_g : 배출가스 온도(℃)

$$60 = 273 \times H \times \left[\frac{1.3}{273+25} - \frac{1.3}{273+330}\right]$$

∴ 이를 H에 대해 정리하면 $H = 99.58\text{m}$

02

★

다음에서 설명하는 용어를 쓰시오.

- 깨끗한 여과지에 먼지를 모은 후 빛 전달률의 감소율을 측정하여 구할 수 있는 수치이다.
- 해당 수치가 0이면 대기가 깨끗한 것이고, 값이 커질수록 대기오염이 있음을 의미한다.

풀이 COH(Coefficent Of Haze)

Plus 이론학습

COH(Coefficent Of Haze, 헤이즈 계수)

광화학밀도가 0.01이 되도록 하는 여과지상에 빛을 분산시켜 준 고형물의 양을 의미한다. 즉, COH는 광화학밀도(OD)를 0.01로 나눈 값이다.

$$\text{COH} = \frac{\text{OD}}{0.01} = 100\log\left(\frac{I_o}{I_t}\right)$$

여기서, OD(Optical Density) : 광화학 밀도, I_t : 투과광의 강도, I_o : 입사광의 강도

03 ★

유효굴뚝높이가 200m인 굴뚝에서 배출되는 가스량은 40,000m^3/hr, SO_2는 1,000ppm일 때, Sutton 식에 의한 최대지표농도(ppm)와 최대착지거리(m)를 계산하시오. (단, $K_y = K_z = 0.07$, $U = 5$m/s, $n = 0.25$이다.)

풀이 (1) 최대지표농도(ppm)

$$C_{\max} = \frac{2Q}{\pi\, e\, U H_e^2} \times \left(\frac{K_z}{K_y}\right)$$

여기서, $C_{\max}$: 최대지표농도, Q : 배출량, e : 2.718, U : 유속
H_e : 유효굴뚝높이, K_y, K_z : 수평 및 수직 확산계수

$$\therefore\ \text{최대지표농도} = \frac{2 \times 40{,}000\,\text{m}^3 \times 1\,\text{hr} \times 1{,}000\,\text{ppm} \times \text{s} \times 0.07}{\text{hr} \times 3{,}600\,\text{s} \times \pi \times 2.718 \times 5\text{m} \times (200\,\text{m})^2 \times 0.07}$$

$= 0.013$ ppm

(2) 최대착지거리(m)

$$X_{\max} = \left(\frac{H_e}{K_z}\right)^{\frac{2}{(2-n)}}$$

여기서, X_m : 최대착지거리, H_e : 유효굴뚝높이
K_z : 수직 확산계수, n : 대기안정도 지수

$$\therefore\ \text{최대착지거리} = \left(\frac{200}{0.07}\right)^{\frac{2}{(2-0.25)}} = 8{,}905.05\,\text{m}$$

04 ★★★

탄소 86.6%, 수소 4%, 황 1.4%, 산소 8%인 중유 연소에 필요한 이론산소량과 이론습연소가스량을 계산하시오.

(1) 이론산소량(Sm^3/kg)
(2) 이론습연소가스량(Sm^3/kg)

풀이 (1) 이론산소량(O_o) $= 1.867\text{C} + 5.6(\text{H} - \text{O}/8) + 0.7\text{S}$
$= 1.867 \times 0.866 + 5.6 \times (0.04 - 0.08/8) + 0.7 \times 0.014$
$= 1.795\,\text{Sm}^3/\text{kg}$

(2) $A_o = O_o/0.21 = 1.795/0.21 = 8.548\,\text{Sm}^3/\text{kg}$

$\therefore$ 이론습연소가스량(G_{ow}) $= A_o + 5.6\text{H} + 0.7\text{O} + 0.8\text{N} + 1.24W$
$= 8.548 + 5.6 \times 0.04 + 0.7 \times 0.08$
$= 8.83\,\text{Sm}^3/\text{kg}$

05

★★★

C : 75%, H : 15%, O : 5%, S : 3%, N : 2%인 중유 1kg을 완전연소 시켰을 때, 배출가스 분석결과 O_2 농도가 5%였다면 습연소가스량(Sm^3/kg)을 계산하시오.

풀이

$O_o = 1.867C + 5.6(H - O/8) + 0.7S$

$= 1.867 \times 0.75 + 5.6 \times (0.15 - 0.05/8) + 0.7 \times 0.03$

$= 2.22625\,Sm^3/kg$

$A_o = O_o/0.21 = 2.22625/0.21 = 10.6012\,Sm^3/kg$

$$m = \frac{21}{21 - O_2} = \frac{21}{21-5} = 1.3125$$

$\therefore$ 습연소가스량(G_w) $= mA_o + 5.6H + 0.7O + 0.8N + 1.24W$

$= 1.3125 \times 10.6012 + 5.6 \times 0.15 + 0.7 \times 0.05 + 0.8 \times 0.02$

$= 14.81\,Sm^3/kg$

06

저위발열량이 10,000kcal/kg인 중유를 시간당 10kg 사용하고 있는 보일러가 있다. 공기 중 필요한 연소공기량은 $13.5Sm^3/kg$이고, 연료와 공기는 모두 20℃에서 80℃로 예열하여야 하며, 해당 장치의 효율은 90%이고, 연료의 비열은 0.5kcal/kg · ℃, 공기의 비열은 $0.3kcal/Sm^3 \cdot ℃$일 때, 보일러실의 열발생률($kcal/m^3 \cdot hr$)을 구하시오. (단, 보일러실의 부피는 $5m^3$, 보일러실 벽의 열손실은 100kcal/hr이다.)

풀이

> 열발생률 $= \dfrac{Q}{V}$
>
> 여기서, Q : 발생 열량, V : 연소실 용적
>
> ※ 열발생률(또는 연소부하율) : 단위시간, 단위연소실용적 당 발생하는 열량

- 열량(kcal/hr) = 저위발열량 × 연료량 × 효율

$$= \frac{10{,}000\,kcal}{kg}\left|\frac{10\,kg}{hr}\right|\frac{90}{100} = 90{,}000\,kcal/kg$$

- 연료의 현열량(kcal/hr) = 연료량 × 연료의 비열 × 온도차

$$= \frac{10\,kg}{hr}\left|\frac{0.5\,kcal}{kg \cdot ℃}\right|(80-20)℃ = 300\,kcal/hr$$

- 공기의 현열량(kcal/hr) = 연소공기량 × 연료량 × 공기의 비열 × 온도차

$$= \frac{13.5\,Sm^3}{kg}\left|\frac{10\,kg}{hr}\right|\frac{0.3\,kcal}{Sm^3 \cdot ℃}\Big|(80-20)℃ = 2{,}430\,kcal/hr$$

- 총 열량(kcal/hr) = (열량 + 연료의 현열량 + 공기의 현열량 − 보일러실 벽의 열손실)

$= (90{,}000 + 300 + 2{,}430) - 100$

$= 92{,}630\,kcal/hr$

$$\therefore \text{열발생률} = \frac{92{,}630kcal/hr}{5m^3} = 18{,}526\,kcal/m^3 \cdot hr$$

07

★★★

가솔린($C_8H_{17.5}$)을 연소시킬 경우 부피기준의 공연비와 질량기준의 공연비를 계산하시오. (단, 공기의 질량은 29kg이다.)

(1) 부피기준 AFR (2) 질량기준 AFR

풀이

(1) $C_8H_{17.5}+\left(8+\frac{17.5}{4}\right)O_2 \rightarrow 8CO_2+\frac{17.5}{2}H_2O$

$O_o = 12.375\text{m}^3$

$A_o = O_o/0.21 = 12.375/0.21 = 58.93\text{m}^3$

$\therefore$ 부피기준 AFR $= \frac{58.93\text{m}^3}{1\text{m}^3} = 58.93$

(2) 질량기준 AFR $= \frac{58.93 \times 29\text{kg}}{1 \times 113.5\text{kg}} = 15.06$ (단, 공기의 질량 = 29kg, 가솔린의 질량 = 113.5kg)

08

★

처리가스량 10,000m^3/hr, 압력손실 800mmH_2O, 1일 16시간 운전하는 집진장치의 연간 동력비는 1,160만원이다. 처리가스량 70,000Sm^3/hr, 압력손실 400mmH_2O일 때 이 장치의 연간 동력비(원)를 계산하시오.

풀이

송풍기 동력(kW) $= \frac{\Delta P \times Q}{6,120 \times \eta_s} \times \alpha$

여기서, ΔP : 압력손실(mmH_2O), Q : 흡인유량(m^3/min)

η_s : 송풍기 효율, α : 여유율

위 식에서 알 수 있듯이 송풍기 동력(kW)$\propto \Delta P \times Q \propto$ 연간 동력비

(10,000m^3/hr×800mmH_2O) : 1,160만원 = (70,000m^3/hr×400mmH_2O) : x만원

$\therefore$ x만원(연간 동력비) $= \frac{70,000 \times 400 \times 1,160}{10,000 \times 800} = 4,060$만원

09

★★★

다음 조건을 기준으로 총 집진효율(%)을 계산하시오.

중량분율(%)	5	25	30	20	15	5
부분 집진효율(%)	92	94	96	98	99	99

풀이 총 집진효율(η_t) $= 5\times0.92+25\times0.94+30\times0.96+20\times0.98+15\times0.99+5\times0.99$

$= 96.3\%$

10

★

원심력 집진장치에서 직경(D_c)이 140cm이고 유속이 12m/s일 때 분리계수를 계산하시오.

풀이

분리계수

$$S = \frac{V^2}{R \times g}$$

여기서, V : 유속 (m/s), R : 반지름 (m), g : 중력가속도 (m/s^2)

$$\therefore \text{ 분리계수}(S) = \frac{(12\text{m/s})^2}{0.7\text{m} \times 9.8\text{m/s}^2} = 20.99$$

11

유입 먼지농도 2g/m^3, 배출가스량 300m^3/min인 함진가스를 여재비 3m^3/min/m^{2}인 여과집진장치로 집진한 결과 집진효율이 98%였다. 압력손실 220mmH$_2$O에서 탈진할 경우 탈진주기(min)를 계산하시오. (단, $\Delta P = K_1 \times V_f + K_2 \times C_i \times V_f \times \eta \times t$를 이용하고, K_1 = 59.8mmH$_2$O/(m/min), K_2 = 127mmH$_2$O(kg/m · min)이다.)

풀이 $\Delta P = K_1 \times V_f + K_2 \times C_i \times V_f \times \eta \times t$, 여재비 = 3m^3/min/m^2 = 3m/min

$$220\,\text{mmH}_2\text{O} = \frac{59.8\,\text{mmH}_2\text{O}\cdot\text{min}}{\text{m}} \Big| \frac{3\,\text{m}}{\text{min}} + \frac{127\,\text{mmH}_2\text{O}\cdot\text{m}\cdot\text{min}}{\text{kg}} \Big| \frac{12 \times 10^{-3}\text{kg}}{\text{m}^3} \Big| \frac{(3\text{m})^2}{\text{min}^2} \Big| \frac{98}{100} \Big| t$$

$\therefore$ $t = 3.02\,\text{min}$

Plus 이론학습

압력손실

- 여과재의 압력손실(ΔP_f)

  함진가스가 여과재를 통과할 때 발생하는 압력손실은 직접적으로 여과속도에 비례하므로 Darcy's law에 의해 다음과 같이 표현된다.

  $\Delta P_f = K_1 V$

  여기서, ΔP_f : 여과포 자체의 압력손실(mmH$_2$O)

  K_1 : 실험계수(가스의 점도, 여과포의 두께, 공극률의 함수)

  V : 여과속도(m/min)

- 먼지층의 압력손실(ΔP_d)

  $\Delta P_d = K_2 VW = K_2 V(CVt)$

  여기서, ΔP_d : 먼지층에 의한 압력손실(mmH$_2$O)

  K_2 : 실험계수

  V : 여과속도(m/min)

  W(areal dust density) : 먼지 부하(g/m^2)

  C : 먼지 농도(g/m^3)

  t : 집진시간(min)

- 전체의 압력손실(ΔP_t)

  $\Delta P_t = \Delta P_f + \Delta P_d = K_1 V + K_2 VW$

12

세정집진장치 효율 공식 중 충돌수에 관한 관계식을 작성하고, 해당 집진장치의 효율을 높이기 위한 충돌수를 증가시키는 방안 2가지를 쓰시오. (단, 입자 직경, 밀도, 가스의 온도와 점도는 변화가 없다.)

풀이 (1) 충돌수에 관한 관계식

$$S_{tk}\text{(Stokes number)} = \frac{d_p^{\,2} \times \rho_p \times u}{18 \times \mu \times d_w}$$

여기서, S_{tk} : 스토크스 수 또는 충돌수

d_p : 먼지의 직경(m)

ρ_p : 먼지의 밀도(kg/m^3)

u : 가스와 액적의 상대속도(m/s)

μ : 가스의 점도(kg/m · s)

d_w : 액적의 직경(m)

(2) 충돌수를 증가시키는 방안

① 먼지 입경을 크게(↑)
② 먼지 밀도를 크게(↑)
③ 가스와 액적의 상대속도를 크게(↑)
④ 가스 점도를 낮게(↓)
⑤ 물방울(액적) 직경을 작게(↓)

(이 중 2가지 기술)

Plus 이론학습

1. **충돌수**(collision number)
   세정집진장치에서 입자의 충돌수를 구하는 식은 입자와 액적(droplet) 간의 상호작용을 계산하는 데 사용된다. 충돌수는 입자와 액적이 얼마나 자주 충돌하는지를 나타내며, 무차원 파라미터를 활용한 충돌수(collision number)를 구하는 식은 위와 같다.
2. **세정집진장치**
   (1) 기본원리 : 액적, 액막, 기포 등을 이용하여 함진가스를 세정한 후 입자의 부착, 응집을 촉진시켜 입자상 물질을 분리 · 포집하는 장치이며, 가스상 물질도 동시에 제거가 가능한 장치이다.
   (2) 포집원리 : 관성충돌, 차단, 확산, 응축 등
   (3) 장 · 단점
   ① 장점
   - 연소성 및 폭발성 가스의 처리가 가능하다.
   - 점착성 및 조해성 입자의 처리가 가능하다.
   - 벤투리 스크러버와 제트 스크러버는 기본유속이 클수록 집진율이 높다.

   ② 단점
   - 압력손실이 높아 운전비가 많이 든다.
   - 소수성 입자의 집진율은 낮은 편이다.
   - 별도의 폐수처리시설이 필요하다.
   - 먼지에 의한 폐쇄 등의 장애가 일어날 확률이 높다.

13

★

전기집진장치는 건식과 습식으로 구분된다. 건식에 비하여 습식 전기집진장치의 장점과 단점을 각각 2가지씩 쓰시오.

풀이 (1) 장점

① 낮은 전기저항 때문에 발생하는 재비산을 방지할 수 있다.
② 처리가스 속도를 건식보다 2배 정도 높일 수 있다.
③ 집진극면이 청결하게 유지되며, 강전계(높은 전계강도)를 얻을 수 있다.
④ 먼지의 저항이 높지 않기 때문에 역전리가 잘 발생하지 않는다.
(이 중 2가지 기술)

(2) 단점

① 폐수처리와 같은 부가적인 처리장치가 필요하다.
② 압력손실은 약 20 mmH_2O로 건식(약 10 mmH_2O)에 비해 크다.
③ 다량의 슬러지가 발생한다.
④ 장치의 구조가 복잡해진다.
(이 중 2가지 기술)

2024

14

★★★

NO 300ppm, NO_2 60ppm을 함유한 배출가스 10,000m^3/hr를 NH_3에 의한 선택적 접촉환원법으로 처리할 경우, NO_x를 제거하기 위한 NH_3의 이론량(kg/hr)을 계산하시오. (단, 표준상태이며, 산소공존은 고려하지 않는다.)

풀이

• NO의 발생량 $= \dfrac{10,000\,m^3}{hr}\left|\dfrac{300\,mL}{m^3}\right|\dfrac{1\,m^3}{10^6\,mL} = 3\,m^3/hr$

$$6NO + 4NH_3 \rightarrow 5N_2 + 6H_2O$$
$$6\times 22.4\,m^3 : 4\times 17\,kg$$
$$3\,m^3/hr : x$$
$$x = \frac{4\times 17\times 3}{6\times 22.4} = 1.52\,kg/hr$$

• NO_2의 발생량 $= \dfrac{10,000\,m^3}{hr}\left|\dfrac{60\,mL}{m^3}\right|\dfrac{1\,m^3}{10^6\,mL} = 0.6\,m^3/hr$

$$6NO + 8NH_3 \rightarrow 7N_2 + 12H_2O$$
$$6\times 22.4\,m^3 : 8\times 17\,kg$$
$$0.6\,m^3/hr : y$$
$$y = \frac{8\times 17\times 0.6}{6\times 22.4} = 0.61\,kg/hr$$

∴ NH_3의 이론량 $= x + y = 1.52 + 0.61 = 2.13\,kg/hr$

15

150℃에서 수분 5%(v/v%), 아황산가스 500ppm인 배출가스가 10,000m^3/hr 배출되고 있다. 처리된 가스는 70℃에서 배출되어야 하고, 황은 석고($CaSO_4 \cdot 2H_2O$)로 전량 처리된다. 100% 상대습도 상태에서 습식 배연탈황장치로 해당가스를 처리하려고 할 때, 시간당 보충해야 하는 물의 양(kg)을 계산하시오. (단, 절대습도 70℃에서 0.3kg H_2O/kg dry-gas이며, 건조가스 밀도는 1.1kg/m^{3}이다.)

풀이

• 건조가스 중 물의 발생량

$$= \frac{10{,}000\,m^3}{hr} \times \frac{(100-5)}{100} \times \frac{(273+70)}{(273+150)} \times \frac{1.1\,kg}{m^3} \times \frac{0.3\,kgH_2O}{kg\ dry-gas} = 2{,}542.09\,kg/hr$$

• 습윤가스 중 수분량

$$= \frac{10{,}000\,m^3}{hr} \times \frac{5}{100} \times \frac{(273+70)}{(273+150)} \times \frac{1.1\,kg}{m^3} = 445.99\,kg/hr$$

• 석고에서 발생하는 수분량

$$SO_2\ 발생량 = \frac{10{,}000\,m^3}{hr} \times \frac{500\,mL}{m^3} \times \frac{1\,m^3}{10^6\,mL} \times \frac{(273+70)}{(273+150)} = 4.0544\,Sm^3/hr$$

$SO_2 \quad + \quad CaCO_3 + 2H_2O + 1/2O_2 \rightarrow CaSO_4 \cdot 2H_2O + CO_2$

$22.4\,Sm^3 \quad : \quad 172\,kg$

$4.0544\,m^3/hr \quad : \quad x$

$$x(석고) = \frac{172 \times 4.0544}{22.4} = 31.132\,kg/hr$$

$CaSO_4 \cdot 2H_2O \ : \ 2H_2O$

$172\,kg \ : \ 2 \times 18\,kg$

$31.132\,kg/hr \ : \ y$

$$y(석고에서\ 발생하는\ 수분량) = \frac{2 \times 18 \times 31.132}{172} = 6.52\,kg/hr$$

∴ 보충해야 할 물의 양 = 건조가스 중 물의 발생량 − 습윤가스 중 수분량 − 석고에서 발생하는 수분량

$= 2{,}542.09 - 445.99 - 6.52$

$= 2089.58\,kg/hr$

16

★★

표준상태에서 70cm^{2}의 단면적을 가진 원통 후드에서 프로판(C_3H_8)이 시간당 22kg 배출되고 있다. 시간당 배출되고 있는 배출속도(cm/s)를 계산하시오.

풀이

$$프로판(C_3H_8)의\ 배출량 = \frac{22\,kg}{hr} \times \frac{22.4\,m^3}{44\,kg} = 11.2\,m^3/hr$$

$$∴\ 배출속도(V) = \frac{Q}{A} = \frac{\frac{11.2\,m^3}{hr} \times \frac{10^6\,cm^3}{1\,m^3} \times \frac{1\,hr}{3{,}600\,s}}{70\,cm^2} = 44.44\,cm/s$$

17

★★

물리적 흡착과 비교하여 화학적 흡착에 대한 설명으로 알맞은 것을 고르시오.

- 반응계가 ① (가역적/비가역적)이다.
- 흡착제의 재생이 ② (가능/불가능)하다.
- 흡착열이 물리적 흡착보다 ③ (큰/작은)편이다.

풀이 ① 비가역적, ② 불가능, ③ 큰

Plus 이론학습 물리적 흡착과 화학적 흡착의 차이점

구분	물리적 흡착	화학적 흡착
온도 범위	낮은 온도	대체로 높은 온도
흡착층	여러 층이 가능	여러 층이 가능
가역 정도	가역성이 높음	가역성이 낮음
흡착열	낮음	높음(반응열 정도)

18

★

다음은 굴뚝 배출가스 중 브로민화합물 분석방법에 대한 내용이다. (   ) 안에 알맞은 말을 쓰시오.

배출가스 중 브로민화합물을 수산화소듐 용액에 흡수시킨 후 일부를 분취해서 산성으로 하여 (①) 용액을 사용하여 브로민으로 산화시켜 (②)으로 추출한다. (②)층에 정제수와 황산제이철암모늄 용액 및 싸이오사이안산제이수은 용액을 가하여 발색한 정제수층의 흡광도를 측정해서 브로민을 정량하는 방법이며, 흡수파장은 (③)nm이다.

풀이 ① 과망간산포타슘, ② 클로로폼, ③ 460

19

★★★

다음은 환경정책기본법상 대기환경기준이다. (   ) 안에 알맞은 수치를 적으시오.

항목	기준
아황산가스	연간 평균치 : (①)ppm 이하
일산화탄소	1시간 평균치 : (②)ppm 이하
이산화질소	24시간 평균치 : (③)ppm 이하
오존	8시간 평균치 : (④)ppm 이하
납	연간 평균치 : (⑤)$\mu g/m^3$ 이하
벤젠	연간 평균치 : (⑥)$\mu g/m^3$ 이하

풀이 ① 0.02, ② 25, ③ 0.06, ④ 0.06, ⑤ 0.5, ⑥ 5

20

다음은 대기환경보전법 중 저공해자동차 기준이다. 빈칸을 알맞게 채우시오. (단, 2020년 4월 3일 기준이며, 3종 배출차량이다.)

차량 종류	일산화탄소	질소산화물	탄화수소
대형 승용 · 화물, 초대형 승용 · 화물	(①)g/kWh 이하	(②)g/kWh 이하	(③)g/kWh 이하

풀이 ① 4.0, ② 0.35, ③ 0.1

Plus 이론학습

<table>
<tr><th>저공해 자동차 종류</th><th>차종</th><th>일산화탄소</th><th>질소산화물</th><th>탄화수소
(배기관가스)</th></tr>
<tr><td rowspan="2">제3종</td><td>경자동차,
소형 승용 · 화물,
중형 승용 · 화물</td><td>0.625g/km 이하</td><td colspan="2">0.019g/km 이하</td></tr>
<tr><td>대형 승용 · 화물,
초대형 승용 · 화물</td><td>4.0g/kWh 이하</td><td>0.35g/kWh 이하</td><td>0.1g/kWh 이하</td></tr>
</table>

2024
제 3 회

대기환경기사 필답형 기출문제

01

★★★

유효굴뚝높이(H_e)가 60m인 굴뚝으로부터 SO_2가 125g/s의 속도로 배출되고 있다. 굴뚝높이에서의 풍속이 6m/s일 때, 이 굴뚝으로부터 500m 떨어진 연기중심선상에서 SO_2의 지표 농도(μg/m^3)를 구하시오. (단, 가우시안 모델식을 사용, σ_y : 36m, σ_z : 18.5m, 배출되는 SO_2는 화학적으로 반응하지 않는다.)

풀이 문제에서 지표 농도이므로 $z=0$, 연기중심선상의 오염물질 농도이므로 $y=0$이므로

$$C(x,0,0,H_e)=\frac{Q}{\pi\sigma_y\sigma_z U}\times\exp\left[-\frac{1}{2}\left(\frac{H_e}{\sigma_z}\right)^2\right]$$

여기서, C : 오염 농도(μg/m^3)

H_e : 유효굴뚝높이(m)

Q : 오염물질 배출량(μg/s)

U : H_e에서의 평균 풍속(m/s)

σ_z, σ_y : 수직 및 수평 방향 표준편차(m)

$$\frac{Q}{\pi\sigma_y\sigma_z U}=\frac{125\,\mathrm{g}}{\mathrm{s}}\left|\frac{}{\pi}\right|\frac{}{36\,\mathrm{m}}\left|\frac{}{18.5\,\mathrm{m}}\right|\frac{\mathrm{s}}{6\,\mathrm{m}}\left|\frac{10^6\mu\mathrm{g}}{\mathrm{g}}\right.=9{,}957.14\mu\mathrm{g/m^3}$$

$$\therefore\ C(x,0,0,H_e)=9{,}957.14\times\exp\left[-\frac{1}{2}\left(\frac{60}{18.5}\right)^2\right]=51.77\,\mu\mathrm{g/m^3}$$

02

★★

대기오염물질의 농도를 측정하기 위해 상자모델 이론을 적용하기 위한 가정조건을 4가지 쓰시오.

풀이 ① 상자공간에서 오염물질의 농도는 균일하다.
② 오염물질의 분해는 1차 반응을 따른다.
③ 배출원은 지면 전역에 균등하게 분포되어 있다.
④ 오염물질은 방출과 동시에 균등하게 혼합된다.
⑤ 바람의 방향과 속도는 일정하다.
⑥ 배출된 오염물질은 다른 물질로 변화하지도 흡수되지도 않는다.
⑦ 상자 안에서는 밑면에서 방출되는 오염물질이 상자 높이인 혼합층까지 즉시 균등하게 혼합된다.
(이 중 4가지 기술)

03

★★★

탄소 87%, 수소 10%, 황 3%인 중유의 $(CO_2)_{max}$(%)를 계산하시오.

풀이 $O_o = 1.867C + 5.6(H - O/8) + 0.7S = 1.867 \times 0.87 + 5.6 \times 0.1 + 0.7 \times 0.03 = 2.2053\,m^3/kg$

$A_o = O_o/0.21 = 2.2053/0.21 = 10.5014\,m^3/kg$

$G_{od} = A_o - 5.6H + 0.7O + 0.8N$

$= 10.5014 - 5.6 \times 0.1$

$= 9.9414\,m^3/kg$

$$\therefore\ (CO_2)_{max} = \frac{(CO_2)}{G_{od}} \times 10^2 = \frac{1.867C}{G_{od}} \times 10^2 = \frac{1.867 \times 0.87}{9.9414} \times 10^2 = 16.34\%$$

04

★★★

황 함량 4%인 벙커C유 100kL를 사용하는 보일러에 황 함량 1.5%인 벙커C유를 40% 섞어서 사용하면 SO_2의 배출량은 몇 % 감소하는지 구하시오. (단, 기타 연소 조건은 동일하며, S은 연소 시 전량 SO_2로 변환된다.)

풀이 $Q_1 = 100\,kL/day \times 0.04 = 4\,kL/day$

$Q_2 = (100\,kL/day \times 0.6) \times 0.04 + (100\,kL/day \times 0.4) \times 0.015 = 3\,kL/day$

$$\therefore\ 감소량 = \frac{(4-3)}{4} \times 100 = 25\%$$

05

★

과잉공기 10%를 이용하여 메탄을 완전연소 시켰을 때 다음 물음에 답하시오.

(1) 메탄의 완전연소 반응식을 쓰시오. (단, 질소를 포함하여 작성하시오.)
(2) 수증기의 부분압력(mmHg)을 계산하시오. (단, 연소 후의 압력은 1atm이다.)

풀이 (1) 메탄의 완전연소 반응식

$CH_4 + 2O_2 + 2 \times 3.76N_2 \rightarrow CO_2 + 2H_2O + 2 \times 3.76N_2$

(단, N_2는 연소에 반응하지 않는다고 가정하기 때문에 반응 전·후에 변화가 없다.)

(2) 수증기의 부분압력(mmHg)

$CH_4 + 2O_2 = CO_2 + 2H_2O$에서

O_o(이론적인 산소량) $= 2\,Sm^3$

A_o(이론적인 공기량) $= O_o/0.21 = 2/0.21 = 9.524\,Sm^3$

G_w(실제습연소가스량) $= (m - 0.21)A_o + CO_2 + H_2O$

$= (1.1 - 0.21) \times 9.524 + 1 + 2 = 11.47636\,Sm^3$

$$\therefore\ 수증기의\ 부분압력 = \frac{수증기의\ 양}{G_w} \times 압력 = \frac{2Sm^3}{11.47636Sm^3} \times 760mmHg = 132.45mmHg$$

06

★★★

20℃, 1기압에서 공기의 동점성계수(ν)는 $1.5\times10^{-5}m^2/s$이다. 관의 지름이 50mm일 때, 그 관을 흐르는 공기속도(m/s)를 계산하시오. (단, $Re = 3.5\times10^4$이다.)

풀이

레이놀즈수

$$Re = \frac{관성력}{점성력} = \frac{\rho\times V_s\times D}{\mu} = \frac{V_s\times D}{\nu}$$

여기서, ρ : 밀도 (kg/m^3), V_s : 공기 유속 (m/s), D : 직경(m)

μ : 점도 (kg/m · s), ν : 동점성계수 (m^2/s)

$$3.5\times10^4 = \frac{V_s\times0.05}{1.5\times10^{-5}}$$

$\therefore\ V_s = 10.5m/s$

07

★

정지 대기공간에서 입경이 40μm인 구형 입자가 중력침강을 할 때 다음 물음에 답하시오. (단, ρ_p : 2,000kg/m^3, ρ_a : 1.3kg/m^3, μ : 1.5×10^{-5}kg/m · s, 커닝햄 보정계수 (C) : 1.0)

(1) 종말침강속도(m/s)
(2) 항력(N)

풀이 (1)

종말침강속도 (m/s)

$$V_t = \frac{d_p^{\,2}\times(\rho_p-\rho_a)\times g}{18\times\mu}\times C$$

여기서, ρ_p : 먼지의 밀도 (kg/m^3), ρ_a : 공기의 밀도 (kg/m^3)

μ : 공기의 점도 (kg/m · s), C : 커닝햄 보정계수

d_p : 입자의 직경, g : 중력가속도

$$\therefore\ 종말침강속도\,(V_t) = \frac{(40\times10^{-6}m)^2\times(2{,}000-1.3)kg/m^3\times9.8m/s^2}{18\times1.5\times10^{-5}kg/m\cdot s}\times1 = 0.116\,m/s$$

(2)

항력(N)

$F_d = 3\times\pi\times\mu\times d_p\times V_t$

여기서, μ : 공기의 점도, d_p : 입자의 직경

V_t : 종말침강속도

$$\therefore\ 항력(F_d) = 3\times\pi\times(1.5\times10^{-5}kg/m\cdot s)\times(40\times10^{-6}m)\times0.116m/s$$
$$= 6.56\times10^{-10}kg/m\cdot s^2$$
$$= 6.56\times10^{-10}N$$

08 ★★

장방형 덕트의 단변 0.13m, 장변 0.25m, 덕트 길이 16m, 속도압 14mmH₂O일 때, 장방형 덕트의 압력손실(mmH_2O)을 구하시오. (단, 마찰계수(f)=0.004이다.)

풀이

장방형 덕트의 압력손실

$$\Delta P = f \times \frac{L}{D} \times P_v$$

여기서, f : 마찰계수, L : 관의 길이, D : 관의 직경, P_v : 속도압(동압)

$$\text{장방형(사각형) 덕트의 직경}(D) = 2\times\left(\frac{A\times B}{A+B}\right) = 2\times\left(\frac{\text{가로}\times\text{세로}}{\text{가로}+\text{세로}}\right)$$

$$= 2\times\left(\frac{0.13\times 0.25}{0.13+0.25}\right) = 0.171$$

$$\therefore \text{압력손실}(\Delta P) = 0.004\times\frac{16}{0.171}\times 14 = 5.24\,mmH_2O$$

09 ★★★

1m의 직경을 갖는 원심력 집진장치에서 $3m^3/s$의 가스(1atm, 320K)를 처리하고자 한다. 이때 처리 입자의 밀도는 $1.6g/m^3$, 점도는 $1.85\times10^{-5}kg/m\cdot s$라고 할 때 다음 물음에 답하시오. (단, 입구 높이 = 0.5m, 입구 폭 = 0.25m, 유효회전수 = 4, 가스 밀도 = $1.3kg/m^3$)

(1) 유입속도(m/s)
(2) 절단직경(μm)

풀이 (1)

유입속도(m/s)

$$V = \frac{Q}{A}$$

여기서, Q : 유량, A : 면적

$$\text{유입속도}(V) = \frac{3}{0.5\times 0.25} = 24m/s$$

(2)

절단직경(μm)

$$d_{p,50} = \sqrt{\frac{9\mu_g W}{2\pi NV(\rho_p-\rho_g)}}\times 10^6$$

여기서, W : 유입구 폭, N : 유효회전수, μ_g : 가스의 점도
V : 유입속도, ρ_p : 입자의 밀도, ρ_g : 가스의 밀도

$$\text{먼지 밀도}(\rho_p) = \frac{1.6g}{cm^3}\left|\frac{1kg}{1{,}000g}\right|\frac{(100)^3cm^3}{1m^3} = 1{,}600kg/m^3$$

$$\therefore \text{절단직경}(d_{p,50}) = \sqrt{\frac{9\times 1.85\times 10^{-5}\times 0.25}{2\times 3.14\times 4\times 24\times(1{,}600-1.3)}}\times 10^6 = 6.57\mu m$$

10

반경 1m인 사이클론에서 외부선회류의 내측 반경이 0.5m, 외측 반경이 0.7m일 때, 장치의 중심에서 반경 0.6m인 곳으로 유입된 입자의 속도(m/s)를 구하시오. (단, 사이클론으로 유입된 함진가스량은 $1.5m^3/s$이다.)

풀이

U형 사이클론에서의 입자의 속도

$$V = \frac{Q}{r \times \Delta r \times \ln(r_o/r_i)}$$

여기서, Q : 유량
r : 중심 반경
r_o : 외측 반경(사이클론 벽 또는 외곽의 반경)
r_i : 내측 반경(중심부 또는 축 방향에 가까운 최소 반경)
Δr : 외측 반경과 내측 반경의 차이$(r_o - r_i)$
(흐름 폭(flow width)이라 하고, 이는 사이클론 내부에서 유체가 흐르는 영역의 폭을 나타냄)

∴ 입자의 속도$(V) = \frac{1.5}{0.6 \times (0.7-0.5) \times \ln(0.7/0.5)} = 37.15\text{m/s}$

2024

11

★

면적이 $1m^2$인 여과집진장치의 먼지 농도가 $1g/m^3$이고 배출가스 유량이 $100m^3/min$이다. 먼지가 모두 여과포에서 제거되었으며 집진된 먼지층의 밀도가 $1g/cm^3$인 경우 1시간 후의 여과된 먼지층의 두께(mm)를 계산하시오.

풀이

부착먼지의 탈락시간 간격

$$t = \frac{L_d}{C_i \times V_f \times \eta}$$

여기서, L_d : 먼지 부하(g/m^2)
C_i : 입구 먼지 농도(g/m^3)
V_f : 여과속도(m/s)
η : 집진효율(%)

$L_d = C_i \times V_f \times \eta \times t$에서

여과속도$(V_f) = \frac{Q}{A} = \frac{100m^3}{min} \Big| \frac{1}{1m^2} \Big| \frac{100cm}{1m} = 10^4 cm/min$

먼지 부하$(L_d) = C_i \times V_f \times \eta \times t = \frac{1g}{m^3} \Big| \frac{1m^3}{(100cm)^3} \Big| \frac{10^4 cm}{min} \Big| 1hr \Big| \frac{60min}{1hr} = 0.6g/cm^2$

∴ 먼지층의 두께 $= \frac{\text{먼지 부하}}{\text{먼지층 밀도}} = \frac{0.6g/cm^2}{1g/cm^3} = 0.6cm = 6mm$

12

★

반경이 20cm, 길이가 2m인 원통형 집진극을 가진 전기집진장치의 가스 유속이 1m/s이고 먼지가 집진극을 향하는 이동속도가 20cm/s일 때, 먼지의 집진효율(%)을 계산하시오.

풀이

원통형 집진극의 제거효율

$$\eta = 1 - e^{\left(\frac{-2W_e L}{RV}\right)}$$

여기서, η : 집진효율(%)

W_e : 입자의 이동속도(m/s)

L : 집진극(원통)의 길이(m)

R : 원통의 반경(m)

V : 가스 유속(m/s)

원통형 집진극이므로 위의 식으로 구한다.

$$\therefore \text{ 먼지의 집진효율}(\eta) = \left(1 - e^{\left(-\frac{2\times0.2\times2}{0.2\times1}\right)}\right) \times 100 = 98.17\%$$

Plus 이론학습

전기집진장치는 크게 평판형과 원통형(또는 관형)으로 구분된다.

평판형	원통형(또는 관형)
$\eta = 1 - e^{\left(-\frac{AW_e}{Q}\right)}$	$\eta = 1 - e^{\left(\frac{-2W_e L}{RV}\right)}$

여기서, η : 집진효율(%)

A : 집진면적(m^2)

W_e : 입자의 이동속도(m/s)

Q : 가스 유량(m^3/s)

L : 집진극(원통)의 길이(m)

R : 원통의 반경(m)

V : 가스 유속(m/s)

13

★★★

충전탑을 이용하여 유해가스를 제거하고자 할 때, 흡수액의 구비조건 3가지를 적으시오.

풀이

① 휘발성이 낮아야 한다.
② 용해도가 커야 한다.
③ 빙점(어는점)은 낮고 비점(끓는점)은 높아야 한다.
④ 점도(점성)가 낮아야 한다.
⑤ 용매와 화학적 성질이 비슷해야 한다.
⑥ 부식성이 낮아야 한다.
⑦ 화학적으로 안정하고 독성이 없어야 한다.

(이 중 3가지 기술)

14

불화수소(HF) 농도가 500ppm인 굴뚝에서 배출가스량이 1,000Sm^3/hr이다. 20m^3의 순환수로 5시간 순환세정 할 경우 순환수의 pH를 구하고, 이 용액을 폐수처리장으로 보내 NaOH 용액을 이용하여 완전히 중화시키고자 할 때 소요되는 NaOH의 양(kg/hr)을 계산하시오. (단, HF의 흡수율은 90%, HF는 물에서 100% 전리된다.)

풀이 (1) 순환수의 pH

$$pH = \log\frac{1}{[H^+]} = -\log[H^+]$$

HF 몰농도(mol/L) = 흡수 HF mol/용액

$$\text{흡수 HF mol} = \frac{500\,mL}{m^3}\left|\frac{1\,mol}{22.4\,L}\right|\frac{L}{10^3\,mL}\left|\frac{1{,}000\,m^3}{hr}\right|5\,hr = 111.607\,mol$$

용액 $= 20m^3 = 2\times10^4 L$

$$\text{HF 몰농도} = \frac{111.607}{2\times10^4} = 5.5804\times10^{-3}\,mol/L$$

$HF \leftrightarrow H^+ + F^-$

1 : 1

$[H^+] = 5.5804\times10^{-3}\,mol/L$

$\therefore\ pH = -\log[H^+] = -\log(5.5804\times10^{-3}) = 2.25$

(2) 소요되는 NaOH의 양(kg/hr)

$$\text{HF 발생량} = \frac{1{,}000\,m^3}{hr}\left|\frac{500\,mL}{m^3}\right|\frac{1\,m^3}{10^6\,mL}\left|5\,hr\right|\frac{90}{100} = 2.25\,m^3/hr$$

HF + NaOH → NaF + H_2O

$22.4\,m^3$: 40 kg

$2.25\,m^3/hr$: x

$$\therefore\ x(NaOH) = \frac{40kg\times2.25m^3/hr}{22.4m^3} = 4.02\,kg/hr$$

15 ★

25℃, 1기압 조건에서 SO_2를 1,000ppm 함유한 가스가 유동층 소각로에서 60,000m^3/hr로 배출되고 있다. SO_2 농도를 줄이기 위해서 유동화에 지장을 주지 않는 석회석층 내에 직접 투입하는 기법으로 Ca/S mol비를 서서히 증가하며 SO_2 배출농도를 측정한 결과 Ca/S mol비가 4.0일 때 SO_2는 전혀 발생되지 않았다. 이때 필요한 $CaCO_3$의 양(kg/hr)을 계산하시오.

풀이

$$SO_2\ \text{발생량} = \frac{60{,}000\,m^3}{hr}\left|\frac{273}{(273+25)}\right|\frac{1{,}000\,mL}{m^3}\left|\frac{1\,m^3}{10^6 mL}\right. = 54.97Sm^3/hr$$

SO_2 : $4CaCO_3$

$22.4\,Sm^3$: $4\times100kg$

$54.97\,Sm^3/hr$: x

$$\therefore\ x(CaCO_3) = \frac{4\times100kg\times54.97Sm^3/hr}{22.4Sm^3} = 981.61\,kg/hr$$

16

질량비 기준으로 N_2 75%, O_2 15%, CO_2 10%인 혼합기체의 평균분자량(g/mol)을 계산하시오.

풀이 혼합기체의 질량이 1kg이라고 하면

$$N_2 = 750g \times \frac{1mol}{28g} = 26.79mol$$

$$O_2 = 150g \times \frac{1mol}{32g} = 4.69mol$$

$$CO_2 = 100g \times \frac{1mol}{44g} = 2.27mol$$

$$N_2\text{의 부피분율}(\%) = \frac{26.79}{(26.79+4.69+2.27)} \times 100 = 79.378\%$$

$$O_2\text{의 부피분율}(\%) = \frac{4.69}{(26.79+4.69+2.27)} \times 100 = 13.896\%$$

$$CO_2\text{의 부피분율}(\%) = \frac{2.27}{(26.79+4.69+2.27)} \times 100 = 6.726\%$$

∴ 혼합기체의 평균분자량(g/mol) = $N_2+O_2+CO_2$

$$= \frac{28g}{1mol} \times 0.79378 + \frac{32g}{1mol} \times 0.13896 + \frac{44g}{1mol} \times 0.06726$$

$$= 29.63g/mol$$

17

★

굴뚝의 직경은 2m이고 배출가스량은 1,000m^3/min이다. 이 가스를 35L/min으로 등속흡입 할 때 노즐의 직경(mm)을 계산하시오.

풀이

등속흡입 유량(L/min)

$$q_m = \frac{\pi}{4} \times d^2 \times V$$

여기서, d : 노즐의 직경(m), V : 배출가스 속도(m/s)

면적$(A) = \frac{\pi}{4} \times D^2 = \frac{\pi}{4} \times 2^2 = 3.142\,m^2$. 여기서, D : 굴뚝의 직경(m)

$$\text{배출가스 속도}(V) = \frac{Q(\text{유량})}{A(\text{면적})} = \frac{1{,}000m^3/min}{3.142m^2} = 318.27m/min$$

$$\therefore \text{노즐의 직경}(d) = \sqrt{\frac{4 \times q_m}{V \times \pi}} = \sqrt{\frac{4 \times 35L/min \times m^3/1{,}000L}{318.27m/min \times \pi}} = 0.01183m = 11.83mm$$

Plus 이론학습 **등속흡입(isokinetic sampling)**

- 먼지시료를 채취하기 위해 흡입노즐을 이용하여 배출가스를 흡입할 때, 흡입노즐을 배출가스의 흐름방향으로 하고 배출가스와 같은 유속으로 가스를 흡입하는 것을 말한다.
- 등속흡입 정도를 보기 위해 식 또는 계산기에 의해서 등속흡입계수(I)를 구하고 그 값이 90~110% 범위를 벗어나면 다시 시료 채취를 행한다.

18

★

다음 ( ) 안에 들어갈 알맞은 말을 쓰시오.

(1) 일정농도의 VOCs가 흡착관에 흡착되는 초기시점부터 일정시간이 흐르게 되면 흡착관 내부에 상당량의 VOCs가 포화되기 시작되고 전체 VOCs 양의 5%가 흡착관을 통과하게 되는데 이 시점에서 흡착관 내부로 흘러간 총 부피를 (   )라 한다.

(2) 짧은 길이로 흡착제가 충전된 흡착관을 통과하면서 분석물질의 증기띠를 이동시키는 데 필요한 운반기체의 부피로, 분석물질의 증기띠가 흡착관을 통과하면서 탈착되는 데 요구되는 양만큼의 부피를 측정하여 알 수 있다. 보통 그 증기띠가 흡착관을 이동하여 돌파(파과)가 나타난 시점에서 측정되며, 튜브 내의 불감부피(dead volume)를 고려하기 위하여 메탄(methane)의 (   )를 차감한다.

풀이 (1) 파과 부피(breakthrough volume)
(2) 머무름 부피(retention volume)

19

★★

악취방지법의 지정악취물질 중 휘발성유기화합물(VOCs) 5가지를 적으시오.

풀이 톨루엔, 자일렌, 스타이렌, 메틸에틸케톤, 메틸아이소뷰틸케톤, 뷰틸아세테이트, i－뷰틸알코올
(이 중 5가지 기술)

Plus 이론학습

- **휘발성유기화합물(VOCs)**
  탄화수소(C_mH_n)의 일종이며, 지정악취물질에서 탄화수소(C_mH_n)에 해당하는 것은 톨루엔, 자일렌, 스타이렌, 메틸에틸케톤, 메틸아이소뷰틸케톤, 뷰틸아세테이트, i－뷰틸알코올이다.
- **지정악취물질 22종**
  크게 5개(또는 6개)로 구분된다(2004년 12종 → 2008년 17종 → 2010년 22종).
  1. 질소화합물(2종)
     암모니아, 트라이메틸아민
  2. 황화합물(4종)
     메틸메르캅탄, 황화수소, 다이메틸설파이드, 다이메틸다이설파이드
  3. 알데하이드(5종)
     아세트알데하이드, 프로피온알데하이드, 뷰틸알데하이드, n－발레르알데하이드, i－발레르알데하이드
  4. 탄화수소(7종)
     톨루엔, 자일렌, 스타이렌, 메틸에틸케톤, 메틸아이소뷰틸케톤, 뷰틸아세테이트, i－뷰틸알코올
     (이 중 메틸에틸케톤, 메틸아이소뷰틸케톤은 케톤으로 분류 가능)
  5. 휘발성 지방산(4종)
     프로피온산, n－뷰틸산, n－발레르산, i－발레르산

20

★★★

대기환경보전법상 다음 대기오염물질의 배출허용기준을 적으시오. (단, 2020년 1월 1일부터 적용되고 있는 배출허용기준)

대기오염물질	배출시설	배출허용기준
암모니아	비료 및 질소화합물 제조시설	(①) ppm 이하
이황화탄소	모든 배출시설	(②) ppm 이하
폼알데하이드	모든 배출시설	(③) ppm 이하
브롬화합물	모든 배출시설	(④) ppm 이하
페놀화합물	모든 배출시설	(⑤) ppm 이하
구리화합물(Cu로서)	모든 배출시설	(⑥) ppm 이하
비산먼지	시멘트 제조시설	(⑦) ppm 이하

✔ **풀이** ① 12, ② 10, ③ 8, ④ 3, ⑤ 4, ⑥ 4, ⑦ 0.3

길을 가다가 돌이 나타나면
약자는 그것을 걸림돌이라고 말하고,
강자는 그것을 디딤돌이라고 말한다.

-토마스 칼라일(Thomas Carlyle)-

☆

같은 돌이지만 바라보는 시각에 따라 그리고 마음가짐에 따라
걸림돌이 되기도 하고 디딤돌이 되기도 합니다.
자기에게 주어진 상황을 활용할 줄 아는 자만이
성공의 문에 도달할 수 있습니다. ^^

M · E · M · O

M · E · M · O

M · E · M · O

M · E · M · O

M · E · M · O

M · E · M · O

대기환경기사 실기

2025. 3. 19. 초판 1쇄 인쇄
2025. 3. 26. 초판 1쇄 발행

인

지은이 | 서성석
펴낸이 | 이종춘
펴낸곳 | BM (주)도서출판 성안당
주소 | 04032 서울시 마포구 양화로 127 첨단빌딩 3층(출판기획 R&D 센터)
10881 경기도 파주시 문발로 112 파주 출판 문화도시(제작 및 물류)
전화 | 02) 3142-0036
031) 950-6300
팩스 | 031) 955-0510
등록 | 1973. 2. 1. 제406-2005-000046호
출판사 홈페이지 | **www.cyber.co.kr**
ISBN | 978-89-315-8445-5 (13530)
정가 | 32,000원

이 책을 만든 사람들
책임 | 최옥현
진행 | 이용화
전산편집 | 오정은
표지 디자인 | 임흥순
홍보 | 김계향, 임진성, 김주승, 최정민
국제부 | 이선민, 조혜란
마케팅 | 구본철, 차정욱, 오영일, 나진호, 강호묵
마케팅 지원 | 장상범
제작 | 김유석